地理信息系统实验教程

主编 王志杰

参编 柳书俊 周学霞 胡嫦月 代 磊

西安交通大学出版社
XI'AN JIAOTONG UNIVERSITY PRESS
国家一级出版社
全国百佳图书出版单位

内容简介

本书精选了生态学和生物科学类专业领域应用最普遍、最广泛和最重要的内容，从基础操作篇、空间分析篇和应用案例篇三个方面，基于 ArcGIS for Desktop 10. X 版本软件平台，设置了 32 个实验项目，内容涉及 ArcGIS 软件基本操作，空间数据的采集、编辑与处理，空间分析，以及空间数据可视化等方面。

本教程力求达到简洁明了、易学易用的效果，使学生在掌握“地理信息系统”课程基本理论和技术方法的基础上，更加娴熟地运用 ArcGIS 软件解决生态学和生物科学类专业领域的科学和实践问题。

图书在版编目(CIP)数据

地理信息系统实验教程 / 王志杰主编. — 西安 ：西安交通大学出版社，2022.3
ISBN 978-7-5693-2492-1

Ⅰ. ①地… Ⅱ. ①王… Ⅲ. ①地理信息系统-实验-高等学校-教材 Ⅳ. ①P208-33

中国版本图书馆 CIP 数据核字(2021)第 277324 号

书　　名 地理信息系统实验教程
DILI XINXI XITONG SHIYAN JIAOCHENG
主　　编 王志杰
责任编辑 王建洪
责任校对 祝翠华
封面设计 任加盟

出版发行 西安交通大学出版社
(西安市兴庆南路 1 号　邮政编码 710048)
网　　址 http://www.xjtupress.com
电　　话 (029)82668357　82667874(市场营销中心)
(029)82668315(总编办)
传　　真 (029)82668280
印　　刷 西安日报社印务中心

开　　本 787mm×1092mm　1/16　**印张** 17.375　**字数** 436 千字
版次印次 2022 年 3 月第 1 版　2022 年 3 月第 1 次印刷
书　　号 ISBN 978-7-5693-2492-1
定　　价 49.80 元

发现印装质量问题，请与本社市场营销中心联系、调换。
订购热线：(029)82665248　(029)82665249
投稿热线：(029)82665379　QQ：793619240
读者信箱：xj_rwjg@126.com

前言

地理信息系统(Geographic Information System,GIS)是对地理空间数据进行采集、存储、表达、更新、检索、管理、综合分析与输出的计算机应用技术系统。它是以应用为导向的空间信息技术,强调空间实体及其空间关系,注重空间分析与模拟,是重要的地理空间数据管理和分析工具。GIS 功能强大,是用于建立、编辑图形和地理数据库并对其进行空间分析的工具的集合,是与人类发展密切关联的一门信息科学与技术。GIS 本身的科学性和经济性所产生的作用不可估量,因此,它被认为是 21 世纪重要的支柱产业之一。

近半个世纪以来,GIS 的应用日益广泛,英、美等国已成立了国家地理信息研究中心,为 GIS 在各领域的应用奠定了基础;我国原国家科委在"九五"期间将 GIS 作为独立课题列入"重中之重"科技攻关计划,对 GIS 给予了充分的重视和支持。近年来,GIS 在生态学中的广泛应用,扩展了生态学研究的深度和广度,其优势在于为科学研究工作提供了一种既简单又精确的应用方法。GIS 是认知和研究宏观生态学科学问题的"敲门砖",是开展宏观生态学科学研究的基础和关键技术,通过有效的数据集成和混合的数据结构、独特的地理空间分析能力、快速的空间定位检索和复杂的查询功能、强大的图形创造和可视化表达手段以及地理过程的演化模拟等功能来实现对景观生态学、城市生态学、生态监测与评价和规划的数据集成分析。除此之外,GIS 具有管理、模拟、决策、规划、预测和预报等强大功能,这些功能在生态学应用中起到了实质性的作用。

随着 GIS 在生态学和生物科学领域应用的日益广泛和深入,地理信息系统课程在相关专业培养方案中的重要性也愈加明显。经过多轮培养方案的优化和修订,地理信息系统课程已成为生态学和生物科学专业本科生教学的核心课程,进一步强化了地理信息系统课程在生态学乃至生物科学大类学科中的重要地位。然而,由于 ArcGIS 软件功能强大,涉及的领域广,对于生态学和生物科学类专业的本科教学而言,种类繁多的 GIS 软件功能和工具,往往难以在教学中面面俱到,也无法使学生在修读了该课程后,有效地融入专业领域的科学研究和实践应用中去。因此,亟须根据 GIS 理论和技术的特点,结合生态学和生物科学类专业的需求,编写一本通俗易懂、针对性强、与专业融合度高的适合生态学和生物科学类专业学生课堂教学或相关专业技术人员易学易用的地理信息系统实验教材。

本书精选了生态学和生物科学类专业领域应用最普遍、最广泛和最重要的内容,从基础操作篇、空间分析篇和应用案例篇三个方面,基于 ArcGIS for Desktop 10.X 版本软件平台,设置了 32 个实验项目,从简到繁、从基础到应用、从单一到综合,通过图文并茂的方式,直观地呈现了相关实验项目的实现过程。本教程力求达到简洁明了、易学易用的效果，使学生在掌握“地理信息系统”课程基本理论和技术方法的基础上，更加娴熟地运用 ArcGIS 软件解决生态学和生物科学类专业领域的科学和实践问题。

全书以贵州大学生命科学学院王志杰老师近年来“地理信息系统”课程教学大纲和教学内容为基础进行设计，由王志杰担任主编，柳书俊、周学霞、胡嫦月、代磊参编，最后由王志杰统稿，经过反复修改后定稿。该书得到了贵州大学生物科学国家级一流本科专业建设项目和贵州省教育厅高等学校教学内容和课程体系改革项目“地理信息系统课程教学模式改革研究”(2017520003)的资助，在此表示衷心的感谢。

由于时间仓促和编者水平有限，书中难免有纰漏或不妥之处，敬请读者批评指正。

王志杰

2021 年 8 月于贵州大学崇德楼

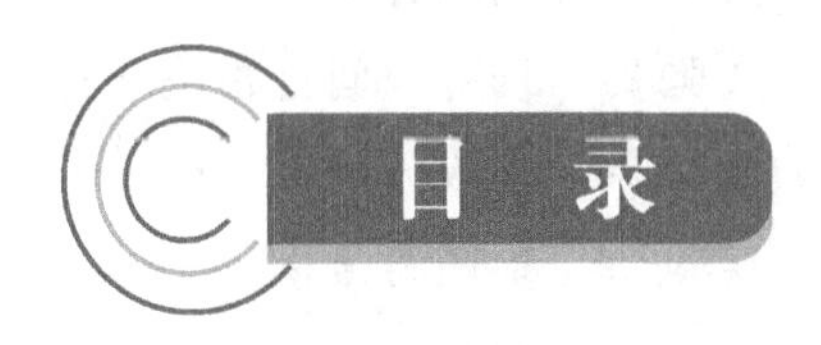

目 录

基础操作篇

空间分析篇

应用案例篇

基础操作篇

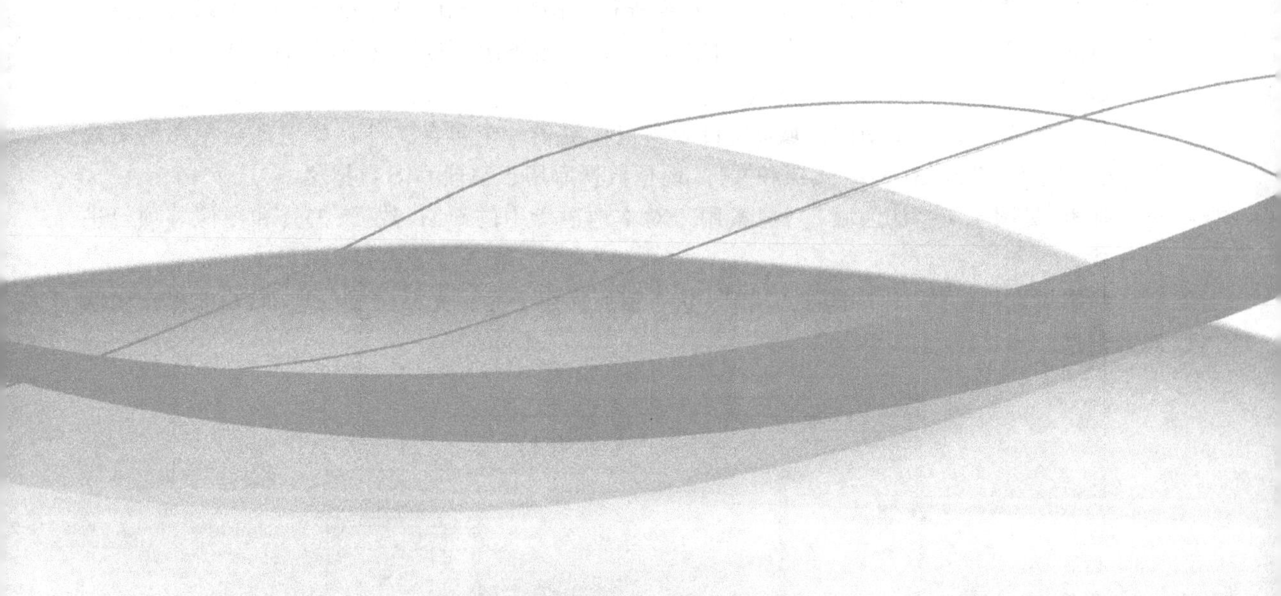

实验 1　ArcGIS 软件基本操作

1. ArcMap 窗口组成介绍

ArcMap 窗口主要由主菜单栏、工具条栏、内容列表、显示窗口、目录窗口、搜索、状态信息栏组成。

主菜单栏(见图 1.1 中的区域 1):主菜单栏主要有文件、编辑、视图、书签、插入、选择、地理处理、自定义、窗口和帮助等 10 个子菜单。

工具条栏(见图 1.1 中的区域 2):工具条栏是按照一定功能逻辑划分的一组功能按钮的组合,在工具条栏的空白处单击鼠标右键可以选择需要使用的工具条。

内容列表(见图 1.1 中的区域 3):内容列表是用来显示地图文档所包含的数据库(图层)、数据层、地理要素及其显示状态。

显示窗口(见图 1.1 中的区域 4):显示窗口用于显示地图包括的所有地理要素。该区域提供了“数据视图”和“布局视图”两种方式来进行地图显示。在“数据视图”中,可以对数据图层进行编辑、符号化等操作;在“布局视图”中,可以对地图版面进行处理(如添加图名、图例、比例尺、指北针等地图元素)。

目录窗口(见图 1.1 中的区域 5):目录窗口可提供一个包含文件夹和地理数据库的树视图,文件夹用于整理 ArcGIS 文档和文件,地理数据库用于整理 GIS 数据集。

搜索(见图 1.1 中的区域 6):搜索用于对本地磁盘中的地图、数据、工具和图像等项目进行查找。

状态信息栏(见图 1.1 中的区域 7):状态信息栏用于显示光标位置的坐标、功能操作的状态等信息。

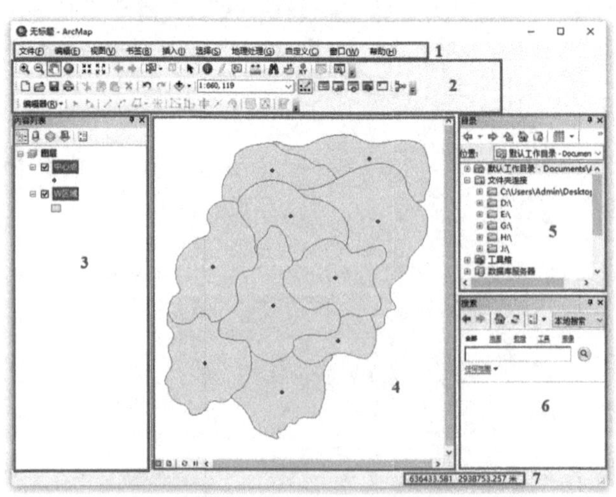

图 1.1　ArcMap 窗口

2. 快捷菜单

在 ArcMap 窗口的不同位置处单击鼠标右键，会弹出不同的快捷菜单，常用的快捷菜单主要有以下四种。

(1)数据框操作快捷菜单。在内容列表的当前数据框(Layer)上单击鼠标右键，或将鼠标放在数据视图中单击右键，即可打开数据框操作快捷菜单(见图 1.2)。

(2)数据层操作快捷菜单。在内容列表中的任意数据层上单击鼠标右键，可打开数据层操作快捷菜单(见图 1.3)。

图 1.2 数据框操作快捷菜单

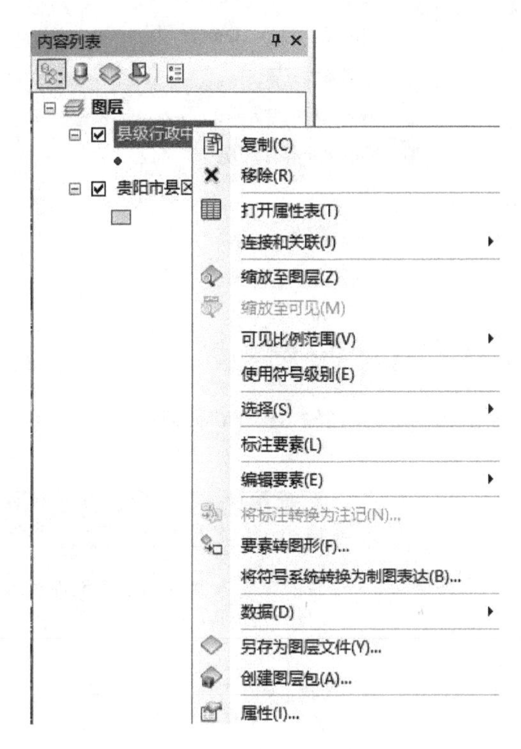

图 1.3 数据层操作快捷菜单

(3)地图输出操作快捷菜单。在布局视图中单击鼠标右键，可以打开地图输出操作快捷菜单(见图 1.4)。

(4)窗口工具设置快捷菜单。将鼠标放在 ArcMap 窗口的主菜单、工具栏等空白处，单击鼠标右键，可以打开窗口工具设置快捷菜单(见图 1.5)。

3. 添加数据

添加数据主要有以下几种方法：

(1)单击【标准工具】条上的【添加数据】按钮，选择需要进行添加的文件(见图 1.6)。

(2)在 ArcMap 主菜单栏中单击【文件】→【添加数据】→【添加数据】，选择需要进行添加的文件(见图 1.7)。

(3)在【内容列表】窗口下的【图层】上单击鼠标右键，选择【添加数据】(见图 1.8)。

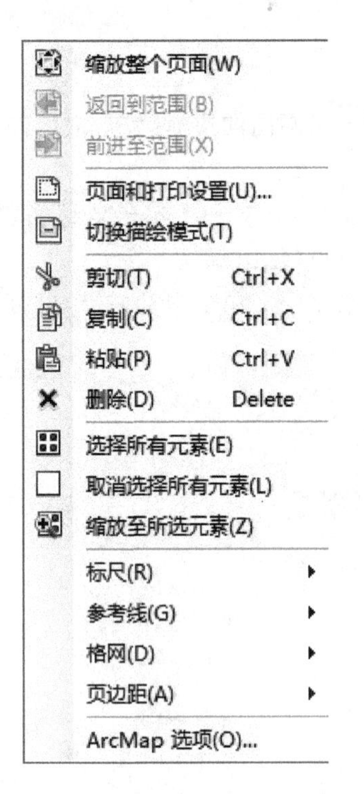

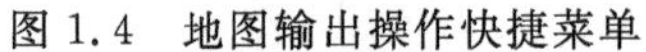

图 1.4 地图输出操作快捷菜单

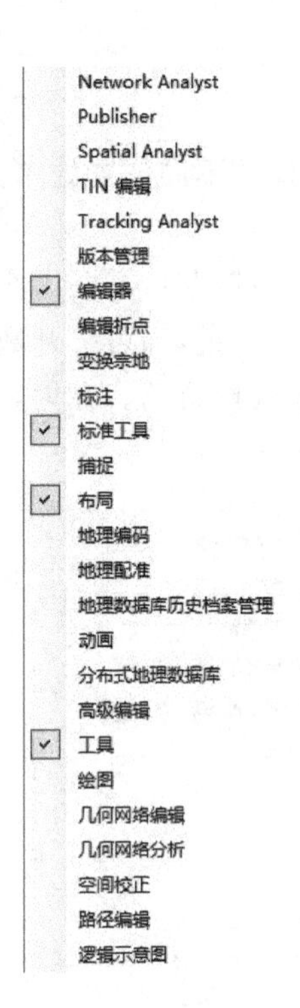

图 1.5 窗口工具设置快捷菜单

图 1.6 从标准工具条添加数据

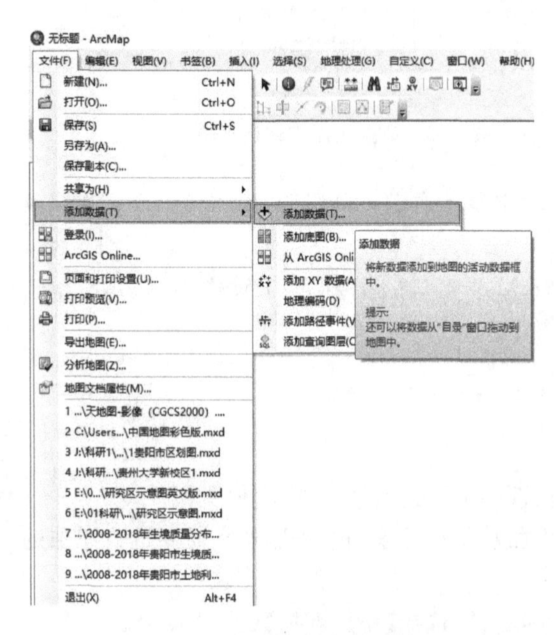

图 1.7 从主菜单栏添加数据

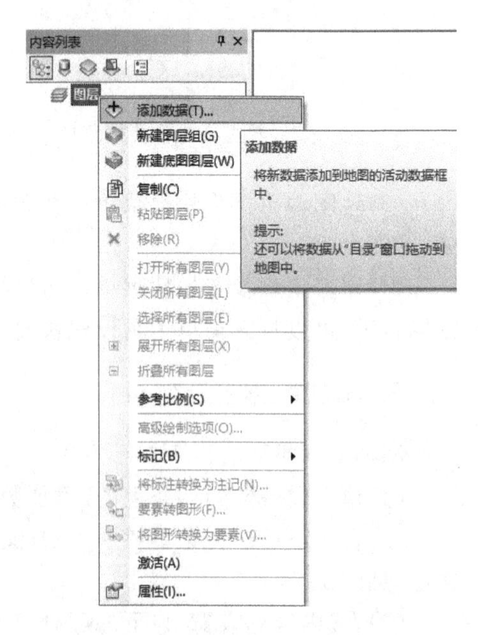

图 1.8 从内容列表添加数据

(4)在【目录】窗口中，选中要添加的图层并直接拖动到 ArcMap 的【内容列表】或【显示窗口】中(见图 1.9)。

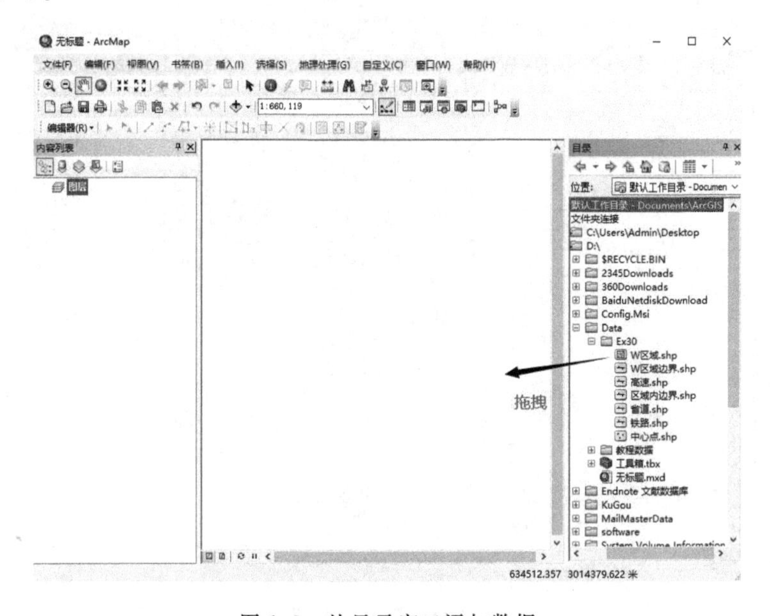

图 1.9　从目录窗口添加数据

4. 查看图层属性表

在【内容列表】中，选中需要查看属性表的图层，单击鼠标右键，点击【打开属性表】(见图 1.10)，然后会弹出该图层的属性表(见图 1.11)。

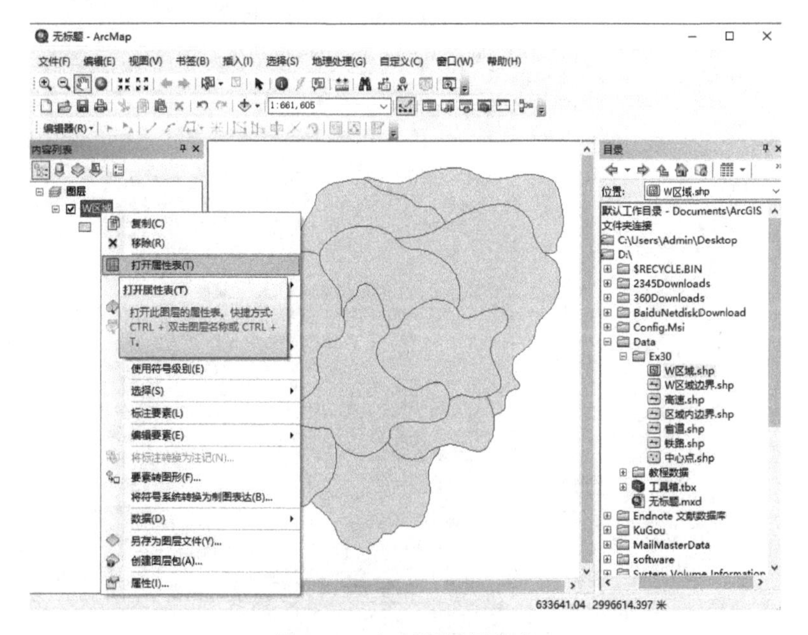

图 1.10　打开图层属性表

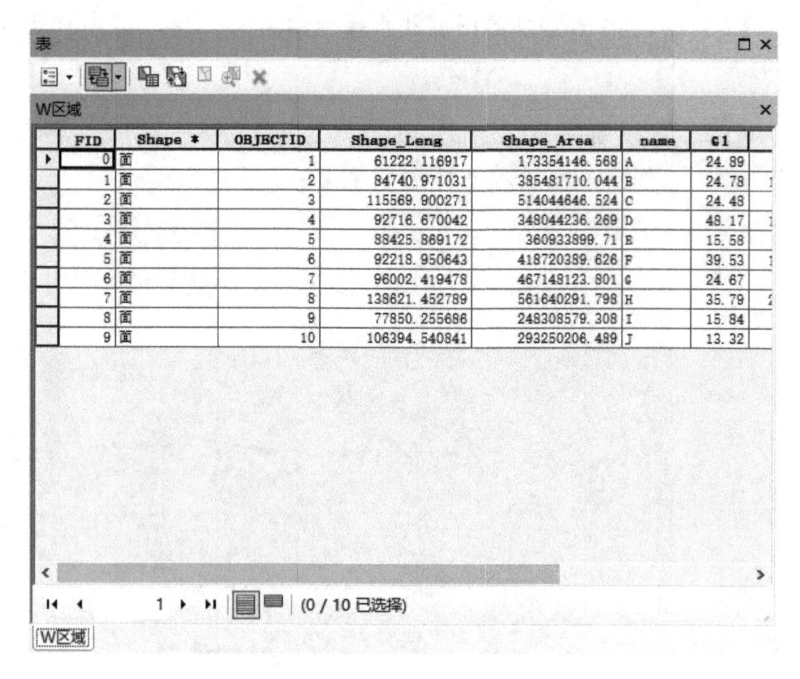

表

W区域

FID	Shape *	OBJECTID	Shape_Leng	Shape_Area	name	C1
0	面	1	61222.116917	173354146.568	A	24.89
1	面	2	84740.971031	385481710.044	B	24.78
2	面	3	115569.900271	514044646.524	C	24.48
3	面	4	92716.670042	348044236.269	D	48.17
4	面	5	88425.869172	360933899.71	E	15.58
5	面	6	92218.950643	418720389.626	F	39.53
6	面	7	96002.419478	467148123.801	G	24.67
7	面	8	138621.452789	561640291.798	H	35.79
8	面	9	77850.255686	248308579.308	I	15.84
9	面	10	106394.540841	293250206.489	J	13.32

(0 / 10 已选择)

W区域

图 1.11　属性表对话框

5. 数据导出

在【内容列表】中选中需要导出的图层，单击鼠标右键，然后点击【数据】→【导出数据】(见图 1.12)，在弹出的【导出数据】对话框中，单击 按钮选择数据存放的位置、文件名以及数据格式(见图 1.13)，单击【保存】，最后单击【确定】(见图 1.14)，完成操作。

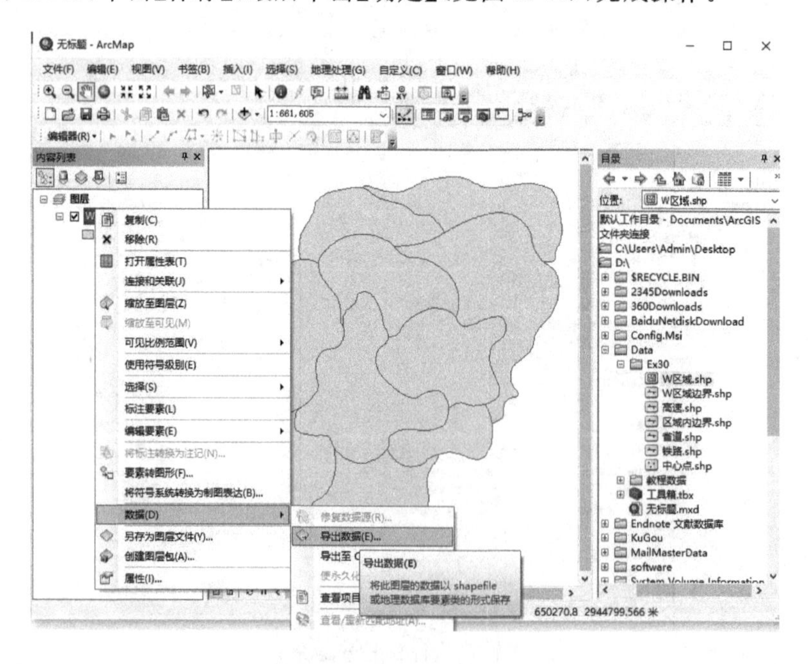

图 1.12　导出数据

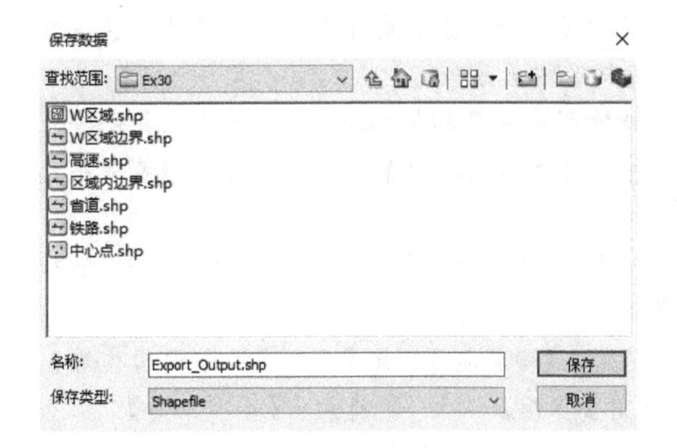

图 1.13　保存数据对话框

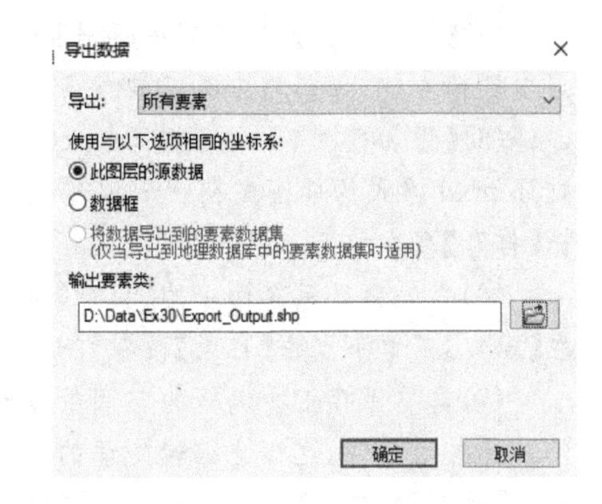

图 1.14　导出数据对话框

6. 移除图层

选中【内容列表】中需要移除的图层，单击鼠标右键，在弹出的菜单中单击【移除】(见图 1.15)，即可移除该图层。注意，该操作只在视图窗口中移除图层，不会删除源数据。

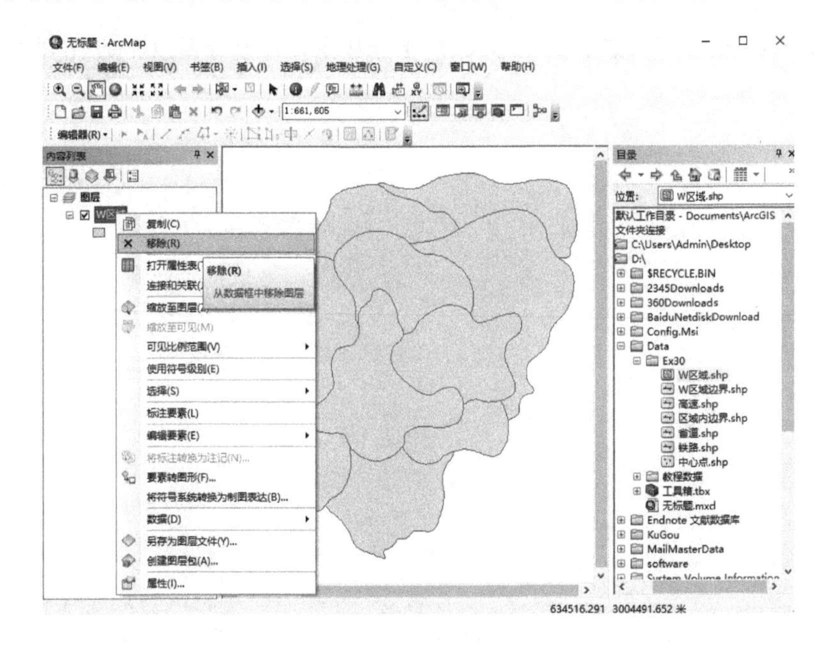

图 1.15　移除图层

【注意事项】

(1)使用 ArcGIS 软件进行分析时，操作过程中的目标文件的储存路径不宜太深，且尽量保证储存路径中不要出现中文。

(2)在数据导出和命名中，尽可能不用单独的数字命名，且尽量用英文命名结果文件。

(3)在实际应用中，常会遇到【内容列表】误关闭的情况，此时可在【窗口】菜单中点击【内容列表】选项，即可恢复内容列表框的显示。

(4)【标准工具】【工具】【编辑器】等常用工具条误关闭时，可在软件界面右上角的灰色区域点击鼠标右键，选择相应的工具条名，恢复相应工具条的显示。

(5)【添加数据】命令可打开 ArcGIS 软件支持的所有矢量和栅格数据，但不能在此命令下打开 mxd 格式的地图文档。mxd 格式的地图文档须在【标准工具】工具条或【文件】菜单中选择【打开】命令打开。

(6)当软件显示界面中的【目录】框误关闭时，可点击【标准工具】工具条中的【目录】按钮或在【窗口】菜单下点击【目录】按钮打开该【目录】框。

(7)需要保存正在编辑的空间数据时，务必要点击【编辑器】工具条下的【保存编辑内容】，然后再关闭软件，这样已编辑处理的空间数据会完整保存。切记，不能点击【标准工具】工具条中的【保存】按钮或【文件】菜单下的【保存】按钮，这两处的保存仅是保存视图窗口的显示界面为 mxd 格式的地图文档，不能对已编辑的空间数据进行保存。

(8)使用高版本 ArcGIS 软件中 ModelBuilder(模型构建器)创建的模型，不能在低版本的 ArcGIS 软件中运行，如 ArcGIS 10.6 创建的“××模型”不能在 ArcGIS 10.5 及以下的版本中运行。

(9)ArcMap 中的地图文档(.mxd)不能存储实际的数据，只能保存实际数据在硬盘上有关地图显示的信息。

(10)高版本的 mxd 可以兼容低版本文件，但低版本无法打开高版本的 mxd 文件。

实验2 矢量数据格式与数据库建立

【实验背景】

ArcGIS地理数据库是存储在通用文件系统文件夹、Microsoft Access数据库或多用户关系数据库管理系统(database management system,DBMS)(如Oracle、Microsoft SQL Server、PostgreSQL、Informix或IBM DB2)中的各种类型地理数据集的集合。其中,矢量数据结构(带有矢量几何的地理对象)是一种常用的地理数据类型,其用途广泛,适合表示带有离散边界的要素(如街道、州和宗地)。要素是一个对象,可将其地理制图表达(通常为点、线或面)存储为行中的一个属性(或字段)。

【实验目的】

通过本实验,了解ArcGIS中空间地理数据库建立的过程,理解空间数据库、要素数据集和要素类的区别,掌握建立地理数据库与矢量数据格式的方法。

【实验要求】

在ArcMap中创建地理空间数据库(个人数据库),在地理空间数据库下建立要素数据集与要素类。

【实验数据】

实验数据位于\Data\Ex2目录中。

【操作步骤】

(1)选择【目录】窗格,在文件夹列表中选择需要建立空间数据库的文件夹位置(鼠标右键单击【Ex2】文件夹),选择【新建】→【个人地理数据库】,输入所建的地理数据库名称"个人地理数据库"(见图2.1)。

(2)在新建的地理数据库上,单击鼠标右键,选择【新建】中的【要素数据集】,创建要素数据集(见图2.2)。

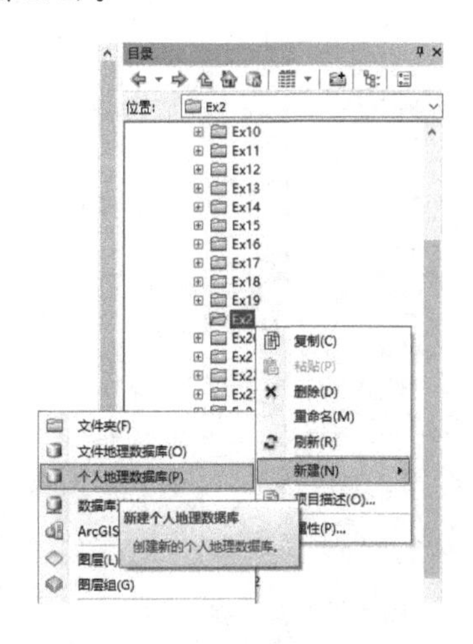

图2.1 新建地理数据库

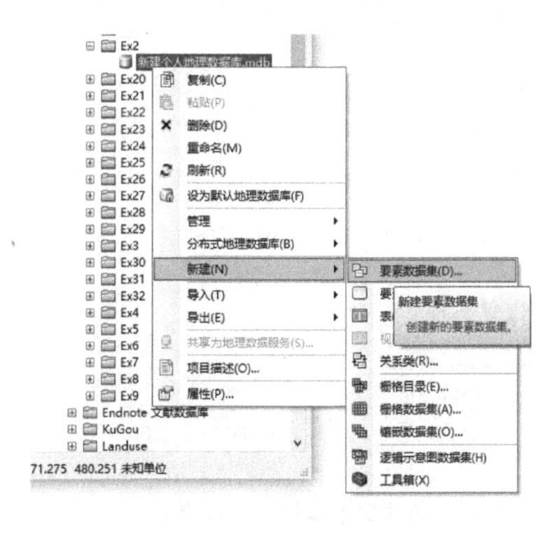

图2.2 新建要素数据集

(3)打开【新建要素数据集】对话框，将数据集命名为“Topology”(见图 2.3)。

(4)单击【下一页】按钮，打开【新建要素数据集】对话框，为新建的数据集设置坐标系统；在【添加坐标系】处点击【导入】按钮，选择“CGCS2000 3 Degree GK Zone 36”(见图 2.4)。

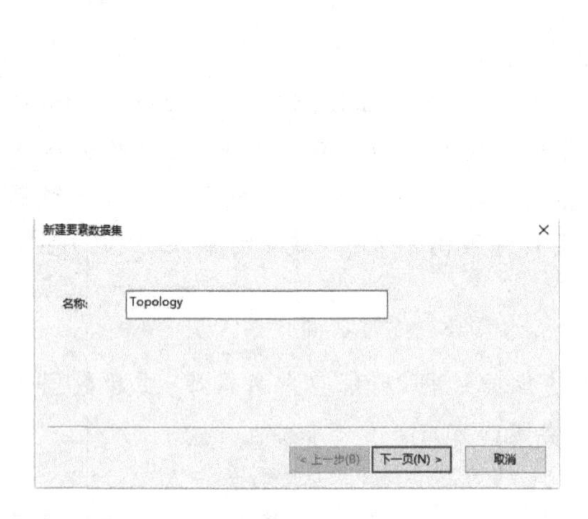

图 2.3　新建要素数据集对话框

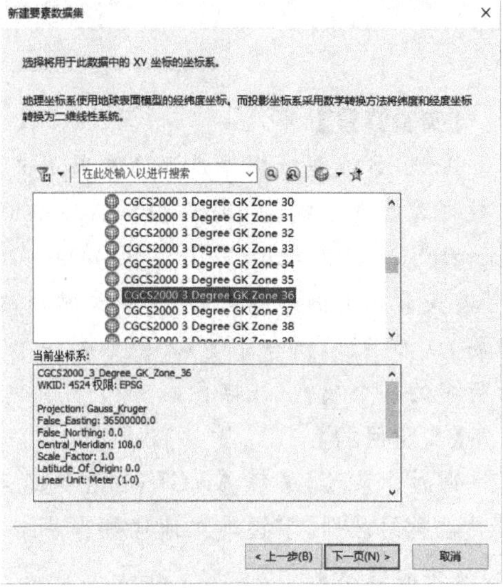

图 2.4　设置坐标系统

(5)单击【添加】按钮，返回【新建要素数据集】对话框。这时要素数据集已经完成坐标系统的定义。

(6)单击【下一页】按钮，为新建的数据集选择垂直坐标系统，此处选择“None”。

(7)单击【下一页】按钮，设置容差，此处选择默认设置，点击【完成】按钮(见图 2.5)。

(8)在新建的“Topology”数据集上，单击鼠标右键，选择【新建】中的【要素类】，创建要素类(见图 2.6)。

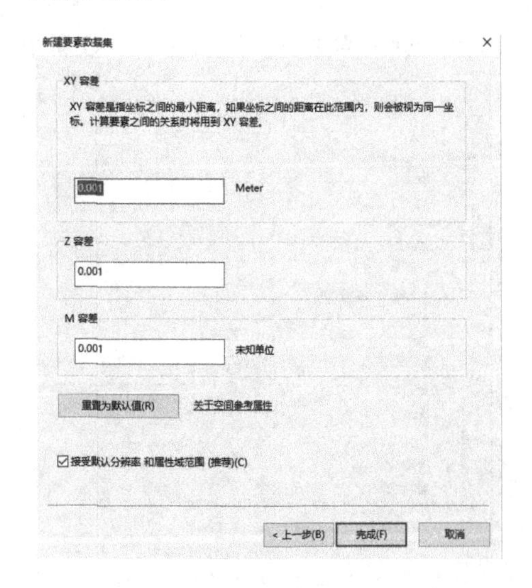

图 2.5　新建要素数据集对话框

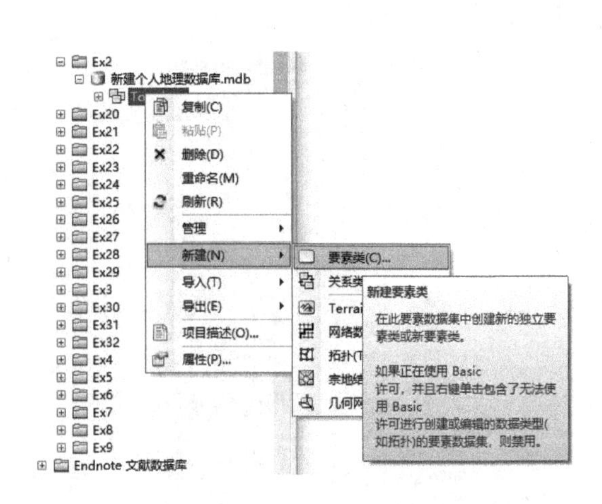

图 2.6　新建要素类

(9)打开【新建要素类】对话框，将要素类命名为“xian 要素”，在【类型】对话框中为创建要素设置存储类型为“线 要素”(见图 2.7)。

(10)单击【下一步】按钮，打开【新建要素类】对话框，设置字段属性信息，此处选择默认设置；接下来点击【完成】按钮，完成设置(见图 2.8)。

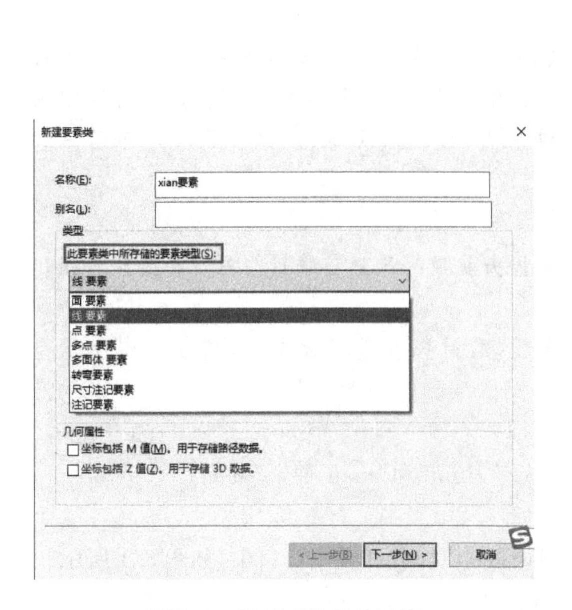

图 2.7　新建要素类对话框

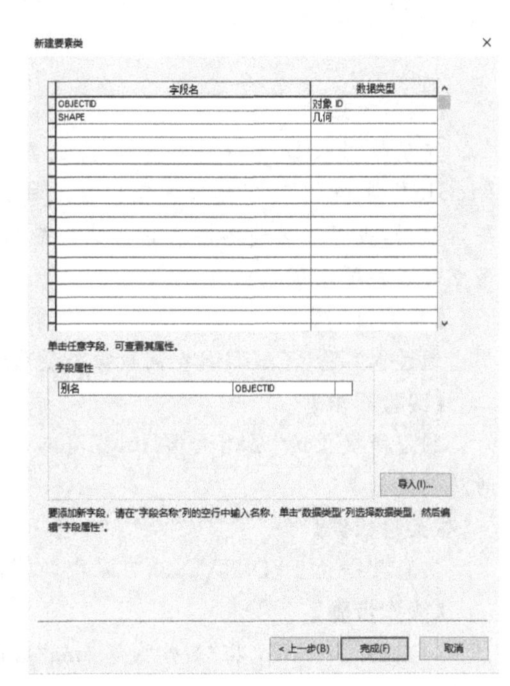

图 2.8　设置字段属性

【注意事项】

(1)在空间数据库建立过程中，个人(文件)地理数据库、要素数据集、要素类在实际工作中需根据项目内容简要、准确、明晰地命名，以便于后期数据的存储、管理和分析。

(2)在建立要素数据集时，务必要设置和选择恰当的坐标系统，不设置坐标系统或设置不恰当的坐标系统，会导致后期在矢量数据编辑和空间分析时发生错误。

(3)新建要素类时，需根据项目需要，选择正确的要素类型。ArcGIS 软件中，新建要素类的要素类型选项中包括点要素、线要素、面要素、多点要素等 8 种类型。

(4)初学者常会出现在个人(文件)地理数据库下直接新建要素类，因缺乏要素数据集的建立过程，导致要素类文件无坐标系统，并且在编辑后无法进行拓扑检查等问题。

(5)个人地理数据库(.mdb)和文件地理数据库(.gdb)在数据存储容量方面有差异，个人地理数据库最大数据存储容量为 2 GB，而文件地理数据库无此限制。因此，在实际工作中，需事先预判项目数据的容量，选择合理的地理数据库类型。

(6)新建地理数据库时，不建议直接将地理数据库建立在软件默认的文件目录下(如 C 盘)，一方面会导致系统盘数据太大，影响计算机运行效率；另一方面软件默认文件夹路径，在实际应用中会造成数据难以查找、不便管理的问题。

实验3 矢量数据采集与编辑

【实验背景】

矢量数据采集是指将要素转换成数字格式的过程，属于创建数据的一种方式。通过ArcGIS软件平台，可以创建并编辑若干种数据，可以编辑存储在shapefile和地理数据库中的要素数据，也可以编辑各种表格形式的数据。这包括点、线、面、文本（注记和尺寸）、多面体和多点等多种要素类型。

【实验目的】

通过本实验，了解GIS空间数据矢量化过程，掌握矢量数据采集与编辑的方法和操作步骤。

【实验要求】

利用所提供的“贵州大学.img”遥感图像栅格数据，对影像进行数字化，建立贵州大学空间属性数据库。

【实验数据】

实验数据位于\Data\Ex3\目录中，包括“贵州大学.img”和“xian要素”数据。

【操作步骤】

(1)打开ArcMap，将“贵州大学.img”数据和“xian要素”加载到视图窗口中，如图3.1所示。

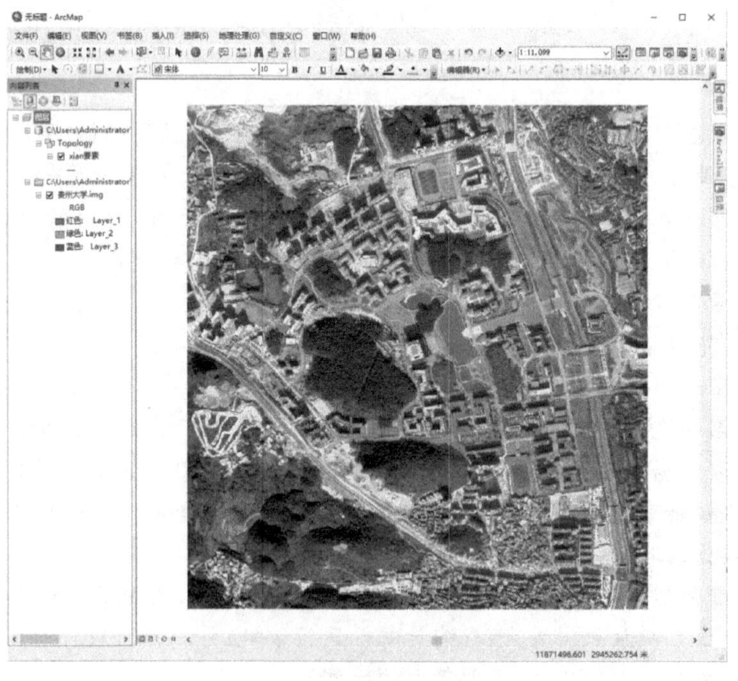

图3.1 矢量化地图数据

(2)在菜单栏空白处单击鼠标右键，添加【编辑器】与【捕捉】工具条（见图3.2）。

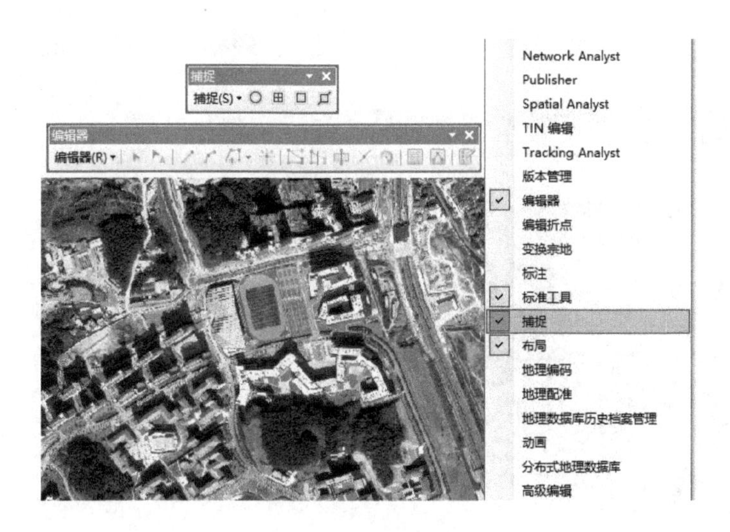

图 3.2　加载编辑器与捕捉工具条

(3)单击【编辑器】工具条中的【编辑器】→【开始编辑】,此时【编辑器】工具条下的各功能板块可高亮显示;单击【捕捉】工具条中的【捕捉】按钮,单击捕捉工具条上的各按钮可分别执行交点捕捉、中点捕捉、切线捕捉和捕捉到草图(见图 3.3)。

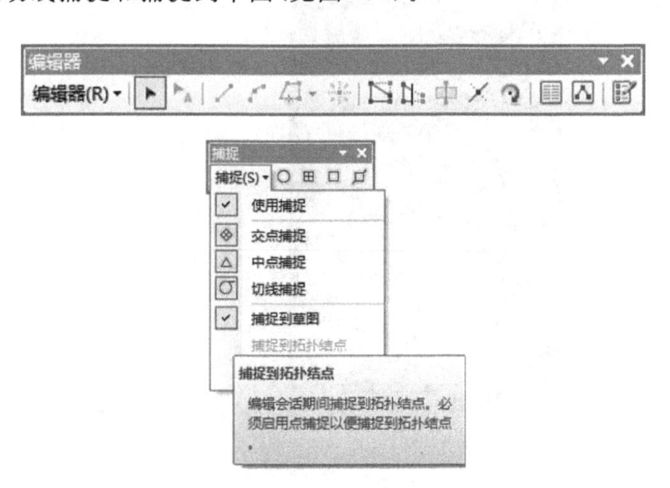

图 3.3　编辑器和捕捉工具条可操作界面

(4)选中【编辑器】工具条下的【创建要素】按钮(见图 3.4);单击【创建要素】窗口下的“xian 要素”,在【构造工具】窗口下选中“线”(见图 3.5)。光标变成“+”符号,此时即可开始矢量数据的编辑。

(5)将遥感影像“贵州大学.img”放大至需要勾绘地物边缘清晰可见的尺度,在待数字化地物的轮廓线上确定任一点作为起始点(见图 3.6),用鼠标左键沿该地物轮廓勾绘(见图 3.7),当鼠标即将回到起始点时,将光标轻放在起始点处(见图 3.8),待出现自动捕捉端点的“田”符号时,用鼠标左键双击,生成高亮显示的闭合线文件,完成该地物矢量化勾绘(见图 3.9)。继续进行下一地物的勾绘,直至完成项目区内所有地物边界准确、完整的勾绘,即可完成矢量数据的采集过程。

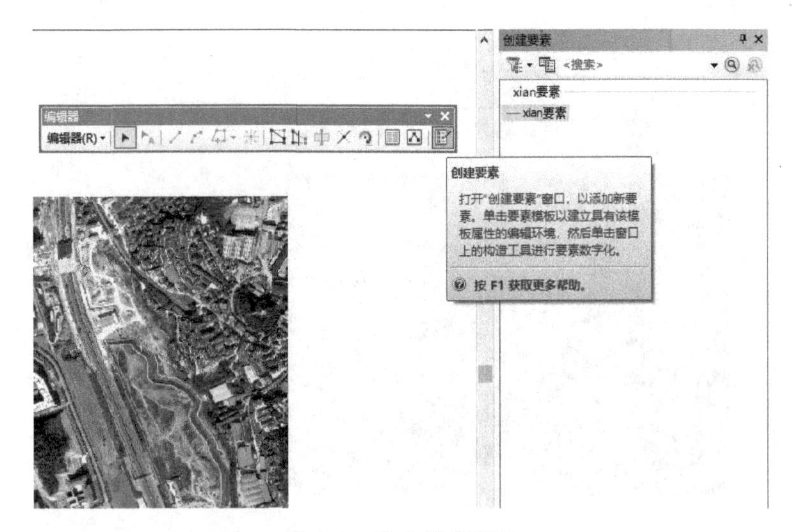

图 3.4　选中创建要素

图 3.5　选中构造工具对话框

图 3.6　开始矢量化

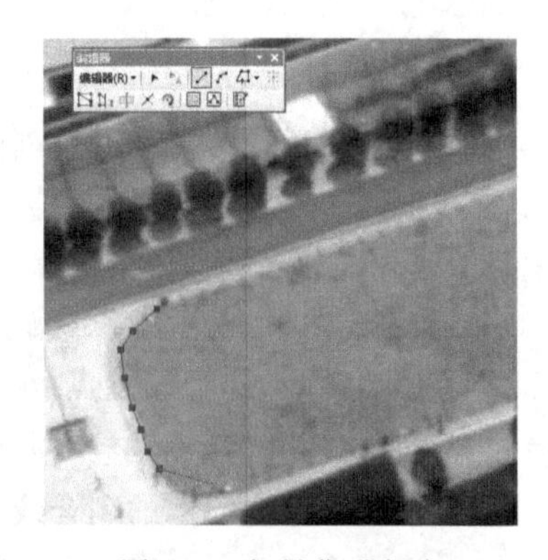

图 3.7　矢量化进行中

图 3.8　端点处自动捕捉

图 3.9　矢量化结束

(6)在【编辑器】工具条下单击【保存编辑内容】按钮(见图 3.10),再单击【停止编辑】按钮(见图 3.11)。

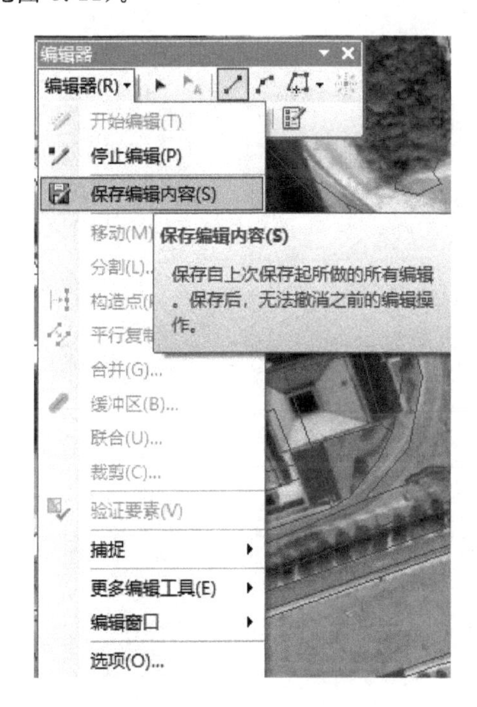

图 3.10　保存编辑内容

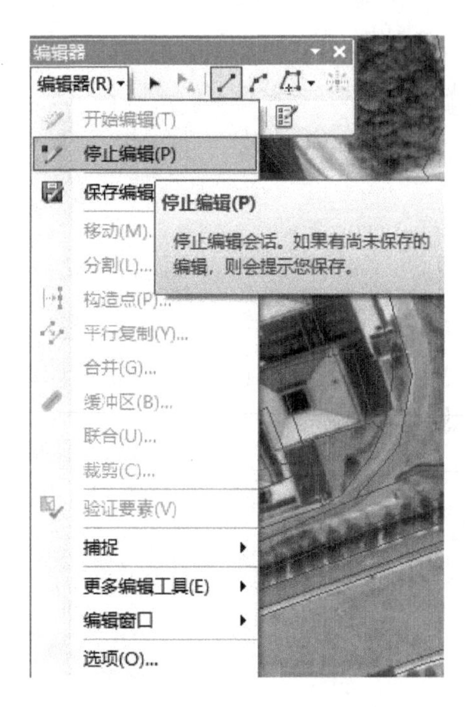

图 3.11　停止编辑

【注意事项】

(1)实际应用中,如最终结果需要面状要素集(如土地利用类型或林班图等),在建立空间地理数据库的要素类时,一般情况下须首先选择数据类型为线要素,对各地物类型按照本实验的矢量数据采集方法数字化后,通过拓扑检查,构造生成面要素数据。

(2)在 ArcGIS 软件中对面状目标地物边界进行数字化勾绘时,所勾绘的线要素必须为闭合线,在后续的线状要素转面状要素(构造面)时,才不至于造成图斑的缺失。捕捉工具条各按钮命令的选中,可以极大地保证线要素的闭合。

(3)矢量数据的采集过程中，对底图的放大、缩小、平移是操作中最常用到的功能之一，可以通过点击【工具】工具条中的放大、缩小、平移按钮实现相应操作要求，但这种方法会影响数字化效率，也会导致当前编辑线条的中断。所以，用户可运用放大、缩小、平移的快捷键来实现该操作，三种操作的对应快捷键为键盘上的 Z、X、C 键。例如，需要放大时，按住键盘上的 Z 键，鼠标左键在需放大的底图位置上点击或拖拉矩形即可实现底图的放大。

(4)为防止软件突然关闭或其他意外，导致数字化勾绘要素信息的丢失，在矢量数据采集过程中，须养成随时点击【编辑器】工具条中【保存编辑内容】的习惯。

实验4　拓扑关系创建与编辑

【实验背景】

拓扑检查指根据相应的拓扑规则对点、线和面数据进行检查，返回不符合规则的对象的一种操作。地理信息数据的数据结构比较复杂，地物之间又存在很多拓扑关系，进行拓扑检查可以提高数据精确性，为后续数据正确地处理与分析提供保证。

【实验目的】

通过本实验，了解矢量数据空间拓扑关系的概念，熟知空间拓扑关系创建的流程和拓扑规则，掌握矢量数据拓扑检查和修正拓扑错误的方法。

【实验要求】

利用所提供的矢量化数据，对数据进行创建拓扑、拓扑检查与错误修正。

【实验数据】

实验数据位于\Data\Ex4\目录中，包括“xian要素”数据。

【操作步骤】

1. 创建拓扑

(1)以“Ex4”文件夹中“个人地理数据库.mdb”中的“xian要素”文件为数据源，将“xian要素”加载到地图中(见图4.1)。

图4.1　拓扑检查数据源

(2)在【目录】工具栏,在“Ex4”文件夹中的“Topology”数据集处单击鼠标右键,依次选择【新建】→【拓扑】(见图 4.2)。

(3)打开【新建拓扑】对话框(见图 4.3),单击【下一页】按钮,设置名称和输入拓扑容差(见图 4.4),此处选择默认即可;输入所创建拓扑的名称和聚类容限,聚类容限应该是依据精度而尽量小,它决定在多大范围内要素能被捕捉到一起。

(4)单击【下一页】按钮,打开选择参与创建拓扑检查的要素类对话框(见图 4.5);继续单击【下一页】按钮,打开设置拓扑等级数目的对话框(见图 4.6)。设置拓扑等级的数目及拓扑中每个要素类的等级,此处设置相同等级为 1。

(5)单击【下一页】按钮,打开设置拓扑规则的对话框,单击【添加规则】按钮,打开【添加规则】对话框(见图 4.7),选择要进行拓扑检查的规则,单击【确定】按钮,返回上级对话框(见图 4.8),单击【下一页】按钮,打开参数信息总结框,检查无误后,单击【完成】按钮,创建拓扑成功。

(6)出现对话框询问是否立即进行拓扑检查(见图 4.9),单击【是】按钮。出现进程条,进程条结束时,拓扑检查完毕,创建的拓扑检查出现在【目录】工具栏。

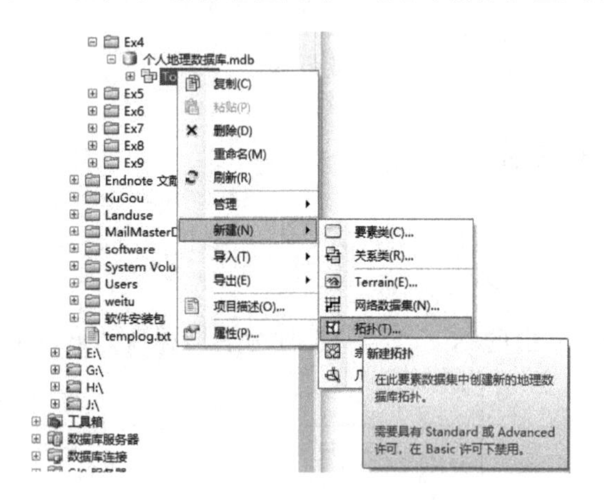

图 4.2 创建拓扑

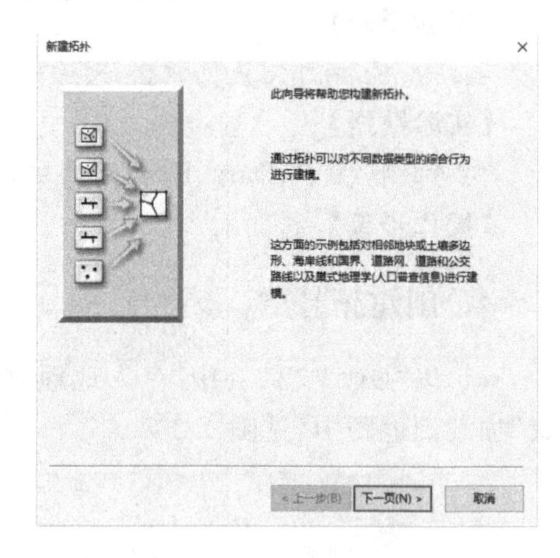

图 4.3 新建拓扑对话框

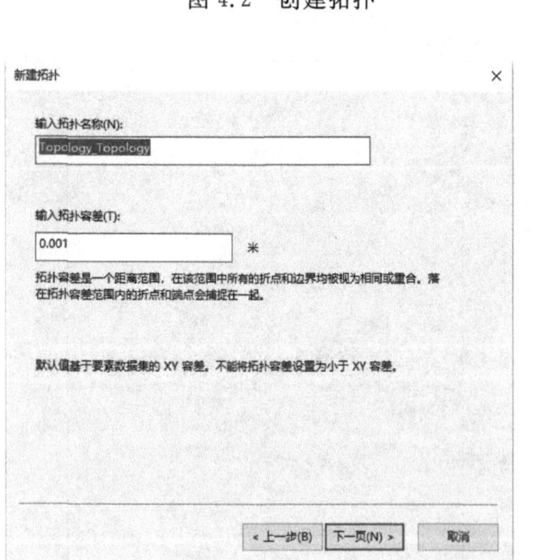

图 4.4 设置拓扑名称和聚类容限对话框

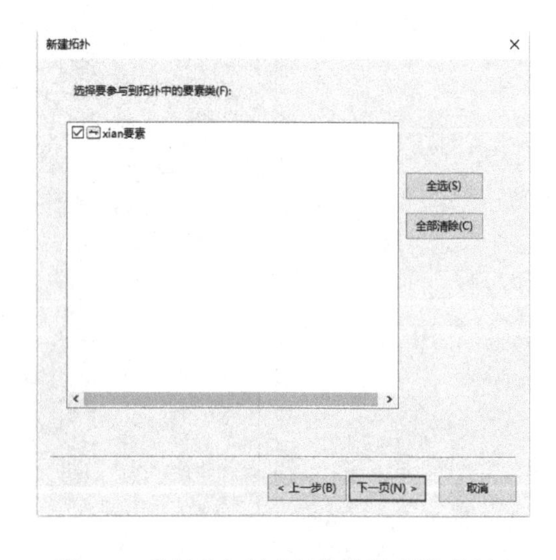

图 4.5 选择参与创建拓扑的要素类对话框

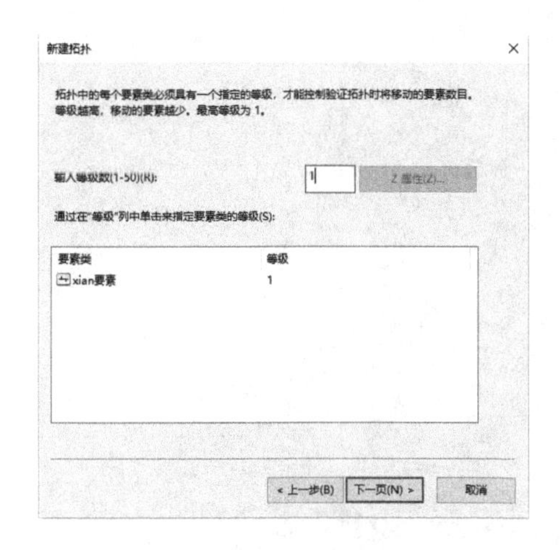

图 4.6　设置拓扑等级数目对话框

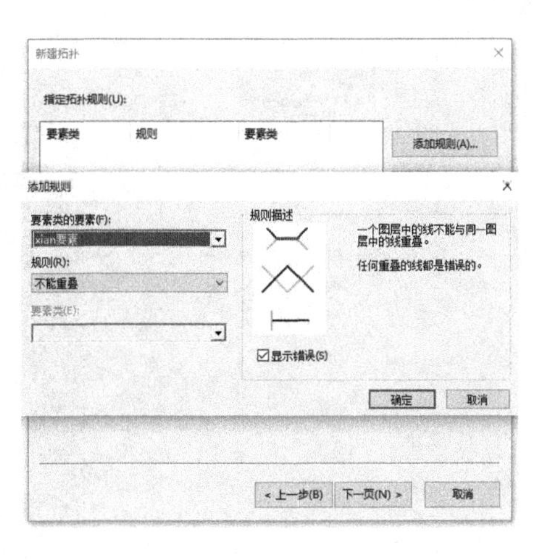

图 4.7　设置拓扑规则对话框

图 4.8　指定拓扑规则对话框

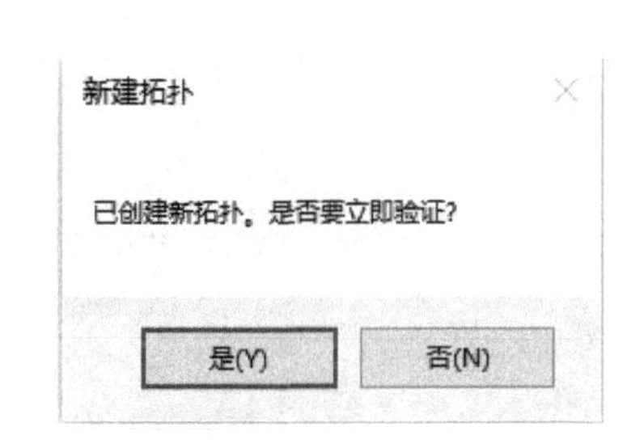

图 4.9　询问是否进行拓扑检查对话框

2. 查找拓扑错误

(1)加载数据“Topology_Topology”，随后出现【正在添加拓扑图层】对话框，单击【是】按钮(见图 4.10)，随后将在内容列表和视图窗口中出现拓扑检查结果(见图 4.11)，视图窗口中显示红色线条的位置，即存在线要素重叠的拓扑错误。

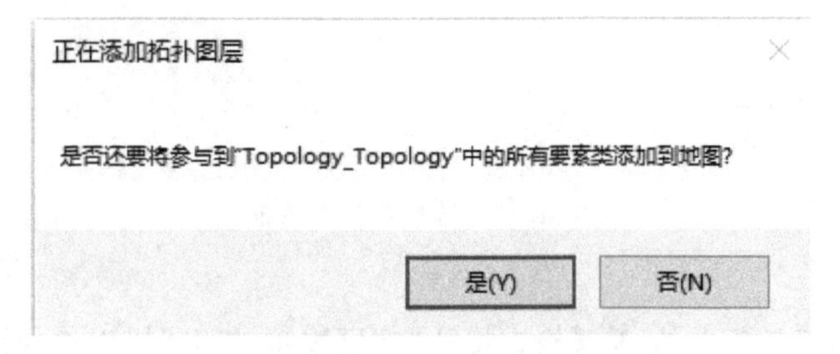

图 4.10　正在添加拓扑图层对话框

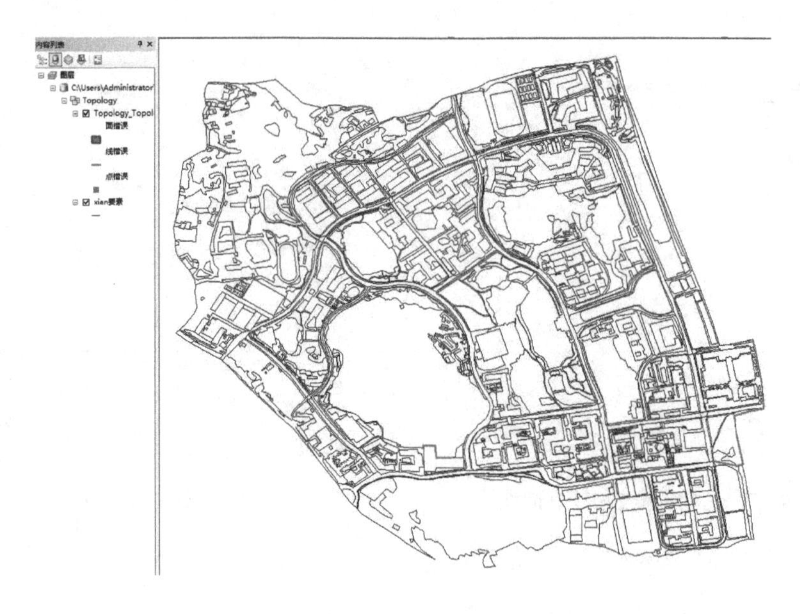

图 4.11　拓扑检查结果

(2)在软件界面右上角空白处单击鼠标右键,加载【拓扑】工具条,单击【编辑器】工具条中的【开始编辑】,将“xian 要素”图层设为可编辑状态,单击【拓扑】工具条中的【选择拓扑】按钮,打开【选择拓扑】对话框,单击“地理数据库拓扑”,选择“Topology_Topology”(见图 4.12)。

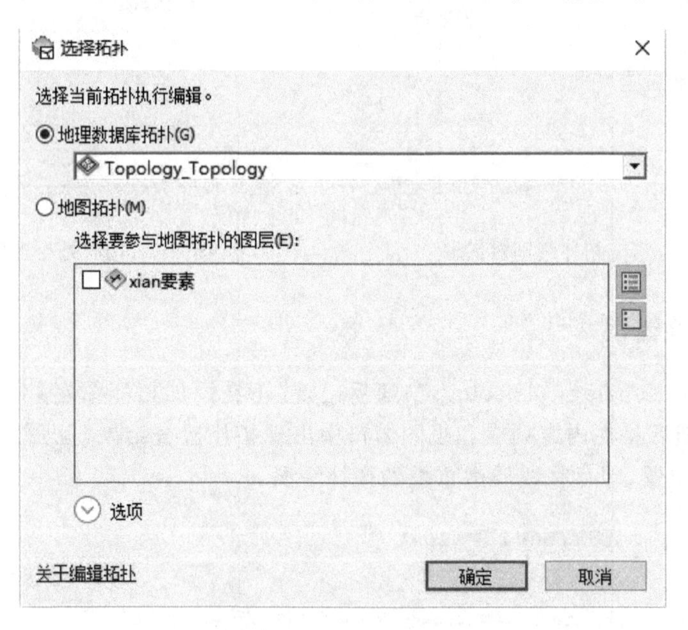

图 4.12　选择拓扑对话框

(3)单击【拓扑】工具条中的【检查拓扑错误】按钮,打开【错误检查器】对话框,单击【立即搜索】按钮,即可检查出拓扑错误,并在下方的表格中显示拓扑检查的详细信息(见图 4.13)。

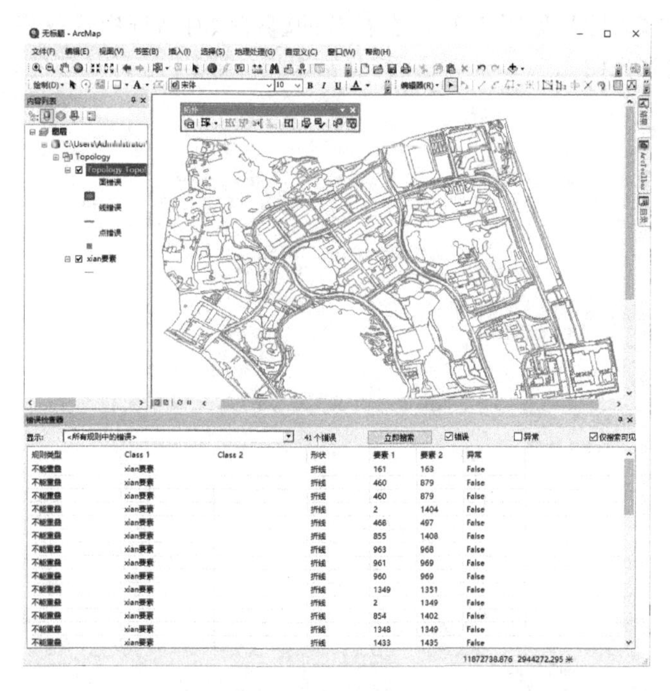

图 4.13　错误检查对话框

3. 修正拓扑错误

(1)以上述“xian 要素”在“不能重叠”规则下拓扑检查后的结果进行拓扑错误修正。在【错误检查器】中显示拓扑错误列表项单击鼠标右键,单击【缩放至(Z)】按钮,页面将自动定位到该拓扑错误处并放大,此时线条颜色由红色显示为黑色(见图 4.14);继续在该拓扑错误处

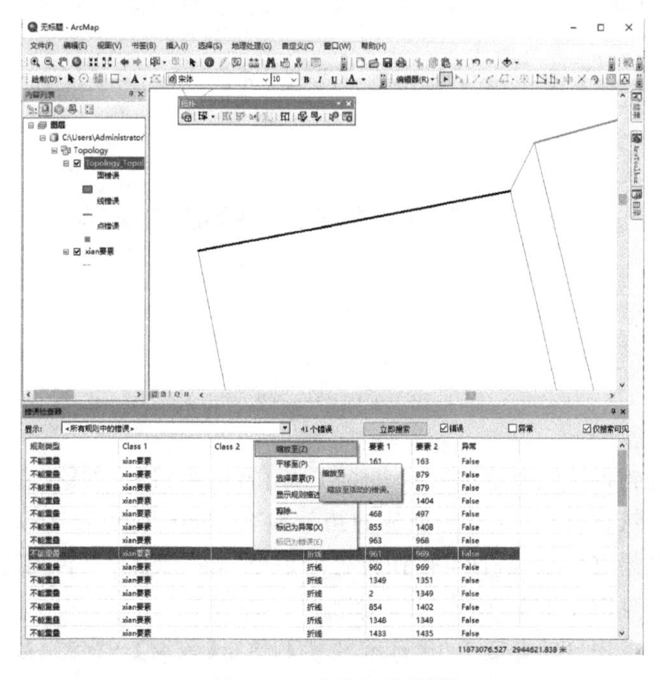

图 4.14　定位拓扑错误

单击鼠标右键,单击【剪除】(见图 4.15),在打开的【剪除】对话框中选择将从中剪除的错误要素,单击【确定】按钮(见图 4.16),此时会看到【错误检查器】中进行处理的拓扑错误消失,即该条拓扑错误修正完成。

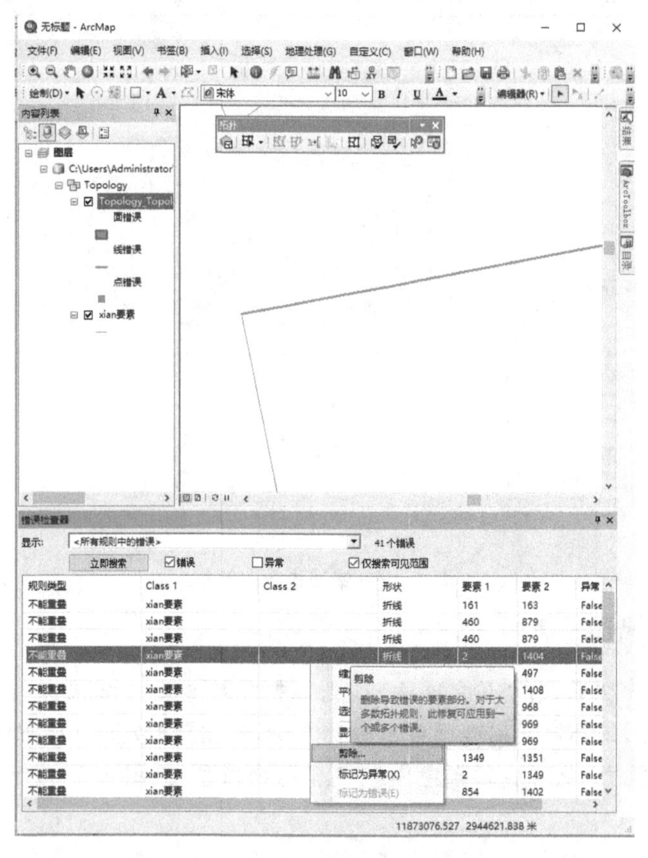

图 4.15 剪除拓扑错误

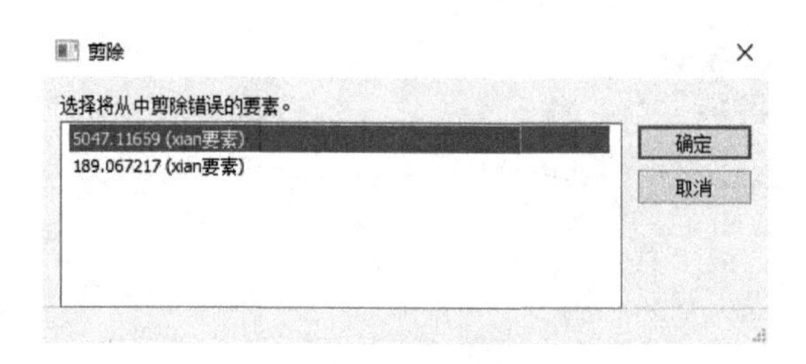

图 4.16 剪除错误要素对话框

(2)将所有拓扑错误的线要素都剪除完毕后,单击【编辑器】中的【保存编辑内容】和【停止编辑】按钮,下一步将【目录】工具栏中创建的拓扑检查“Topology_Topology”删除,重新新建拓扑,对初步修正结果进行检验,直至拓扑检查结果中“xian 要素”不再出现拓扑错误为止,即拓扑错误修正完成(见图 4.17)。

(3)在内容列表下用鼠标右键单击【xian 要素】,单击【数据】→【导出数据】,将修正后的最终结果导出,并命名为“xian 要素已修正.shp”,存储至“Ex4”文件夹下(见图 4.18)。

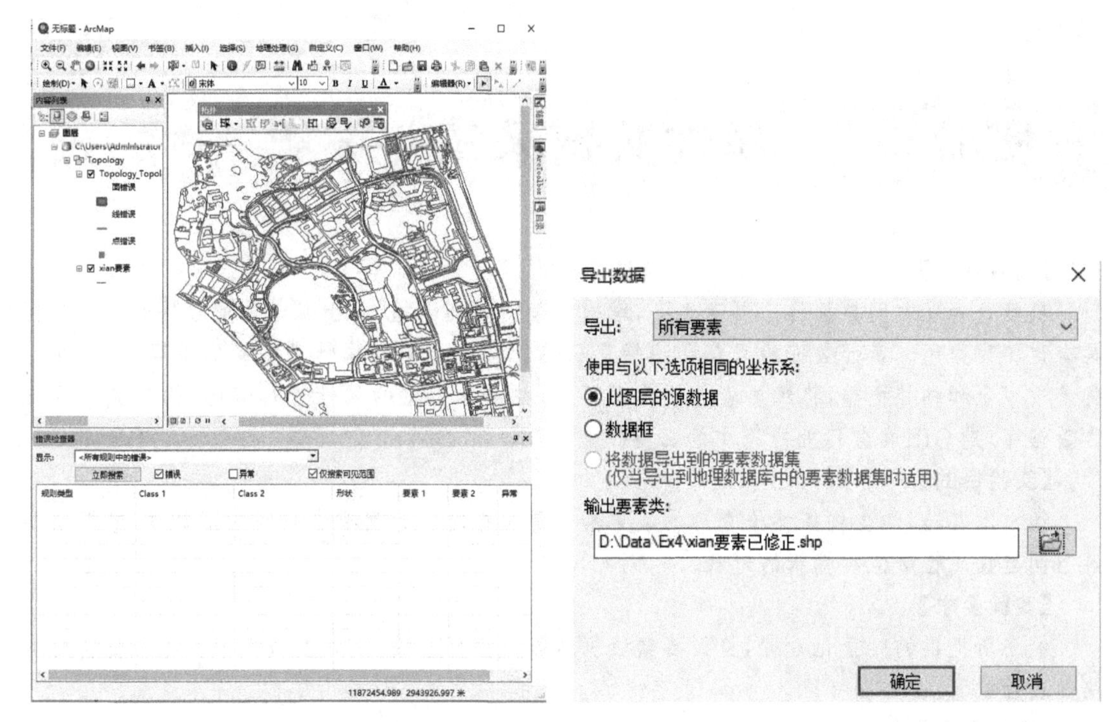

图 4.17 拓扑错误修正结果

图 4.18 导出数据对话框

【注意事项】

(1)空间拓扑关系的创建,须要求待拓扑检查的数据位于地理数据库的要素数据集内,且软件不支持 shp 矢量文件的拓扑检查操作。

(2)空间拓扑关系创建前,须保证当前矢量数据处在未编辑状态,即需要在【编辑器】工具条内点击【停止编辑】,方可执行拓扑检查。

(3)为确保空间拓扑关系的完整性和拓扑错误修正的全面性,实际操作中,须多次执行拓扑检查操作,直至无拓扑错误为止。但每次在执行拓扑检查时,须在要素数据集内删除上次拓扑检查生成的文件,否则,无法重新创建拓扑。

(4)ArcGIS 软件的空间拓扑检查中设置了多种拓扑规则,如不能有悬挂点、不能重叠等,实际操作中,应根据具体的拓扑检查目的,选择相应的拓扑规则。

实验 5 属性数据采集与编辑

【实验背景】

属性是地理空间数据的三要素之一，准确完整的属性数据，对于基于矢量数据的空间分析具有重要的作用。属性数据的采集和编辑是 GIS 建立矢量空间属性数据库的重要内容，通过矢量数字化和拓扑检查，将线要素转换为面要素，并对各图斑的属性进行赋值，构建完善的矢量数据库，是 GIS 在各行业应用中的必备技能。

【实验目的】

通过本实验，学会将拓扑检查后的线要素矢量数据转换为面要素空间图形数据，掌握面要素空间数据属性赋值和编辑的过程。

【实验要求】

利用所提供的矢量化数据，将线要素数据转换为面要素数据，并参照底图和相关资料对斑块面属性赋值。

【实验数据】

实验数据位于\Data\Ex3\目录和\Data\Ex5\目录中，包括“Ex5”文件夹中的“xian 要素已修正. shp”和“Ex3”文件夹中的“贵州大学. img”数据。

【操作步骤】

(1)以“Ex5”文件夹中的“xian 要素已修正. shp”文件和“Ex3”文件夹中的“贵州大学. img”地图为数据源，将数据源加载到软件视图窗口中(见图 5.1)。

图 5.1 加载属性数据源

(2)将“xian 要素已修正”文件转换为面要素,单击【ArcToolbox】工具箱→【数据管理工具】→【要素】→【要素转面】(见图 5.2),打开【要素转面】对话框,在【输入要素】中选择“xian 要素已修正”文件,将输出要素类名称设置为“面要素”,并设置输出路径(见图 5.3),即可得到面要素文件(见图 5.4)。

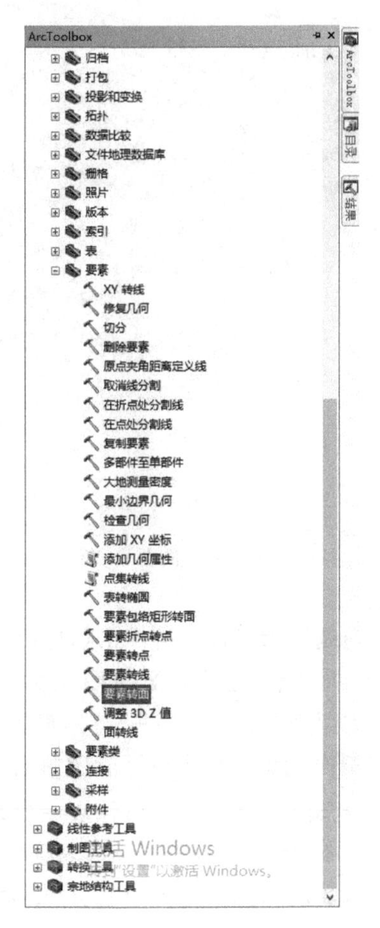

图 5.2　要素转面

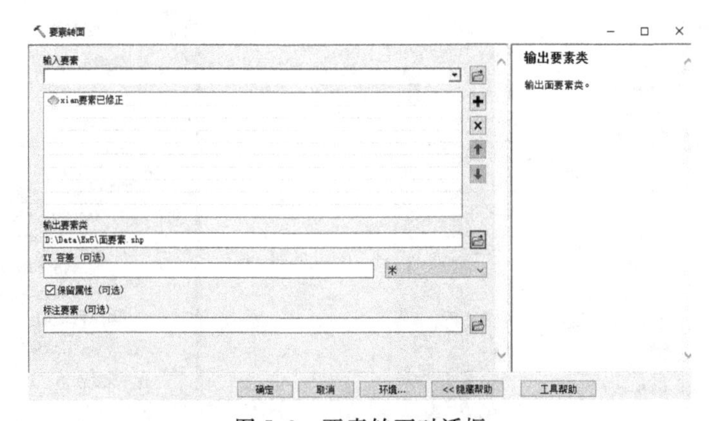

图 5.3　要素转面对话框

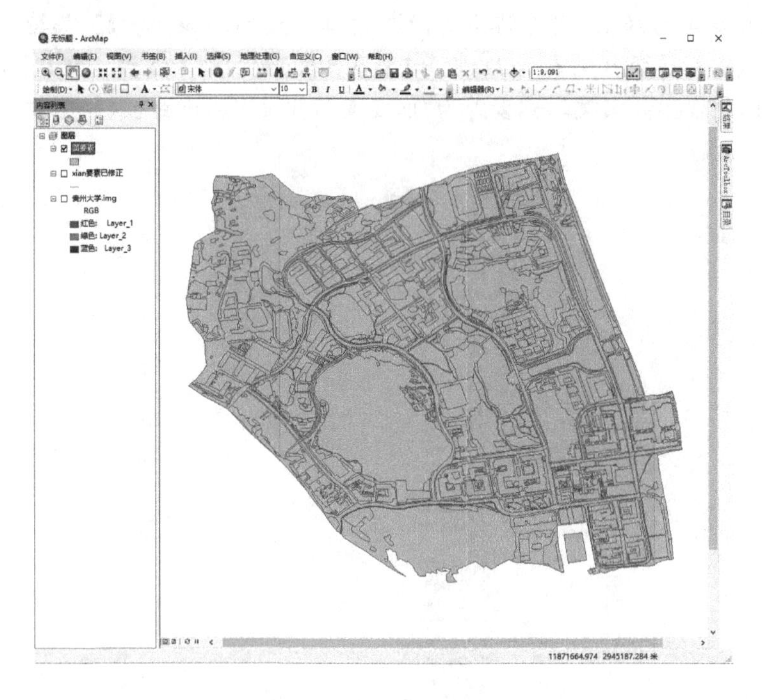

图 5.4 输出面要素文件

(3)在新建的“面要素”图层列表处用鼠标右键单击【打开属性表】(见图 5.5),将鼠标放在【表选项】对话框下拉菜单的位置,单击【添加字段】(见图 5.6),在【添加字段】对话框中分别输入字段名称为“地类”,选择字段类型为“文本”(见图 5.7),设置完成后单击【确定】。

(4)单击【编辑器】工具条下的【开始编辑】,用鼠标右键单击“面要素”图层下的图形符号,将填充色设置为无颜色(见图 5.8),打开【属性表】,在属性表中各斑块面前▸位置处双击鼠标左键,页面会自动定位到该斑块对应的位置,此时即可开始编辑面要素的属性,对应“贵州大学.img”遥感影像,根据遥感影像显示的真实地物类型进行命名,此处命名为“草地”(见图 5.9)。

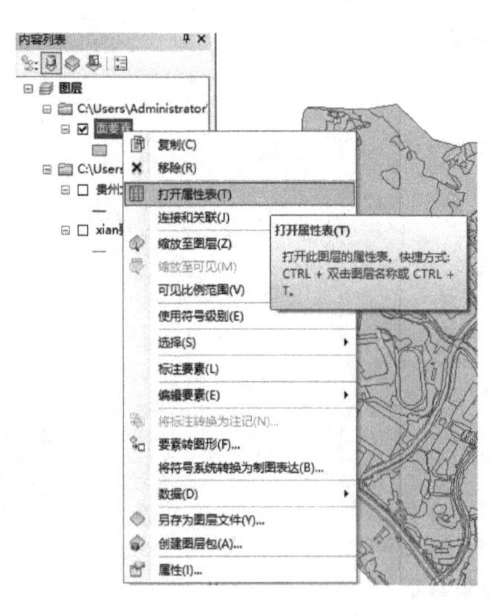

图 5.5 打开属性表

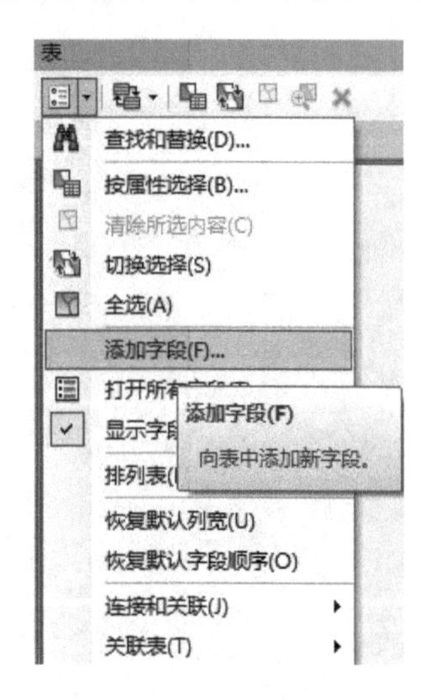

图 5.6 添加字段

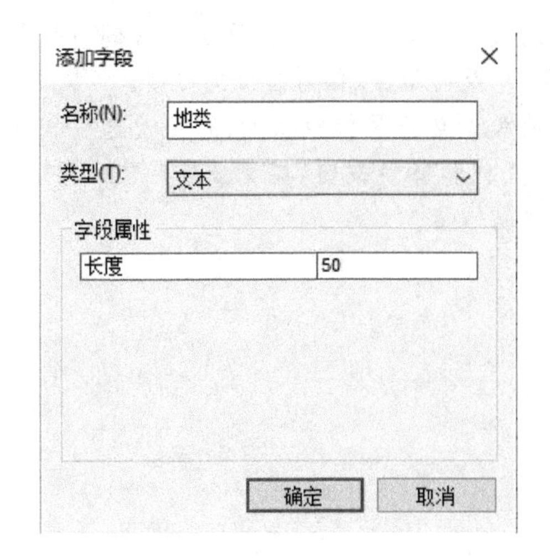

图 5.7　添加字段对话框

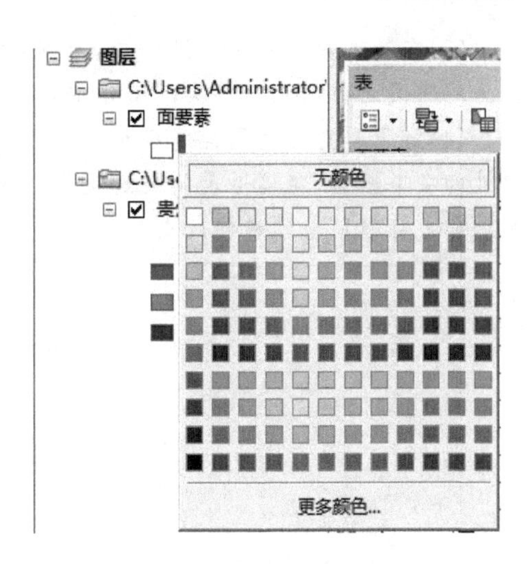

图 5.8　设置图形符号颜色

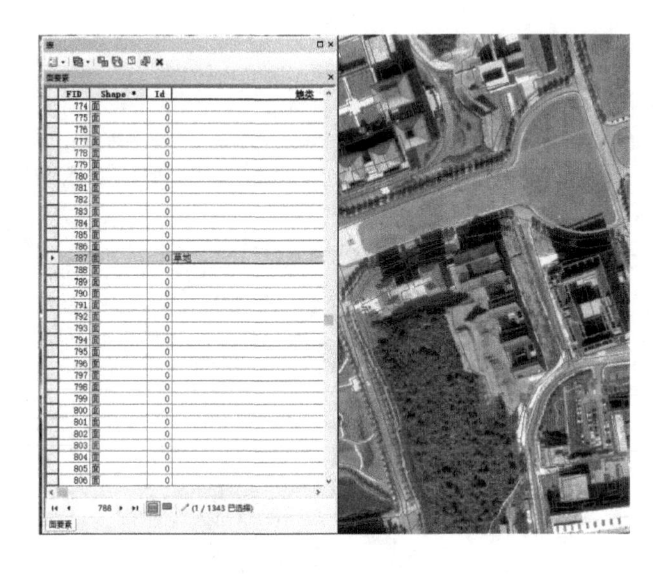

图 5.9　编辑属性

(5)依次编辑完成后,单击【编辑器】工具条下的【保存编辑内容】和【停止编辑】按钮,完成属性编辑。

【注意事项】

(1)关于线要素转换为面要素的方法,除本实验中介绍的在 ArcToolbox 工具箱中执行【要素转面】功能实现外,还可以运用【高级编辑】工具条中的【构造面】按钮功能实现。【高级编辑】工具条可在软件界面右上角空白处点击鼠标右键,在右键菜单栏中勾选【高级编辑】,即可添加【高级编辑】工具条。

(2)在添加字段时,务必事先明确字段类型。ArcGIS 软件的添加字段功能中提供了短整型、长整型、浮点型、双精度型、文本型和日期等多种字段类型,错误的字段类型会导致属性无法赋值或后期空间数据分析无法正常运行。

(3)在属性数据的赋值过程中,因频繁在图斑与属性赋值之间切换,导致图斑的挪动是最常见的错误之一,因此,在实际工作中,须养成规范操作、及时检查、做好备份的习惯。

(4)对于具有相同属性的多个图斑,在 shp 类型的矢量数据属性赋值时,可一次选中相同属性的多个图斑,在属性表的表选项下拉菜单中选择查找和替换按钮,实现批量赋值。同时,此功能也可以用于批量修改满足同一条件的多个图斑属性值。

实验 6　矢量数据空间校正

【实验背景】

由于同一区域内不同矢量数据的来源不同、坐标系统设置错误或不匹配、部分矢量数据坐标系统信息的丢失以及可编辑状态下矢量数据图斑的挪动等原因，在应用中常遇到同一区域相邻或具有包含关系的两个或以上矢量数据文件无法叠合的问题，导致无法建立完整准确的矢量空间数据库和相应的空间分析。ArcGIS 软件提供的矢量数据空间校正方法（如相似变换法、图幅接边法等），可有效解决此类问题。

【实验目的】

通过本实验，了解如何使用“边匹配”工具和设置“边捕捉”属性，学会在 ArcMap 中使用相似变换法创建位移链接对两个相邻矢量要素数据进行空间校正。

【实验要求】

利用矢量要素数据在【空间校正】工具下进行矢量数据的校正，确保错位或无坐标系统信息矢量数据空间位置的准确性。

【实验数据】

实验数据位于\Data\Ex6\目录中，包括“qw1. shp”“qw2. shp”“as1. shp”“as2. shp”“linkpoint. txt”数据。

【操作步骤】

1. 相似变换

(1)打开 ArcMap，将“qw1. shp”和“qw2. shp”加载到 ArcMap 视图窗口中，如图 6.1 所示。“qw1. shp”是坐标信息准确的基准矢量数据，“qw2. shp”是待校正的矢量数据。

(2)在菜单栏右侧空白处，用鼠标右键单击，加载【空间校正】工具条，依次选择【编辑器】工具条中的【编辑器】→【开始编辑】，激活图层，使图层处于可编辑状态(见图 6.2)。

(3)单击【空间校正】工具条中的【空间校正】→【设置校正数据】(见图 6.3)，打开【选择要校正的输入】对话框，在对话框中选择待校正的矢量数据(qw2. shp)，注意只勾选被校正要素，单击【确定】按钮(见图 6.4)。

(4)单击【空间校正】工具条中的【空间校正】→【校正方法】→【变换-相似】，设置空间校正方法为“变换-相似”(见图 6.5)。

(5)单击【空间校正】工具条中的【新建位移链接工具】按钮(见图 6.6)，这时鼠标会变成“＋”，点击被校正要素(qw2. shp)上的某点，然后点击基准要素(qw1. shp)上的对应点，建立一个置换链接。用同样的方法建立足够的链接，本次实验建立 7 个链接(见图 6.7)。

(6)单击【空间校正】工具条中的【空间校正】→【查看链接表】(见图 6.8)，打开【链接表】对话框，可以查看残差与 RMS 误差，残差越小说明校正效果越好(见图 6.9)。

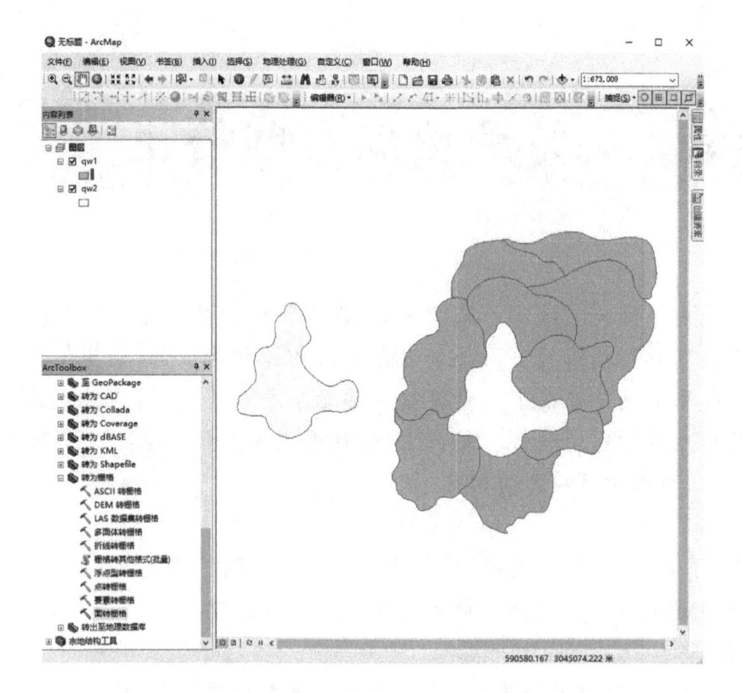

图 6.1 加载矢量空间校正数据

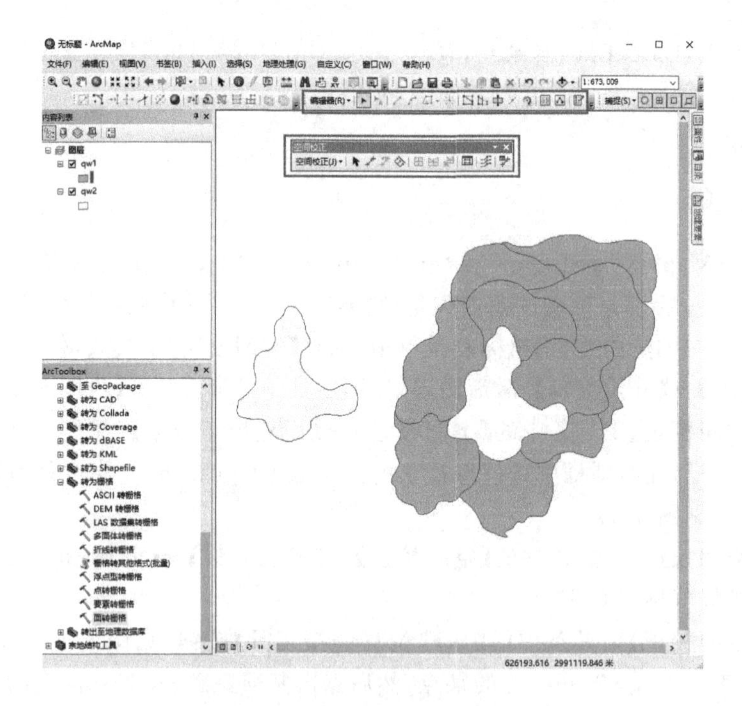

图 6.2 打开编辑激活图层

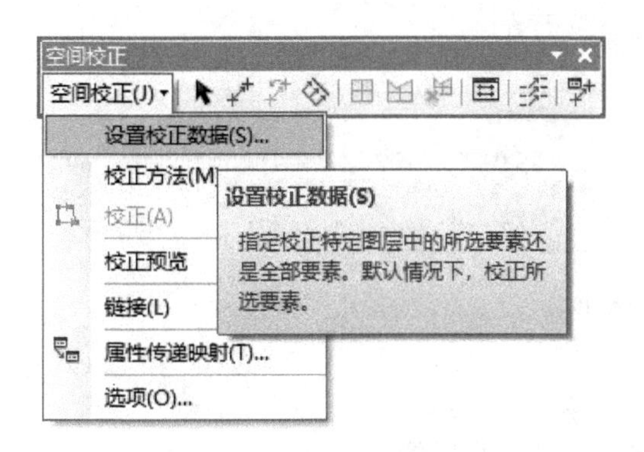

图 6.3　设置校正数据

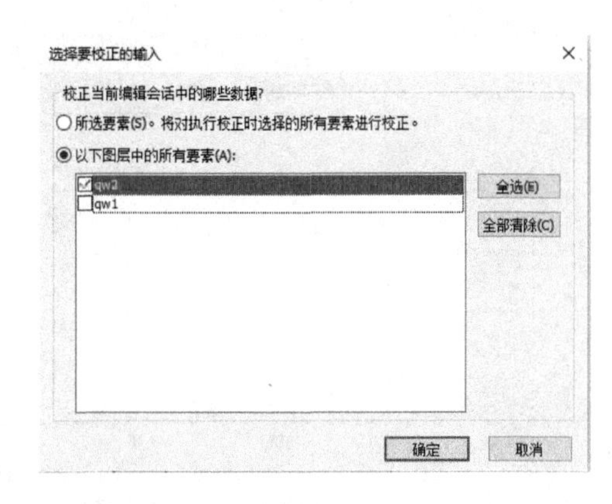

图 6.4　选择要校正的输入数据对话框

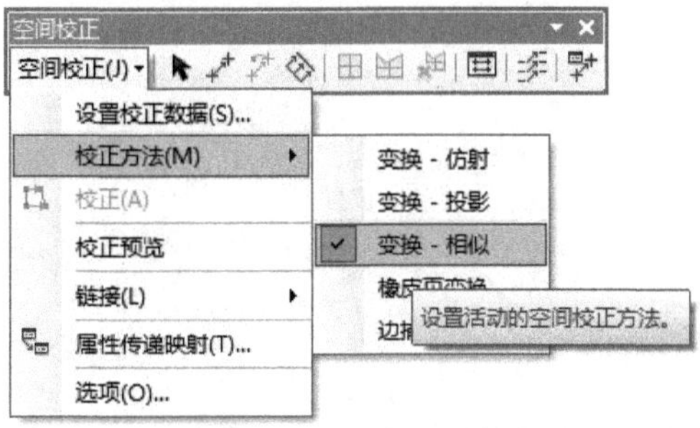

图 6.5　设置校正方法

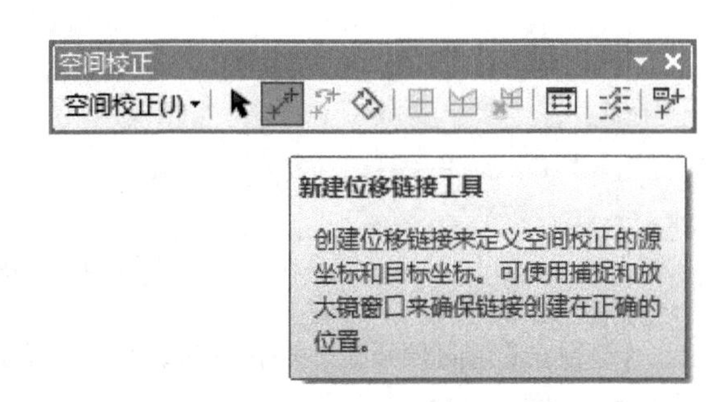

图 6.6　新建要素类

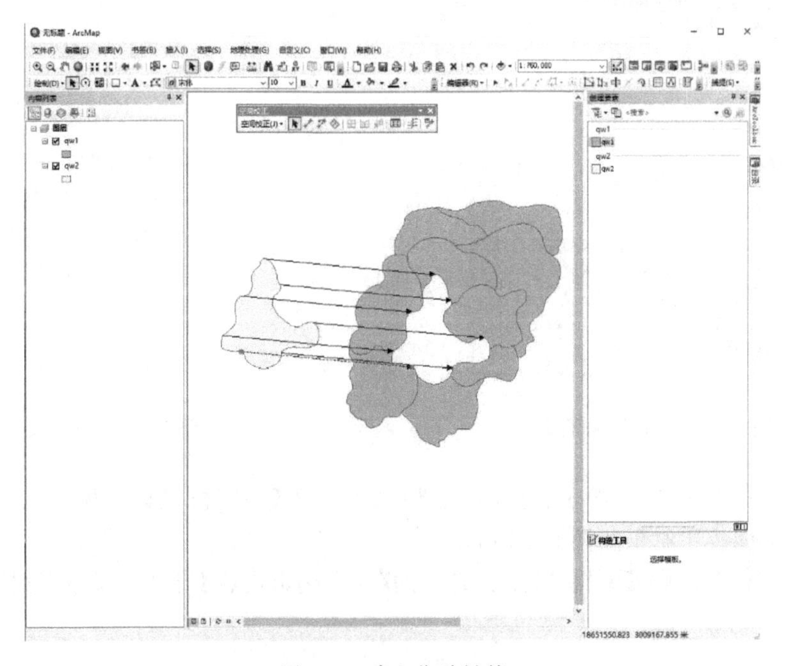

图 6.7　建立位移链接

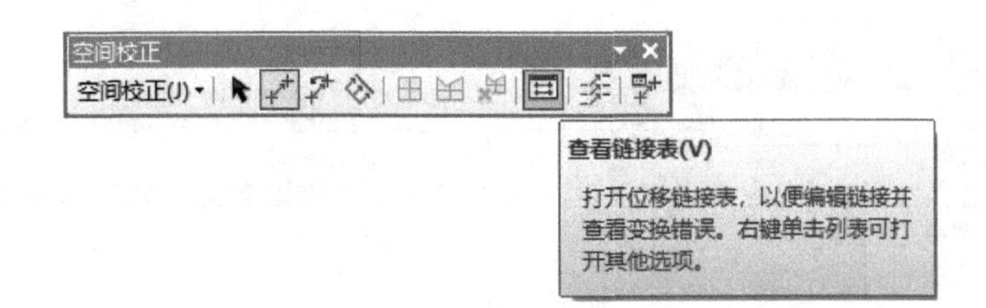

图 6.8　查看链接表

链接表

ID	X源	Y源	X目标	Y目标	残差
1	18609128.870...	2995193.203849	18665088.356...	2990166.110462	0.000000
2	18595472.740...	2970658.160998	18651432.227...	2965631.067611	0.000001
3	18614779.918...	2965035.728573	18670739.405...	2960008.635185	0.000000
4	18625275.753...	2974898.946844	18681235.240...	2969871.853456	0.000000
5	18614474.009...	2986958.931537	18670433.496...	2981931.838149	0.000001
6	18601801.344...	2965487.397191	18657760.831...	2960460.303803	0.000000
7	18601549.596...	2983285.802962	18657509.083...	2978258.709575	0.000000

删除链接(D)　关闭

RMS 误差:　0.000000

图 6.9　链接表对话框

(7)单击【空间校正】工具条中的【空间校正】→【校正预览】(见图 6.10)，预览校正效果是否正确(见图 6.11)。

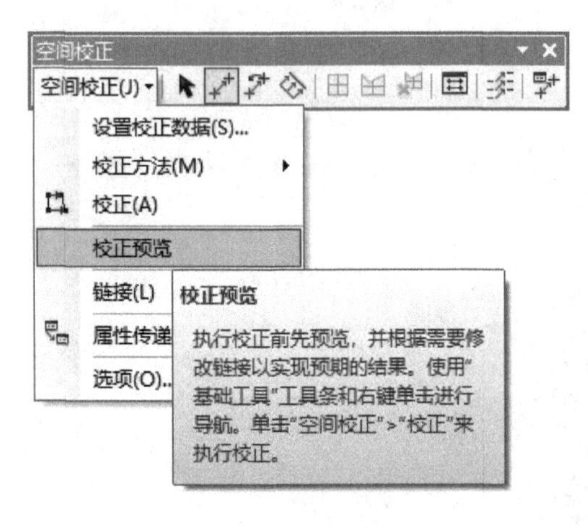

图 6.10　校正结果预览

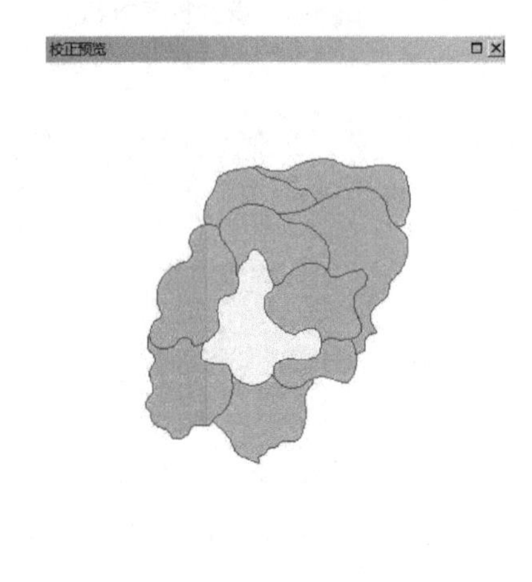

图 6.11　预览校正效果图

(8)查看预览图正确后，单击【空间校正】工具条中的【空间校正】→【校正】(见图 6.12)，进行空间校正，空间校正结果如图 6.13 所示。

(9)校正结束后，单击【编辑器】工具条下的【保存编辑内容】，再单击【停止编辑】，即可退出编辑状态。

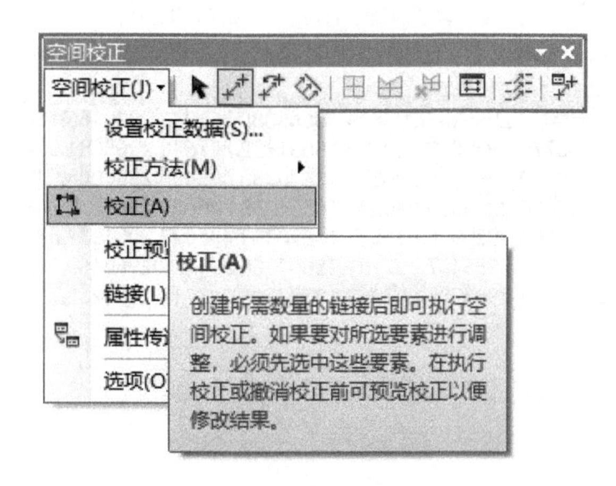

图 6.12 空间校正

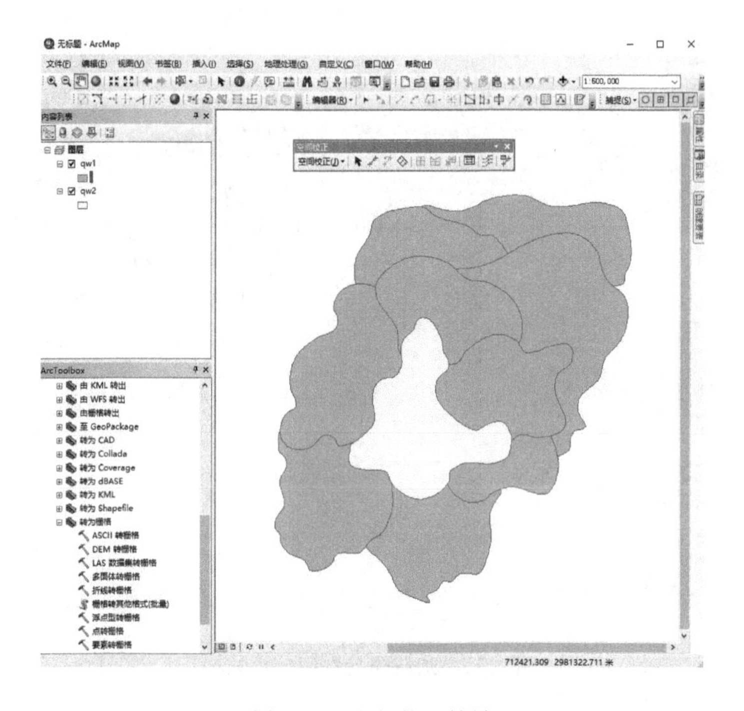

图 6.13 空间校正结果

上面的方法是将一个没有坐标系的要素类校正到一个有坐标系的要素类，简单说是图对图校正。如果只有一个没有坐标系的要素类，但知道它上面关键点的真实坐标，则上述第(5)步可用下面方法代替：首先读出原图上关键点的屏幕坐标，找到和它对应的真实坐标；然后建立链接文件，格式为文本文件，第一列是关键点的屏幕 x 坐标，第二列是关键点的屏幕 y 坐标，第三列是关键点真实的 x 坐标，第四列是关键点真实的 y 坐标，中间用空格分开，每个关键点一行，如图 6.14 所示。在【空间校正】工具条中，单击【链接】→【打开链接文件】，选择建立好的链接文件(linkpoint.txt)，其余步骤与前面的相同。

linkpoint.txt - 记事本

文件(F) 编辑(E) 格式(O) 查看(V) 帮助(H)

```
18609128.870022 2995193.203849 18665088.356941 2990166.110462
18595472.740779 2970658.160998 18651432.227698 2965631.067611
18614779.918580 2965035.728573 18670739.405499 2960008.635185
18625275.753686 2974898.946844 18681235.240605 2969871.853456
18614474.009158 2986958.931537 18670433.496077 2981931.838149
18601801.344186 2965487.397191 18657760.831105 2960460.303803
18601549.596195 2983285.802962 18657509.083114 2978258.709575
```

图 6.14 链接文件

2. 图幅接边

(1)打开 ArcMap,将“as1. shp”数据和“as2. shp”加载到 ArcMap 视图窗口中,如图 6.15 所示。

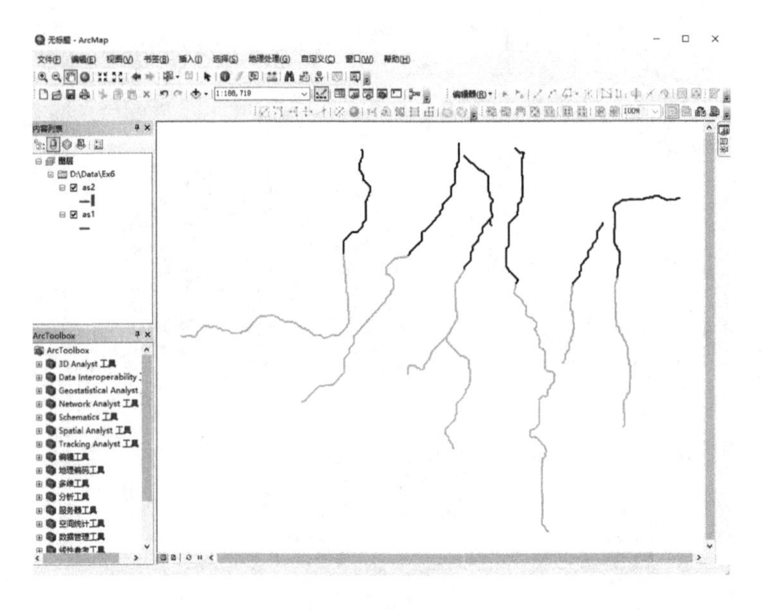

图 6.15 加载矢量空间校正数据

(2)在菜单栏空白处单击鼠标右键,加载【空间校正】工具条,单击【编辑器】工具条中的【编辑器】→【开始编辑】,此时图层已被激活,可进行编辑(见图 6.16)。

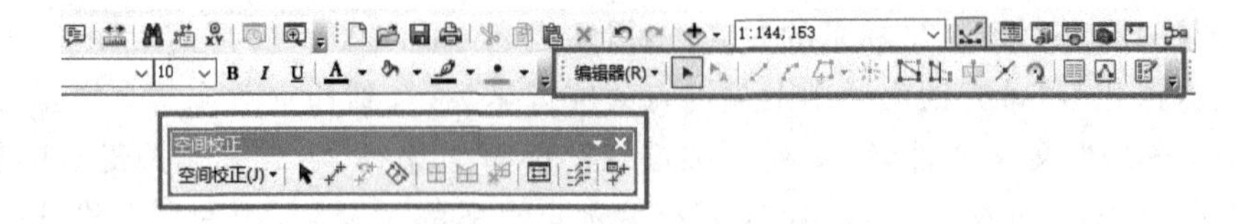

图 6.16 打开编辑激活图层

(3)单击【空间校正】工具条中的【空间校正】→【设置校正数据】,打开【选择要校正的输入】对话框,在对话框中选择所选要素,单击【确定】按钮(见图 6.17)。

(4)单击【空间校正】工具条中的【空间校正】→【校正方法】→【边捕捉】,设置校正方法为“边捕捉”(见图 6.18)。

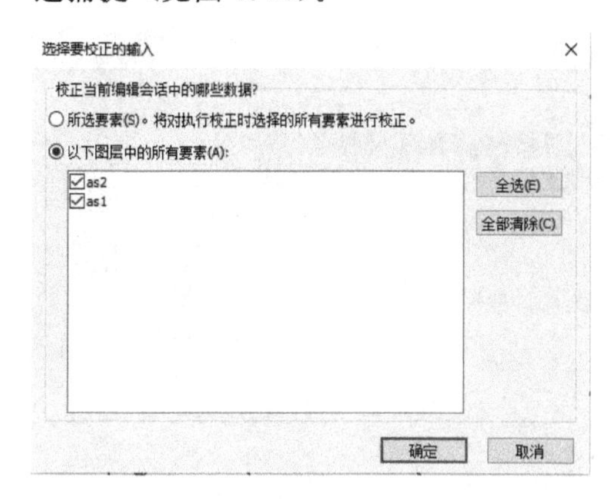

图 6.17 选择要校正的输入对话框

图 6.18 设置校正方法

(5)单击【空间校正】工具条中的【空间校正】→【选项】,打开【校正属性】对话框,设置校正方法为“边捕捉”(见图 6.19),在此对话框单击“边捕捉”后的【选项】按钮,选择方法为“平滑”(见图 6.20),单击【确定】按钮返回【校正属性】对话框。接下来单击【边匹配】按钮,选择源图层“as1”与目标图层“as2”,选择“避免重复链接”(见图 6.21),设置完毕单击【确定】按钮。边匹配用于沿相邻图层的边缘对齐要素。通常,将对精度较低的要素图层进行调整,而将另一图层用作目标图层。边匹配基于位移链接来定义空间校正。

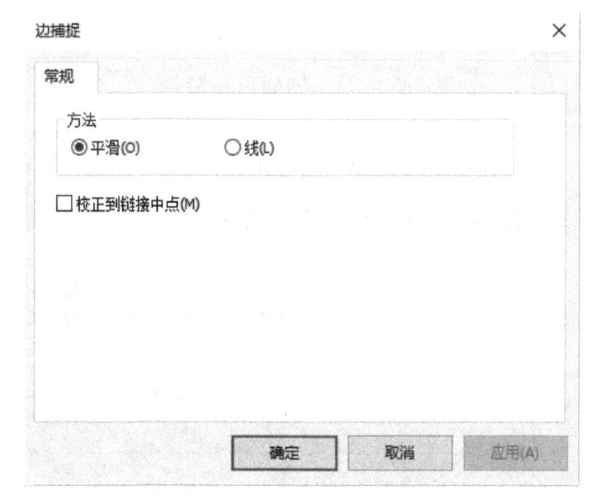

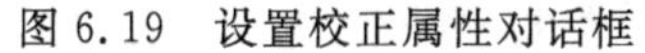

图 6.19 设置校正属性对话框

图 6.20 设置边捕捉属性对话框

(6)单击【空间校正】工具条中的【边匹配】按钮(见图 6.22),在要素端点的周围拖出一个选框。“边匹配”工具将根据位于选框内的源要素和目标要素来创建多个位移链接(见图 6.23),将链接处放大,可观察到位移链接已经创建成功,如图 6.24 所示。

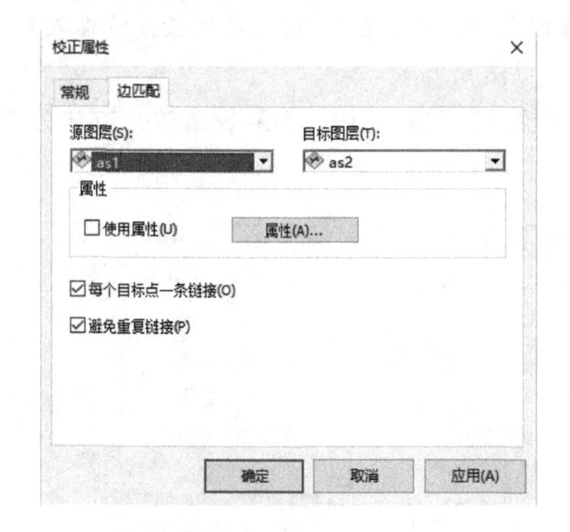

图 6.21　设置边匹配对话框

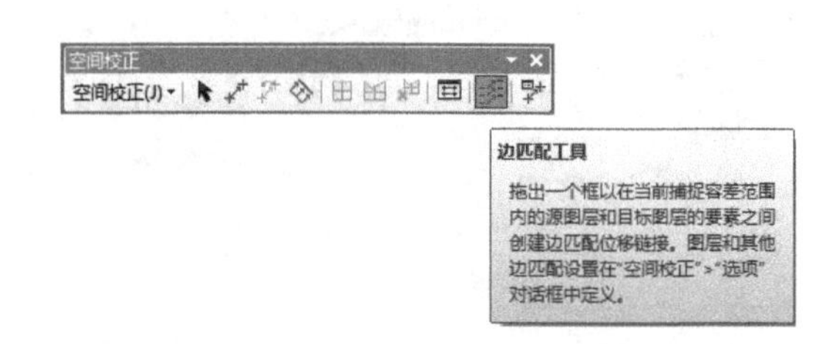

图 6.22　边匹配工具

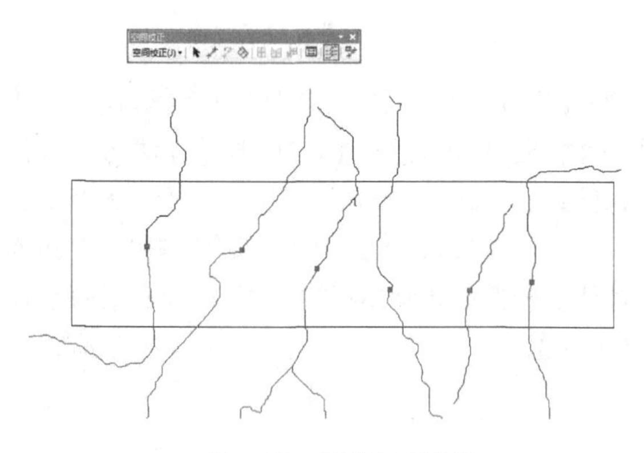

图 6.23　创建位移链接

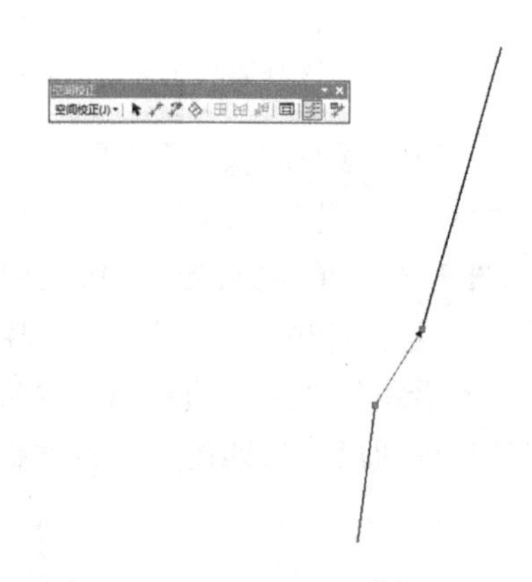

图 6.24　位移链接已创建成功

(7)单击【空间校正】工具条中的【空间校正】→【校正】(见图 6.25),可进行空间校正。校正结束后,单击【编辑器】工具条下的【保存编辑内容】,再单击【停止编辑】,即可退出编辑状态。

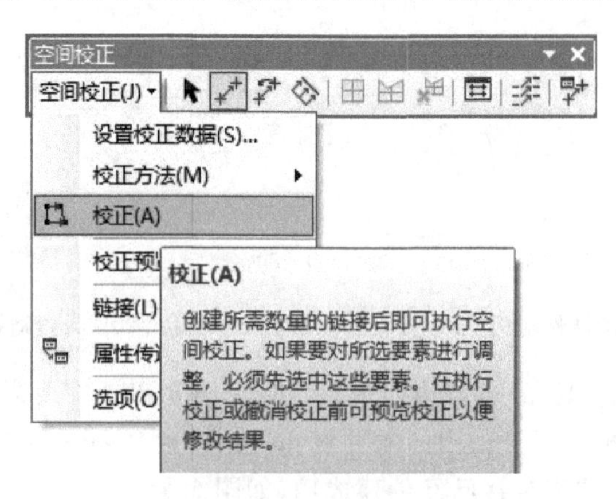

图 6.25　空间校正

【注意事项】

(1)矢量数据空间校正时,建议打开【捕捉】工具,可有效提高校正结果的准确性。

(2)采用相似变换法进行矢量数据空间校正时,理论上建立3对置换链接即可实现空间校正,但为保证校正结果的精度,在实际操作中,需根据图形数据的实际情况,尽可能多建立几对置换链接,且链接点须在具有明显特征的拐点处,多个链接点尽可能均匀分布。

(3)在图幅接边时,须保证【捕捉】工具条中的【端点捕捉】处于启用状态。

(4)图幅接边时,如在边周围拖出选框后未弹出创建链接,可适当缩小数据显示大小,然后重试。

实验 7　矢量数据裁剪与拼接

【实验背景】

提取矢量数据(集)中满足某种条件的部分图形和属性数据,生成新的感兴趣区域矢量数据,实现矢量数据的裁剪或提取。同时,将具有相同坐标系统信息、属性字段一致的相邻矢量数据合并为一个新的矢量数据(集),是空间矢量数据库管理应用中常见的操作之一。矢量数据的裁剪与拼接在空间矢量数据的分发、多部门协同矢量数据库构建等方面有着广泛的应用,如在林业资源二类调查或国土调查等工作中,数据管理部门按照项目需求,从空间矢量数据库中提取和分析项目区域的相关矢量数据,或各数据协同单位将同一地区不同分幅的空间矢量数据通过拼接融合成总体数据库等。

【实验目的】

通过本实验,领会空间矢量数据裁剪和拼接的理论方法,熟练掌握矢量数据裁剪与拼接的操作步骤。

【实验要求】

(1)以“林班面.shp”和“规划范围.shp”为数据源,提取“规划范围”中的“林班面”数据。

(2)以“1 号图.shp”和“2 号图.shp”为数据源,运用“合并”工具将“1 号图”和“2 号图”两个独立的图层合并为新的“合并图.shp”数据。

【实验数据】

实验数据位于\Data\Ex7\目录中,包括“林班面.shp”“规划范围.shp”“1 号图.shp”和“2 号图.shp”数据。

【操作步骤】

1. 矢量数据的裁剪

(1)打开 ArcMap,加载“林班面.shp”数据和“规划范围.shp”数据(见图 7.1)。

(2)选择【分析工具】→【提取分析】→【裁剪】工具,打开【裁剪】工具对话框(见图 7.2)。

(3)在【输入要素】中选择需要裁剪的矢量数据。

(4)在【裁剪要素】中选择用于裁剪的矢量范围。

(5)在【输出要素类】中键入输出数据的路径和名称。

(6)【XY 容差】是可选项,用于确定容差的大小,此处选择默认。

(7)单击【确定】按钮,完成操作(见图 7.3)。

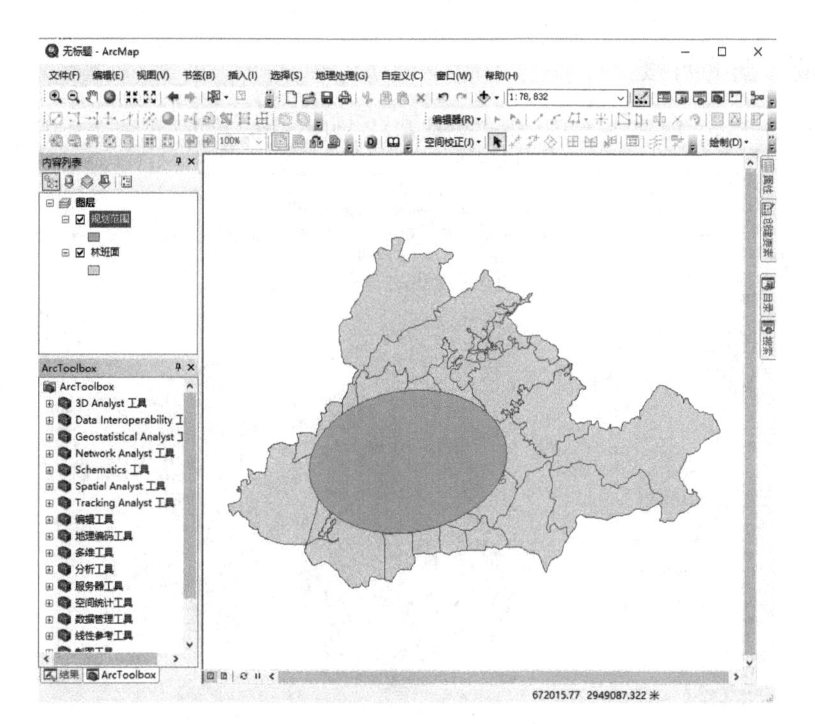

图 7.1　林班面数据和规划范围数据

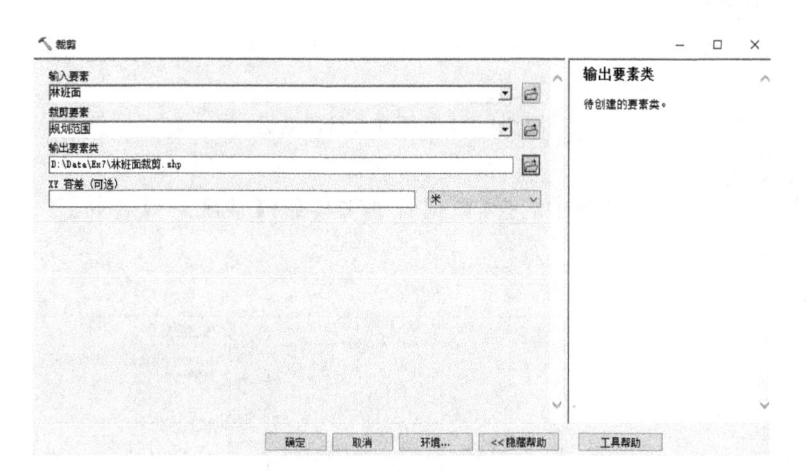

图 7.2　裁剪对话框

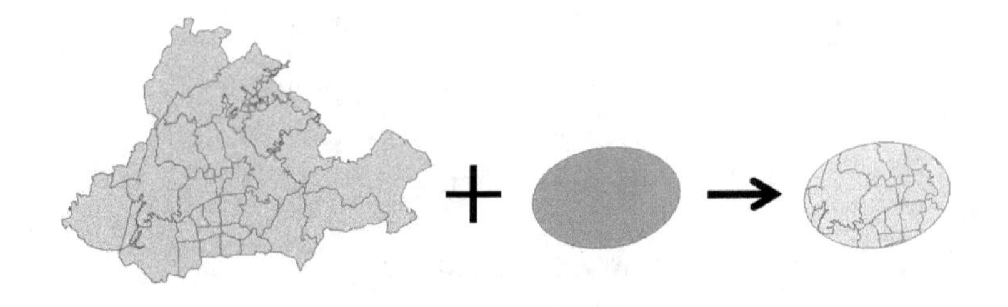

图 7.3　裁剪的图解表达

2. 矢量数据的拼接

(1)打开 ArcMap,加载“1 号图.shp”数据和“2 号图.shp”数据(见图 7.4)。

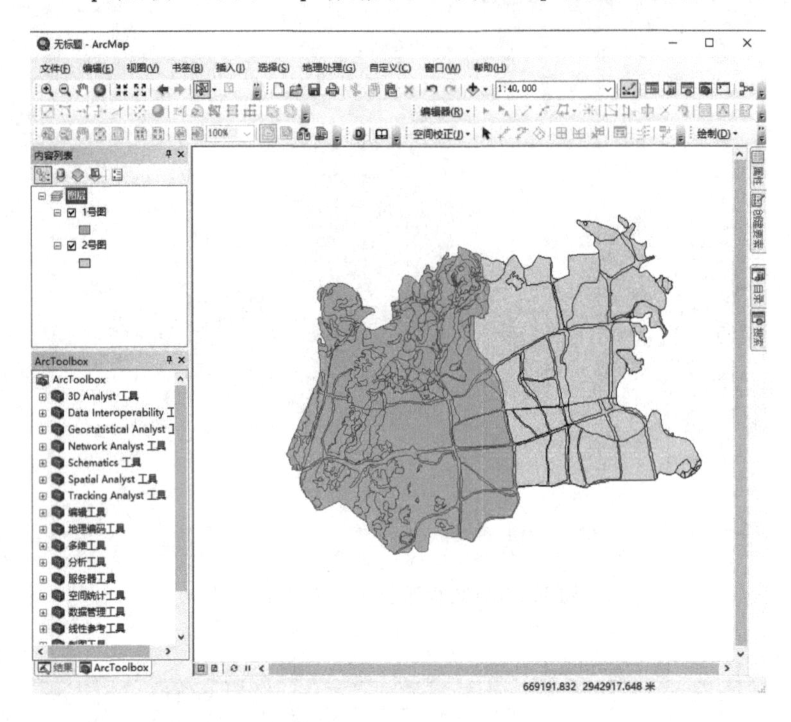

图 7.4　1 号图和 2 号图数据

(2)在【ArcToolbox】工具箱中选择【数据管理工具】→【常规】→【合并】工具,打开【合并】工具对话框(见图 7.5)。

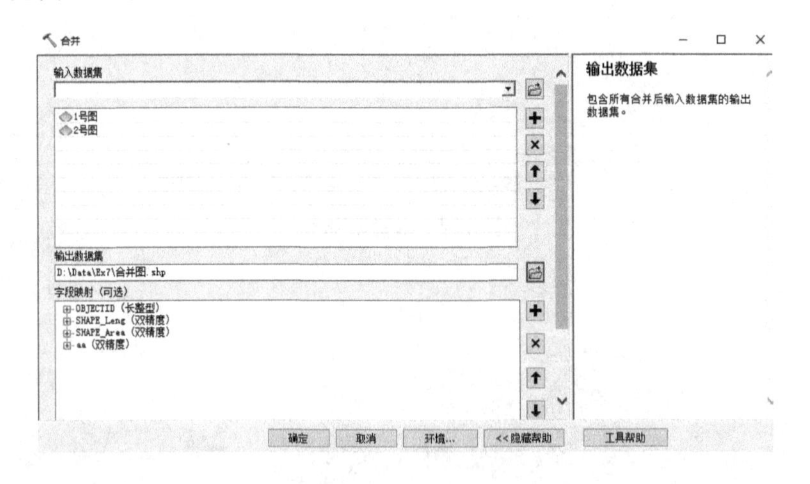

图 7.5　合并对话框

(3)在【输入数据集】文本框中选择输入的数据,可选择多个数据。

(4)在【输出数据集】文本框中输入输出数据的路径和名称。

(5)点击【确定】,完成操作(见图 7.6)。

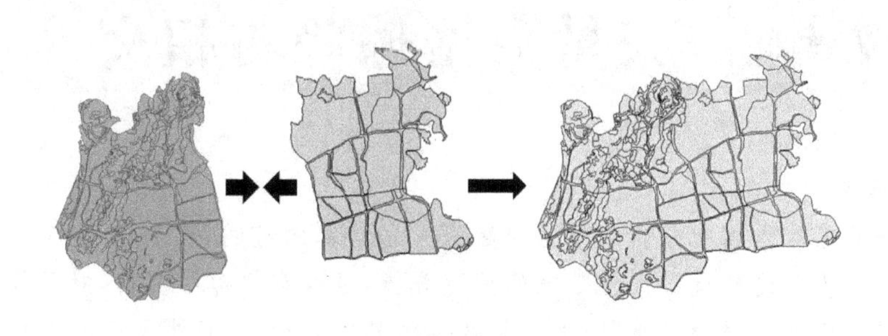

图 7.6 合并的图解表达

【注意事项】

(1)以 shp 格式的矢量数据底图作为裁剪对象,进行矢量数据裁剪操作后,裁剪结果数据属性的数值字段值会继承原始数据图斑属性值,因此,须对裁剪结果数据的面积、周长等数值字段,在属性表中通过"计算几何"重新计算,方能得到裁剪结果各图斑的实际数值。而针对位于空间地理数据库中的要素类进行矢量数据裁剪时,属性表中的面积和周长字段值会在裁剪后自动更新。

(2)两幅及以上相邻矢量数据拼接时,须保证各矢量数据文件在空间上的相邻关系、坐标系统信息、属性字段名称和字段类型一致,否则,可能会导致拼接结果图形数据或属性数据的错误。

实验8 矢量数据擦除与相交

【实验背景】

矢量数据的擦除和相交分析属于空间数据布尔运算的范畴，在基于GIS矢量数据的数据更新中具有广泛的用途。通过矢量数据的擦除分析，可以根据擦除要素，对原始矢量数据范围内的图形数据和属性数据予以清除；而矢量数据的相交分析，则根据两个具有重叠空间信息的矢量数据的图形数据交集运算和属性数据的更新，得到新的矢量要素数据。

【实验目的】

通过本实验，熟练掌握ArcMap中矢量数据的擦除与相交操作步骤。

【实验要求】

(1)以“建筑.shp”和“分区.shp”为数据源，使用“建筑”对“分区”进行擦除。

(2)以“建筑.shp”和“分区.shp”为数据源，求两个图层的相交部分。

【实验数据】

实验数据位于\Data\Ex8\目录中，里面包括“建筑.shp”和“分区.shp”数据。

【操作步骤】

1. 矢量数据的擦除

(1)打开ArcMap，加载“建筑.shp”和“分区.shp”数据(见图8.1)。

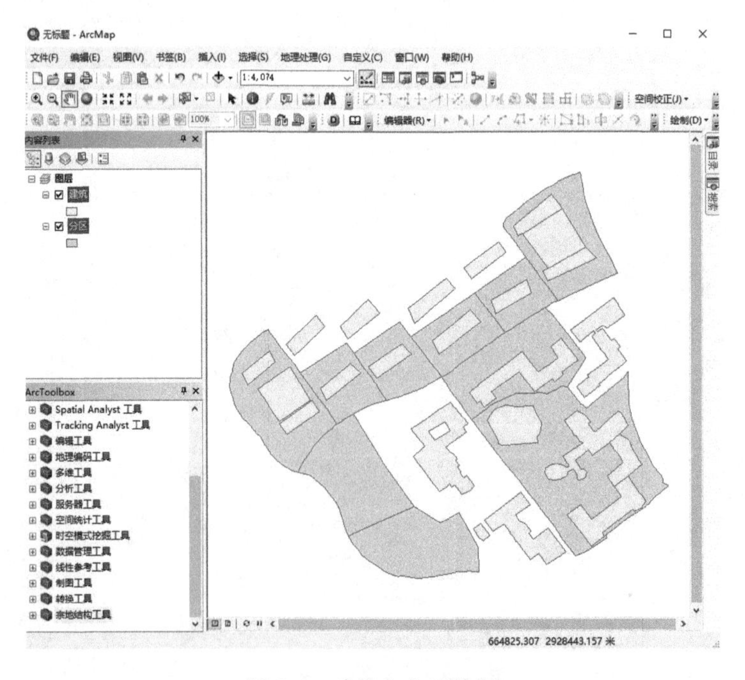

图8.1 建筑和分区数据

(2)在【ArcToolbox】工具箱中选择【分析工具】→【叠加分析】→【擦除】工具，打开【擦除】对话框。

(3)在【输入要素】文本框中选择需要裁剪的矢量数据(本实验输入“分区”)，在【擦除要素】文本框中选择需要擦除的参照要素(本实验输入“建筑”)，在【输出要素类】文本框中输入输出数据的路径和名称(本实验输出数据命名为“分区_Erase. shp”)(见图 8.2)。

(4)点击【确定】，完成操作(见图 8.3)。

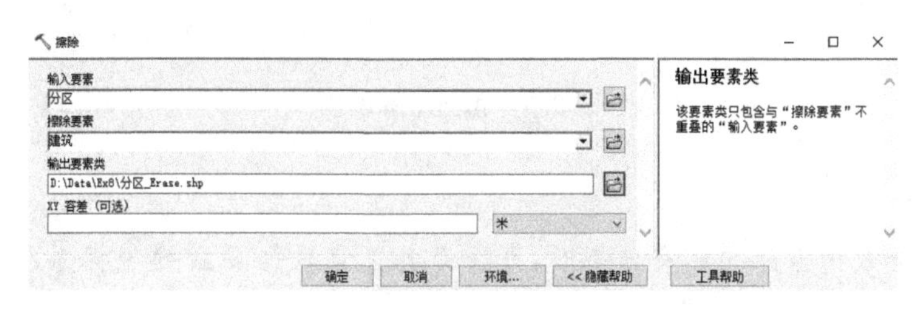

图 8.2　擦除对话框

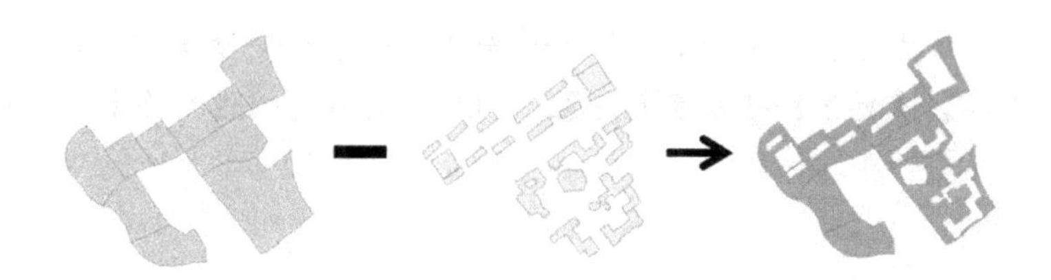

图 8.3　擦除图解表达

2. 矢量数据的相交

(1)在【ArcToolbox】工具箱中选择【分析工具】→【叠加分析】→【相交】工具，打开【相交】对话框。

(2)在【输入要素】文本框中选择需要裁剪的矢量数据(本实验输入“分区”和“建筑”)，在【输出要素类】文本框中输入输出数据的路径和名称(本实验输出数据命名为“建筑_Intersect. shp”)(见图 8.4)。

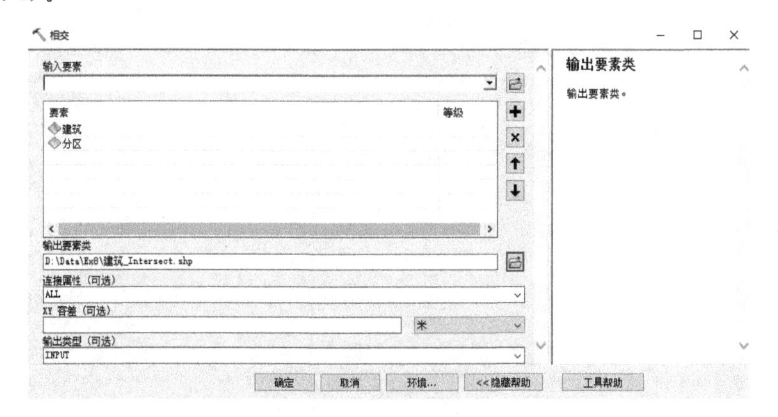

图 8.4　相交对话框

(3)点击【确定】,完成操作(见图 8.5)。

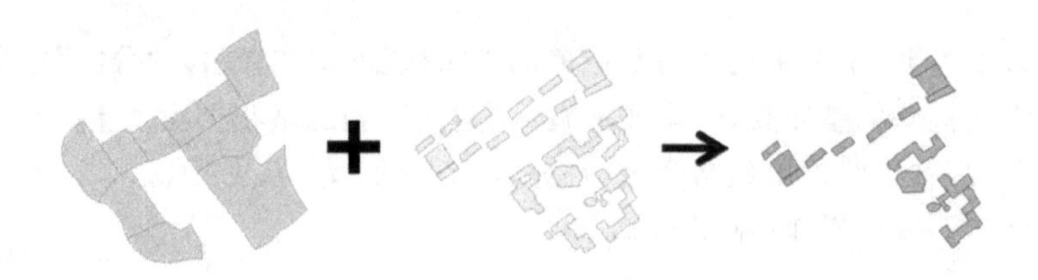

图 8.5 相交图解表达

【注意事项】

(1)执行矢量数据擦除和相交分析时,须保证各矢量数据要素的坐标系统一致,且在空间上有重叠。

(2)擦除分析仅针对两个矢量数据要素之间,而相交分析操作,输入要素可为两个或以上矢量数据要素。

(3)如在执行擦除或相交分析时,弹出错误信息而无法得到结果,可在 ArcToolbox 工具箱的【数据管理工具】→【要素】→【修复几何】工具中,对矢量数据进行修复几何处理后,继续执行擦除或相交分析。

实验 9 空间数据选择

【实验背景】

空间数据的查询和选择是进行图形或属性要素管理、编辑的常用功能，通过点选查询、多边形查询、属性查询等方法，可对矢量数据集中的单个或多个图形要素或属性要素进行选择，以实现目标要素图形或属性的快速查看。

【实验目的】

通过本实验，了解 ArcGIS 软件实现图形查属性、属性查图形的工作原理，掌握 ArcMap 中通过属性选择工具和通过位置选择工具的基本操作。

【实验要求】

(1)通过按属性选择工具，选择“name”为“E”的图层。

(2)通过按位置选择工具，选择“规划廊道”经过的“W 区域”。

【实验数据】

实验数据位于\Data\Ex9\目录中，包括“规划廊道.shp”和“W 区域.shp”数据。

【操作方法】

1. 通过属性选择

(1)打开 ArcMap，将“规划廊道.shp”和“W 区域.shp”数据加载到视图窗口中(见图 9.1)。

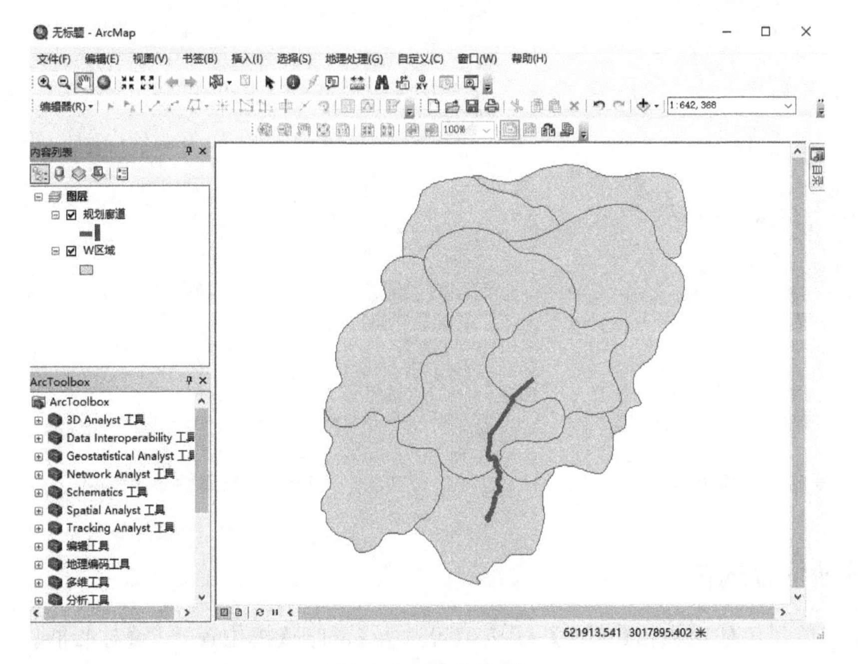

图 9.1 原始数据

(2)在菜单栏中依次点击【选择】→【按属性选择】(见图 9.2),打开【按属性选择】对话框。

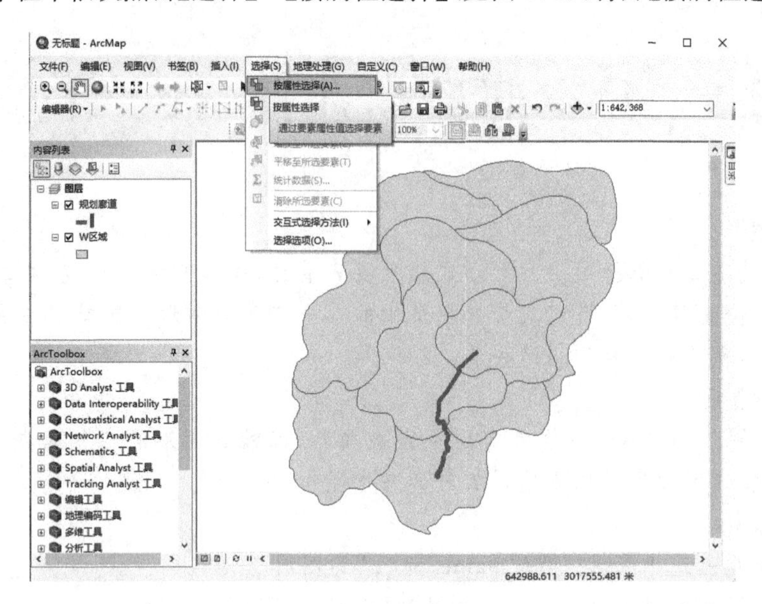

图 9.2 打开按属性选择

(3)在【图层】下拉框中选择“W 区域”,在【方法】下拉框中选择“创建新选择内容”,在【方法】下拉框下面的列表框中选中并双击“name”,选中并双击【=】按钮,选中并双击【获取唯一值】按钮,选中并双击“‘E’”(见图 9.3),然后点击【确定】,结果如图 9.4 所示。

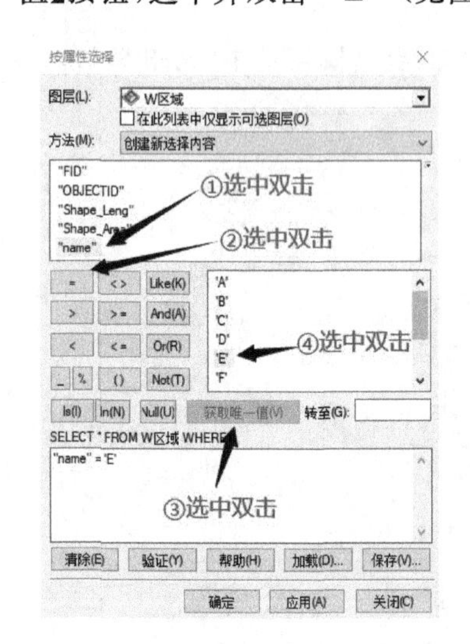

图 9.3 按属性选择对话框

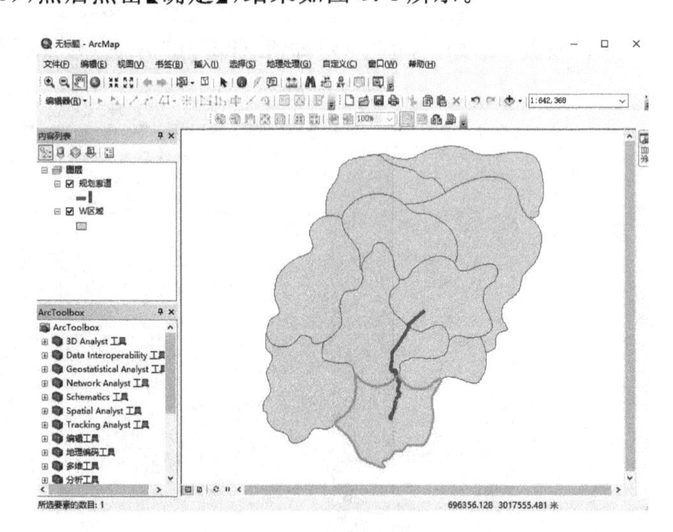

图 9.4 按属性选择结果

2. 通过位置选择

(1)在菜单栏中依次点击【选择】→【按位置选择】,打开【按位置选择】对话框。

(2)在【选择】下拉框中选择“从以下图层中选择要素”,在【目标图层】下拉框列表中选择

“W区域”,在【源图层】下拉框中选择“规划廊道”,在【目标图层要素的空间选择方法】下拉框中选择“与源图层要素相交”(见图 9.5),然后点击【确定】,结果如图 9.6 所示。

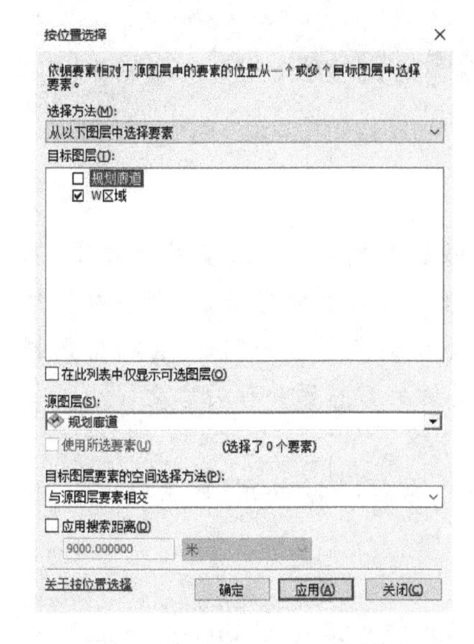

图 9.5 按位置选择对话框

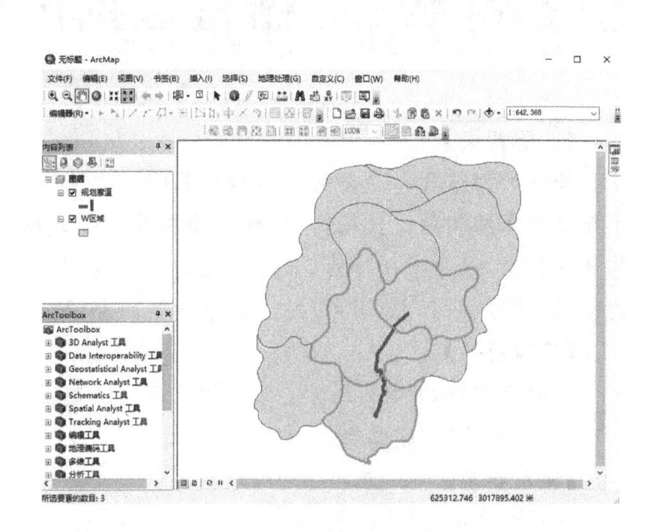

图 9.6 按位置选择结果

【注意事项】

(1)通过属性选择功能的操作,除本实验介绍的方法外,可在【内容列表】中,用鼠标右键单击需要选择查询的矢量数据图层,点击【打开属性表】,在属性表的【表选项】下拉菜单中选择【按属性选择】,即可实现相同的功能。

(2)通过位置选择功能的操作,除本实验介绍的方法外,可通过点击【工具】工具条中的【选择要素】按钮功能,实现按矩形、多边形、套索、圆、线等多种方式的选择。

(3)如需将选择结果输出为单独的矢量文件,可在满足条件的图斑选中的状态下,通过【内容列表】中相应矢量数据要素处点击鼠标右键,选择【数据】→【导出数据】实现。

实验 10 栅格数据的几何校正

【实验背景】

栅格数据结构和矢量数据结构是 GIS 中最常见的两种数据结构类型。在实际工作中，基于栅格数据结构的数据编辑、处理和分析具有广泛的应用。然而，由于数据来源、栅格数据结构的多样性，以及不同行业、部门相关的 GIS 空间数据坐标系统的差异性等问题，在栅格数据的编辑、处理、分析、应用中，对于栅格数据的空间校正是最关键的数据预处理内容之一。

【实验目的】

通过本实验，领会“四点校正法”和“多项式校正法”的基本原理，学会运用“四点校正法”和“多项式校正法”对栅格数据进行校正。

【实验要求】

利用所提供的“红线图.jpg”，运用 ArcMap 软件提供的“地理校正工具(Georeferencing)”，分别采用“四点校正法”和“多项式校正法”对“红线图.jpg”栅格图像进行几何校正。

【实验数据】

实验数据位于\Data\Ex10\目录中，包括“红线图.jpg”和“影像.img”数据。

【操作步骤】

1. 四点校正法

(1)将“红线图.jpg”加载到 ArcMap 视图窗口，预览“红线图.jpg”的右上角图注信息，显示该栅格图像的比例尺为 1∶10000(见图 10.1)。

图 10.1 比例尺信息

(2)将“影像.img”数据(参考底图)加载到 ArcMap 视图窗口,在【内容列表】的“影像.img”图层单击鼠标右键,选择【属性】(见图 10.2),打开【图层属性】对话框;选择【源】,查看“影像.img”数据的坐标信息为“CGCS2000_3_Degree_GK_Zone_36”(见图 10.3),点击【确定】,关闭属性对话框,并移除“影像.img”数据图层。

图 10.2 选择数据属性

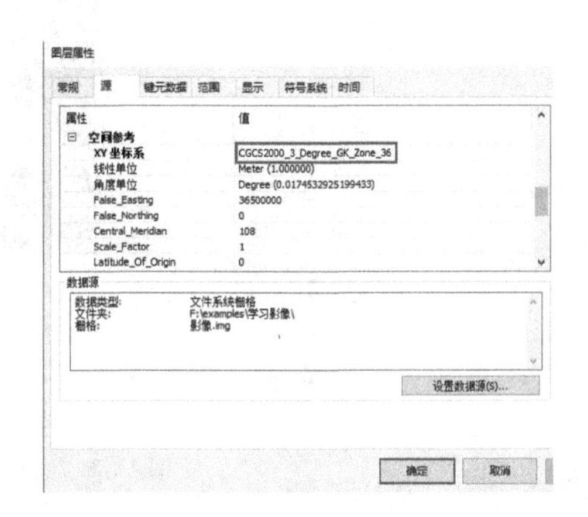

图 10.3 查看坐标系统

(3)在【内容列表】的【图层】处,单击鼠标右键,选择【属性】(见图 10.4),打开【数据框属性】对话框;选择【坐标系】为“CGCS2000 3 Degree GK Zone 36”,点击【确定】(见图 10.5)。

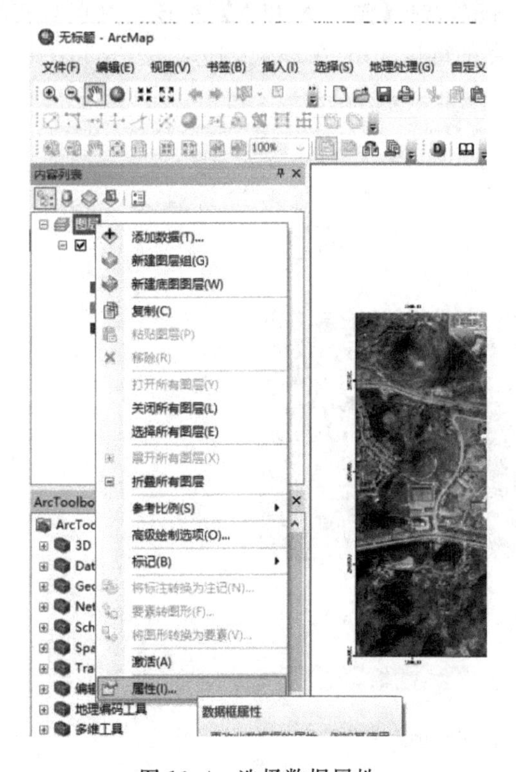

图 10.4 选择数据属性

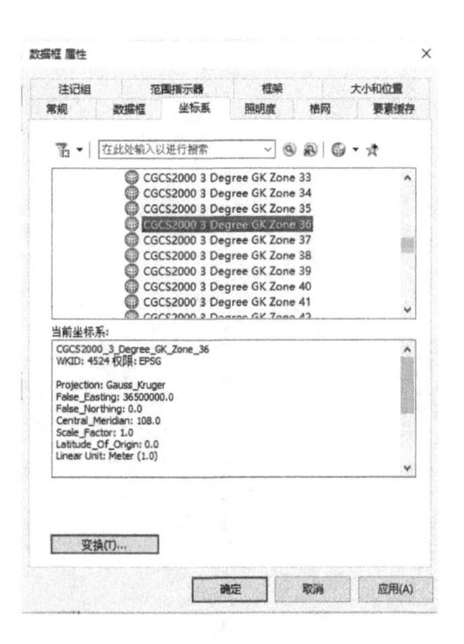

图 10.5 设置坐标系

图 10.6　添加地理配准工具条

(4)用鼠标右键单击菜单栏空白处,添加【地理配准】工具条(见图 10.6),点击取消【地理配准】工具条下的【自动校正】的勾选(见图 10.7);使用【添加控制点】工具,在待校正图像四角坐标格网交叉点依次添加控制点(见图 10.8)。在添加控制点时,首先在格网交叉点点击鼠标左键确定位置,然后在视图中任意位置单击鼠标右键,选择【输入 X 和 Y】,将该格网点对应的坐标输入(见图 10.9),依次设置好四角格网交叉点的链接关系(见图 10.10)。

图 10.7　取消自动校正

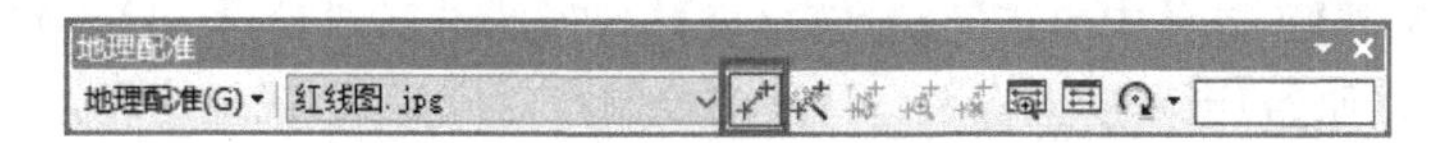

图 10.8　添加控制点工具

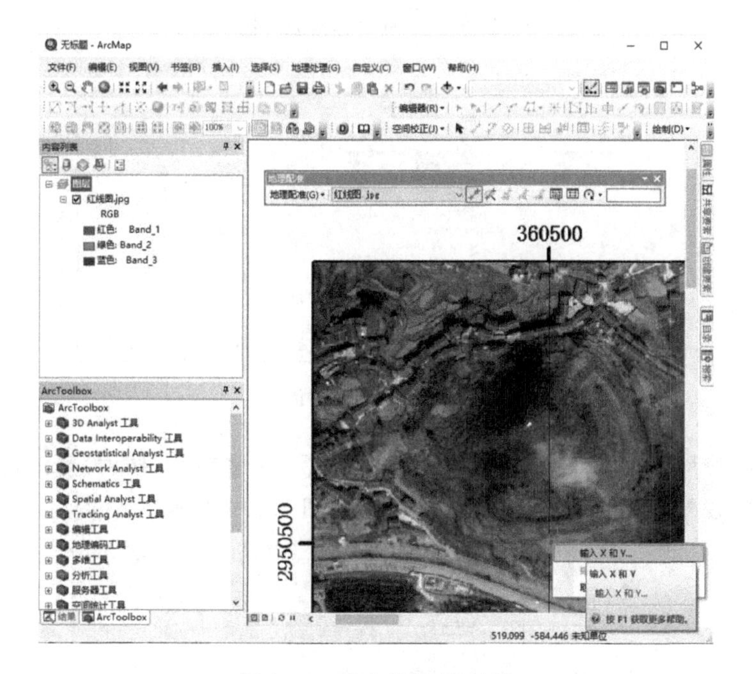

图 10.9　输入 X 和 Y 工具

图 10.10　设置四角点

(5)在【地理配准】工具条中单击【查看链接表】按钮(见图 10.11),打开【链接】对话框,表中列出了从像素坐标系(原始)到高斯坐标系(目标)的控制点对应关系,残差列表为空(见图 10.12)。

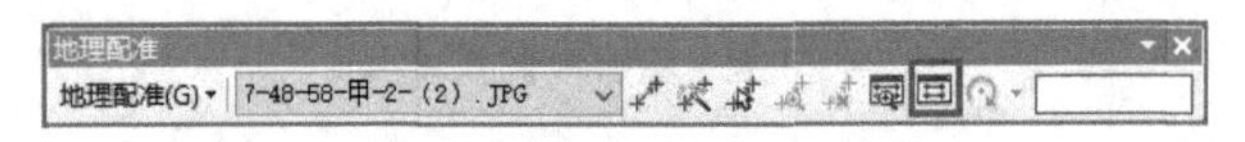

图 10.11 查看链接表按钮

链接

RMS 总误差(E): Forward:0

链接	X 源	Y 源	X 地图	Y 地图	残差_x	残差_y	残差
1	489.047980	-588.008885	36360500.000000	2950500.000000	n/a	n/a	n/a
2	2853.034316	-587.998799	36362500.000000	2950500.000000	n/a	n/a	n/a
3	2853.140271	-1769.965998	36362500.000000	2949500.000000	n/a	n/a	n/a
4	489.082737	-1769.731149	36360500.000000	2949500.000000	n/a	n/a	n/a

自动校正(A) 变换(T): 一阶多项式(仿射)
度分秒 Forward Residual Unit : Unknown

图 10.12 链接对话框

(6)在【链接】对话框中,变换选择【自动校正】和【一阶多项式(仿射)】,即可计算出四角点校正前后产生的残差值(见图 10.13)。校正结果如图 10.14 所示。

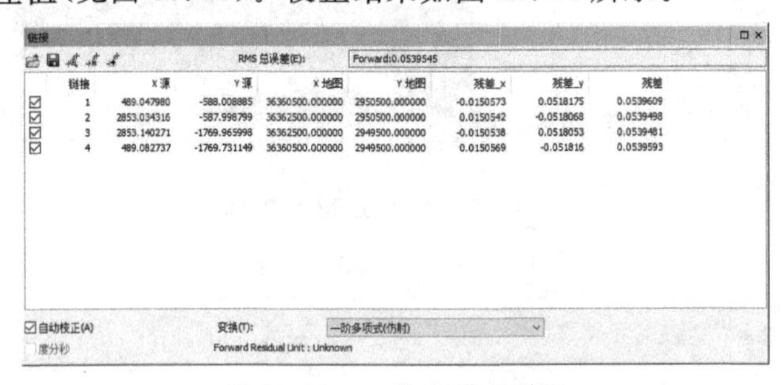
链接

RMS 总误差(E): Forward:0.0539545

链接	X 源	Y 源	X 地图	Y 地图	残差_x	残差_y	残差
1	489.047980	-588.008885	36360500.000000	2950500.000000	-0.0150573	0.0518175	0.0539609
2	2853.034316	-587.998799	36362500.000000	2950500.000000	0.0150542	-0.0518068	0.0539498
3	2853.140271	-1769.965998	36362500.000000	2949500.000000	-0.0150538	0.0518053	0.0539481
4	489.082737	-1769.731149	36360500.000000	2949500.000000	0.0150569	-0.051816	0.0539593

自动校正(A) 变换(T): 一阶多项式(仿射)
度分秒 Forward Residual Unit : Unknown

图 10.13 一阶多项式变换

图 10.14 校正结果

(7)选择【地理配准】工具条下的【校正】工具(见图 10.15),保存校正后的地形图【名称】为“红线图校正.img”,【格式】为“IMAGINE Image”,【像元大小】默认(以一阶多项式变换方法进行纠正),如图 10.16 所示。

图 10.15 校正工具

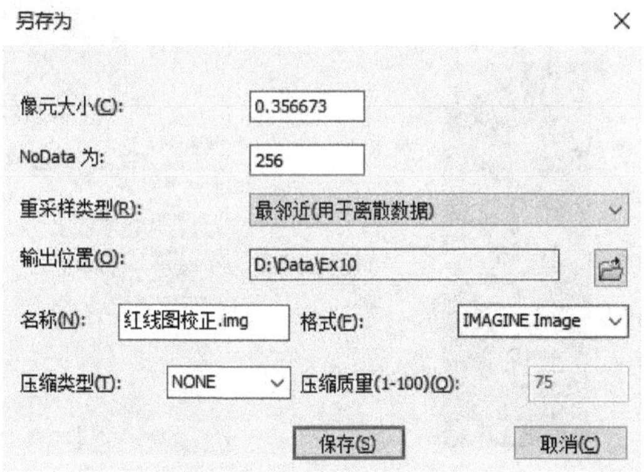

另存为

像元大小(C): 0.356673

NoData 为: 256

重采样类型(R): 最邻近(用于离散数据)

输出位置(O): D:\Data\Ex10

名称(N): 红线图校正.img 格式(F): IMAGINE Image

压缩类型(T): NONE 压缩质量(1-100)(Q): 75

保存(S) 取消(C)

图 10.16 设置输出参数

2. 多项式校正法

(1)打开 ArcMap,加载“红线图.jpg”和“影像.img”数据,用鼠标右键单击菜单栏空白处,添加【地理配准】工具条(见图 10.17)。在【内容列表】的【图层】处单击鼠标右键,选择【属性】(见图 10.18);在【数据框属性】对话框中选择【坐标系】选项卡,选择坐标系“CGCS2000 3 Degree GK Zone 36”,点击【确定】(见图 10.19)。

图 10.17 加载影像和红线图

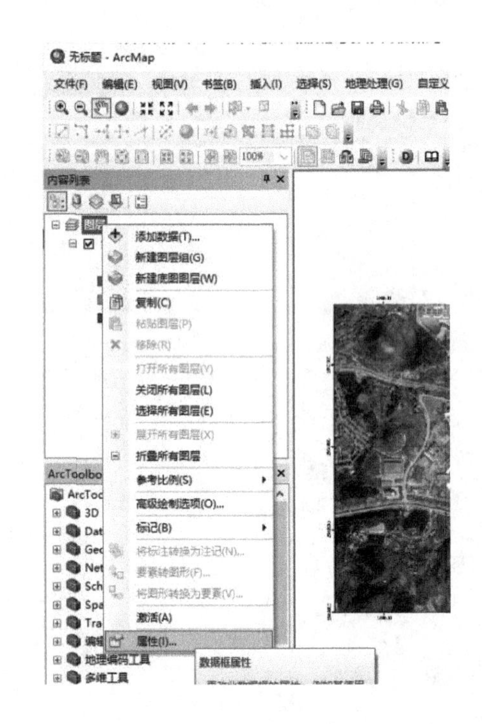

图 10.18 选择数据属性

图 10.19 设置坐标系对话框

(2)取消【地理配准】工具条下的【自动校正】的勾选(见图 10.20);在“红线图”图层上单击鼠标右键,选择【缩放至图层】(见图 10.21),使用【添加控制点】工具(见图 10.22),在“红线图”的标志地物上进行“刺点”(见图 10.23);然后在“影像”图层上鼠标右键选择【缩放至图层】,在“影像”对应的标准地物上进行“刺点”(见图 10.24)。使用相同的方法,添加 6 组以上控制点。

图 10.20 取消自动校正

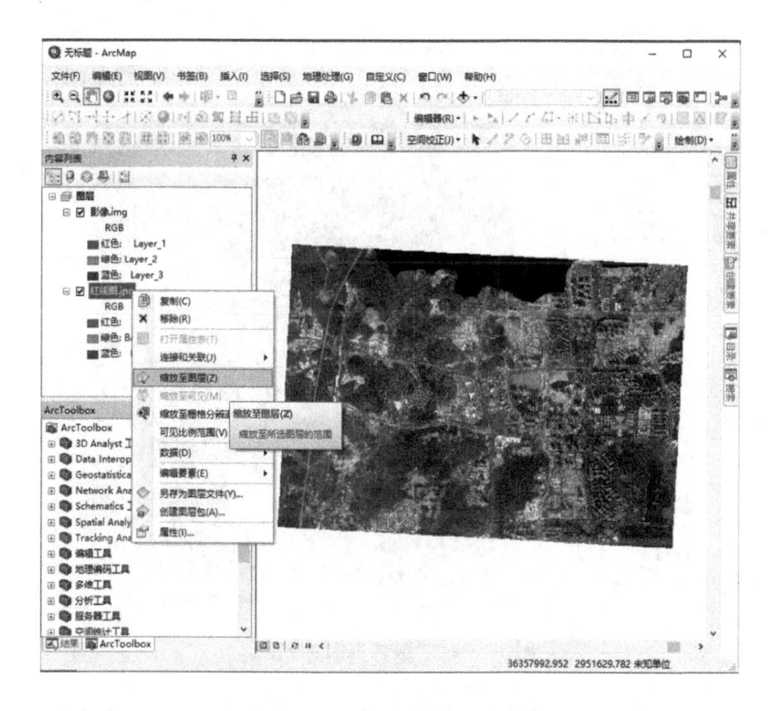

图 10.21 缩放至图层(红线图)

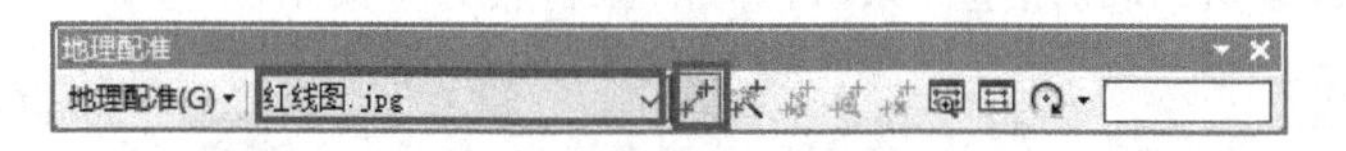

图 10.22 添加控制点工具

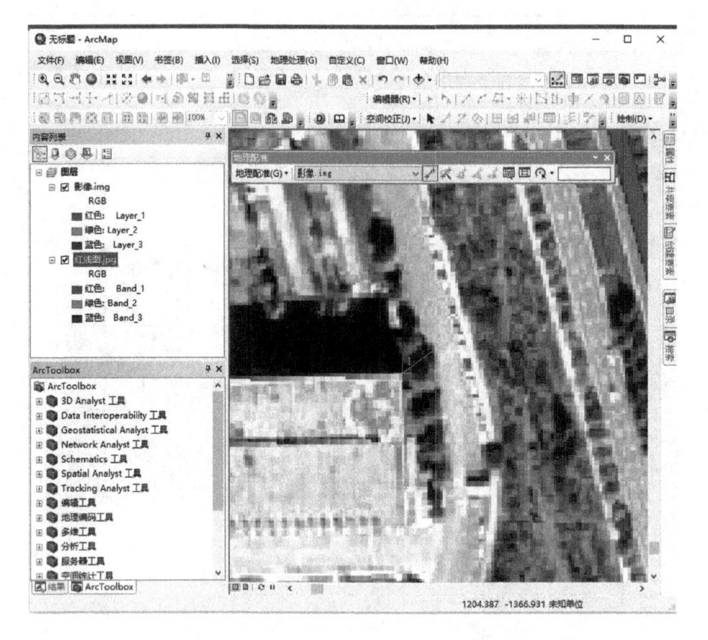

图 10.23 “红线图”添加控制点

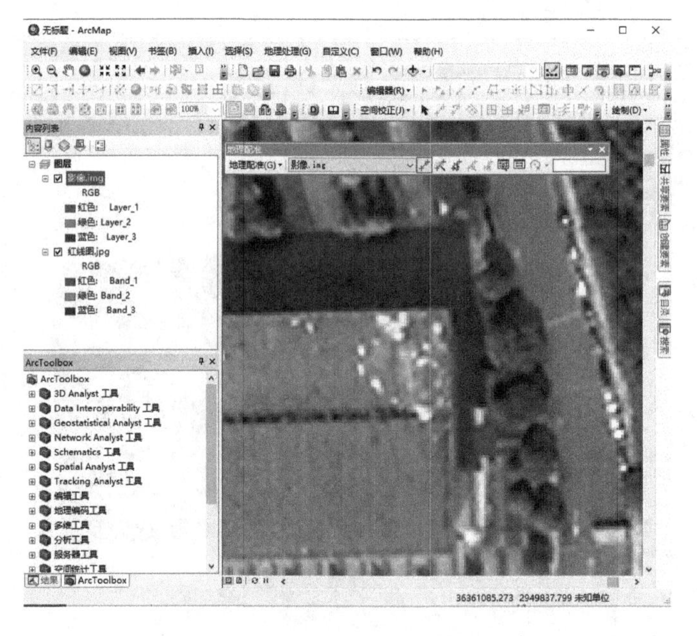

图 10.24 “影像”添加控制点

(3)在【地理配准】工具条中单击【查看链接表】按钮(见图 10.25),打开【链接】对话框,表中列出了从像素坐标系(原始)到高斯坐标系(目标)的控制点对应关系,残差列表为空(见图 10.26)。

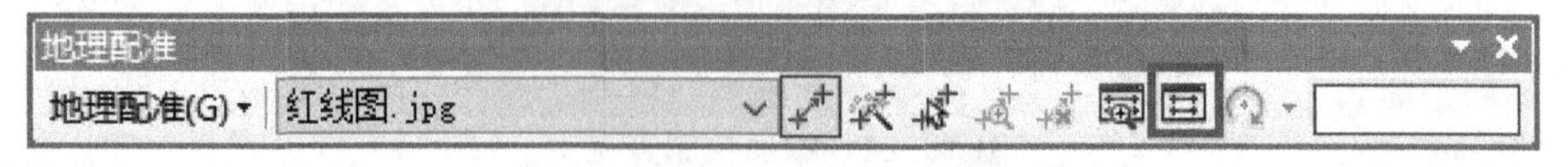

图 10.25 查看链接表按钮

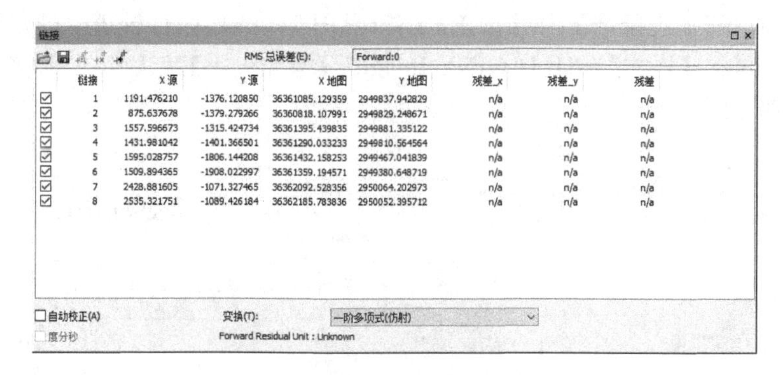
链接

RMS 总误差(E): Forward:0

	链接	X 源	Y 源	X 地图	Y 地图	残差_x	残差_y	残差
☑	1	1191.476210	-1376.120850	36361085.129359	2949837.942829	n/a	n/a	n/a
☑	2	875.637678	-1379.279266	36360818.107991	2949829.248671	n/a	n/a	n/a
☑	3	1557.596673	-1315.424734	36361395.439835	2949881.335122	n/a	n/a	n/a
☑	4	1431.981042	-1401.366501	36361290.033233	2949810.564564	n/a	n/a	n/a
☑	5	1595.028757	-1806.144208	36361432.158253	2949467.041839	n/a	n/a	n/a
☑	6	1509.894365	-1908.022997	36361359.194571	2949380.648719	n/a	n/a	n/a
☑	7	2428.881605	-1071.327465	36362092.528356	2950064.202973	n/a	n/a	n/a
☑	8	2535.321751	-1089.426184	36362185.783836	2950052.395712	n/a	n/a	n/a

☐自动校正(A)　　变换(T): 一阶多项式(仿射)

☐度分秒　　Forward Residual Unit : Unknown

图 10.26　链接表

(4)在【链接】对话框中,变换选择【自动校正】和【二阶多项式】,即可计算出所有点校正前后产生的残差值(见图 10.27),如果某个校正点的残差值过大,则可将该点删除掉,重新进行“刺点”。校正结果如图 10.28 所示。

链接

RMS 总误差(E): Forward:3.20912

	链接	X 源	Y 源	X 地图	Y 地图	残差_x	残差_y	残差
☑	1	1431.985741	-1401.468254	36361289.851415	2949810.406044	-1.24997	-2.07118	2.41913
☑	2	1595.314675	-1807.697849	36361431.527140	2949467.511442	-2.1178	-1.49326	2.59131
☑	3	1575.102590	-1844.862589	36361413.709078	2949436.687099	-3.50491	-0.952618	3.63206
☑	4	1105.901368	-1087.606950	36361016.696583	2950081.707278	2.49461	4.90642	5.50418
☑	5	485.914283	-1290.237906	36360491.147697	2949901.961225	-0.693792	-1.43755	1.59621
☑	6	1276.393412	-489.321319	36361162.669257	2950582.082863	2.41157	-0.364461	2.43896
☑	7	1625.982293	-406.873064	36361460.083567	2950653.573422	3.34806	-0.185581	3.3532
☑	8	1452.046887	-2131.417036	36361322.720165	2949197.685358	3.57971	1.79982	4.00671
☑	9	2787.056851	-2211.716471	36362444.865305	2949118.788655	0.47759	0.143971	0.498819
☑	10	1360.074050	-201.305456	36361230.011964	2950825.685298	-4.56418	-0.533836	4.5953
☑	11	3183.853433	-450.091357	36362772.707862	2950616.950679	-0.180895	0.188268	0.261089

☑自动校正(A)　　变换(T): 二阶多项式

☐度分秒　　Forward Residual Unit : Unknown

图 10.27　二阶多项式

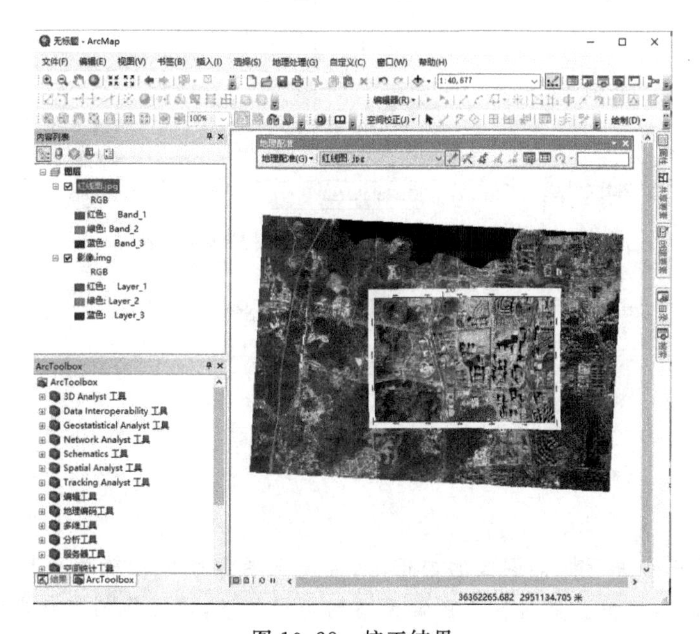

图 10.28　校正结果

(5)选择工具条【地理配准】下的【校正】工具(见图 10.29),保存校正后的地形图【名称】为"红线图校正 2.img",【格式】为"IMAGINE Image",【像元大小】默认(以二阶多项式变换方法进行纠正),如图 10.30 所示。

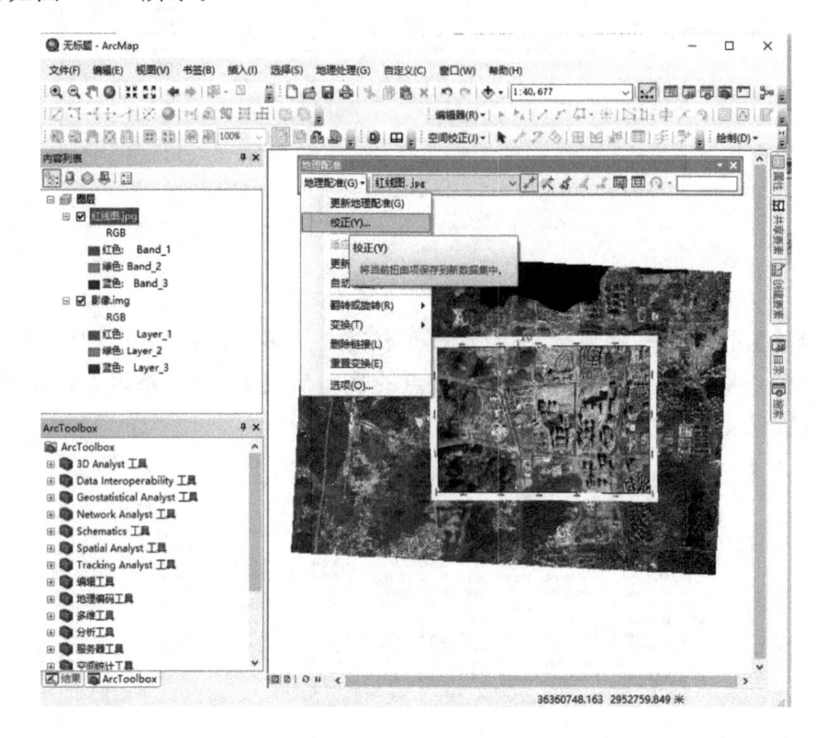

图 10.29 校正工具

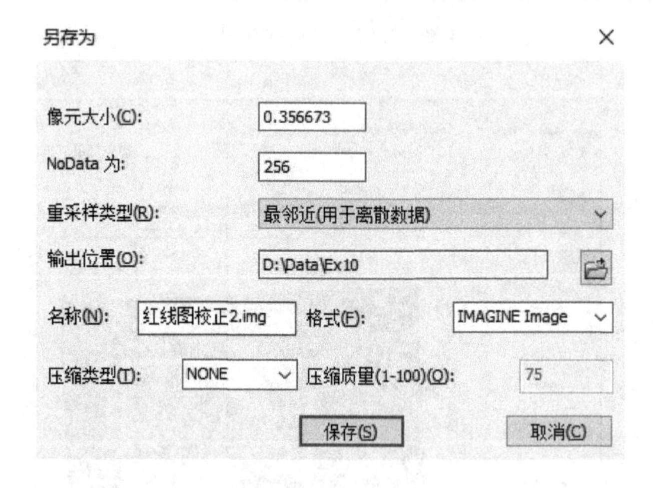

图 10.30 设置输出参数

【注意事项】

(1)用四点校正法进行栅格图像的校正时,待校正图像须有准确的坐标格网,或已知栅格图像上四角的实际坐标值。如待校正图像无格网坐标信息,或图像的实际坐标值未知,则需要采用多项式校正法进行栅格图像的校正。

(2)多项式校正法须有坐标系统信息完整、空间位置准确的研究区标准地图作为参照，以实现对待校正图像的配准校正。常用二次多项式法，用二次多项式法进行图像校正时，至少选择6组以上控制点，以得到较为准确的校正结果。

(3)多项式校正法选取控制点时，控制点的最少数量可按照$(n+1)\times(n+2)/2$的公式计算，n为多项式次方数，如二次多项式法的最少控制点为6对。

(4)利用多项式校正法进行栅格图像的校正时，控制点须选择空间位置明显且相对固定的典型地物，如建筑角、道路交点、桥梁交点等，同时待校正图像和参照图像的控制点位须一一对应。另外，控制点须均匀分布，以保证校正结果的精度。

实验 11 栅格数据的裁剪与拼接

【实验背景】

由于栅格数据分幅存储管理、项目区范围的不规则性或大小差异，在实际工作中，对于原始栅格数据进行裁剪和拼接处理，是栅格数据编辑处理的常见操作。通过裁剪和拼接处理，可以得到项目区准确、完整的栅格数据，以便于进行后期的栅格数据空间分析、管理和制图等应用。

【实验目的】

通过本实验，了解栅格数据裁剪和拼接的基本原理，熟练掌握栅格数据的拼接与裁剪方法。

【实验要求】

以相邻的两幅数字高程模型(digital elevation model，DEM)栅格数据为基础，对两幅DEM栅格数据进行拼接，并按“规划区.shp”矢量数据边界，对拼接后的栅格数据进行裁剪。

【实验数据】

实验数据位于\Data\Ex11\目录中，包括“DEM1.img”“DEM2.img”“规划区.shp”数据。

【操作步骤】

1. 栅格数据拼接

(1)打开 ArcMap，将“DEM1.img”“DEM2.img”“规划区.shp”数据加载到视图窗口中(见图 11.1)。

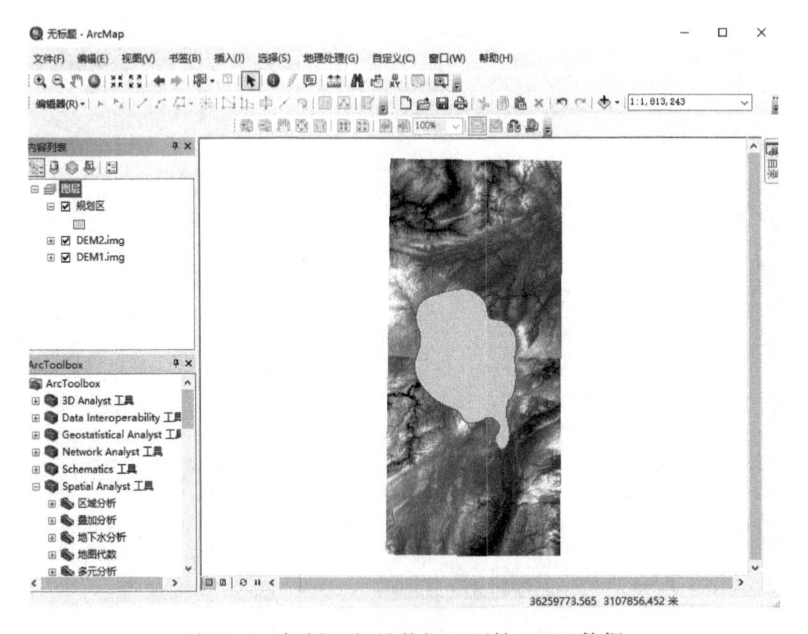

图 11.1 规划区矢量数据和原始 DEM 数据

(2)在【ArcToolbox】工具箱中选择【数据管理工具】→【栅格】→【栅格数据集】→【镶嵌至新栅格】,打开【镶嵌至新栅格】工具对话框。

(3)在【输入栅格】下拉文本框中依次选择“DEM1. img”数据和“DEM2. img”数据,在【输出位置】文本框中输入栅格数据拼接结果的存储位置(本实验输出的文件夹为“Ex11”),在【具有拓展名的栅格数据集名称】文本框中设置输出数据的名称(本实验输出数据命名为“DEM”),在【像素类型(可选)】窗口,设置输出数据的栅格数据的类型为“16_BIT_UNSIGNED”,在【波段数】文本框中输入“1”,在【镶嵌运算符(可选)】窗口,确定镶嵌重叠部分的方法,本次拼接方法选择“MEAN”(表示重叠部分的结果数据取重叠部分栅格的平均值)(见图 11.2)。

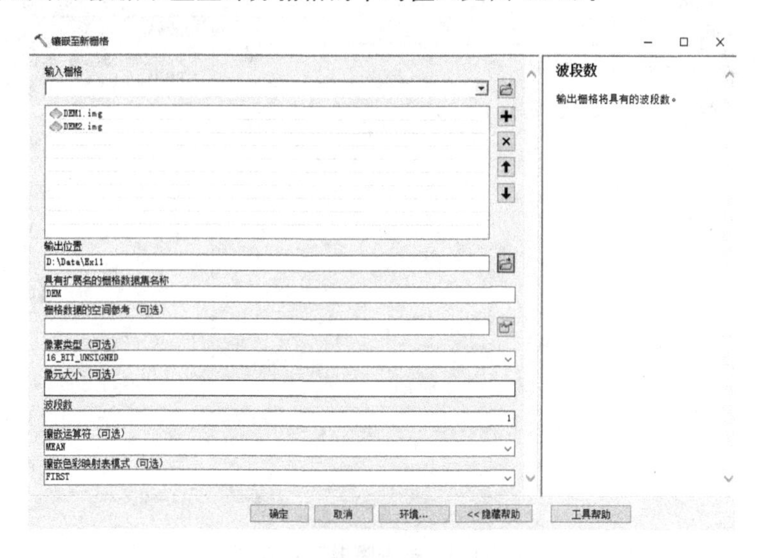

图 11.2　镶嵌至新栅格对话框

(4)单击【确定】,完成两幅 DEM 栅格数据的拼接操作(见图 11.3)。

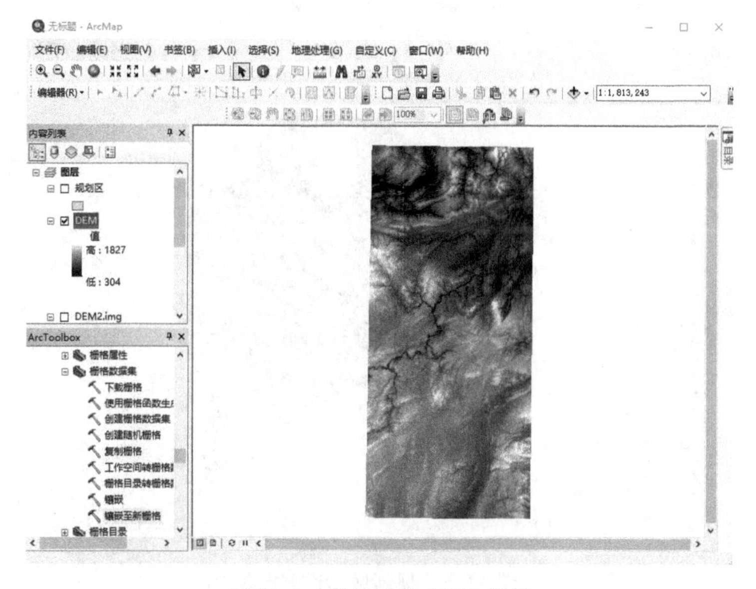

图 11.3　拼接后的 DEM 数据

2. 栅格数据裁剪

(1)在【ArcToolbox】工具箱中选择【Spatial Analyst 工具】→【提取分析】→【按掩膜提取】，打开【按掩膜提取】工具对话框。

(2)在【输入栅格】文本框中选择输入的数据(本实验输入“DEM”数据)，在【输入栅格数据或要素掩膜数据】文本框中选择输入的数据(本实验输入“规划区”数据)，在【输出栅格】文本框中输入输出数据的路径和名称(本实验输出数据命名为“GHQDEM”)(见图 11.4)。

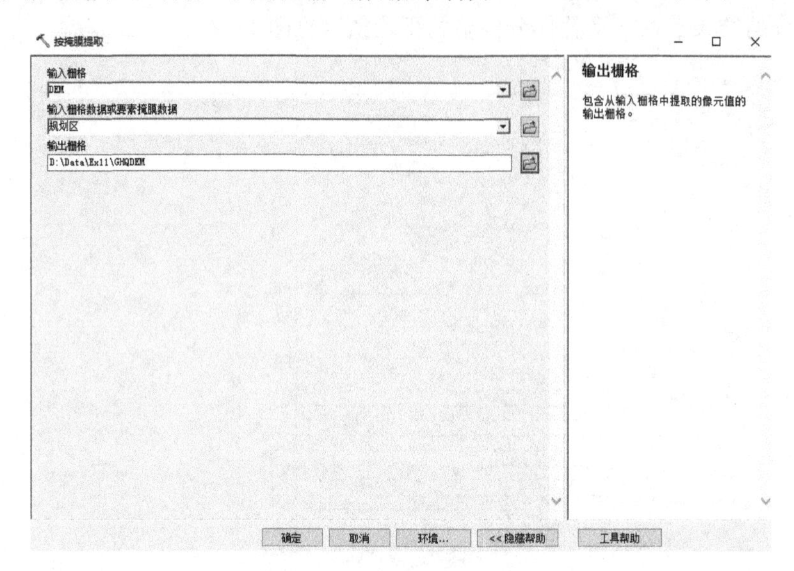

图 11.4　按掩膜提取对话框

(3)单击【确定】，完成操作，结果如图 11.5 所示。

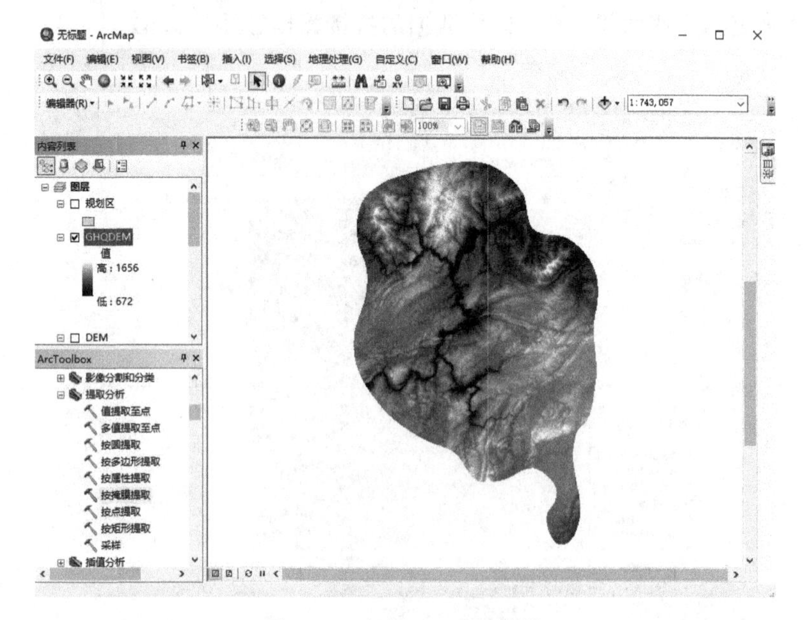

图 11.5　规划区 DEM 数据

【注意事项】

(1)栅格数据拼接处理时,须确保待拼接的栅格数据在空间上具有邻接关系,以保证拼接结果数据的连续性和完整性。

(2)待拼接的栅格数据或图像,须具有相同的坐标系统信息和属性信息。如无法得到相邻两幅或两幅以上栅格数据拼接结果时,可逐个检查栅格数据的坐标系统信息是否一致。

(3)栅格数据的裁剪操作,除本实验中所采用的工具外,还可采用【ArcToolbox】工具箱中的【数据管理工具】→【栅格】→【栅格处理】→【裁剪】,或【地理处理】文件菜单下的【裁剪】命令,实现相同操作。

(4)在运用不规则边界对栅格数据进行裁剪处理时,裁剪结果如为矩形,须在【裁剪】对话框设置完各参数后,点击【环境...】按钮,在【环境设置】对话框【处理范围】选项卡的【范围】下拉菜单中选择"与图层×××相同"(×××为项目区不规则矢量边界),同时,在【栅格分析】选项卡的【掩膜】下拉菜单中选择项目区边界文件,即可得到以项目区不规则边界为范围的裁剪结果。

实验 12 栅格计算器

【实验背景】

栅格计算器是 ArcGIS 软件平台进行空间栅格数据编辑、处理、运算和分析最常用的工具之一，通过栅格计算器可实现栅格数据的简单几何运算、布尔运算、复杂数学模型运算以及栅格数据的叠加分析等。

【实验目的】

通过本实验，掌握栅格计算器的工作原理，熟知常用函数或运算法则的语法，学会利用栅格计算器进行转移矩阵分析和常用函数的灵活运用。

【实验要求】

根据所提供的土地利用类型数据，运用栅格计算器的常用函数及进行转移矩阵分析。

【实验数据】

实验数据位于\Data\Ex12\目录中，包括“LULC2000.img”和“LULC2020.img”数据。

【操作步骤】

1. 常用函数的运用

(1)打开 ArcMap，将“LULC2000.img”和“LULC2020.img”数据加载到视图窗口(见图 12.1)。

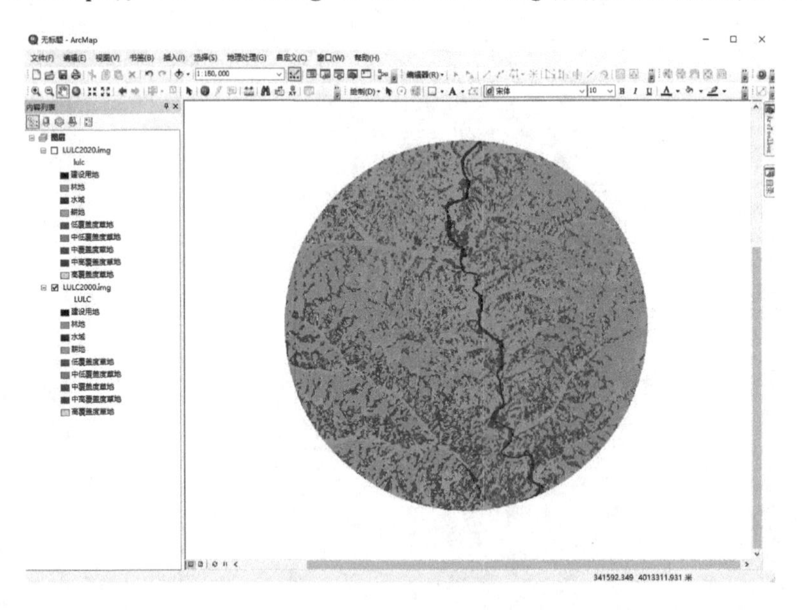

图 12.1 加载数据界面

(2)在【ArcToolbox】工具箱中选择【Spatial Analyst 工具】→【地图代数】→【栅格计算器】，打开【栅格计算器】工具对话框(见图 12.2)。【栅格计算器】对话框包括以下 5 个部分：

①图层列表窗口，双击图层列表窗口内对应的栅格图层即可输入公式栏。

②基础运算符，包括栅格计算器的算术运算（加、减、乘、除等）、布尔运算（和、或、非等）和关系运算（大于、小于等）。

③函数列表，包括条件分析、数学分析和三角函数 3 个部分。

④表达式，即输入栅格运算的具体要求，也可以直接输入想要表达的数学模型，但需满足 Python 语言的基础逻辑。

⑤输出结果。将输出的结果保存在相应的路径下，点击【确定】按钮，栅格计算器即开始运行。

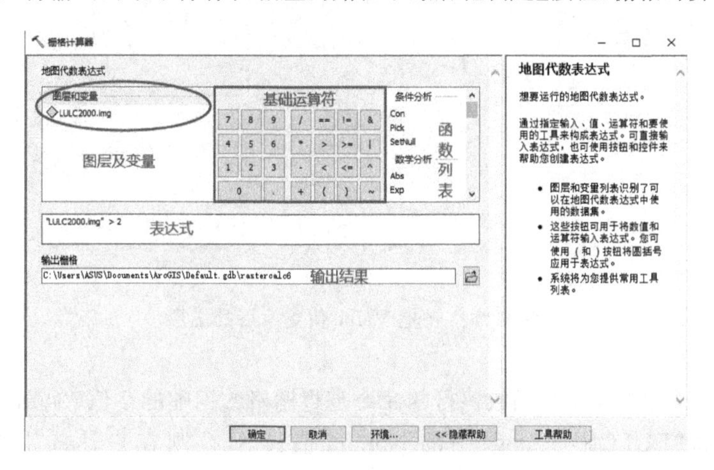

图 12.2　栅格计算器操作界面

(3)“Con”条件函数。如将“LULC2000.img”中耕地类型的 Value 值由初始代码 4 修改为代码 15，其他土地利用类型的代码值不变，则输入的表达式为“Con("LULC2000.img" == 4, 15,"LULC2000.img")”，该表达式表示：如果图层“LULC2000.img”的 Value 值为 4（即耕地）时，则输出计算结果的 Value 值变为 15，如果其 Value 值不为 4，则返回原图层的数值（见图 12.3）。输入表达式后，选择保存的路径及文件名，点击【确定】按钮，即可得到新的图层（见图 12.4）。

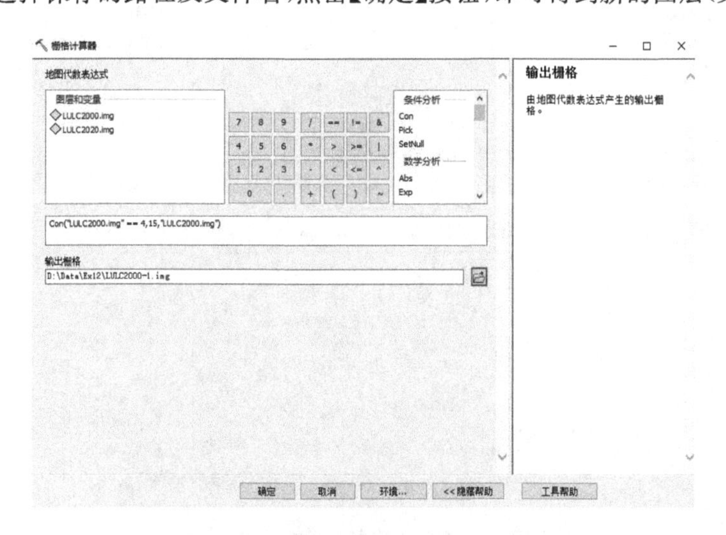

图 12.3　栅格计算器表达式输入示意图

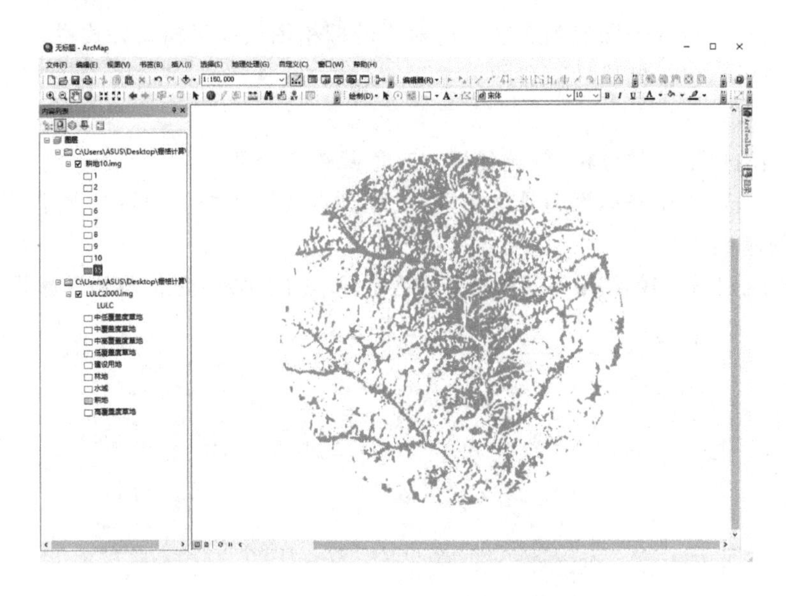

图 12.4　耕地 Value 值更改后的图层

(4)“IsNull”函数。“IsNull”函数执行的命令是将栅格数据中的空值(NoData 值)赋予某一特定的任意值,如将“LULC2000. img”中的 NoData 值设为 0,则在表达式中输入“Con(IsNull("LULC2000. img"), 0 ,"LULC2000. img")”即可(见图 12. 5),选择保存路径及文件名,点击【确定】按钮即可完成操作(见图 12. 6)。

(5)“SetNull”函数。“SetNull”函数执行的命令是将栅格数据中的某一特定 Value 属性值赋值为空值,如将“LULC2000. img”中水域区域设为空值,则在表达式中输入“SetNull("LULC2000. img" == 3,"LULC2000. img")”(见图 12. 7)即可,选择保存路径和文件名,点击【确定】按钮即可得到结果(见图 12. 8)。

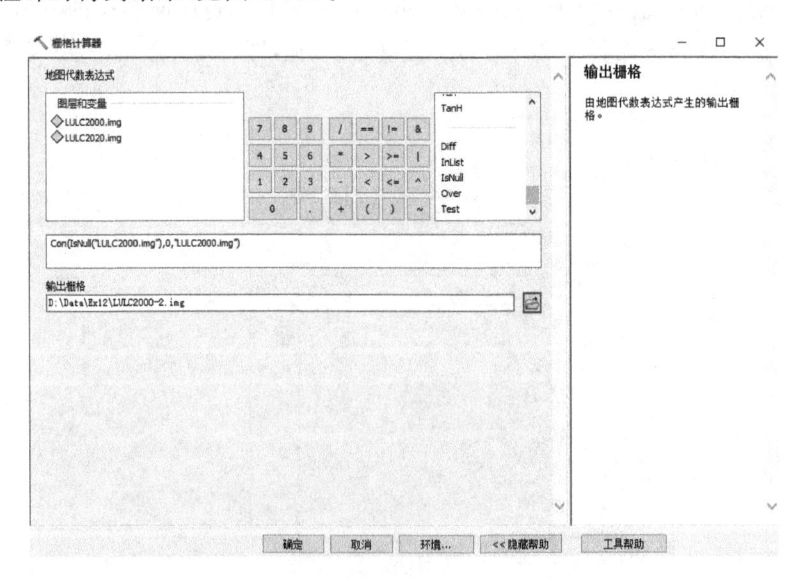

图 12.5　栅格计算器剔除空值操作界面

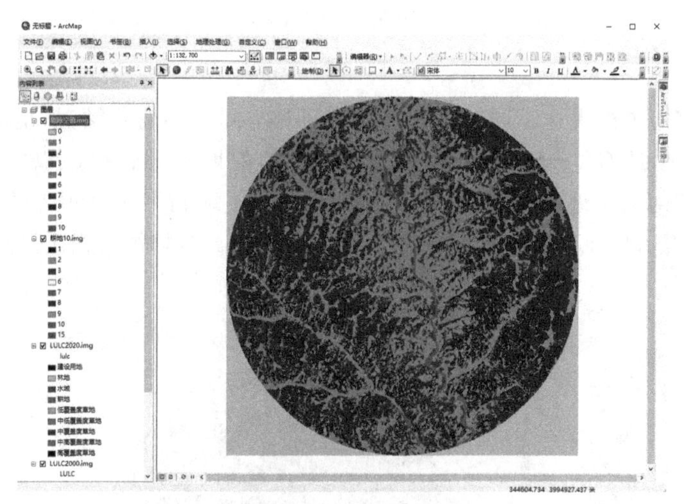

图 12.6　栅格计算器剔除空值结果图

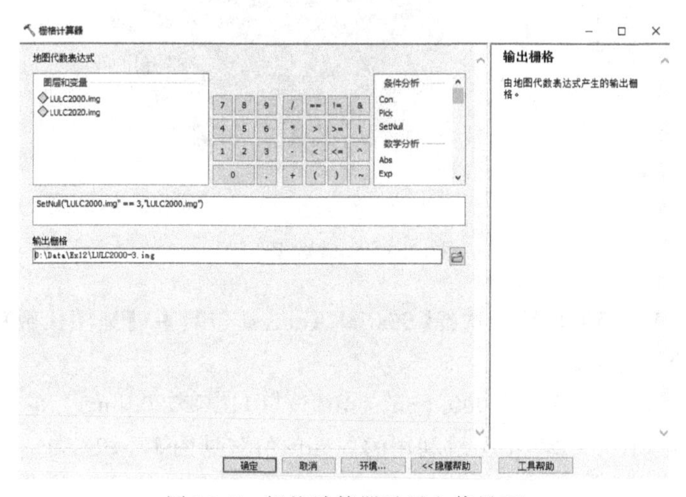

图 12.7　栅格计算器赋予空值界面

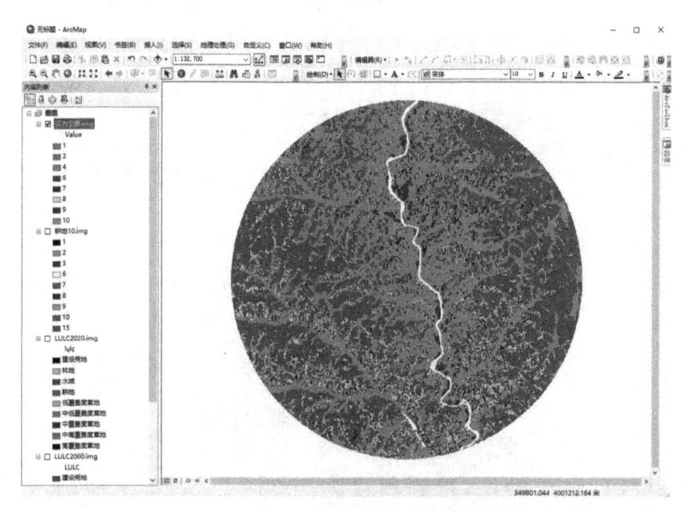

图 12.8　栅格计算器赋予空值结果图

2. 转移矩阵分析

土地利用转移矩阵即表达不同土地利用在时间和空间上的变化情况，是研究土地利用变化的常用方法之一，亦是 CA - Markov 模型预测分析的前期基础。在此以“LULC2000. img”和“LULC2020. img”两期土地利用栅格数据为基础，介绍土地利用转移矩阵的操作过程。

(1)打开 ArcMap，将“LULC2000. img”和“LULC2020. img”数据加载到视图窗口(见图 12.9)。

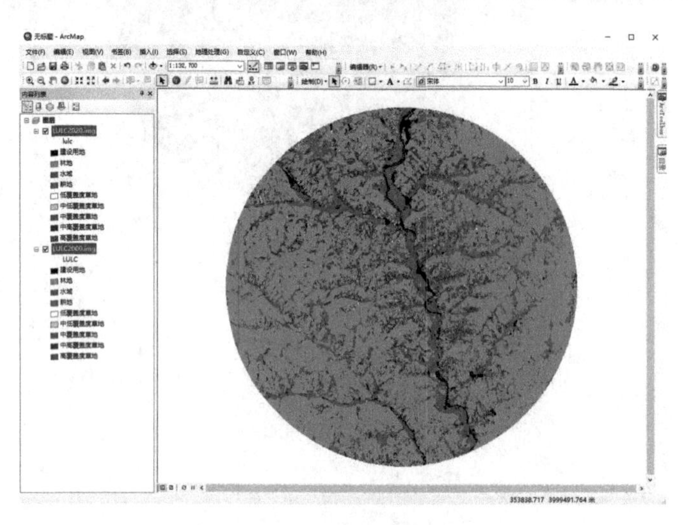

图 12.9 加载数据界面

(2)在【ArcToolbox】工具箱中选择【Spatial Analyst 工具】→【地图代数】→【栅格计算器】，打开【栅格计算器】工具对话框。

(3)在表达式中输入“"LULC2000. img" * 10 + "LULC2020. img"”，它表示“用 2000 年土地利用的 Value 值 * 10+2020 年土地利用的 Value 值”(见图 12.10)。

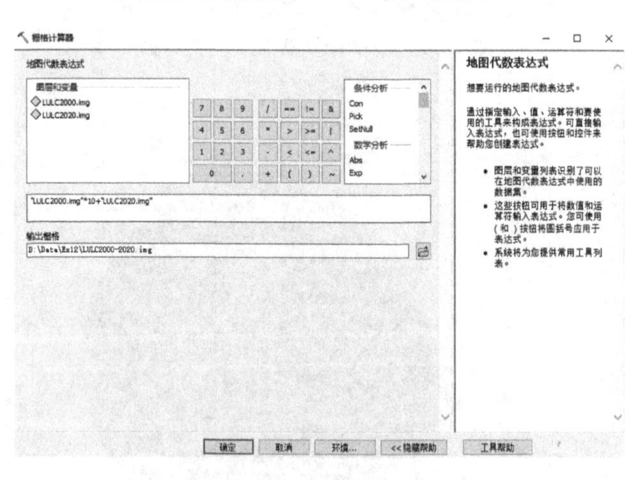

图 12.10 栅格计算器对话框

(4)单击【确定】按钮，完成操作，得到项目区 2000—2020 年土地利用转移图谱栅格数据(见图 12.11)。

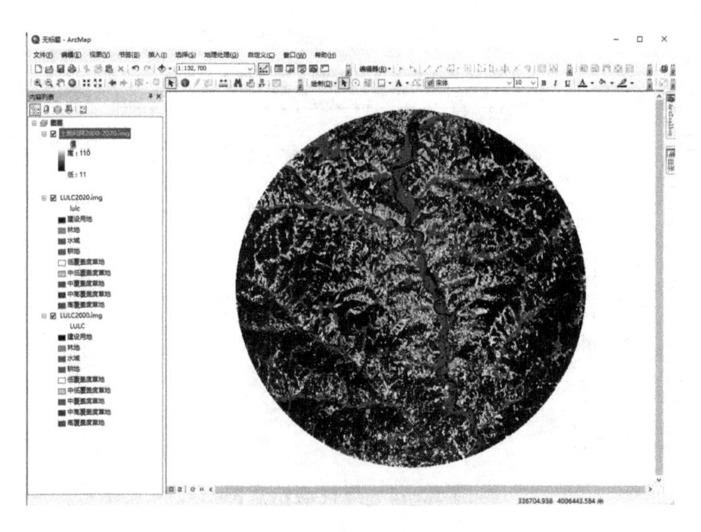

图 12.11　土地利用转移结果图

(5)选中“土地利用 2000—2020.img”，单击鼠标右键，打开其属性表，添加字段“LULC”并将字段的属性设置为“文本”(见图 12.12)。

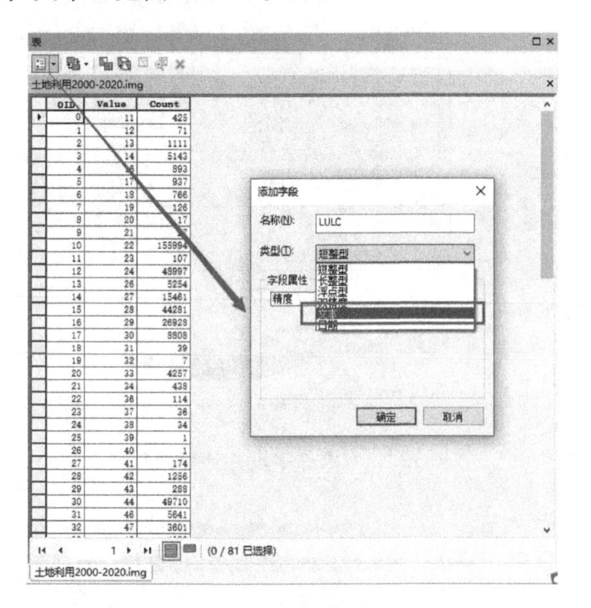

图 12.12　添加字段操作示意图

(6)属性表中的 Value 值代表前后两期土地利用类型的转移状况，如 Value＝14，表示 2000 年土地利用栅格数据中代码为 1(建设用地)的土地类型，转变为 2020 年代码为 4(耕地)的土地类型。Count 字段代表该 Value 值属性的像元个数(见图 12.13)。

(7)选中“土地利用 2000—2020.img”，单击鼠标右键，打开其属性表，添加字段“area”并将字段的属性设置为“浮点型”(见图 12.14)。点击【字段计算器】打开其页面，输入表达式“[Count] * 30 * 30/1000000”，即可求出每一类转换的土地利用类型的面积，单位为平方千米，其中“30 * 30”代表栅格数据的像元大小(见图 12.15)。

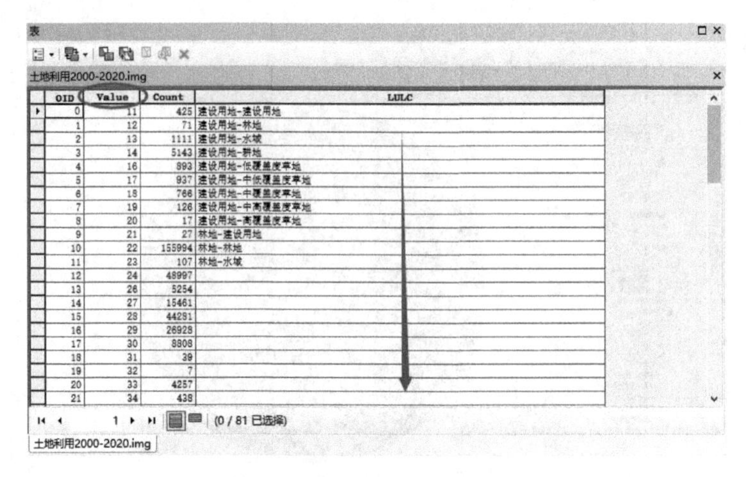

OID	Value	Count	LULC
0	11	425	建设用地-建设用地
1	12	71	建设用地-林地
2	13	1111	建设用地-水域
3	14	5143	建设用地-耕地
4	16	893	建设用地-低覆盖度草地
5	17	937	建设用地-中低覆盖度草地
6	18	766	建设用地-中覆盖度草地
7	19	126	建设用地-中高覆盖度草地
8	20	17	建设用地-高覆盖度草地
9	21	27	林地-建设用地
10	22	155994	林地-林地
11	23	107	林地-水域
12	24	48997	
13	26	5254	
14	27	15461	
15	28	44281	
16	29	26928	
17	30	8808	
18	31	39	
19	32	7	
20	33	4257	
21	34	438	

图 12.13 属性表示意图

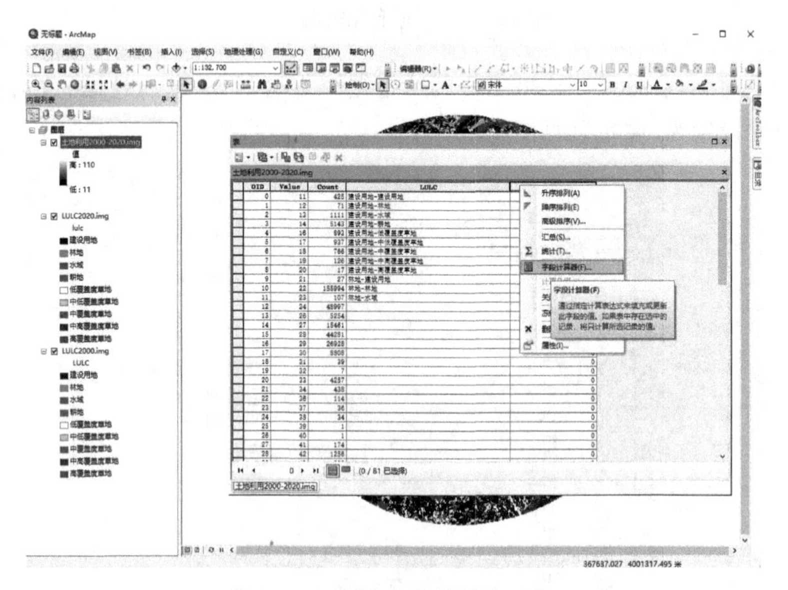

图 12.14 添加字段并计算面积

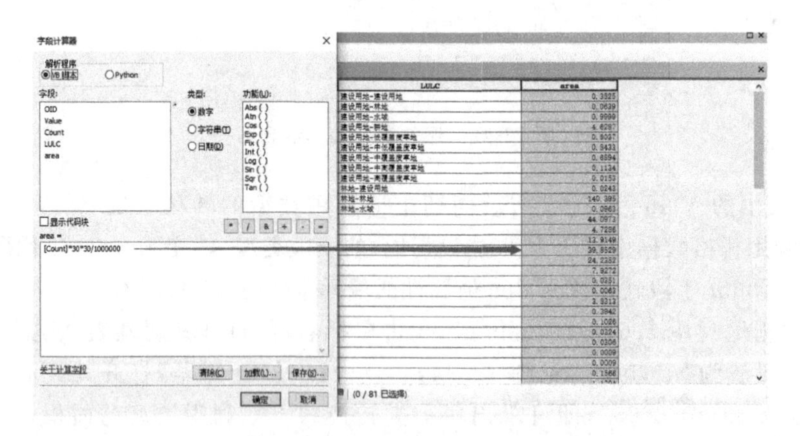

图 12.15 每一类转换的土地利用类型的面积示意图

(8)在该图层的属性表【表选项】下拉菜单中点击【导出】,设置对应的文件名和输出路径,即可将此属性表的信息导出为 dbf 表格数据,其可在 Excel 中查看并进行分析(见图 12.16)。

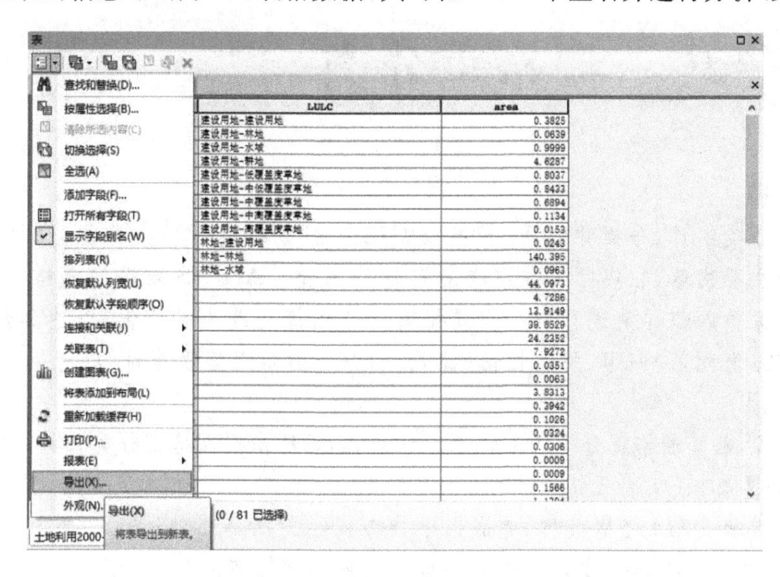

图 12.16 导出土地利用转移矩阵数据

【注意事项】

(1)运用栅格计算器进行 2 个或以上栅格数据的运算分析时,各栅格数据图层的空间分辨率和坐标系统信息须一致。

(2)运算表达式输入时,须注意输入法为半角符号或英文输入状态,各运算符尽可能直接点击【栅格计算器】对话框中基础运算符按钮。

(3)当表达式中包含多个函数命令时,左括号和右括号的一致性,以及括号的位置等,务求仔细严谨,以避免得到错误结果或无法执行栅格运算。

(4)当表达式无误且各函数语法正确,但无法执行栅格运算时,可检查输出栅格文本框中的结果输出路径是否过深或文件命名不规范,输出路径浅、结果数据文件名精简可有效避免此类错误。

实验13 栅格重分类

【实验背景】

栅格数据分类统计、分析和制图，是基于GIS栅格数据进行各类评价、规划、设计以及动态变化分析的主要内容，在实际工作中有着广泛的用途。ArcGIS软件的栅格重分类工具，可实现对栅格数据输入像元值进行重分类或将输入像元值更改为替代值，以达到新值替换原始值、指定属性值(像元值)归组、将属性值(像元值)分类为常用等级等目的。

【实验目的】

通过本实验，熟知栅格重分类的工作原理和过程，熟练掌握栅格重分类工具的方法和步骤。

【实验要求】

利用所提供的DEM栅格数据，完成以下任务：

①重分类，将DEM属性值以100 m为间隔进行分类分级；

②新值替代旧值，分类分级后的DEM数据Value值替换为其他指定值；

③将特定值归并为一组，将DEM以200 m为间隔对以100 m为间隔分类的栅格重分类结果再次分类归并；

④将特定值设为空值，将海拔大于1300 m的区域设为空值。

【实验数据】

实验数据位于\Data\Ex13\目录中，包括“dem.img”栅格数据。

【操作步骤】

1. 重分类

(1)打开ArcMap，将“dem.img”数据加载到视图窗口(见图13.1)。

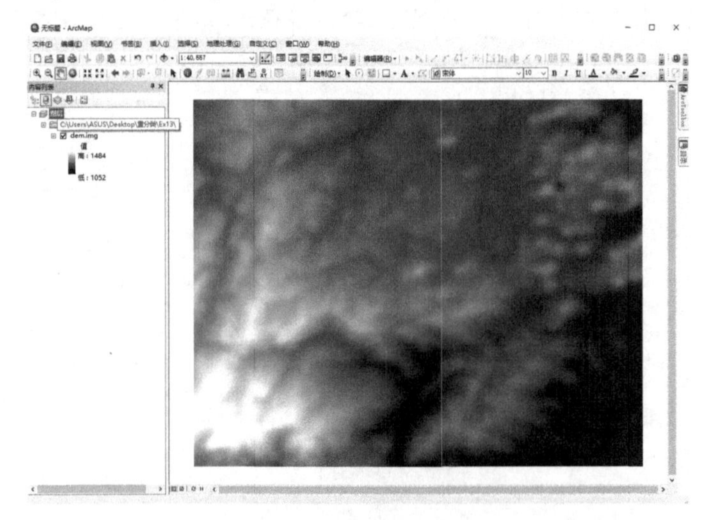

图13.1 dem数据

(2)在【ArcToolbox】工具箱中选择【Spatial Analyst 工具】→【重分类】，打开【重分类】工具对话框。

(3)在【输入栅格】文本框中选择输入的数据(本实验输入“dem”数据)，在【输出栅格】文本框中输入输出数据的路径和名称(本实验输出数据命名为“海拔 100 m 间隔”)(见图 13.2)。

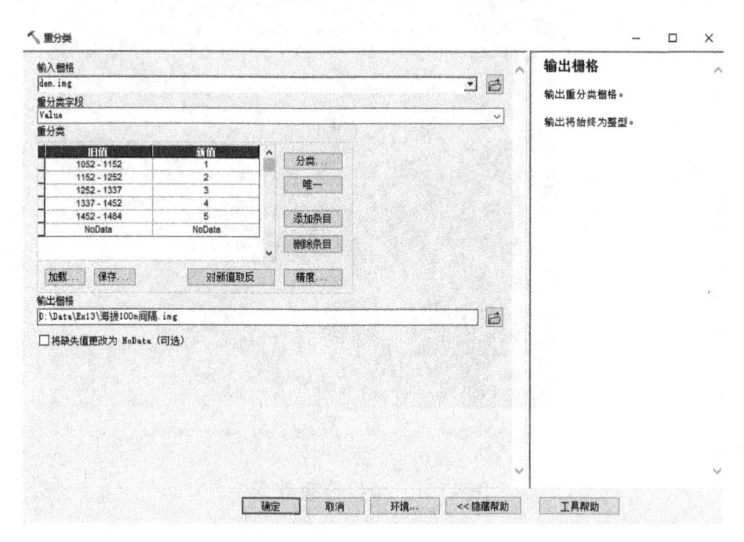

图 13.2　重分类对话框

(4)点击【分类】按钮，在弹出的【分类】对话框的分类“方法”一栏，根据项目需要选择对应的方法，如自然间断点分级法、相等间隔等；或根据需要在“中断值”一栏手动输入所需间隔的数值。在【类别】下拉框中选取需要分类的类别数。如本实验所提出的海拔间隔 100 m 为一个等级，即将方法改为手动，类别为 5，中断值从海拔最低值逐级递增 100 即可(见图 13.3)。

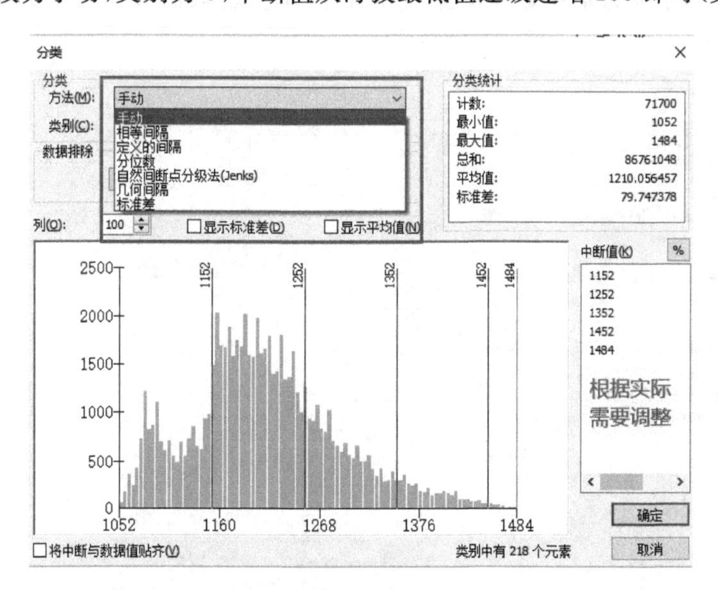

图 13.3　重分类设置对话框

(5)单击【确定】按钮,完成操作,结果如图 13.4 所示。

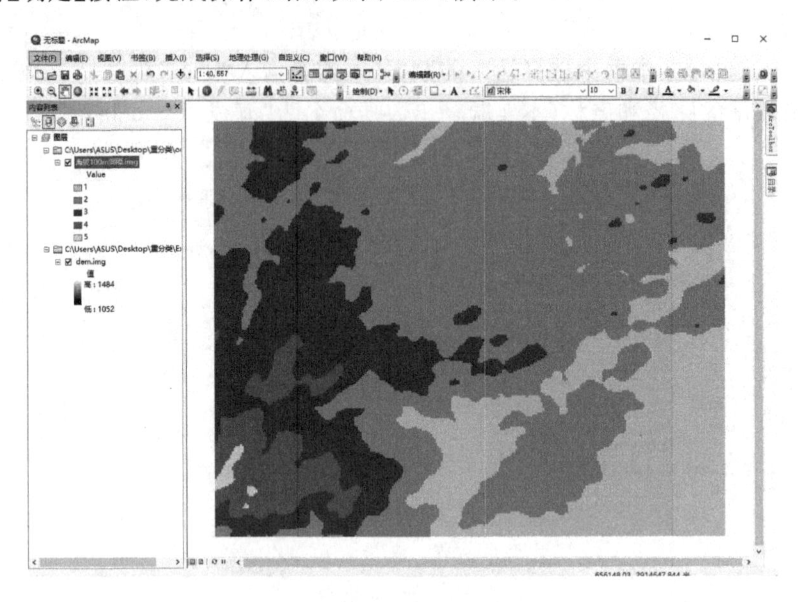

图 13.4 海拔分级数据

2. 新值替换旧值

(1)在【ArcToolbox】工具箱中选择【Spatial Analyst 工具】→【重分类】,打开【重分类】工具对话框。

(2)在【输入栅格】文本框中选择输入的数据(本实验输入“海拔 100 m 间隔”数据),在【输出栅格】文本框中输入输出数据的路径和名称(本实验输出数据命名为“新值替换”)(见图 13.5)。

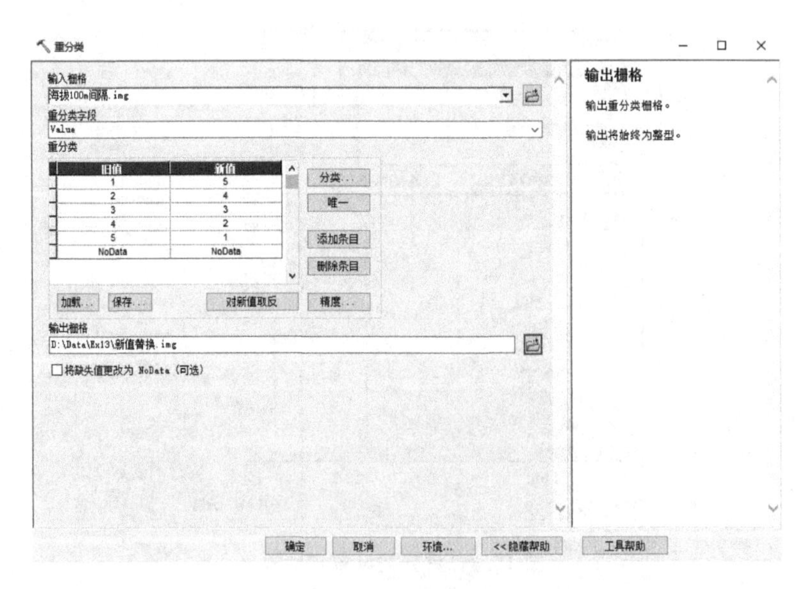

图 13.5 重分类对话框

(3)在重分类列表的【新值】列中，输入拟替换的新值。

(4)单击【确定】按钮，完成操作，结果如图 13.6 所示。

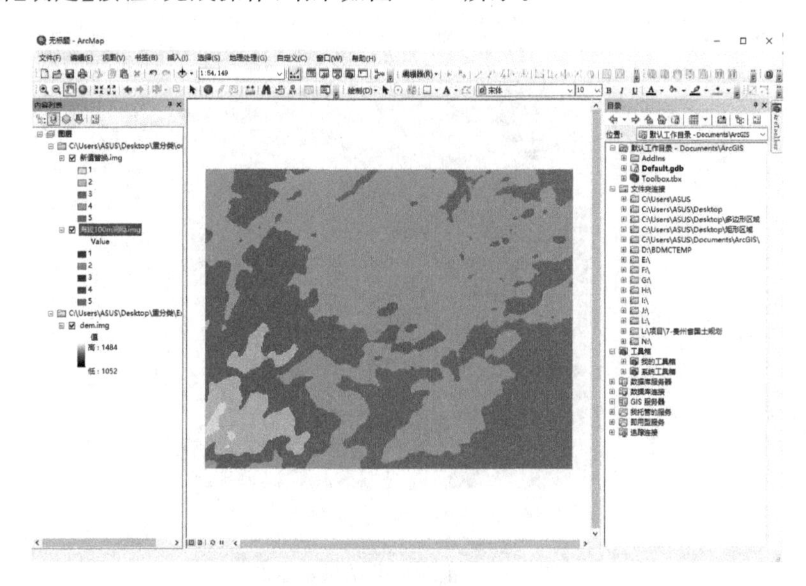

图 13.6　新值替换数据

3. 将特定值归并为一组

(1)在【ArcToolbox】工具箱中选择【Spatial Analyst 工具】→【重分类】，打开【重分类】工具对话框。

(2)在【输入栅格】文本框中选择输入的数据(本实验输入“海拔 100 m 间隔”数据)，因实验要求将海拔以 200 m 作为间隔，而数据“海拔 100 m 间隔”是以 100 m 作为中断值将海拔进行分类分级的，因此仅需将此数据中的 1—2 等级、3—4 等级合并为一个等级，即可实现海拔以 200 m 为间隔对数据进行分类分级。在【输出栅格】文本框中输入输出数据的路径和名称(本实验输出数据命名为“海拔 200 m 间隔”)(见图 13.7)。

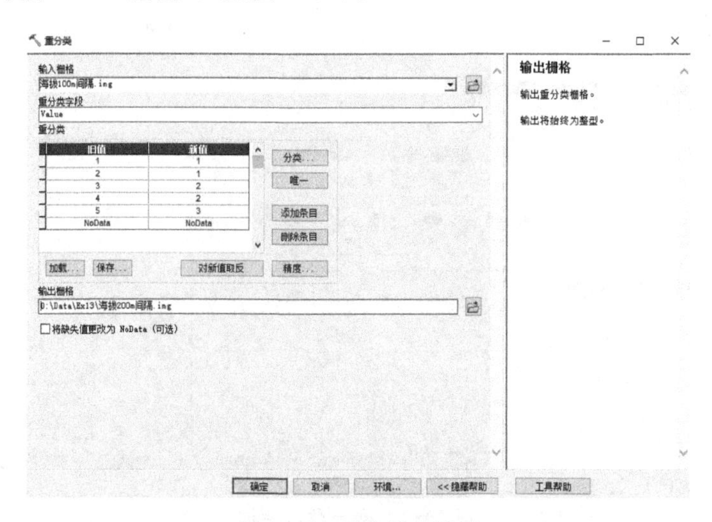

图 13.7　重分类对话框

(3)单击【确定】按钮,完成操作,结果如图 13.8 所示。

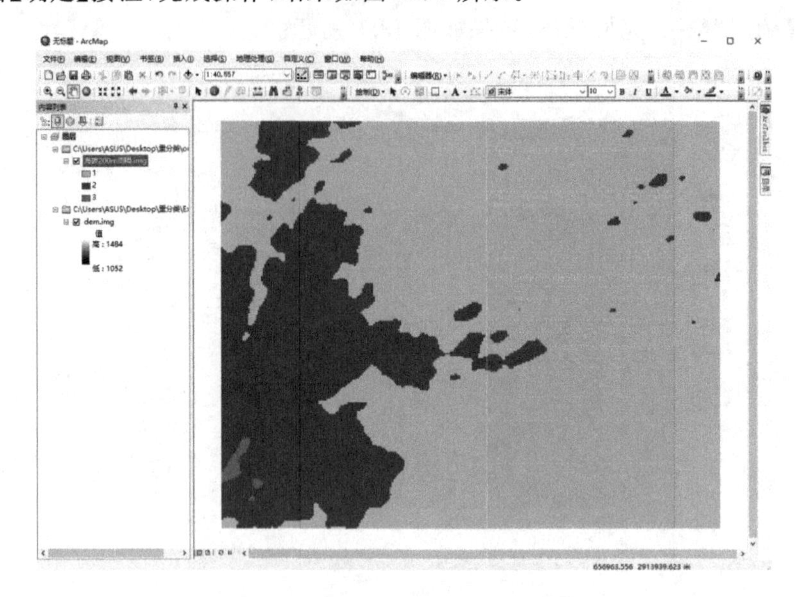

图 13.8 重新分类结果示意图

4. 将特定值设为空值

(1)在【ArcToolbox】工具箱中选择【Spatial Analyst 工具】→【重分类】,打开【重分类】工具对话框。

(2)在【输入栅格】文本框中选择输入的数据(本实验输入“dem”数据),在【输出栅格】文本框中输入输出数据的路径和名称(本实验输出数据命名为“剔除海拔大于 1300 m”)(见图 13.9)。

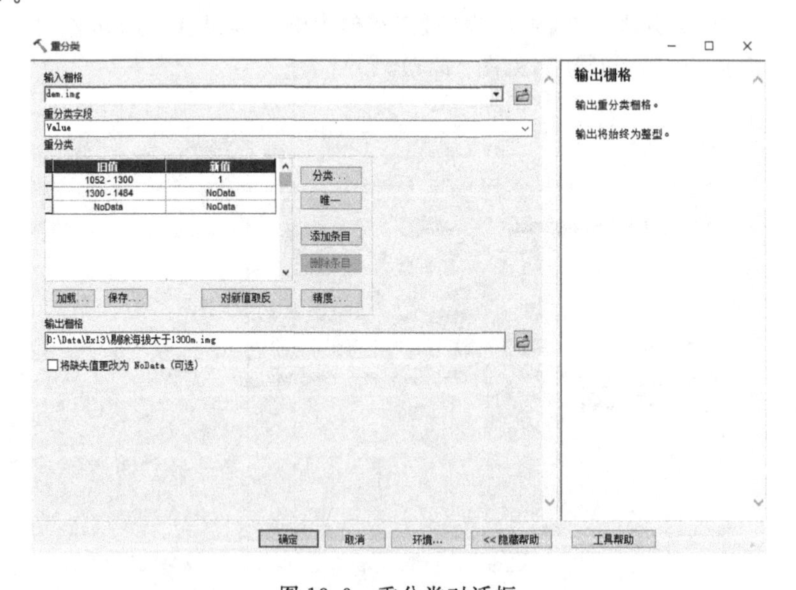

图 13.9 重分类对话框

(3)点击【重分类】对话框中的【分类】按钮，参照“1. 重分类”部分的类别设置和中断值设置方法，以 1300 m 为中断值，将 dem. img 属性分为 2 个类别。

(4)单击【确定】按钮，完成操作，结果如图 13. 10 所示。

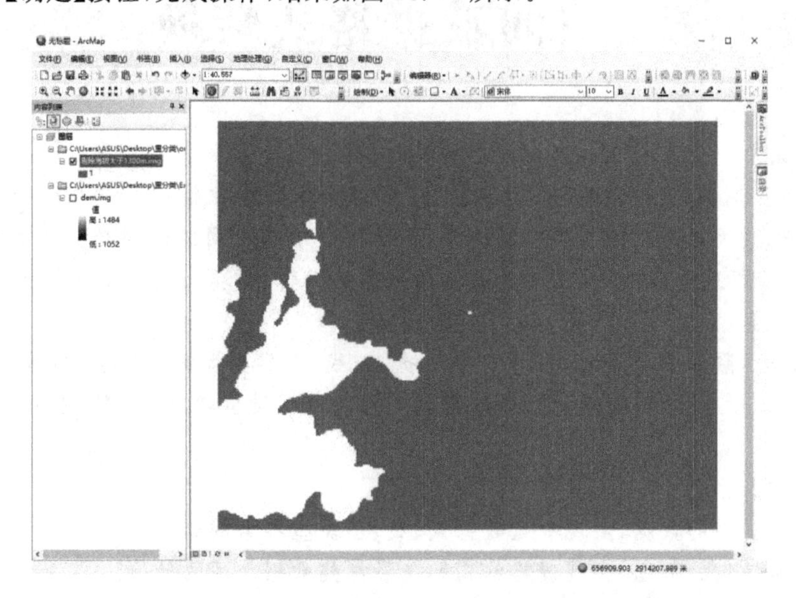

图 13. 10　剔除海拔大于 1300 m 结果示意图

【注意事项】

(1)栅格重分类时，分类方法包括手动、相等间隔、定义的间隔、自然间断点分类法、几何间隔等多种方法，不同方法的重分类结果各异。在实际工作中，应根据项目要求或研究需要选择恰当的分类方法。

(2)对空间属性连续的栅格数据进行重分类操作时，最后一级中断值应略大于栅格数据的最大属性值，这样可保证重分类结果数据中不出现异常属性值。

(3)在【重分类】对话框【输出栅格】文本框中设置重分类结果数据时，数据保存路径不宜过深，结果数据文件名不宜太长。

实验14 空间数据格式转换

【实验背景】

由于GIS空间数据结构和类型的多样性、数据来源的多元性以及项目研究的不同需求，在实际工作中，对于同一数据类型不同格式、不同数据结构之间的转换是必要的操作，以满足不同项目研究目标的需求，实现基于多源空间数据的编辑、管理、运算、分析和制图。

【实验目的】

通过本实验，熟知ArcGIS软件中矢量数据点、线、面类型要素的转换，以及矢量—栅格数据格式转换的工作原理，掌握点、线、面状数据之间的数据类型转换、矢量—栅格数据结构相互转换的方法。

【实验要求】

(1)利用所提供的数据，实现矢量数据点、线、面类型要素的转换。

(2)利用所提供的数据，实现栅格结构和矢量结构数据之间的转换。

【实验数据】

实验数据位于\Data\Ex14\目录中，包括“gzuline. shp”“建筑. shp”“面. shp”“Raster. img”数据。

【操作步骤】

1. 几何类型转换

1)转换成点状要素

(1)要素转点。

①打开ArcMap，将“建筑. shp”数据加载到视图窗口(见图14.1)。

②在【ArcToolbox】工具箱中选择【数据管理工具】→【要素】→【要素转点】，打开【要素转点】工具对话框。

③在【输入要素】文本框中选择输入的数据(本实验输入“建筑”数据)，在【输出要素类】文本框中键入输出数据的路径和名称(本实验输出数据命名为“建筑_Point. shp”)(见图14.2)。

④单击【确定】，完成操作，结果如图14.3所示。

(2)要素折点转点。

①在【ArcToolbox】工具箱中选择【数据管理工具】→【要素】→【要素折点转点】，打开【要素折点转点】工具对话框。

②在【输入要素】文本框中选择输入的数据(本实验输入“建筑”数据)，在【输出要素类】文本框中键入输出数据的路径和名称(本实验输出数据命名为“建筑_FVPoint. shp”)(见图14.4)。

③单击【确定】，完成操作，结果如图14.5所示。

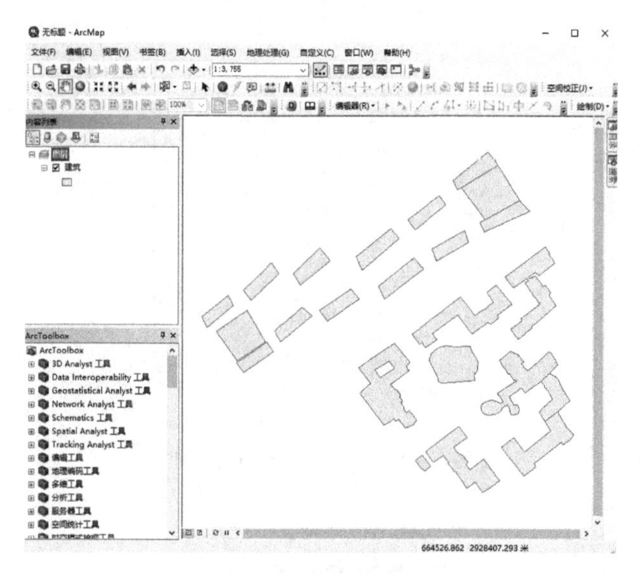

图 14.1　建筑数据

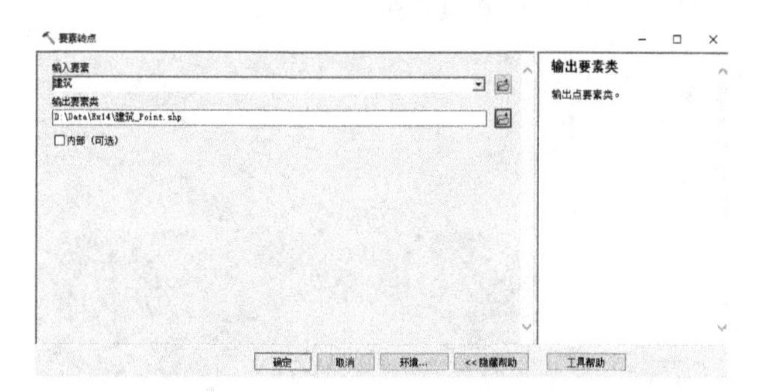

图 14.2　要素转点对话框

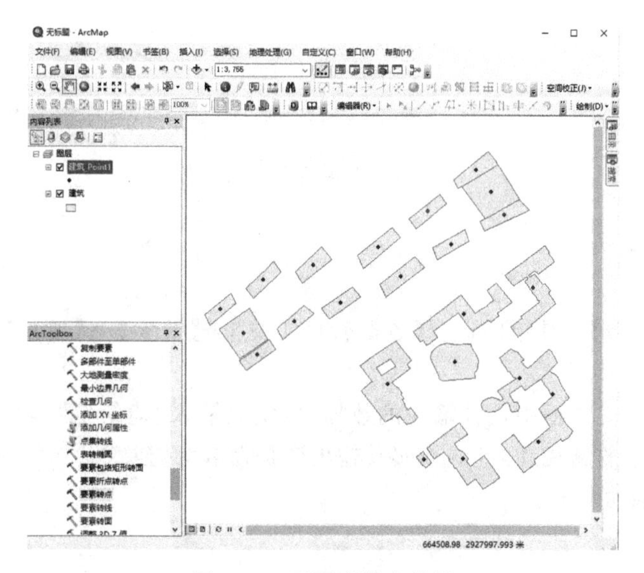

图 14.3　面要素转点结果

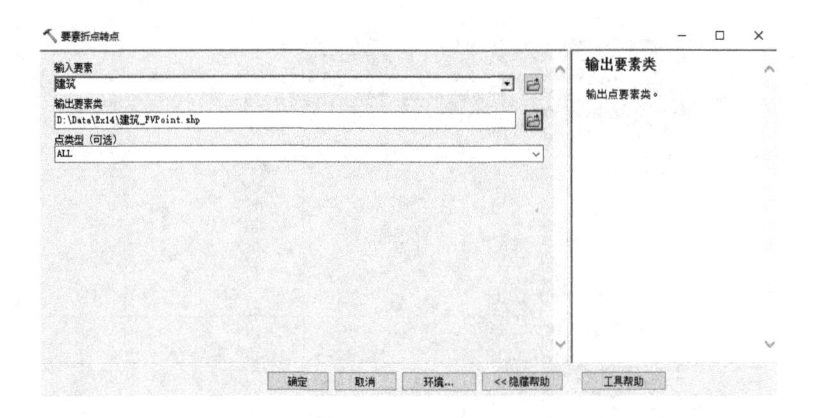

图 14.4　要素折点转点对话框

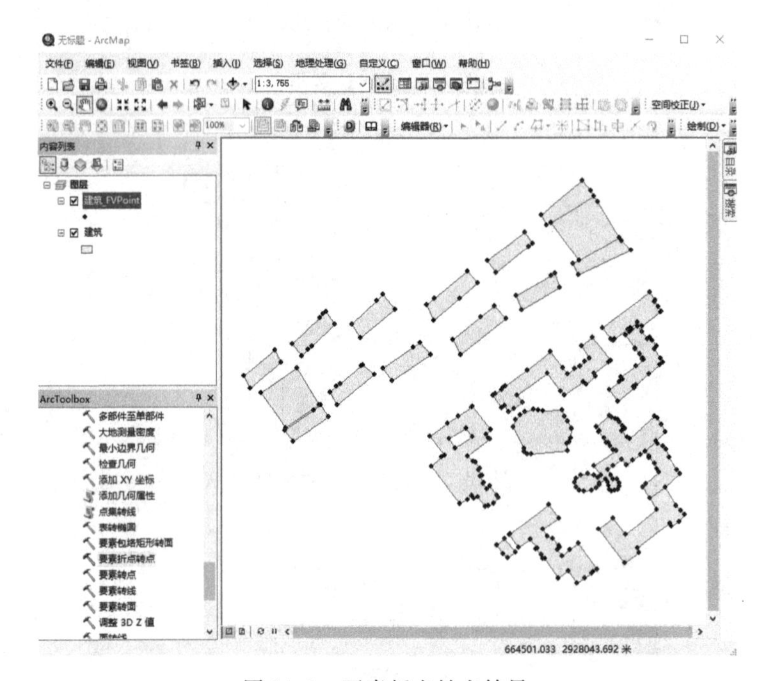

图 14.5　要素折点转点结果

2）转换成线状要素

（1）要素转线。

①在【ArcToolbox】工具箱中选择【数据管理工具】→【要素】→【要素转线】，打开【要素转线】工具对话框。

②在【输入要素】文本框中选择输入的数据（本实验输入“建筑”数据），在【输出要素类】文本框中键入输出数据的路径和名称（本实验输出数据命名为“建筑_Line1.shp”），勾选【保留属性（可选）】选项（见图 14.6）。

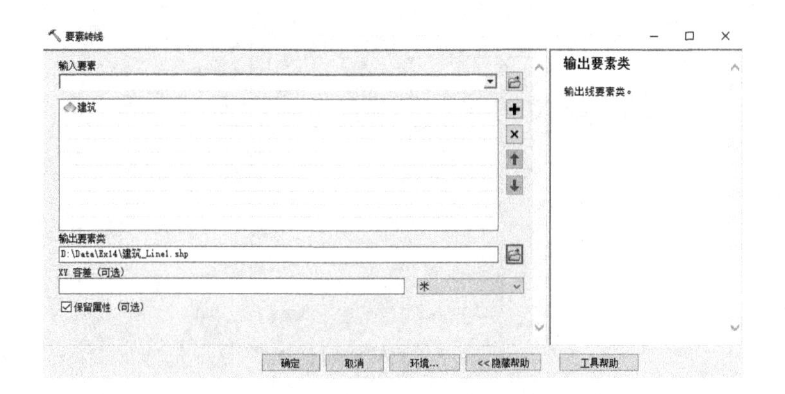

图 14.6　要素转线对话框

③单击【确定】，完成操作，结果如图 14.7 所示。

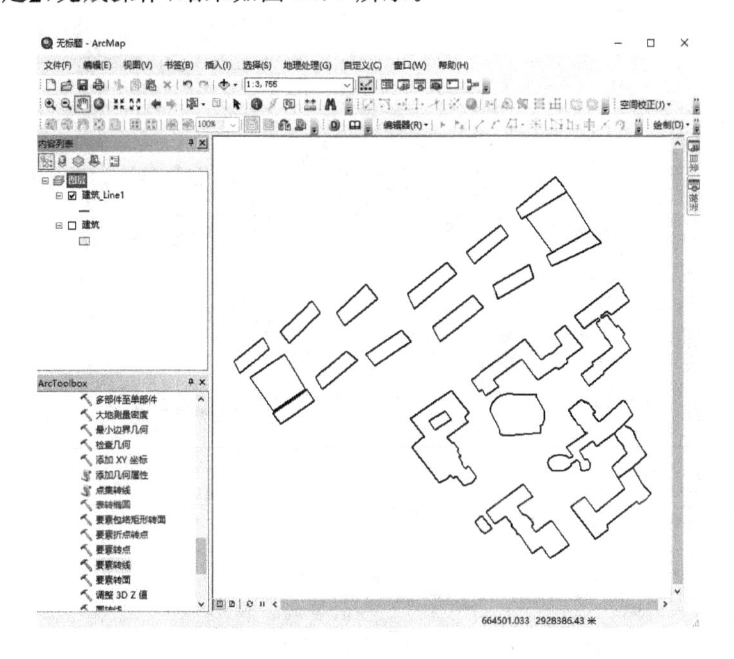

图 14.7　要素转线结果

(2)面转线。

①在【ArcToolbox】工具箱中选择【数据管理工具】→【要素】→【面转线】，打开【面转线】工具对话框。

②在【输入要素】文本框中选择输入的数据(本实验输入“建筑”数据)，在【输出要素类】文本框中键入输出数据的路径和名称(本实验输出数据命名为“建筑_Line2.shp”)，勾选【识别和存储面领域信息(可选)】选项(见图 14.8)。

③单击【确定】，完成操作，结果如图 14.9 所示。

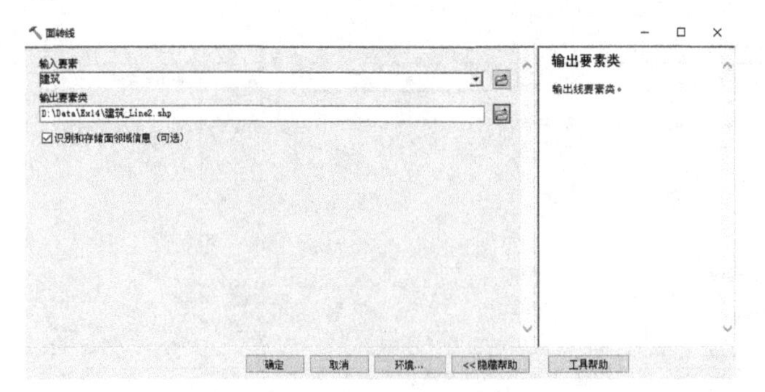

图 14.8 面转线对话框

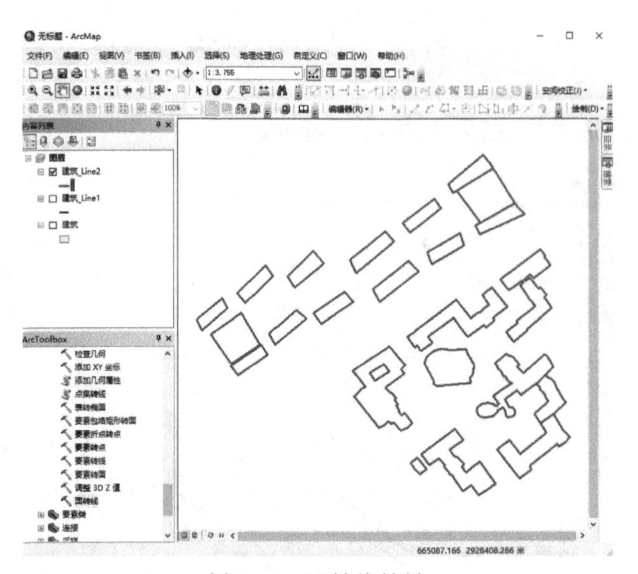

图 14.9 面转线结果

3)转换成面状要素

(1)打开 ArcMap,将“gzuline. shp”数据加载到视图窗口(见图 14.10)。

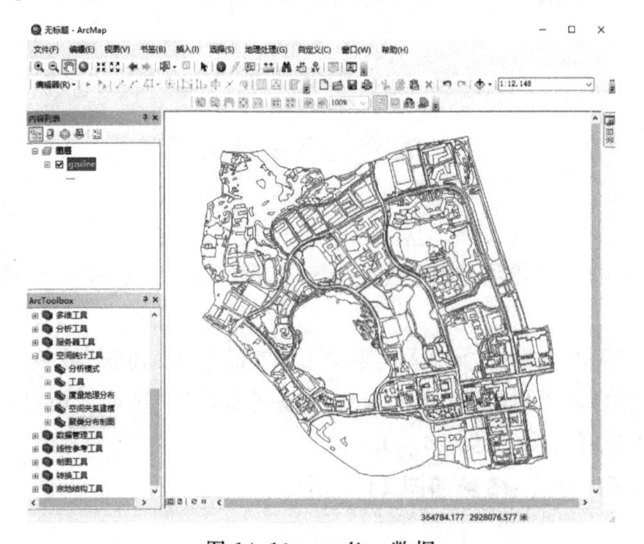

图 14.10 gzuline 数据

(2)在【ArcToolbox】工具箱中选择【数据管理工具】→【要素】→【要素转面】,打开【要素转面】工具对话框。

(3)在【输入要素】文本框中选择输入的数据(本实验输入“gzuline”数据),在【输出要素类】文本框中键入输出数据的路径和名称(本实验输出数据命名为“gzulinc_Polygon.shp”)(见图 14.11)。

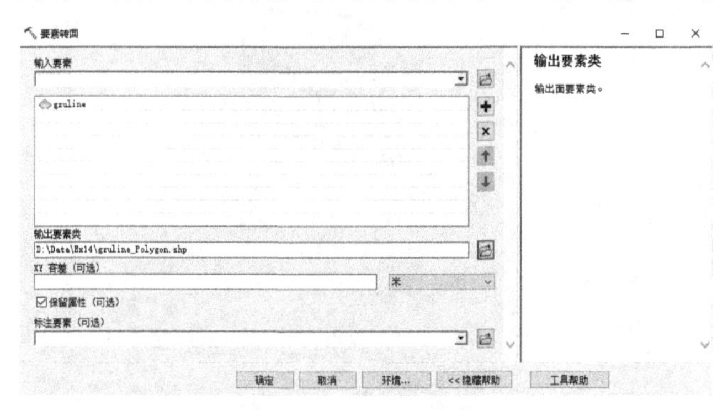

图 14.11　要素转面对话框

(4)单击【确定】,完成操作,结果如图 14.12 所示。

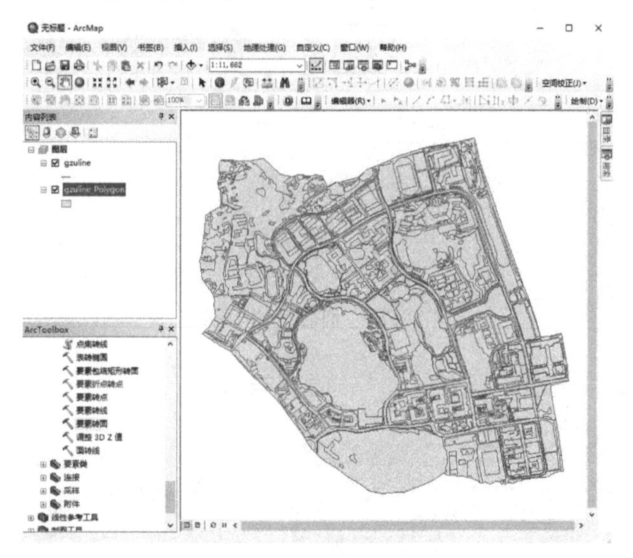

图 14.12　要素转面结果

2. 数据结构转换

1)矢量数据结构转为栅格数据结构

(1)打开 ArcMap,将“面.shp”数据加载到视图窗口(见图 14.13)。

(2)在【ArcToolbox】工具箱中选择【转换工具】→【转为栅格】→【面转栅格】,打开【面转栅格】工具对话框。

(3)在【输入要素】文本框中选择输入的数据(本实验输入“面”数据),在【值字段】文本框中选择“type”,在【输出栅格数据集】文本框中键入输出数据的路径和名称(本实验输出数据命名为“mian_Raster”),在【像元大小(可选)】文本框中输入输出栅格的大小(本实验输入“2”),其他选项默认(见图 14.14)。

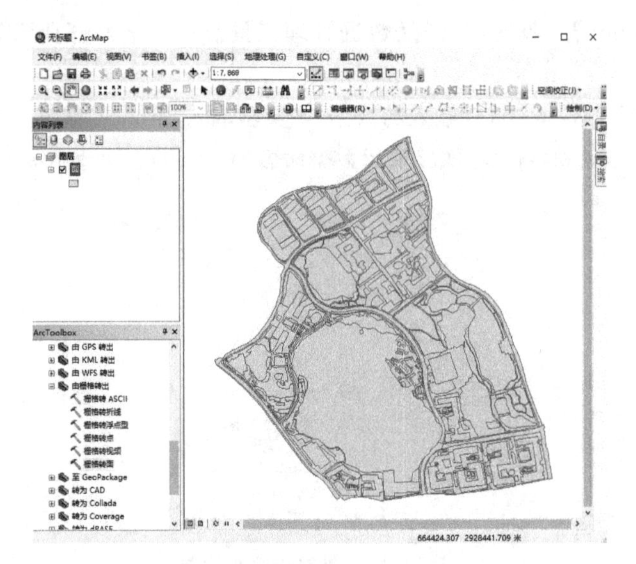

图 14.13　面数据

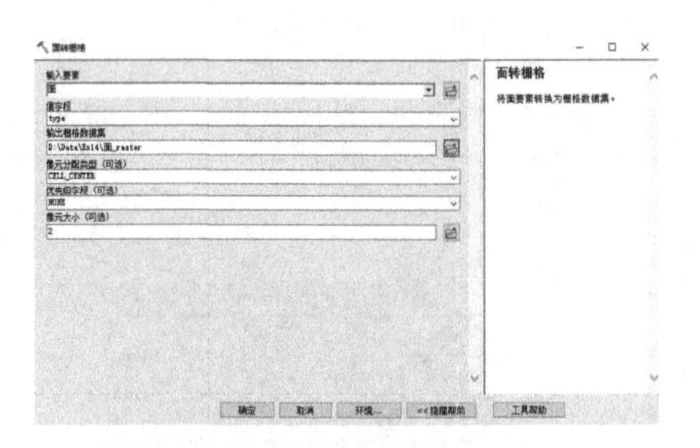

图 14.14　面转栅格对话框

(4)单击【确定】,完成操作,结果如图 14.15 所示。

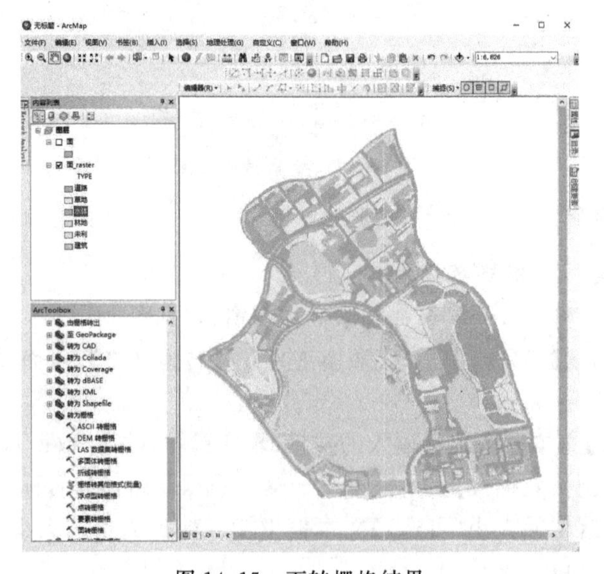

图 14.15　面转栅格结果

2)栅格数据结构转为矢量数据结构

(1)打开 ArcMap,将“Raster. img”数据加载到视图窗口(见图 14.16)。

图 14.16 Raster 数据

(2)在【ArcToolbox】工具箱中选择【转换工具】→【由栅格转出】→【栅格转面】,打开【栅格转面】工具对话框。

(3)在【输入栅格】文本框中选择输入的数据(本实验输入“Raster”数据),在【字段(可选)】文本框中选择“Value”,在【输出面要素】文本框中键入输出数据的路径和名称(本实验输出数据命名为“Raster_Polygon. shp”),勾选【简化面(可选)】选项(见图 14.17)。

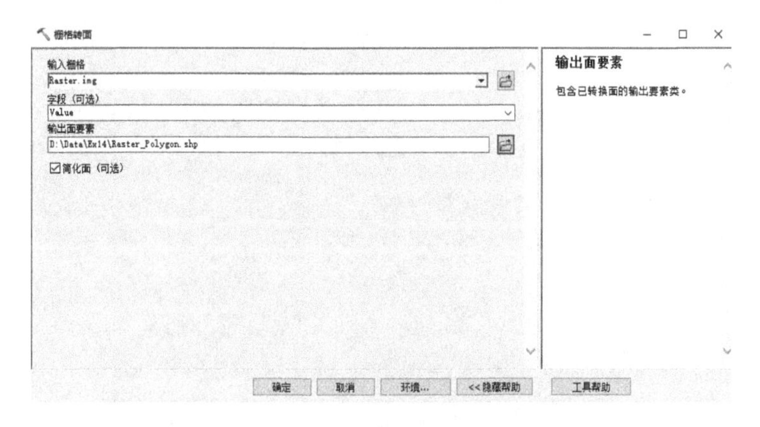

图 14.17 栅格转面对话框

(4)单击【确定】,完成操作,结果如图 14.18 所示。

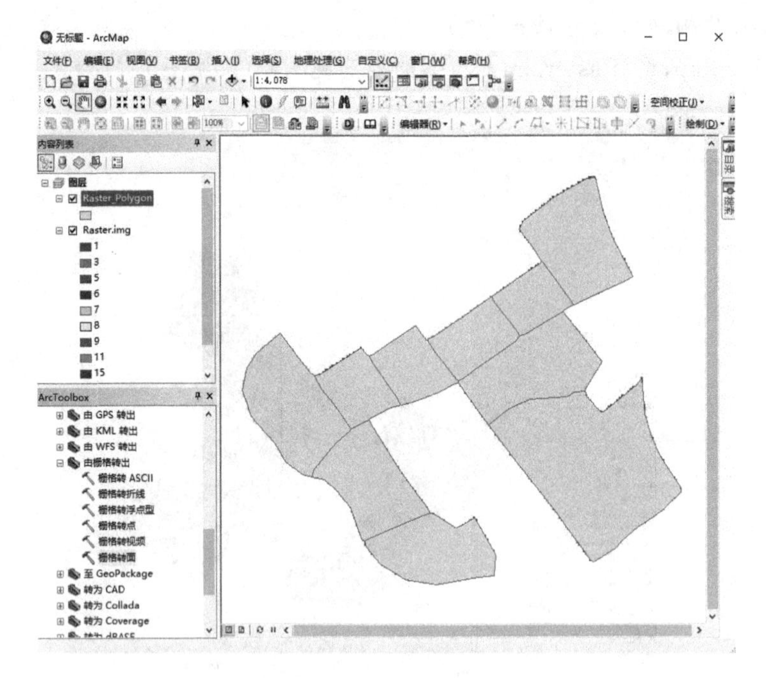

图 14.18 栅格转面结果

【注意事项】

(1)矢量数据要素几何类型的转换前后,建议对矢量要素进行拓扑检查,以确保转换要素的可转换性和准确性。

(2)矢量数据结构转换为栅格数据结构时,【面转栅格】对话框中【值字段】为转换后栅格数据结构的属性字段值(Value 值),因此,如矢量数据结构有多个字段,在转换时,该选项的选取须根据项目研究需要,仔细甄别。

实验 15　面积制表

【实验背景】

面积制表是统计区域中不同类别的面积的工具，用于计算两个数据集之间交叉的区域并输出统计表。统计表中类数据集的每个唯一值均有一个字段，用于存储每个区域内不同类别的面积。面积制表功能在转移矩阵、平衡表、混淆矩阵、分区统计各属性字段的面积等方面具有广泛的应用。

【实验目的】

通过本实验，熟知栅格数据与栅格数据、矢量数据与栅格数据面积制表的原理，掌握 ArcMap 不同类型空间数据面积制表工具的应用。

【实验要求】

(1)利用所提供的“lucc_1. img”和“lucc_2. img”土地利用栅格数据，使用【面积制表】工具，制作地类转移矩阵表。

(2)利用提供的“lucc. img”栅格数据和“Z 区域. shp”矢量数据，使用【面积制表】工具，统计“Z 区域. shp”矢量数据某一字段值的不同土地利用类型面积。

【实验数据】

实验数据位于\Data\Ex15\目录中，包括“lucc_1. img”“lucc_2. img”“lucc. img”栅格数据和“Z 区域. shp”矢量数据。

【操作步骤】

1. 栅格与栅格数据面积制表

(1)打开 ArcMap，将“lucc_1. img”和“lucc_2. img”栅格数据加载到视图窗口(见图 15.1)。

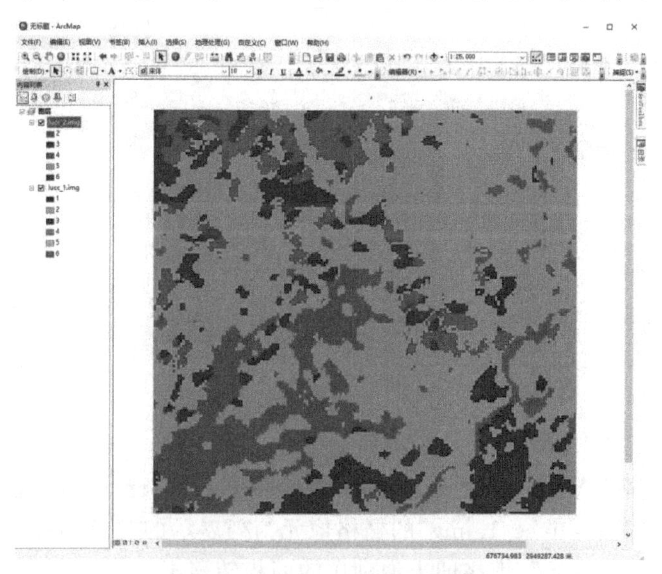

图 15.1　加载面积制表数据

(2)在 ArcToolbox 中单击【Spatial Analyst 工具】→【区域分析】→【面积制表】，打开【面积制表】对话框(见图 15.2)。

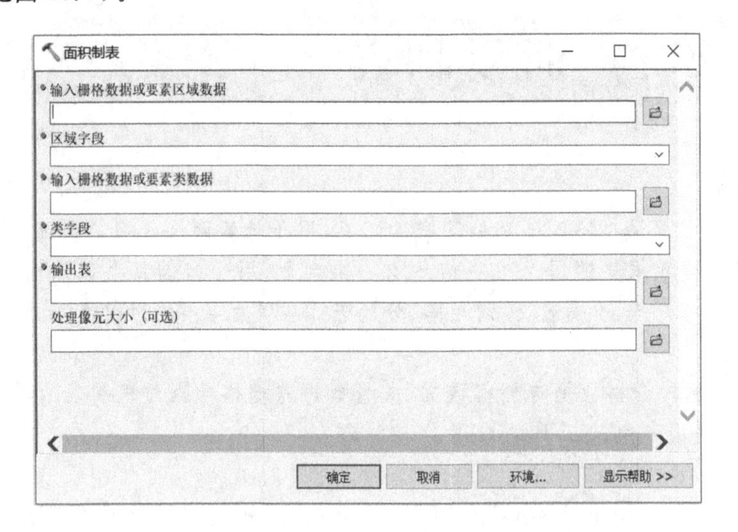

图 15.2　面积制表对话框

(3)在【输入栅格数据或要素区域数据】中选择“lucc_1. img”栅格数据；在【区域字段】中选择表示类别的字段，若是栅格数据则默认为“Value”，即栅格单元值，此处选择默认设置；在【输入栅格数据或要素类数据】中选择“lucc_2. img”栅格数据；在【类字段】中选择表示类别的字段，若是栅格数据则默认为“Value”，即栅格单元值，此处选择默认设置；在【输出表】中设置结果指定目录及名称(见图 15.3)；设置完成后单击【确认】，完成操作，结束后该表将自动加载到ArcMap内容表中。

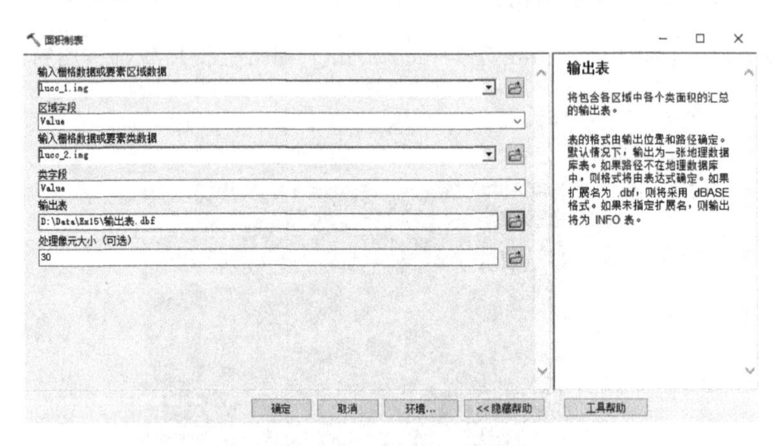

图 15.3　设置面积制表

(4)在内容列表中的【输出表】图层名称处，单击鼠标右键，选择【打开】即可看到结果(见图 15.4)。本例输出结果中，“lucc_1. img”的栅格像元为列展示的“VALUE”，“lucc_2. img”的栅格像元为行展示的“VALUE”，表格即土地利用的面积转移矩阵。

表

输出表 lucc_1.img lucc_2.img

OID	VALUE	VALUE_2	VALUE_3	VALUE_4	VALUE_5	VALUE_6
0	1	32700	5400	0	10800	0
1	2	1509300	39600	0	258300	12600
2	3	321300	2478600	112500	1642500	7200
3	4	16200	38700	1787400	3563100	288000
4	5	1908000	584100	160200	10203300	131400
5	6	134100	18000	900	295200	53100

图 15.4 面积制表输出结果

2. 栅格与矢量数据面积制表

(1)打开 ArcMap,将“lucc. img”栅格数据和“Z 区域. shp”矢量数据加载到视图窗口(见图 15.5)。

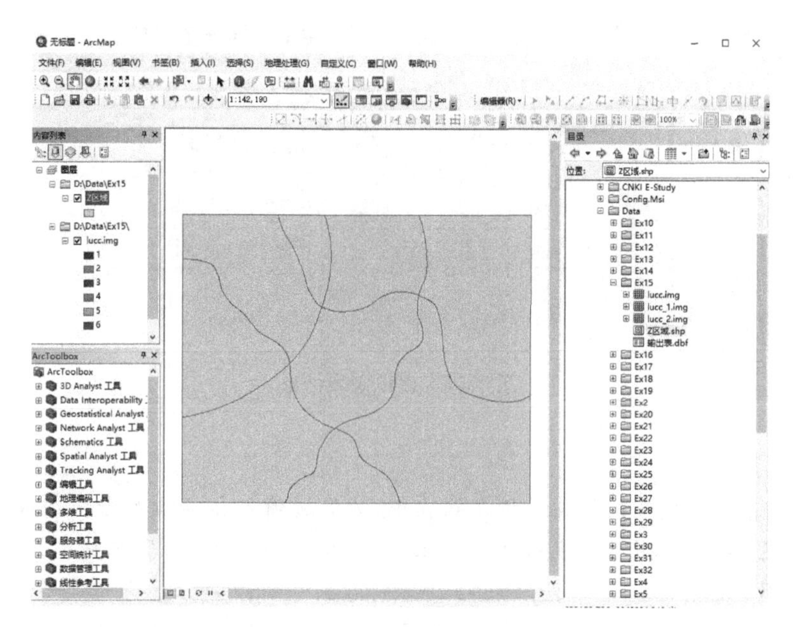

图 15.5 加载面积制表数据

(2)在 ArcToolbox 中单击【Spatial Analyst 工具】→【区域分析】→【面积制表】,打开【面积制表】对话框。在【输入栅格数据或要素区域数据】中选择“Z 区域. shp”;在【区域字段】中选择表示类别的字段,在此选择“FID”字段;在【输入栅格数据或要素类数据】中选择“lucc. img”栅格数据;在【类字段】中选择表示类别的字段,在此选择默认字段“Value”;在【输出表】中设置结果指定目录及名称(见图 15.6);设置完成后单击【确认】,完成操作,结束后该表将自动加载到内容列表中。

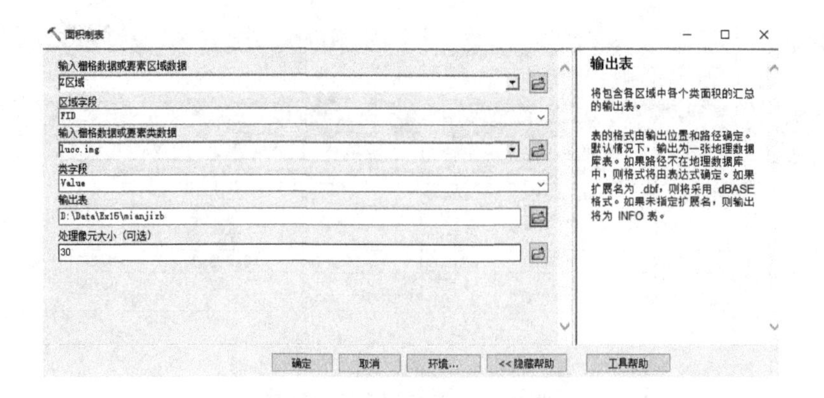

图 15.6　面积制表对话框

(3)在内容列表的【mianjizb】图层名称处，单击鼠标右键，选择【打开】即可看到结果(见图15.7)。本例输出结果中，“Z 区域. shp”的编号为列展示的“FID”，“lucc. img”的栅格像元为行展示的“VALUE”，表格统计了各区县面中各类景观类型面积。

表

mianjizb　Z区域.shp　lucc.img

Rowid	FID	VALUE_1	VALUE_2	VALUE_3	VALUE_4	VALUE_5	VALUE_6
1	0	301500	4948200	1312200	110700	6799500	321300
2	1	3370500	2920500	6556500	6199200	20026800	315000
3	2	218700	9660600	15329700	5837400	27378000	1316700
4	3	655200	18879300	2852100	102600	11727900	234000
5	4	51300	3578400	1089000	5013000	19233000	283500
6	5	174600	1905300	16882200	9387000	21741300	1232100
7	6	464400	223200	10722600	5345100	7123500	337500
8	7	75600	39600	2056500	1179900	4875300	13500
9	8	587700	1638900	3212100	3131100	23702400	505800

图 15.7　面积制表结果

【注意事项】

(1)栅格数据与栅格数据的面积制表操作中，如区域输入和类输入为具有相同空间分辨率(像元大小)的栅格数据，则可以直接使用此工具；如果分辨率不同，则可先使用【重采样】工具使其分辨率一致。

(2)在进行“面积制表”操作时，须确保数据属性表中的字段名称有效，有效字段的名称可包含字母、数字或下划线。

实验 16　分区统计

【实验背景】

分区统计是以一个矢量或栅格要素数据集的分类区为基础，对另一个数据集进行数值统计分析。一个分类区就是在栅格数据中拥有相同值的所有栅格单元，而不考虑它们是否邻近。分区统计是在每一个分类区的基础上运行操作，所以输出结果时同一分类区被赋予相同的单一输出值。利用分区统计能够根据一个分区数据计算分区范围内包含的另一个栅格数据的统计信息，包括计算数值取值范围、最大值、最小值、标准差等。

【实验目的】

通过本实验，熟知分区统计的工作原理，理解分区统计和面积制表的区别，熟练掌握分区统计工具的应用。

【实验要求】

利用所提供的“lucc. img”和“slope. img”栅格数据，使用【分区统计】工具进行不同土地利用类型的坡度信息获取。

【实验数据】

实验数据位于\Data\Ex16\目录中，包括“lucc. img”和“slope. img”栅格数据。

【操作步骤】

(1)打开 ArcMap，将“lucc. img”和“slope. img”栅格数据加载到视图窗口(见图 16.1)。

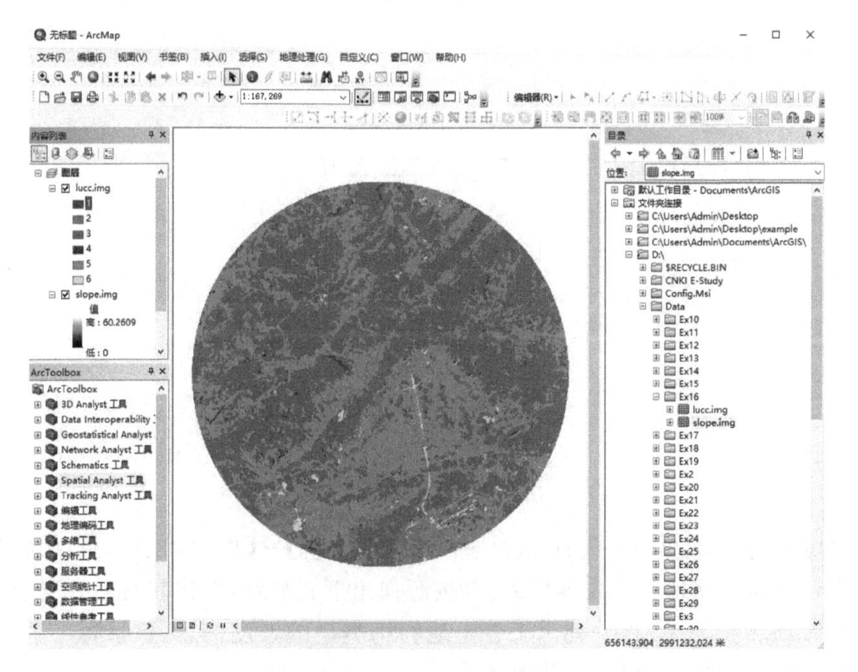

图 16.1　加载分区统计数据

(2)在【ArcToolbox】工具箱中，单击【Spatial Analyst 工具】→【区域分析】→【分区统计】工具，打开【分区统计】对话框(见图 16.2)。

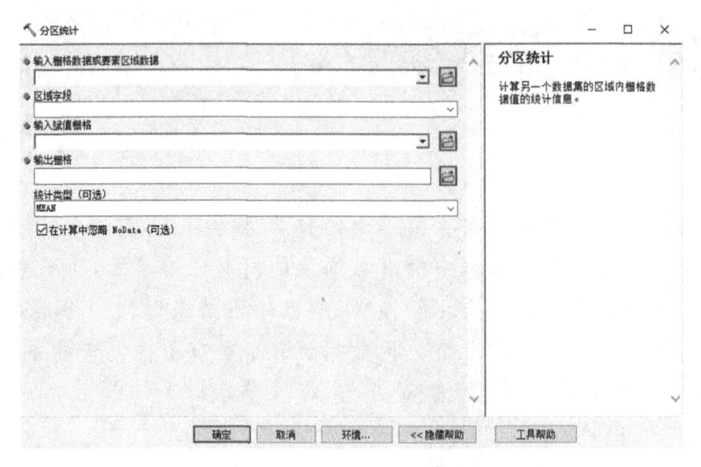

图 16.2 分区统计对话框

(3)在【输入栅格数据或要素区域数据】中设置分类区数据“lucc. img”，在【区域字段】中选择表示分类区类别的字段，栅格数据则默认设置为输入栅格数据或要素区域数据(“lucc. img”)的 Value 值；在【输入赋值栅格】中选择需要被统计的栅格数据“slope. img”；在【输出栅格】中设置输出结果指定目录及名称，生成一个栅格图层；【统计类型】包含了分区统计的多项指标(如 MEAN、MAXIMUM、MINIMUM、RANGE、MEDIAN 等)，默认为“MEAN”；【在计算中忽略 NoData(可选)】标识是否允许栅格数据中的空值参与运算，选中表明允许包含空值的单元参与运算。单击【确定】，完成操作(见图 16.3)，即可输出分区统计结果(见图 16.4)。

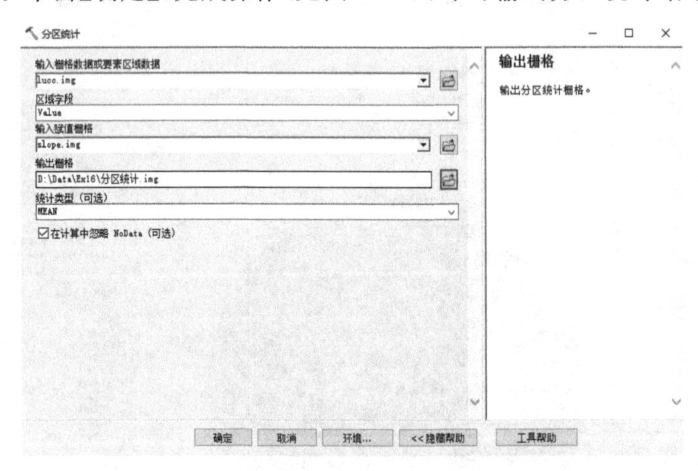

图 16.3 设置分区统计

(4)如以表格形式输出分区统计结果，选择【区域分析】→【以表格显示分区统计】工具(见图 16.5)，统计结果自动加载到内容列表，以按源列出形式显示，单击鼠标右键选择【打开】，可看到结果如图 16.6 所示，表格中列出了各土地利用类型的坡度信息，包括每一种土地利用类型区域的坡度的最大值、最小值、平均值等。

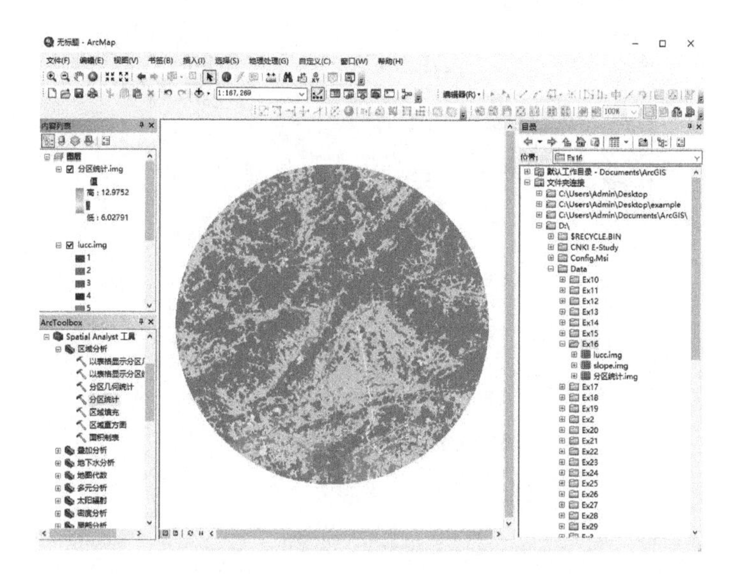

图 16.4 分区统计结果图

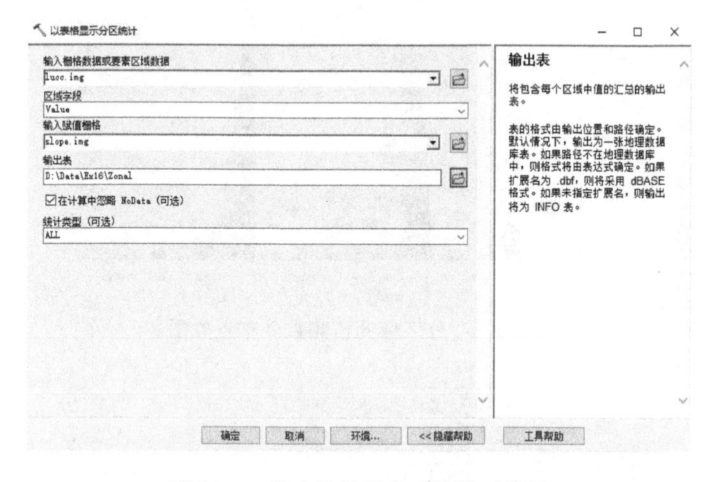

图 16.5 以表格显示分区统计对话框

表

Zonal

Rowid	VALUE	COUNT	AREA	MIN	MAX	RANGE	MEAN	STD	SUM
1	1	1747	1572300	0	48.36451	48.36451	6.027906	6.940926	10530.751928
2	2	25956	23360400	0	57.180885	57.180885	6.078306	5.183182	157768.50726
3	3	252815	227533500	0	60.260853	60.260853	12.975196	7.337875	3280324.161417
4	4	3038	2734200	0	43.497036	43.497036	12.071779	7.427016	36674.063318
5	5	150395	135355500	0	58.782894	58.782894	7.258532	5.135326	1091646.898501
6	6	4806	4325400	0	39.921371	39.921371	7.952652	7.047224	38220.447902

图 16.6 表格显示分区统计信息

(5)如统计各分区的像元值频数分布的表和直方图，可选择【区域分析】→【区域直方图】工具(见图 16.7)，统计结果的分布表和分布图将自动加载到视图窗口和内容列表，分区像元值频数分布直方图如图 16.8 所示；在【内容列表】分布表处，单击鼠标右键选择【打开】分布表，如图 16.9 所示，表格中列出了各土地利用类型的像元值频数信息。

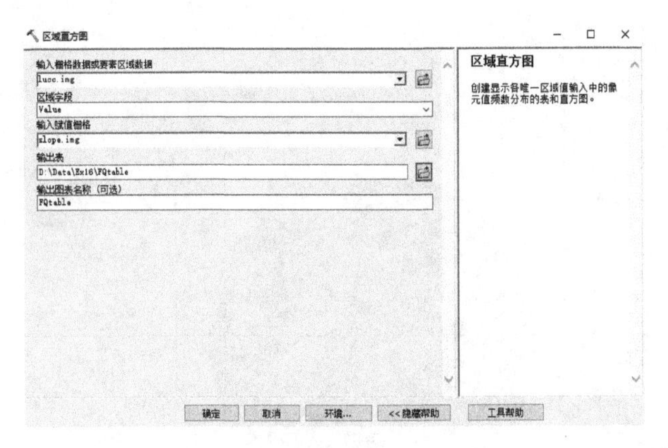

图 16.7 区域直方图对话框

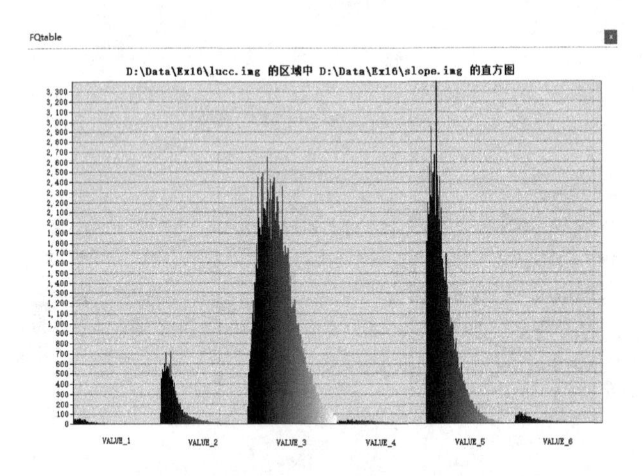

图 16.8 分区像元值频数分布直方图

Rowid	VALUE_1	VALUE_2	VALUE_3	VALUE_4	VALUE_5	VALUE_6
1	5	111	171	3	484	16
2	7	50	110	1	236	8
3	28	279	334	12	1256	43
4	41	450	506	16	1809	75
5	21	264	350	8	1038	58
6	29	262	368	8	1026	28
7	51	539	641	10	2200	82
8	18	196	405	9	887	42
9	29	417	559	11	1638	48
10	37	517	717	28	2074	80
11	22	254	289	2	1078	40
12	42	464	789	15	1965	71
13	52	595	941	19	2581	107
14	26	312	533	14	1349	52
15	42	524	1095	26	2262	79
16	25	354	700	12	1600	68
17	49	706	1224	19	2956	103
18	41	546	961	17	2183	85
19	40	494	1013	23	2249	101
20	49	455	1013	19	2140	72
21	21	300	656	11	1230	28
22	40	568	1401	25	2488	85
23	28	465	985	13	1891	67
24	33	367	1124	15	1863	63
25	31	545	1583	23	2665	69
26	27	378	903	12	1683	60
27	41	594	1790	26	2670	85
28	27	436	1189	15	1929	63
29	28	458	1539	18	2066	71

图 16.9 分区像元值频数分布表

【注意事项】

(1)当输入数据均为栅格数据时,在使用【分区统计】工具前,首先要检查输入数据是否具有相同分辨率,如果分辨率相同,则可以直接使用此工具;如果数据分辨率不同,需要使用【重采样】工具对数据进行处理。

(2)如果输入数据是要素区域数据,需要注意区域字段可以支持选择的字段类型只能是短整型、长整型和文本型。

(3)在实际统计过程中,输入栅格数据既可以为整型,也可以为浮点型。但是,当它是浮点型时,不能对众数、中值、少数和变异度进行统计。

空间分析篇

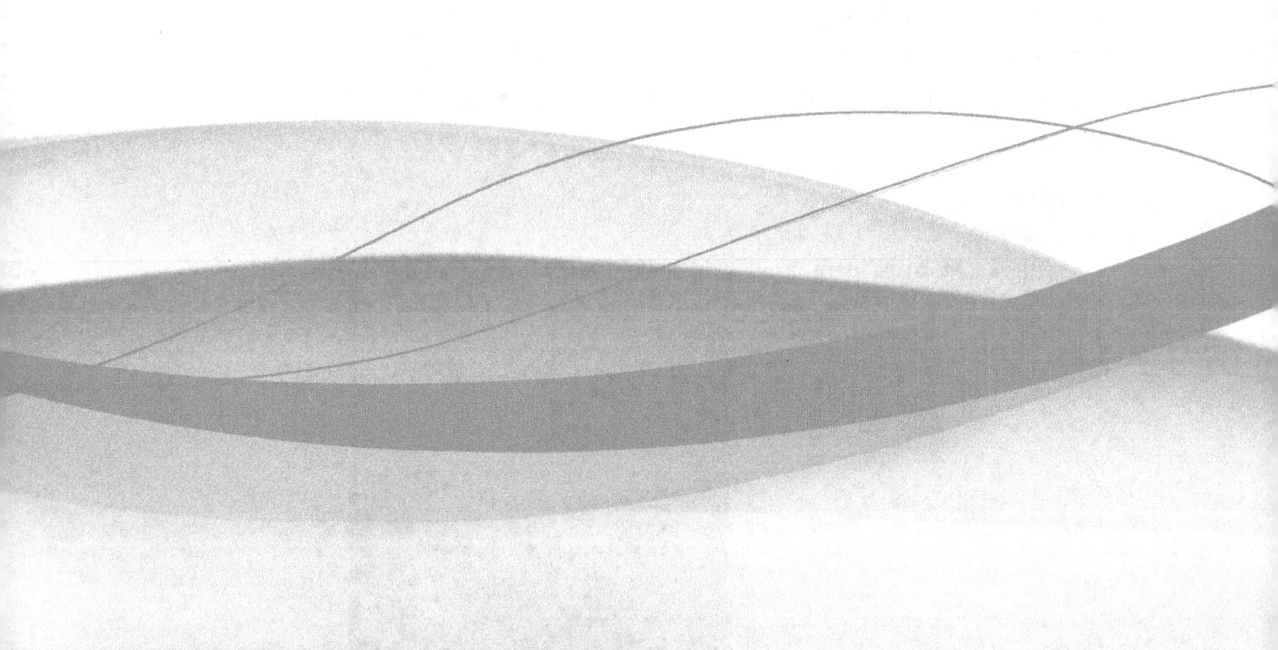

实验 17 数字地形分析

【实验背景】

地形指标是最基本的自然地理要素，也是各类项目和研究中普遍采用的重要环境因子，具有重要的研究和实践意义。基于 GIS 空间分析的数字地形分析方法，大都是以数字高程模型为基本数据源，采用 ArcGIS 软件中提供的表面分析工具，结合栅格计算器工具，提取和分析相关的地形因子指标，如坡度、坡向、地形起伏度、地表粗糙度等，并以此为基础，辅助开展相关项目研究中的空间评价、规划、设计等工作。

【实验目的】

通过本实验，理解基本地形指标的概念及其应用意义，学会用 ArcMap 进行坡度、坡向、坡长、地形起伏度和地表粗糙度等基本地形指标提取的基本步骤。

【实验要求】

利用所提供的数字高程模型(DEM)数据，提取该区域的坡度、坡向、坡长、地形起伏度和地表粗糙度等基本的地形指标。

【实验数据】

实验数据位于\Data\Ex17\目录中，包括“dem. img”数据。

【操作步骤】

1. 坡度提取

(1)打开 ArcMap，将“dem. img”数据加载到 ArcMap 视图窗口(见图 17.1)。

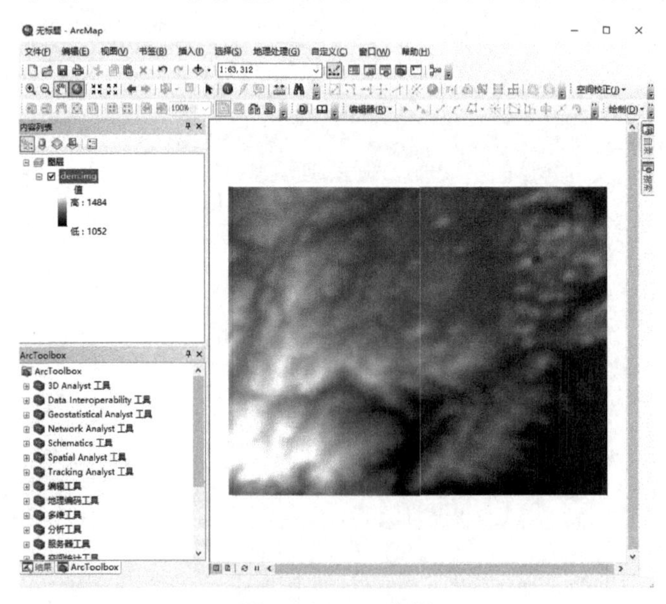

图 17.1 dem 数据

(2)在【ArcToolbox】工具箱中选择【Spatial Analyst 工具】→【表面分析】→【坡度】，打开【坡度】工具对话框。

(3)在【输入栅格】文本框中选择输入的数据(本实验输入“dem. img”数据)，在【输出栅格】文本框中输入输出数据的路径和名称(本实验输出数据命名为“Slope. img”)(见图 17.2)。

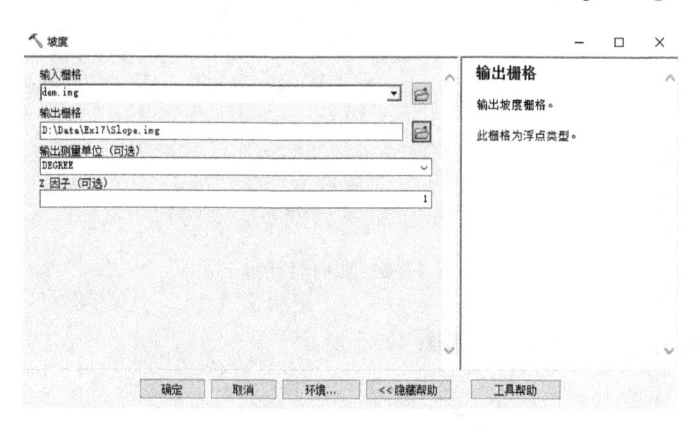

图 17.2　坡度对话框

(4)单击【确定】，完成操作，结果如图 17.3 所示。

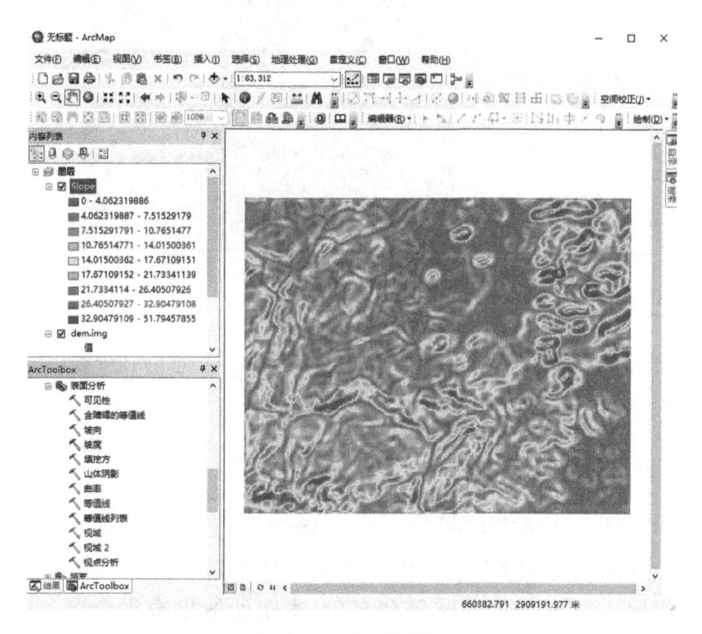

图 17.3　坡度数据

2. 坡向提取

(1)在【ArcToolbox】工具箱中选择【Spatial Analyst 工具】→【表面分析】→【坡向】，打开【坡向】工具对话框。

(2)在【输入栅格】文本框中选择输入的数据(本实验输入“dem. img”数据)，在【输出栅格】文本框中输入输出数据的路径和名称(本实验输出数据命名为“Aspect. img”)(见图 17.4)。

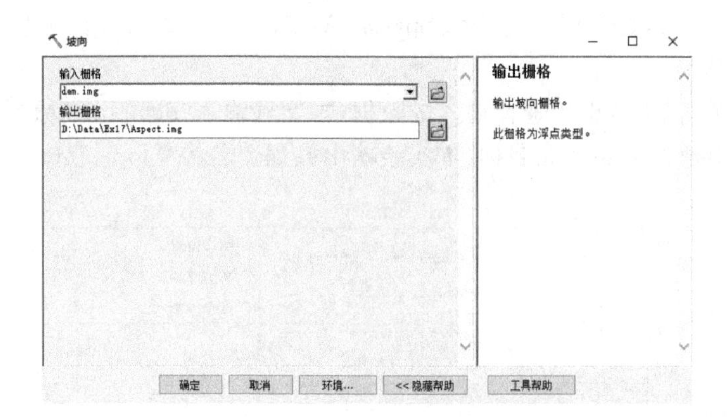

图 17.4　坡向对话框

(3)单击【确定】,完成操作,结果如图 17.5 所示。

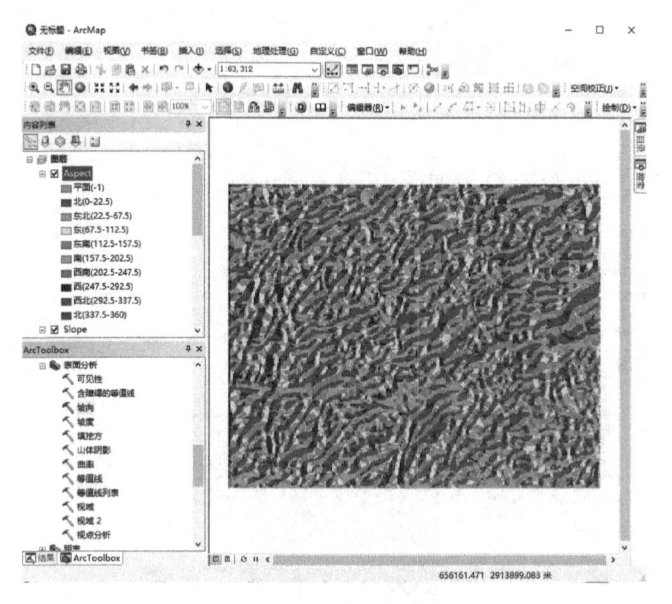

图 17.5　坡向数据

3. 坡长提取

(1)在【ArcToolbox】工具箱中选择【Spatial Analyst 工具】→【表面分析】→【坡度】,打开【坡度】工具对话框,在【输入栅格】文本框中选择输入的数据(本实验输入“dem.img”数据),在【输出栅格】文本框中输入输出数据的路径和名称(本实验输出数据命名为“Slope.img”)。

(2)在【ArcToolbox】工具箱中选择【Spatial Analyst 工具】→【栅格代数】→【栅格计算器】,打开【栅格计算器】工具对话框。

(3)在【栅格计算器】文本框中输入坡长的计算公式(本实验输入计算公式为“"dem.img" / (Sin(("Slope.img" * 3.14159)/180))”,在【输出栅格】文本框中输入输出数据的路径和名称(本实验输出数据命名为“SL.img”)(见图 17.6)。

(4)单击【确定】,完成操作,结果如图 17.7 所示。

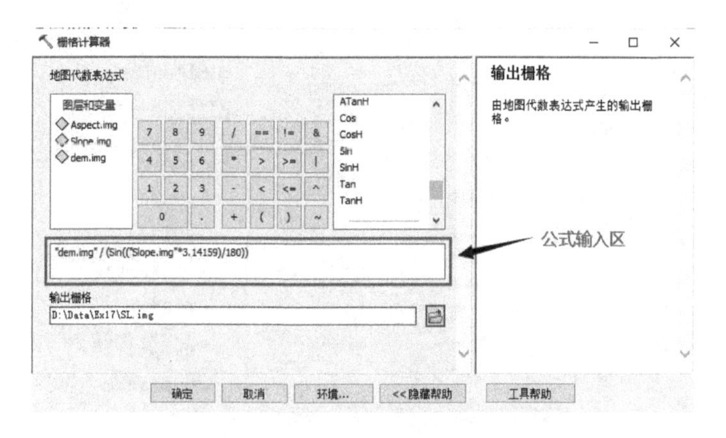

图 17.6　栅格计算器对话框

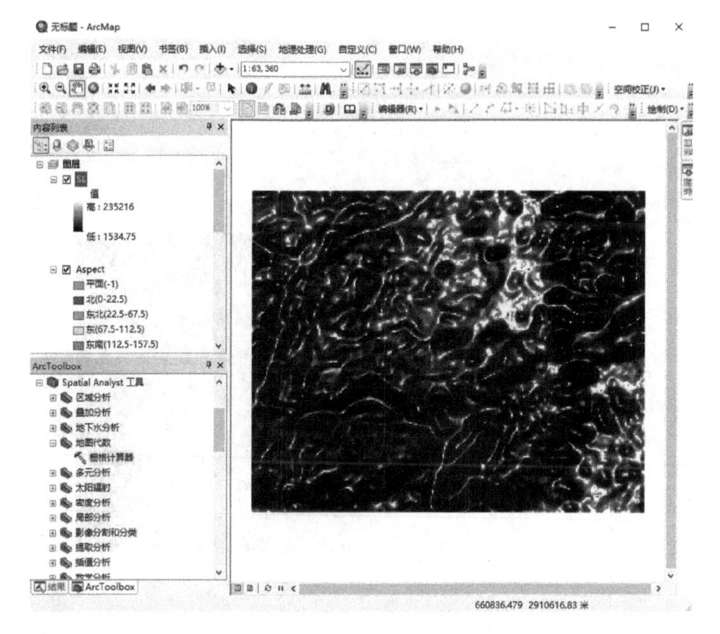

图 17.7　坡长数据

4. 地形起伏度提取

地形起伏度是指特定区域内最高点海拔与最低点海拔的差值。求地形起伏度的值，可先求出一定范围内海拔的最大值和最小值，然后对其求差即可。

(1)在【ArcToolbox】工具箱中选择【Spatial Analyst 工具】→【邻域分析】→【焦点统计】，打开【焦点统计】工具对话框。

(2)在【输入栅格】文本框中选择输入的数据(本实验输入"dem.img"数据)，在【输出栅格】文本框中输入输出数据的路径和名称(本实验输出数据命名为"maxdem")，【邻域分析(可选)】选择默认，【统计类型(可选)】选择"MAXIMUM"(见图 17.8)。

(3)单击【确定】，完成操作，结果如图 17.9 所示。

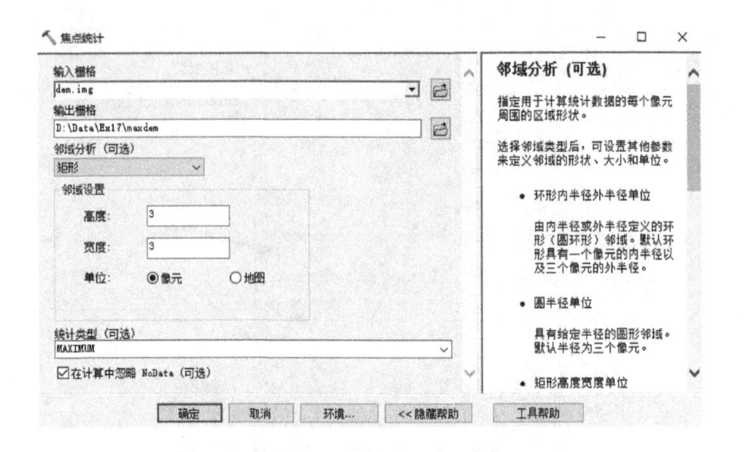

图 17.8　焦点统计对话框

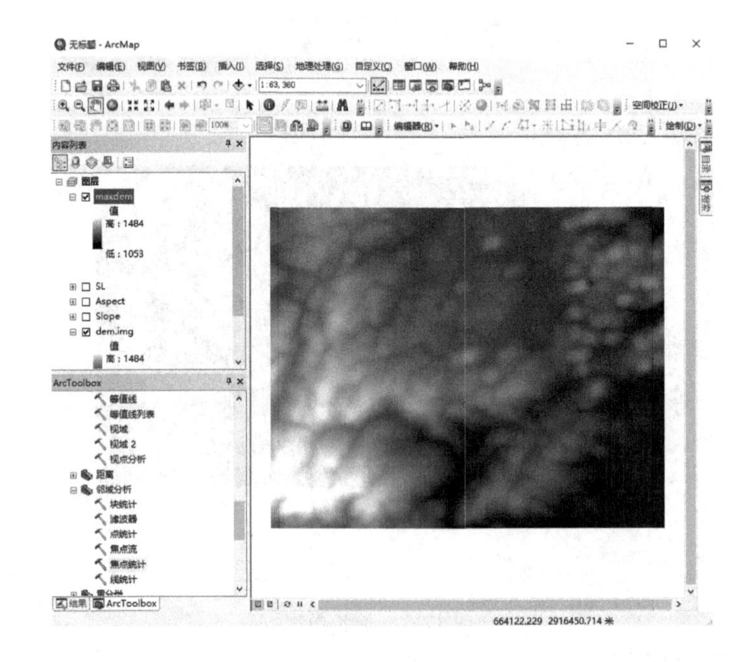

图 17.9　maxdem 数据

(4)重复第(2)步，只是把【统计类型(可选)】设置为“MINIMUM”，把【输出栅格】命名为“mindem”，结果如图 17.10 所示。

(5)在【ArcToolbox】工具箱中选择【Spatial Analyst 工具】→【栅格代数】→【栅格计算器】，打开【栅格计算器】工具对话框，在【栅格计算器】文本框中输入地形起伏度的计算公式(本实验输入计算公式为“"maxdem" − "mindem"”)，在【输出栅格】文本框中输入输出数据的路径和名称(本实验输出数据命名为“RDLS”)(见图 17.11)。

(6)单击【确定】，完成操作，结果如图 17.12 所示。

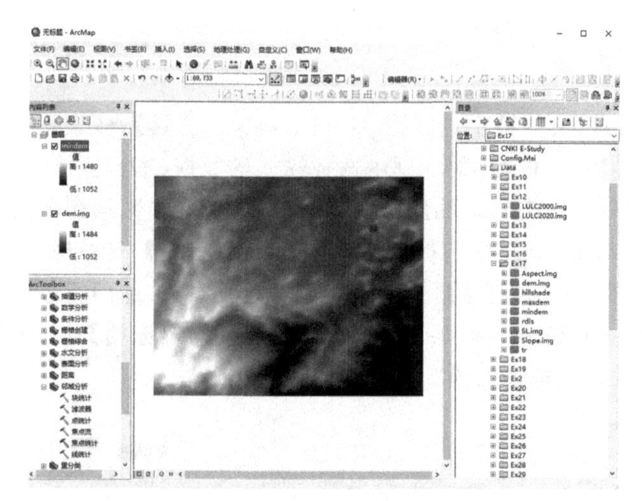

图 17.10　mindem 数据

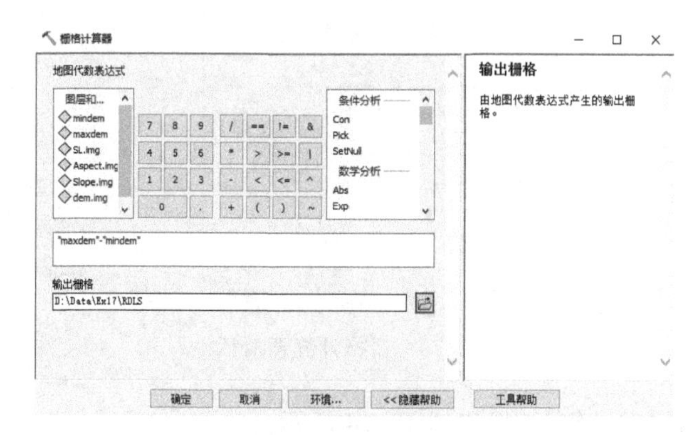

图 17.11　栅格计算器对话框

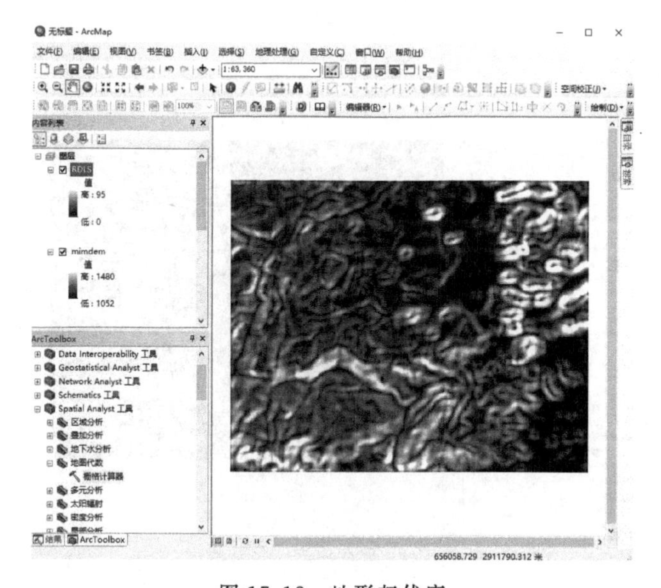

图 17.12　地形起伏度

5. 地表粗糙度提取

(1)在【ArcToolbox】工具箱中选择【Spatial Analyst 工具】→【表面分析】→【坡度】,打开【坡度】工具对话框,在【输入栅格】文本框中选择输入的数据(本实验输入“dem. img”数据),在【输出栅格】文本框中输入输出数据的路径和名称(本实验输出数据命名为“Slope. img”)。

(2)在【ArcToolbox】工具箱中选择【Spatial Analyst 工具】→【栅格代数】→【栅格计算器】,打开【栅格计算器】工具对话框,在【栅格计算器】文本框中输入地面粗糙度的计算公式(本实验输入计算公式为“1/Cos("Slope" * 3. 14159/180)”,在【输出栅格】文本框中输入输出数据的路径和名称(本实验输出数据命名为“TR”)(见图 17.13)。

图 17.13 栅格计算器对话框

(3)单击【确定】,完成操作,结果如图 17.14 所示。

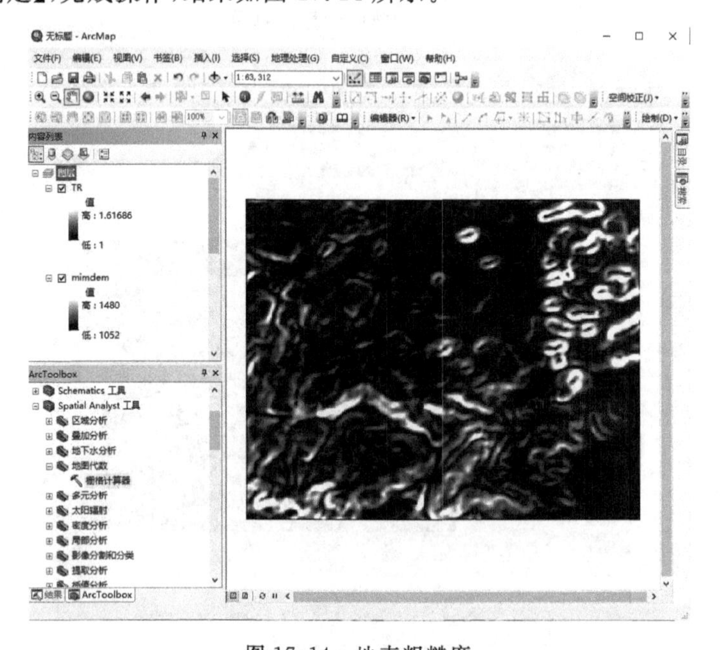

图 17.14 地表粗糙度

6. 山体阴影提取

(1)在【ArcToolbox】工具箱中选择【Spatial Analyst 工具】→【表面分析】→【山体阴影】，打开【山体阴影】工具对话框。

(2)在【输入栅格】文本框中选择输入的数据(本实验输入“dem.img”数据)，在【输出栅格】文本框中输入输出数据的路径和名称(本实验输出数据命名为“Hillshade”)，在【方位角(可选)】中设置太阳方位角(本研究选择默认值 315)，在【高度角(可选)】中设置太阳高度角(本研究选择默认值 45)，【模拟阴影(可选)】和【Z 因子(可选)】全部选择默认，如图 17.15 所示。

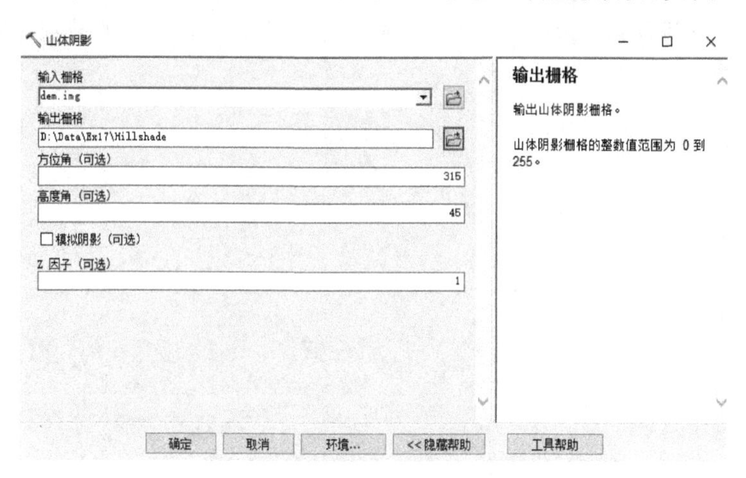

图 17.15　山体阴影对话框

(3)单击【确定】，完成操作，结果如图 17.16 所示。

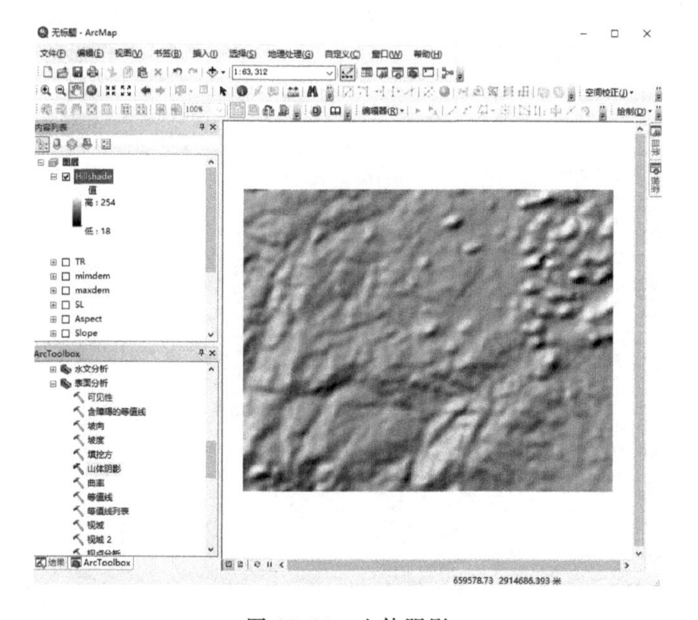

图 17.16　山体阴影

【注意事项】

(1)利用数字高程模型数据进行数字地形分析各项指标提取之前,需对原始DEM数据进行填洼处理(在【ArcToolbox】工具箱中选择【Spatial Analyst 工具】→【水文分析】→【填洼】),这样可有效减少因原始DEM数据异常导致的提取结果错误。

(2)坡度提取中,ArcGIS软件提供的输出测量单位有两种形式,分别以度和百分比为单位,默认选项为度(degree)。在实际应用中,如需按百分比单位输出坡度值,在【输出测量单位】下拉框中选择"PERCENT_RISE"即可。

(3)ArcGIS软件默认的坡向提取结果为"九分法",如在实际应用中需用"二分法"或"四分法"获取坡向分布空间数据,可根据"二分法"或"四分法"中不同坡向的范围,运用栅格重分类方法(操作步骤详见实验13)予以更新。

实验 18 水文分析

【实验背景】

水文分析是利用数字高程模型(DEM)建立地表水流模型,提取地球表面水文信息的工具,在区域规划、林业、农业、水利、国土等行业领域,以及生态水文过程分析等方面都有重要的应用。通过水文分析,可提取水流方向、汇流累积量、水流长度、河流网络和流域等信息。

【实验目的】

通过本实验,学会使用 ArcMap 进行河网和流域的提取,掌握河网及流域提取的基本原理。

【实验要求】

利用所提供 DEM 数据,提取该区域的河网和流域,并对河网进行分级。

【实验数据】

实验数据位于\Data\Ex18\目录中,包括“DEM. img”数据。

【操作步骤】

1. 河网提取

(1)打开 ArcMap,将“DEM. img”数据加载到视图窗口(见图 18.1)。

图 18.1 DEM 数据

(2)在【ArcToolbox】工具箱中选择【Spatial Analyst 工具】→【水文分析】→【填洼】,打开【填洼】工具对话框。

(3)在【输入表面栅格数据】文本框中选择输入的数据(本实验输入“DEM”数据),在【输出表面栅格】文本框中输入输出数据的路径和名称(本实验输出数据命名为“FillDEM”)(见图 18.2)。

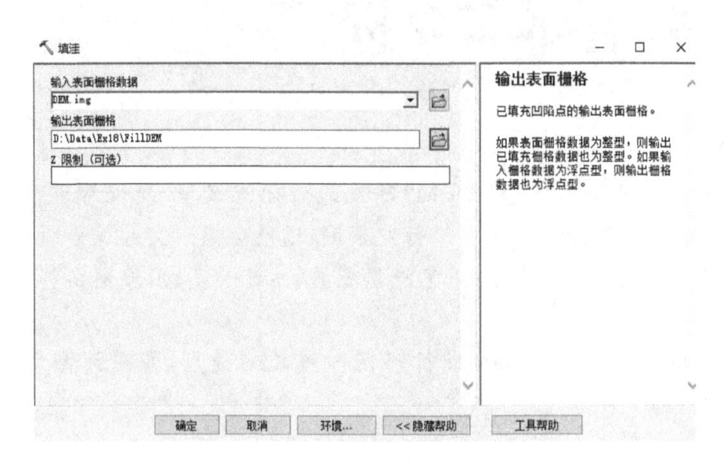

图 18.2 填洼对话框

(4)单击【确定】,完成操作,结果如图 18.3 所示。

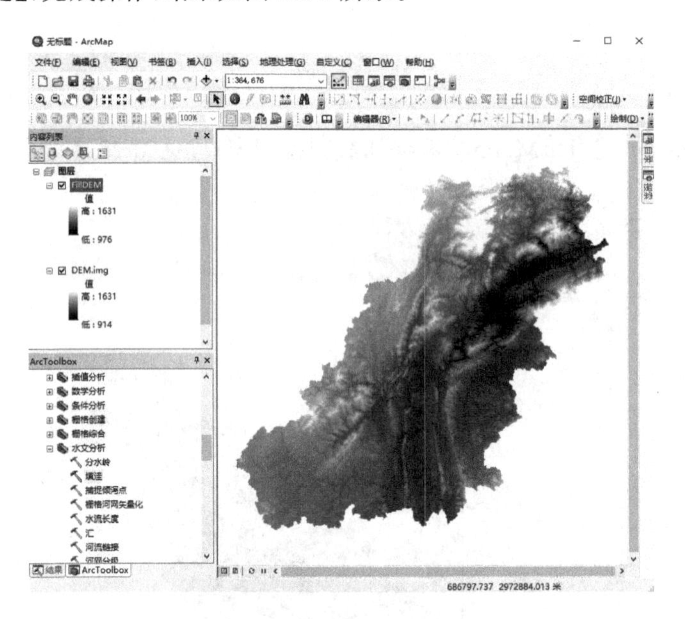

图 18.3 填洼后的 DEM 数据

(5)在【ArcToolbox】工具箱中选择【Spatial Analyst 工具】→【水文分析】→【流向】,打开【流向】工具对话框。

(6)在【输入表面栅格数据】文本框中选择输入的数据(本实验输入“FillDEM”数据),在【输出流向栅格数据】文本框中输入输出数据的路径和名称(本实验输出数据命名为“FlowDir”)(见图 18.4)。

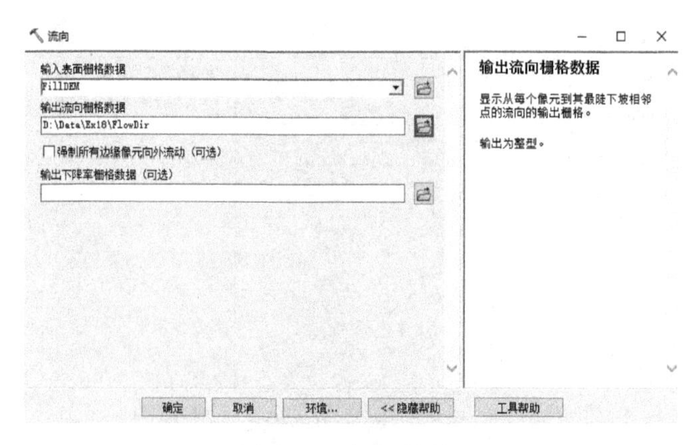

图 18.4　流向对话框

(7)单击【确定】,完成操作,结果如图 18.5 所示。

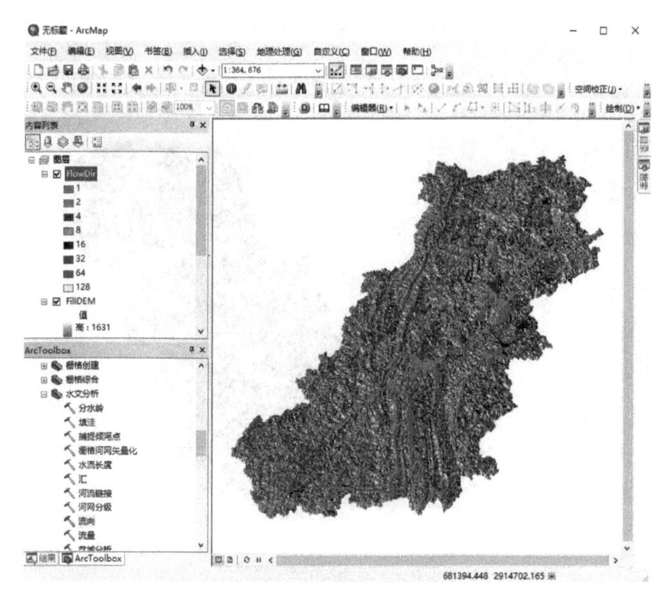

图 18.5　流向数据

(8)在【ArcToolbox】工具箱中选择【Spatial Analyst 工具】→【水文分析】→【流量】,打开【流量】工具对话框。

(9)在【输入流向栅格数据】文本框中选择输入的数据(本实验输入“FlowDir”数据),在【输出蓄积栅格数据】文本框中输入输出数据的路径和名称(本实验输出数据命名为“FlowAcc”)(见图 18.6)。

(10)单击【确定】,完成操作,结果如图 18.7 所示。

(11)在【ArcToolbox】工具箱中选择【Spatial Analyst 工具】→【地图代数】→【栅格计算器】,打开【栅格计算器】工具对话框。

(12)在【栅格计算器】文本框中输入汇流累积量的计算公式(本实验输入计算公式为“Con("FlowAcc"> 10000,1)”),在【输出栅格】文本框中输入输出数据的路径和名称(本实验输出数据命名为“stream”)(见图 18.8)。

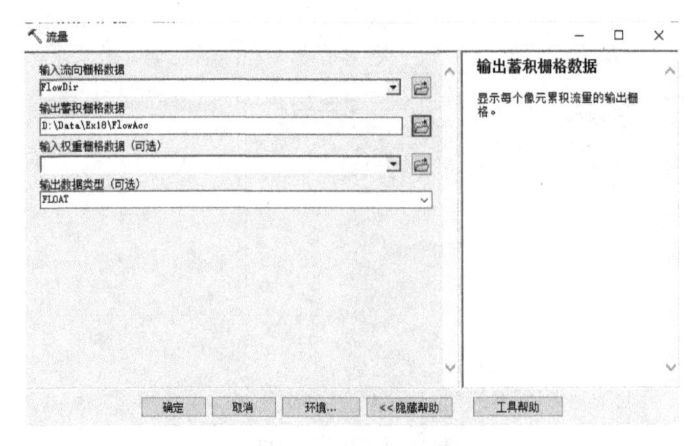

图 18.6　流量对话框

图 18.7　流量数据

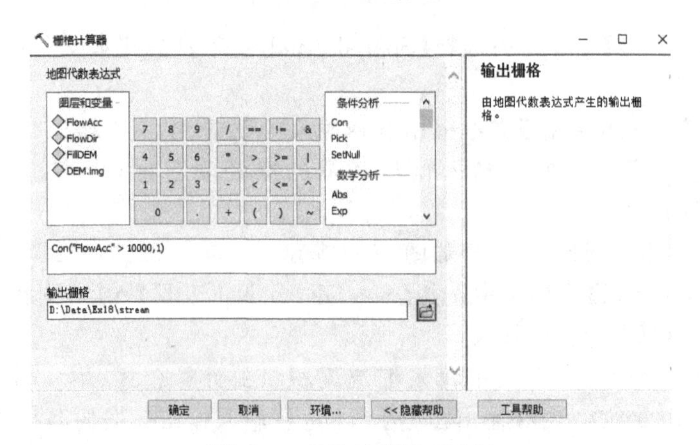

图 18.8　栅格计算器对话框

(13)单击【确定】,完成操作,结果如图 18.9 所示。

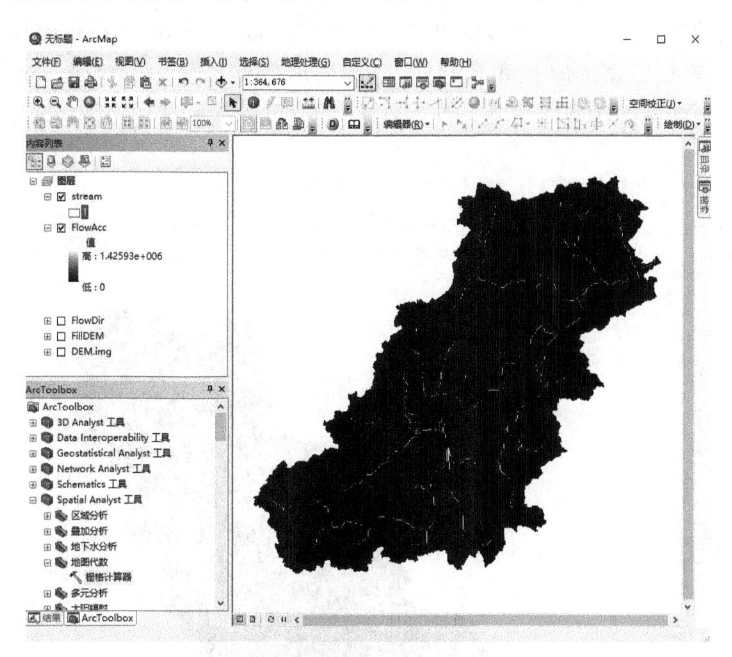

图 18.9 汇流累积量大于 10000 的栅格河网

(14)在【ArcToolbox】工具箱中选择【Spatial Analyst 工具】→【水文分析】→【河网分级】,打开【河网分级】工具对话框。

(15)在【输入河流栅格数据】文本框中选择输入的数据(本实验输入“stream”数据),在【输入流向栅格数据】文本框中选择输入的数据(本实验输入“FlowDir”数据),在【输出栅格】文本框中输入输出数据的路径和名称(本实验输出数据命名为“streamfj”)(见图 18.10)。

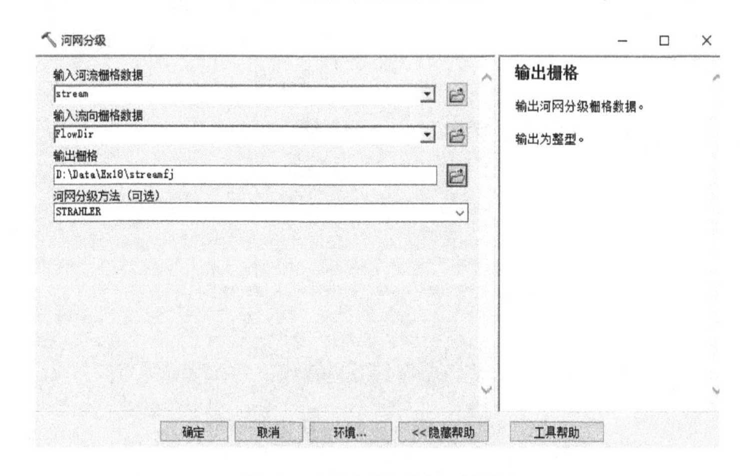

图 18.10 河网分级对话框

(16)单击【确定】,完成操作,结果如图 18.11 所示。

(17)在【ArcToolbox】工具箱中选择【Spatial Analyst 工具】→【水文分析】→【栅格河网矢量化】,打开【栅格河网矢量化】工具对话框。

(18)在【输入河流栅格数据】文本框中选择输入的数据(本实验输入“streamfj”数据),在【输入流向栅格数据】文本框中选择输入的数据(本实验输入“FlowDir”数据),在【输出折线要素】文本框中输入输出数据的路径和名称(本实验输出数据命名为“streamnet. shp”),勾选【简化折线(可选)】选项(见图 18.12)。

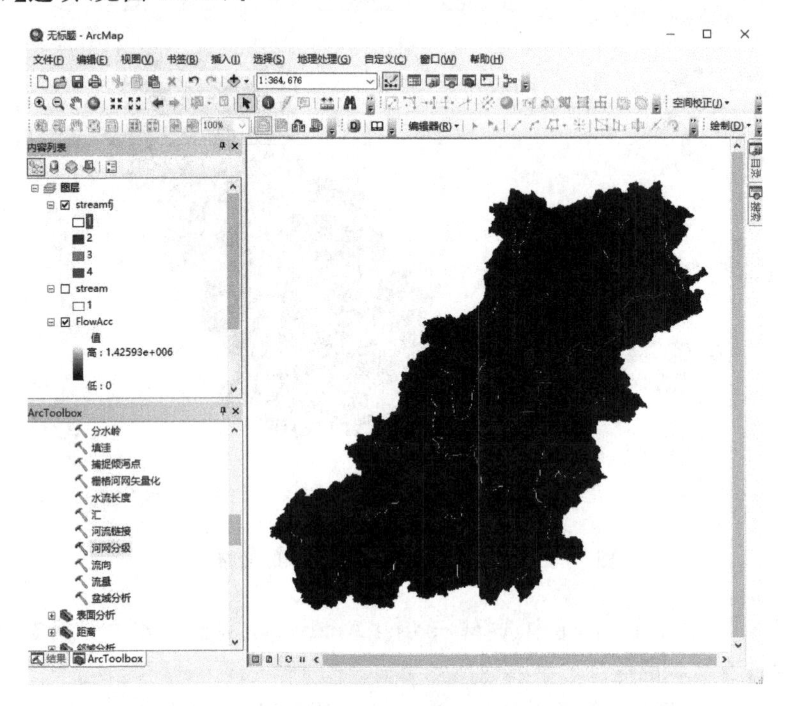

图 18.11 分级后的栅格河网

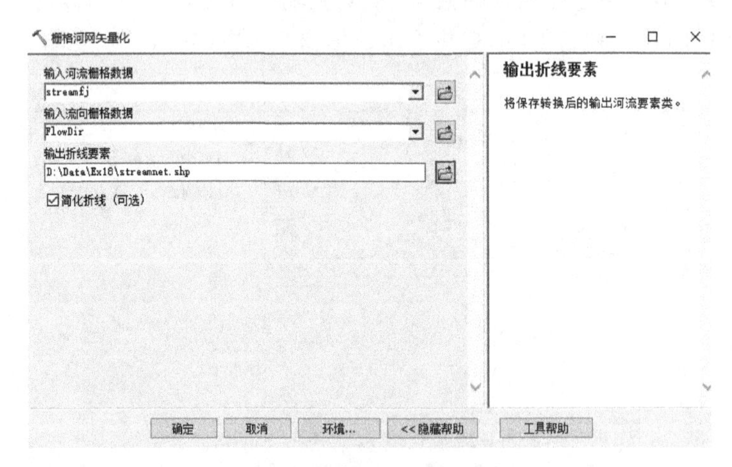

图 18.12 栅格河网矢量化对话框

(19)单击【确定】,完成操作,结果如图 18.13 所示。

(20)在【内容列表】中用鼠标右键点击“streament”图层,单击【属性】,打开【图层属性】对话框,单击【符号】选项卡,在【显示】选项卡下选择【数量】→【分级符号】,然后在【值】选项卡中选择“GRID_CODE”,然后单击【确定】按钮,如图 18.14 所示。

图 18.13 矢量河网

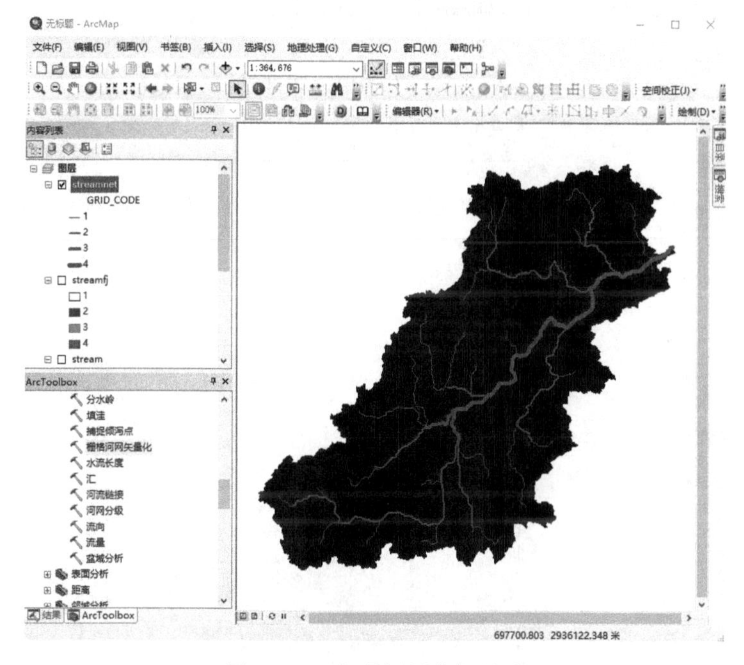

图 18.14 矢量河网分级显示

2. 流域提取

(1)在【ArcToolbox】工具箱中选择【Spatial Analyst 工具】→【水文分析】→【河流链接】，打开【河流链接】工具对话框。

(2)在【输入河流栅格数据】文本框中选择输入的数据(本实验输入“stream”数据),在【输入流向栅格数据】文本框中选择输入的数据(本实验输入“FlowDir”数据),在【输出栅格】文本框中输入输出数据的路径和名称(本实验输出数据命名为“link”)(见图 18.15)。

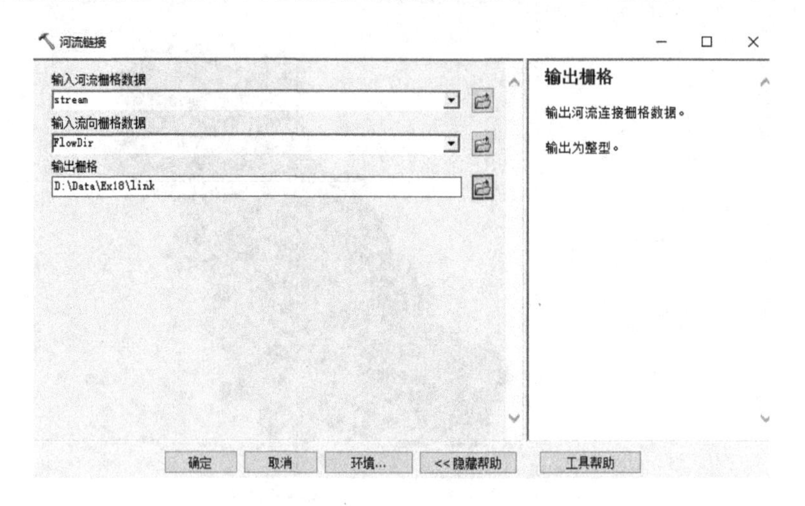

图 18.15 河流链接对话框

(3)单击【确定】,完成操作,结果如图 18.16 所示。

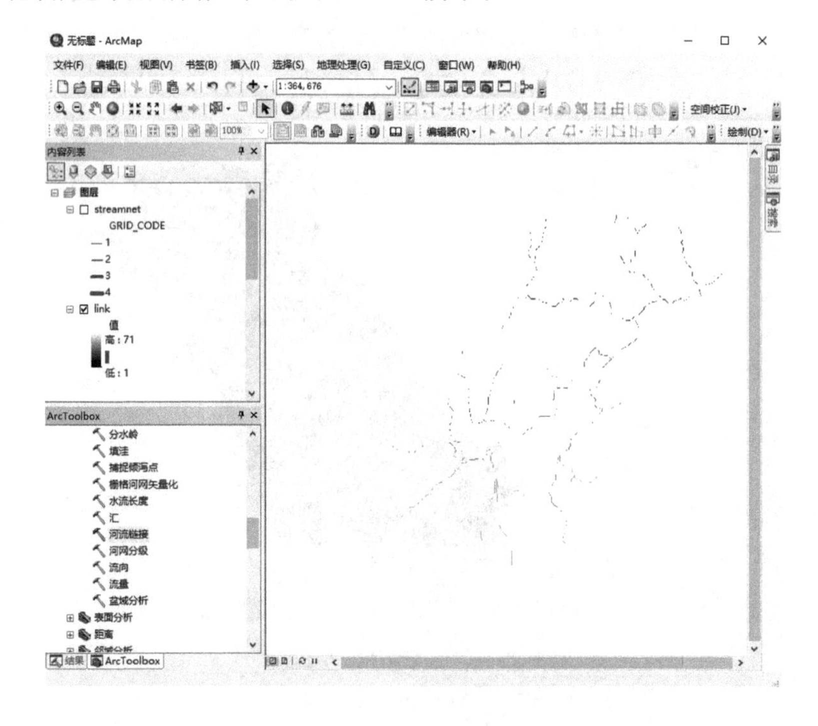

图 18.16 河流链接

(4)在【ArcToolbox】工具箱中选择【Spatial Analyst 工具】→【水文分析】→【分水岭】,打开【分水岭】工具对话框。

(5)在【输入流向栅格数据】文本框中选择输入的数据(本实验输入“FlowDir”数据),在【输入栅格数据或要素倾泻点数据】文本框中选择输入的数据(本实验输入“link”数据),在【输出栅格】文本框中输入输出数据的路径和名称(本实验输出数据命名为“watershed”)(见图 18.17)。

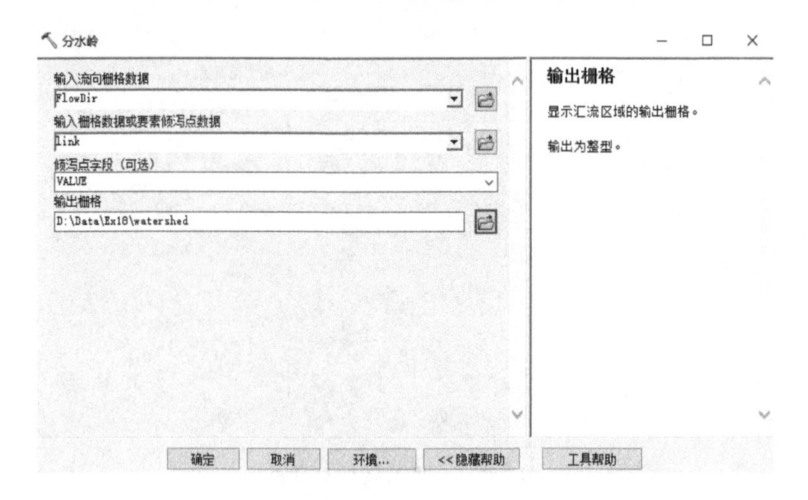

图 18.17　分水岭对话框

(6)单击【确定】,完成操作,结果如图 18.18 所示。

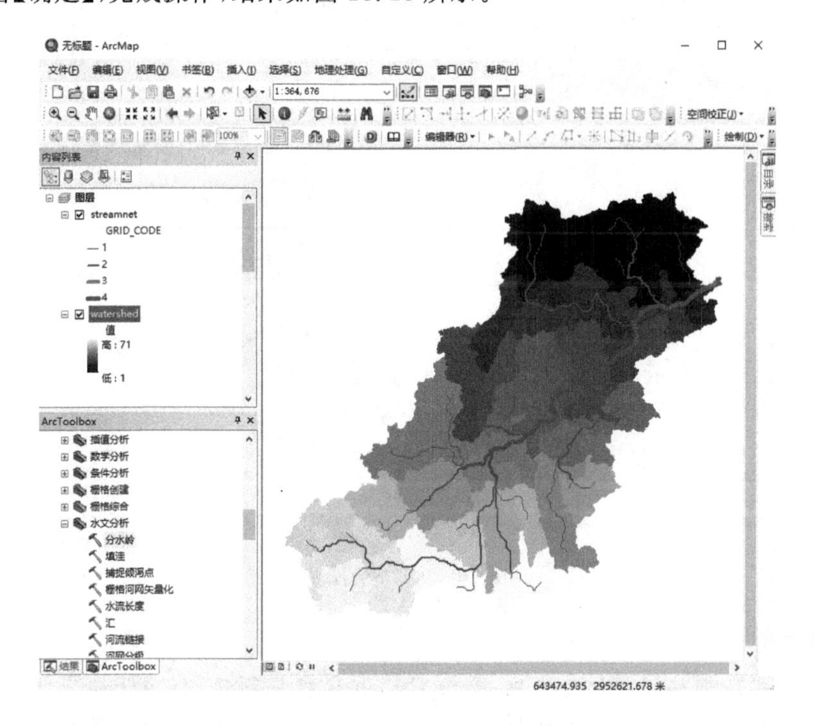

图 18.18　分水岭(流域)

(7)在【ArcToolbox】工具箱中选择【转换工具】→【由栅格转出】→【栅格转面】,打开【栅格转面】工具对话框。

(8)在【输入栅格】文本框中选择输入的数据(本实验输入“watershed”数据),在【字段(可选)】文本框中选择“VALUE”,在【输出面要素】文本框中键入输出数据的路径和名称(本实验输出数据命名为“watershedsl. shp”),勾选【简化面(可选)】选项(见图 18.19)。

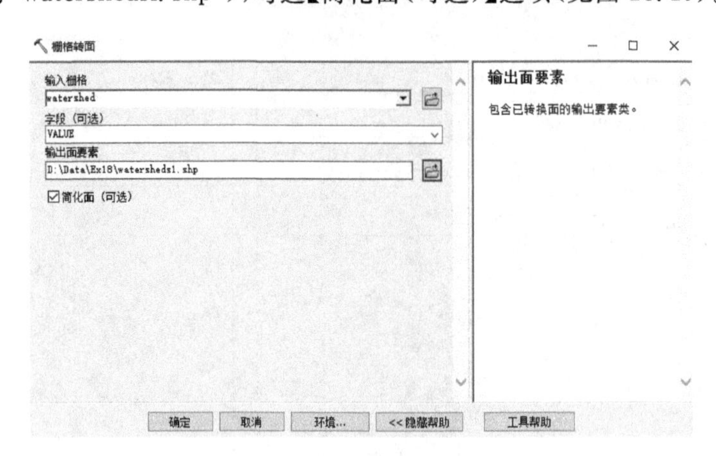

图 18.19 栅格转面对话框

(9)单击【确定】,完成操作,结果如图 18.20 所示。

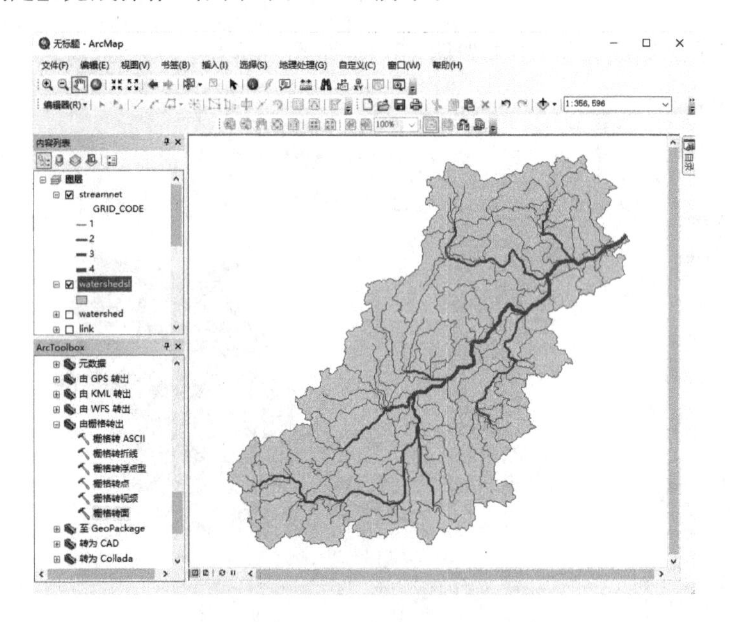

图 18.20 矢量流域

【注意事项】

(1)在河网提取栅格河网的生成中,需设置汇流累积量阈值,但由于研究区域、DEM 数据分辨率等多种因素的差异,汇流累积量阈值非常量,因此在实际工作中,需根据河网提取和流域边界的实际情况,反复调试,确定最适阈值。

(2)进行水文分析之前,应对原始 DEM 数据在【ArcToolbox】工具箱中选择【Spatial Analyst 工具】→【水文分析】→【填洼】,进行填洼处理。

实验 19 插值分析

【实验背景】

插值分析是根据有限的采样点或观测点的已知数据(如气温、高度、密度、浓度或量级等)预测项目区任何地理点数据,生成连续表面栅格数据的过程,包括推估和内插两种方法。插值分析假设空间分布对象具有空间相关性,彼此邻近的对象具有相似的特征,因此,在实际应用中,往往可以通过少量的采样点或观测点值,得到全域连续预测表面栅格数据。

【实验目的】

通过本实验,掌握如何使用 ArcMap 软件,将 Excel 格式数据转换为. shp 矢量格式数据;使用模拟气象站点数据进行不同模型方法的空间插值,以及对插值结果进行自然断点法分类和统计各分类等级的面积。

【实验要求】

(1)将所提供的 Excel 数据转换为. shp 矢量数据。

(2)利用所提供的矢量边界数据(N 区域. shp)和模拟气象站点数据(气象站点经纬度. xls),分别运用克里金插值(Kriging)、反距离权重插值(inverse distance weighted,IDW)和样条函数插值(Spline)三种插值方法,预测 N 区域年均气温空间分布图。

(3)将插值结果按照自然断点法分为 5 个等级,并对不同等级的面积进行统计。

【实验数据】

实验数据位于\Data\Ex19\目录中,包括"气象站点经纬度. xls"和"N 区域. shp"数据。

【操作步骤】

1. 将 Excel 数据转换为. shp 矢量数据

(1)打开 ArcMap,在【菜单栏】中单击【文件】→【添加数据】→【添加 XY 数据】(见图 19.1),打开【添加 XY 数据】对话框,如图 19.2 所示。

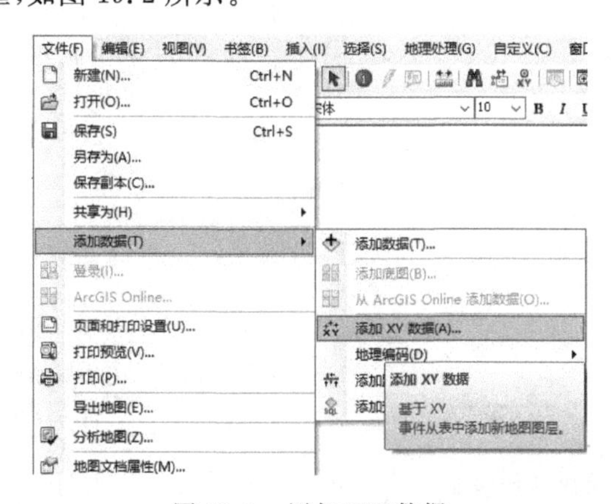

图 19.1 添加 XY 数据

(2)点击【从地图中选择一个表或浏览到另一个表】后的文件夹 标志，选择要添加数据所在的 Excel 下的工作表，此处选择“sheet1”(见图 19.3)，点击【添加】按钮，返回上级【添加 XY 数据】对话框。

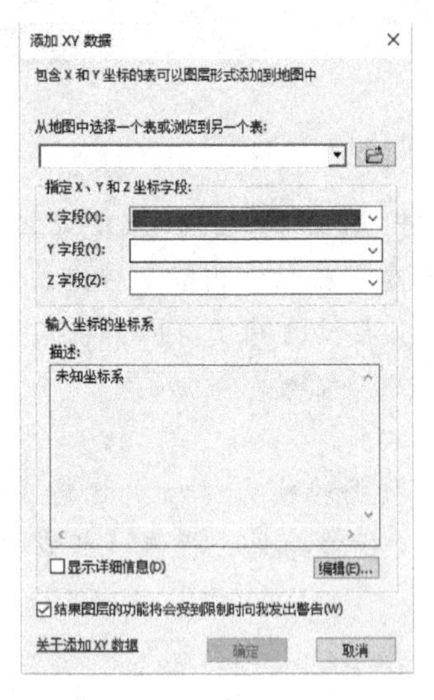

图 19.2 添加 XY 数据对话框

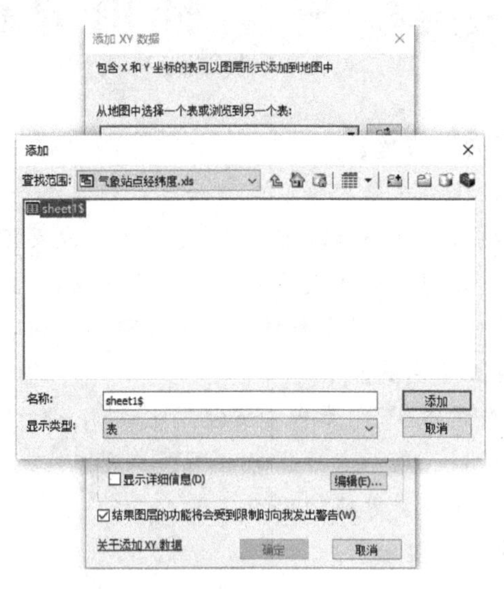

图 19.3 添加要浏览的工作表

(3)接下来指定 X 和 Y 所对应的经纬度坐标字段，在“X 字段”处选择“x”，在“Y 字段”处选择“y”；单击【编辑】按钮，打开【空间参考属性】对话框，为即将生成的点数据设置地理坐标系(本实验设置为“GCS_Beijing_1954”坐标系统)(见图 19.4)。

(4)单击【确定】按钮，返回上级【添加 XY 数据】对话框(见图 19.5)。

图 19.4 空间参考属性对话框

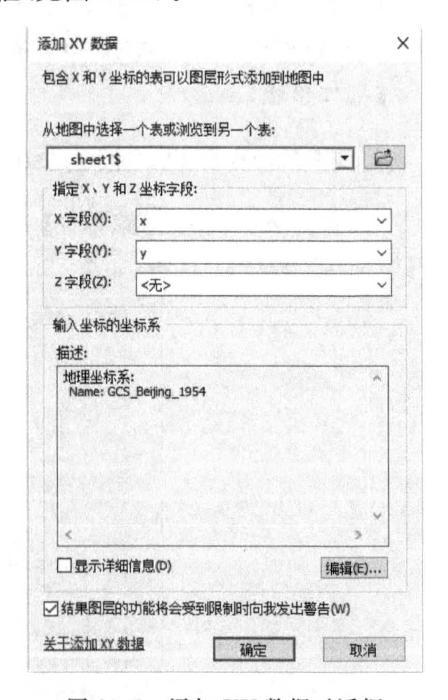

图 19.5 添加 XY 数据对话框

(5)【添加 XY 数据】对话框设置完毕后，单击【确定】按钮，弹出提示【表没有 Object-ID 字段】的对话框(见图 19.6)，单击【确定】按钮，即可生成点数据文件。

(6)在内容列表中，用鼠标右键单击生成的点数据文件，选择【数据】→【导出数据】，打开【导出数据】对话框，为导出的数据设置存储路径和名称(见图 19.8)，设置完毕后单击【确定】，弹出【是否要将导出的数据添加到地图图层中?】对话框(见图 19.9)，单击【是】。

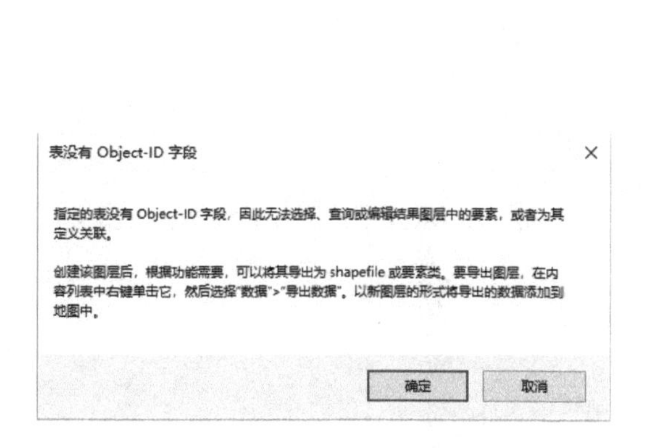

图 19.6 提示表没有 Object-ID 字段对话框

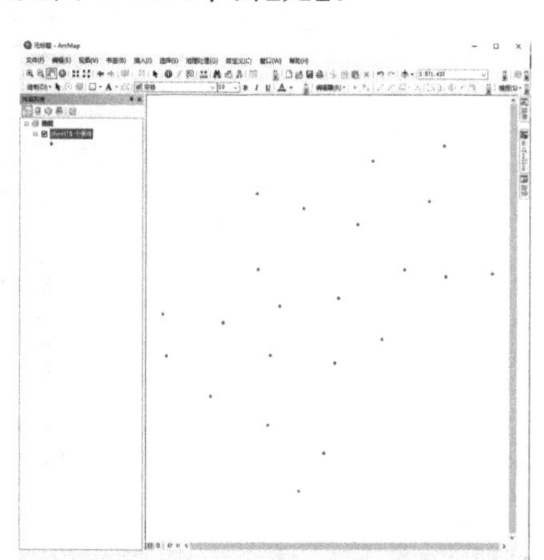

图 19.7 生成的点数据文件

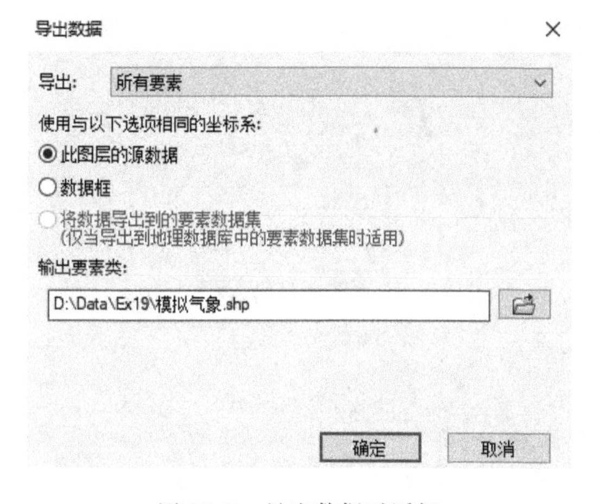

图 19.8 导出数据对话框

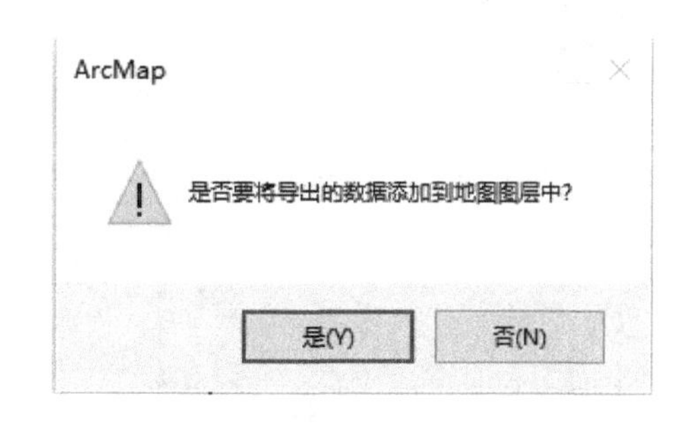

图 19.9 确认添加数据对话框

(7)在【ArcToolbox】工具箱中，单击【数据管理工具】→【投影和变换】→【投影】(见图 19.10)，打开【投影】对话框。在【输入数据集或要素类】中选择“sheet1 事件”，在【输出数据集或要素类】中自定义存储位置和输出数据名称(本实验命名为“模拟气象站点.shp”)(见图 19.11)；单击【输出坐标系】右侧的按钮(本实验为输出数据定义投影坐标系“Beijing_1954_3_Degree_GK_CM_105E”)(见图 19.12)，设置完毕后单击【确定】按钮，生成的“模拟气象站点.shp”数据将会加载到ArcMap中。

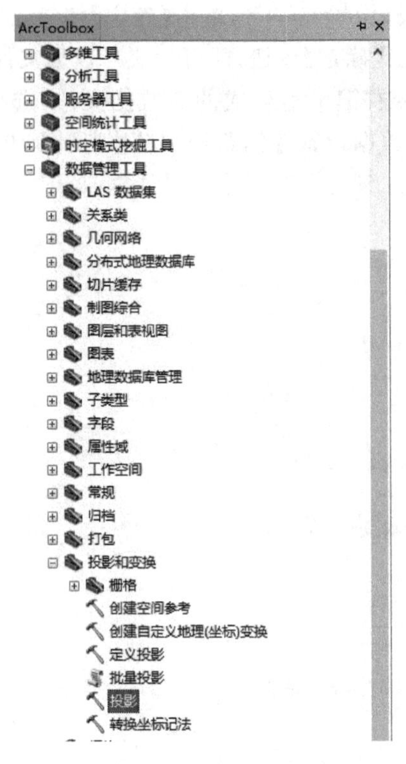

图 19.10　投影工具

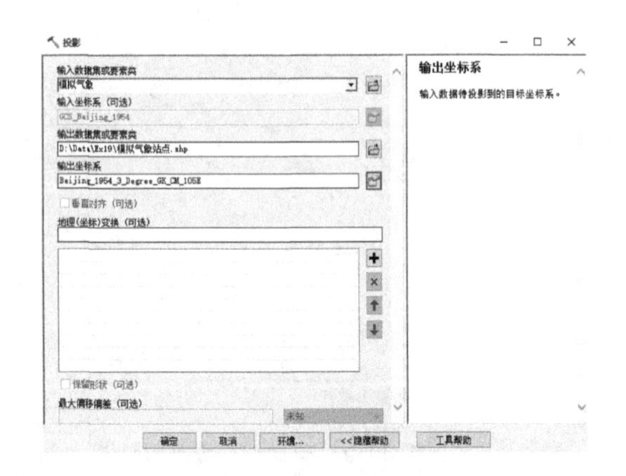

图 19.11　投影工具对话框

图 19.12　空间参考属性对话框

2. 克里金法(Kriging)

(1)将“N 区域.shp”和“模拟气象站点.shp”数据加载到视图窗口(见图 19.13)。

(2)在【菜单栏】中点击【地理处理】→【环境】(见图 19.14),打开【环境设置】对话框,在【处理范围】中选择“与图层 N 区域相同”(见图 19.15),在【栅格分析】→【掩膜】中选择“N 区域”(见图 19.16),其他设置默认不变,点击【确定】,完成环境设置。

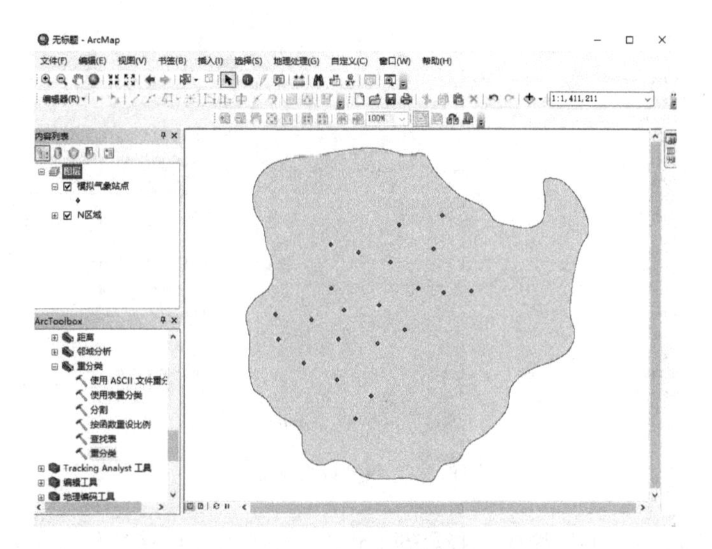

图 19.13　N 区域和模拟气象站点数据

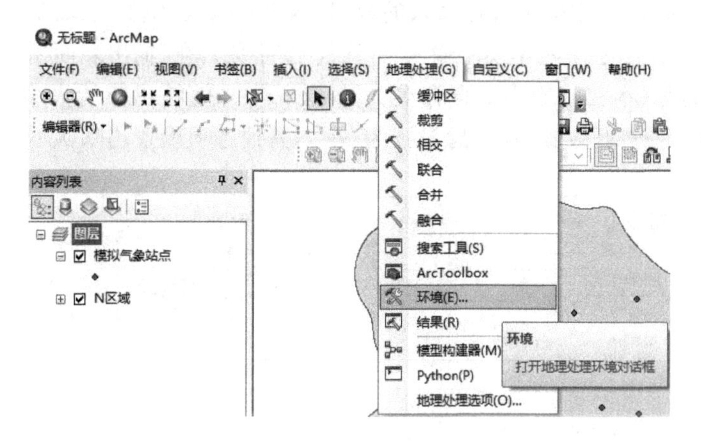

图 19.14　打开环境对话框

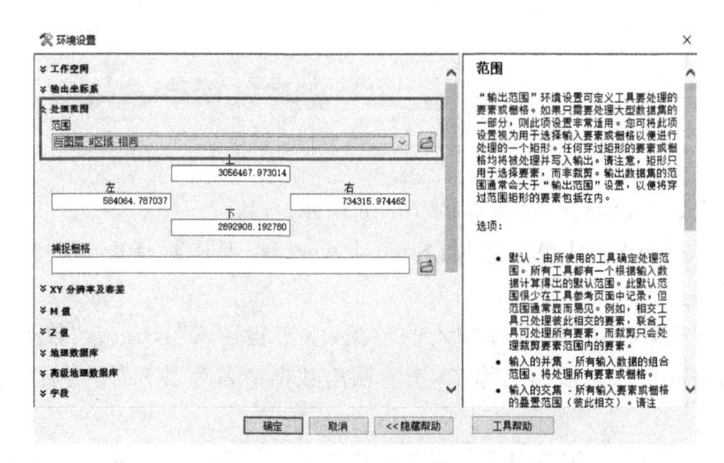

图 19.15　环境设置对话框 1

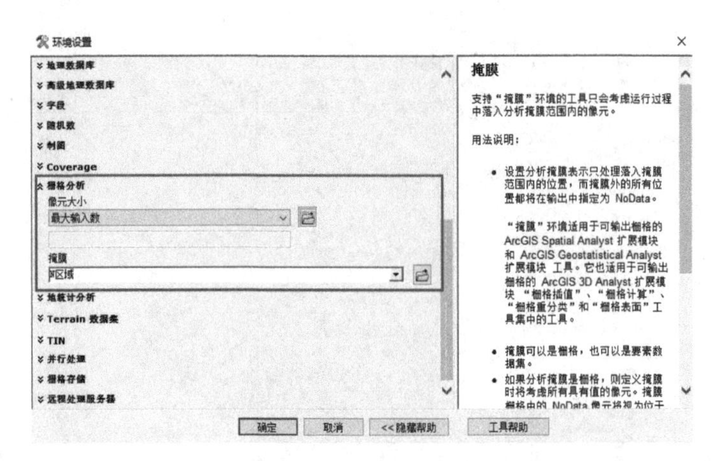

图 19.16　环境设置对话框 2

(3)在【ArcToolbox】工具箱中选择【Spatial Analyst 工具】→【插值分析】→【克里金法】，打开【克里金法】工具对话框。

(4)在【输入点要素】文本框中选择输入的数据(本实验输入"模拟气象站点"数据)，在【Z 值字段】文本框中选择要插值的字段(本实验输入"平均气温"字段)，在【输出表面栅格】文本框中输入输出数据的路径和名称(本实验输出数据命名为"Kriging")，在【输出像元大小(可选)】输入"300"(此参数根据实际需要进行设置，本实验设置为 300)，其他选项设置均默认不变(见图 19.17)。

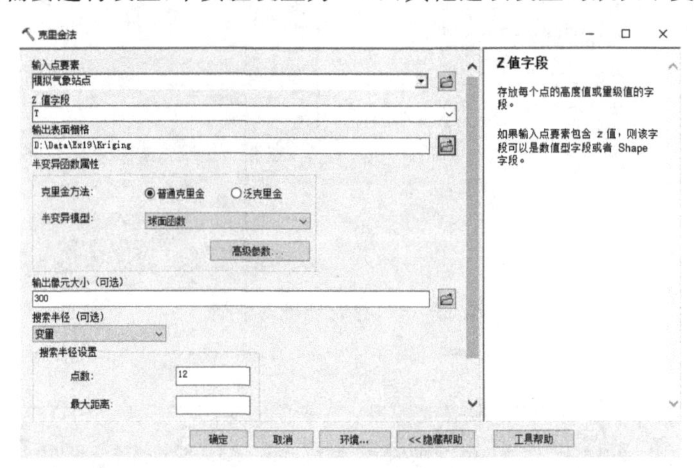

图 19.17　克里金法对话框

(5)单击【确定】，完成操作，结果如图 19.18 所示。

(6)在【ArcToolbox】工具箱中选择【Spatial Analyst 工具】→【重分类】→【重分类】，打开【重分类】工具对话框。

(7)在【输入栅格】文本框中选择输入的数据(本实验输入"Kriging"数据)，在【输出栅格】文本框中输入输出数据的路径和名称(本实验输出数据命名为"RK")，然后单击【分类…】按钮(见图 19.19)。

(8)在【分类】对话框中的【方法】文本框中选择"自然间断点分级法(Jenks)"，在【类别】文本框中选择"5"(见图 19.20)，然后点击【确定】返回到【重分类】对话框。

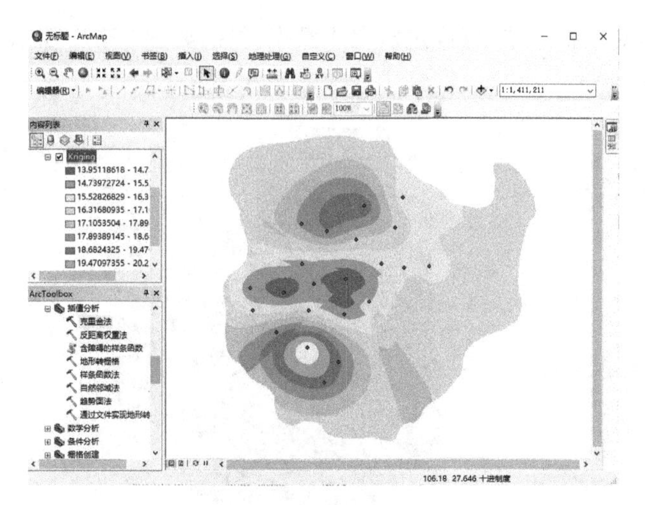

图 19.18 克里金插值结果

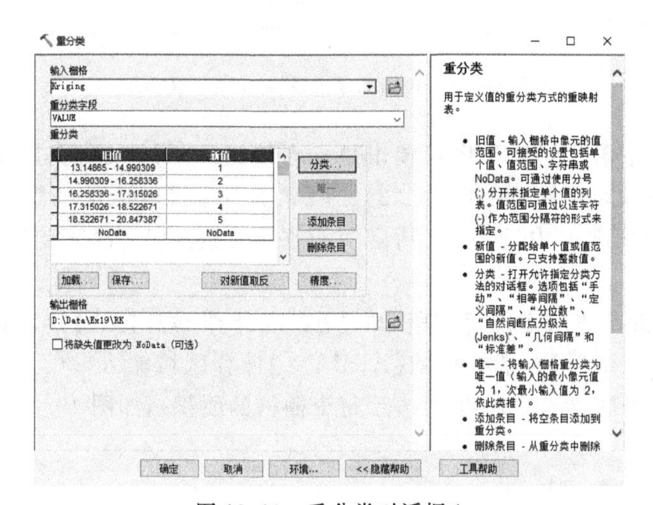

图 19.19 重分类对话框 1

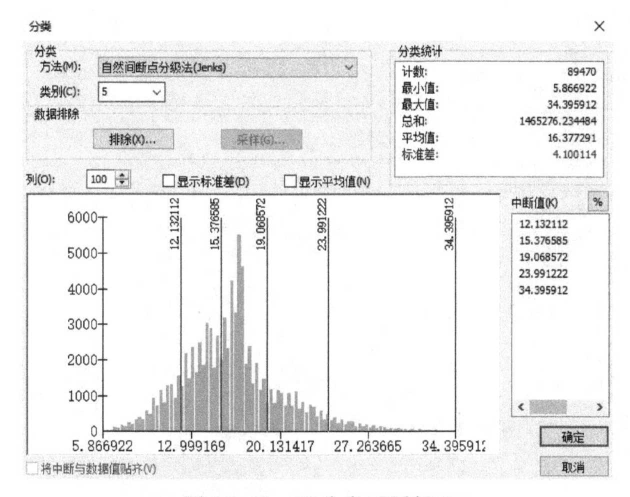

图 19.20 重分类对话框 2

(9)在【重分类】对话框中单击【确定】,完成操作,结果如图 19.21 所示。

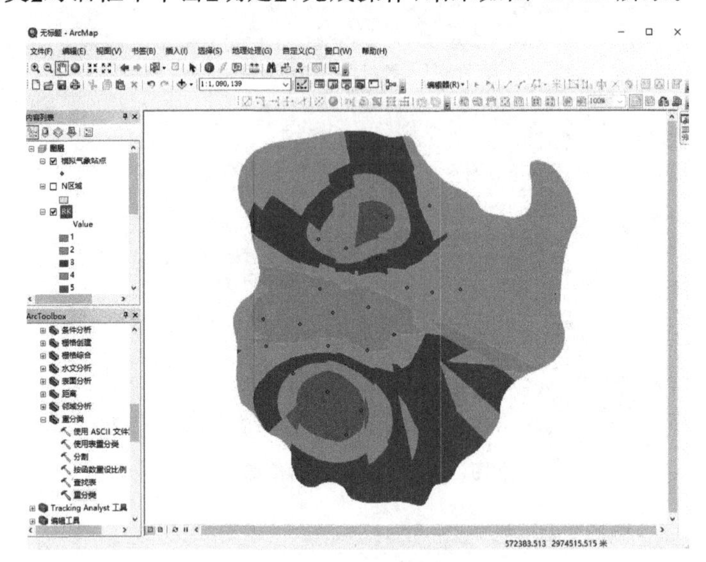

图 19.21　自然间断点法重分类 5 级结果

(10)在【内容列表】中的“RK”图层单击鼠标右键,打开属性表,单击【表选择】→【添加字段】,打开【添加字段】对话框(见图 19.22);在【添加字段】对话框的【名称】文本框中输入“AREA”,在【类型】选项卡中选择“双精度”(见图 19.23),点击【确定】,完成创建,结果如图 19.24所示。

(11)用鼠标右键单击“AREA”字段,单击【字段计算器】,打开【字段计算器】对话框(见图 19.25),在【字段计算器】对话框中的【AREA=】计算区域输入“[COUNT] * 0.3 * 0.3”(“[COUNT]”表示栅格数,“0.3 * 0.3”表示每个栅格的面积),如图 19.26 所示。

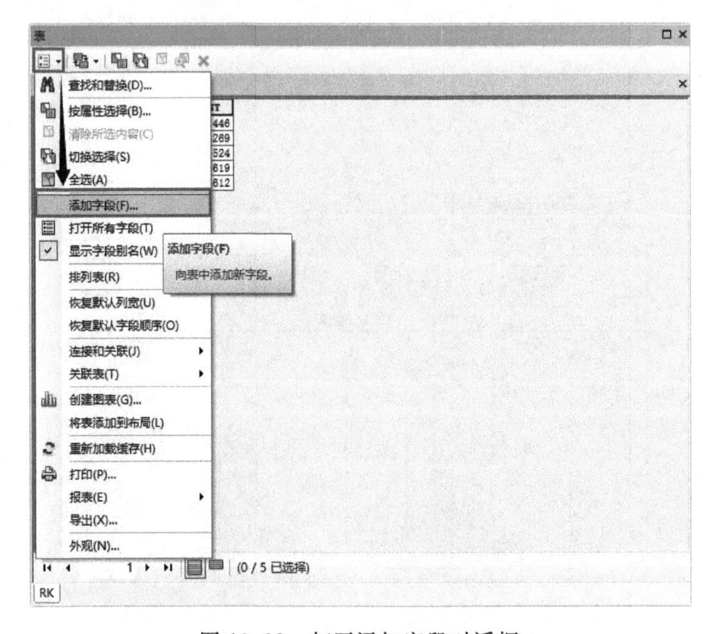

图 19.22　打开添加字段对话框

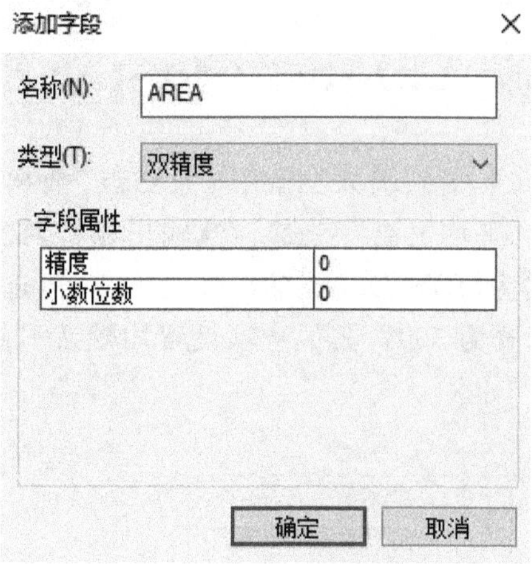

添加字段
名称(N): AREA
类型(T): 双精度
字段属性
精度 0
小数位数 0
确定
取消

图 19.23　添加字段对话框

表
Reclass_Krig2
OBJECTID * | Value | Count | AREA
1 | 1 | 19302 | <空>
2 | 2 | 54708 | <空>
3 | 3 | 102426 | <空>
4 | 4 | 28033 | <空>
5 | 5 | 15010 | <空>
(0 / 5 已选择)
Reclass_Krig2

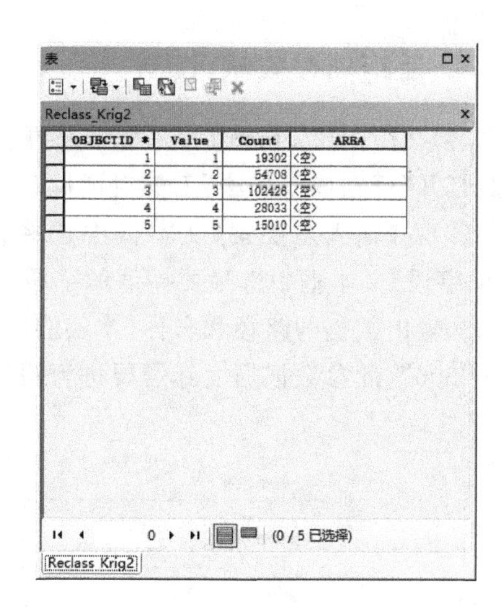

图 19.24　完成创建

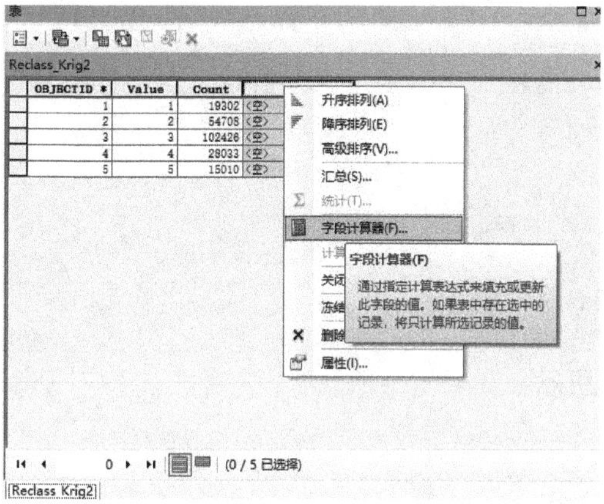

表
Reclass_Krig2
升序排列(A)
降序排列(E)
高级排序(V)...
汇总(S)...
统计(T)...
字段计算器(F)...
字段计算器(F)
通过指定计算表达式来填充或更新此字段的值。如果表中存在选中的记录，将只计算所选记录的值。
属性(I)...
(0 / 5 已选择)
Reclass_Krig2

图 19.25　打开字段计算器对话框

字段计算器
解析程序
VB 脚本
Python
字段:
Rowid
VALUE
COUNT
AREA
类型:
数字
字符串(T)
日期(D)
功能(U):
Abs ( )
Atn ( )
Cos ( )
Exp ( )
Fix ( )
Int ( )
Log ( )
Sin ( )
Sqr ( )
Tan ( )
显示代码块
AREA =
[COUNT] *0.3*0.3
关于计算字段
清除(C)
加载(L)...
保存(S)...
确定
取消

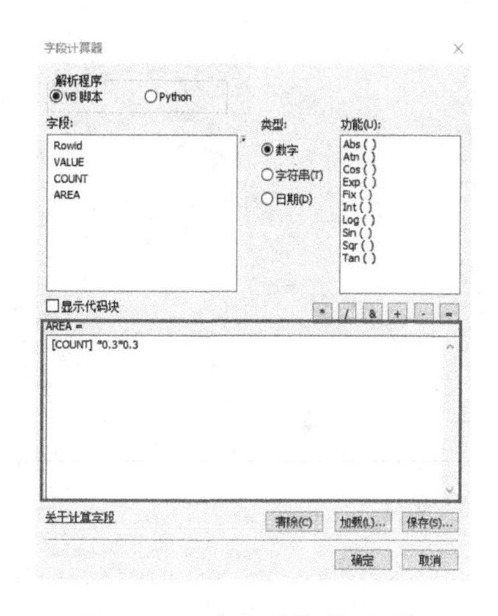

图 19.26　字段计算器对话框

(12)单击【确定】,完成操作,结果如图 19.27 所示。

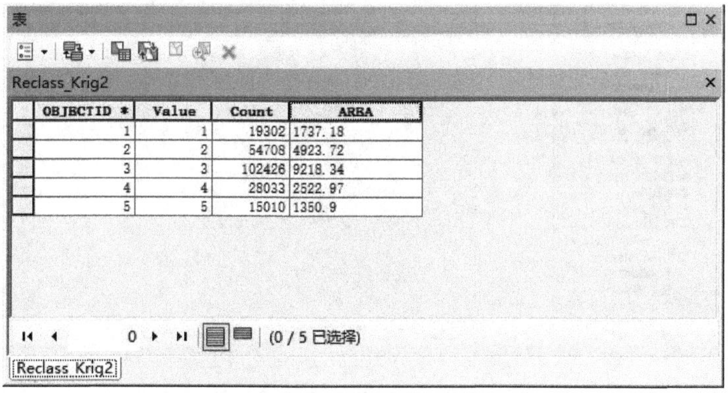

表
Reclass_Krig2
OBJECTID * | Value | Count | AREA
1 | 1 | 19302 | 1737.18
2 | 2 | 54708 | 4923.72
3 | 3 | 102426 | 9218.34
4 | 4 | 28033 | 2522.97
5 | 5 | 15010 | 1350.9
(0 / 5 已选择)
Reclass_Krig2

图 19.27　面积统计结果

3. 反距离权重法(IDW)

(1)在【ArcToolbox】工具箱中选择【Spatial Analyst 工具】→【插值分析】→【反距离权重法】,打开【反距离权重法】工具对话框。

(2)在【输入点要素】文本框中选择输入的数据(本实验输入“模拟气象站点”数据),在【Z 值字段】文本框中选择要插值的字段(本实验输入“平均气温”字段),在【输出栅格】文本框中输入输出数据的路径和名称(本实验输出数据命名为“IDW”),在【输出像元大小(可选)】中输入“300”(此参数根据实际需要进行设置,本实验设置为 300),其他选项设置均默认不变(见图 19.28)。

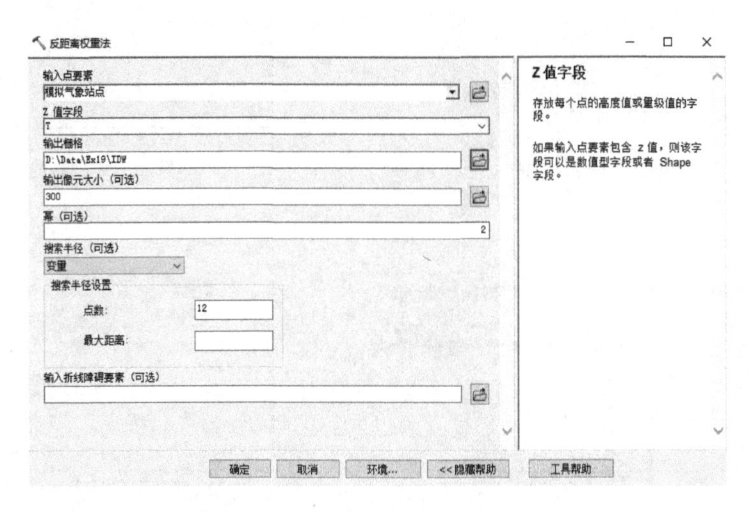

图 19.28　反距离权重法对话框

(3)单击【确定】,完成操作,结果如图 19.29 所示。

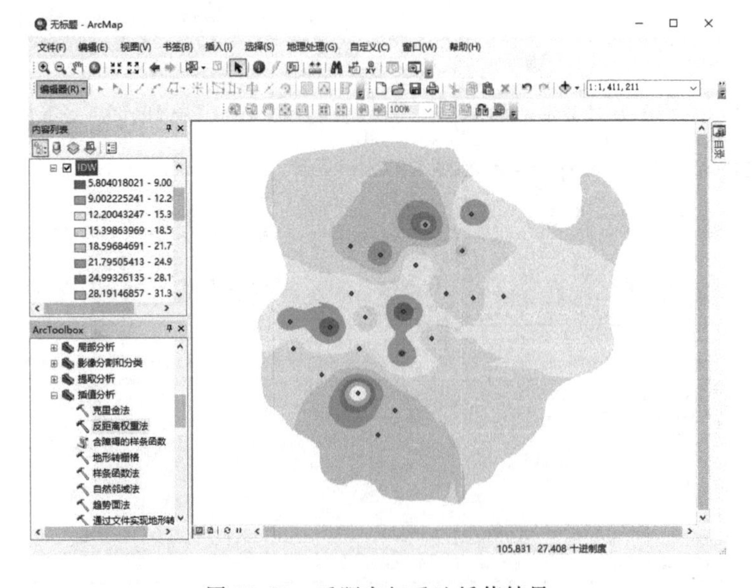

图 19.29　反距离权重法插值结果

4. 样条函数法(Spline)

(1)在【ArcToolbox】工具箱中选择【Spatial Analyst 工具】→【插值分析】→【样条函数法】,打开【样条函数法】工具对话框。

(2)在【输入点要素】文本框中选择输入的数据(本实验输入“模拟气象站点”数据),在【Z值字段】中选择要插值的字段(本实验输入“平均气温”字段),在【输出栅格】文本框中输入输出数据的路径和名称(本实验输出数据命名为“Spline”),在【输出像元大小(可选)】输入“300”(此参数根据实际需要进行设置,本实验设置为 300),其他选项设置均默认不变(见图 19.30)。

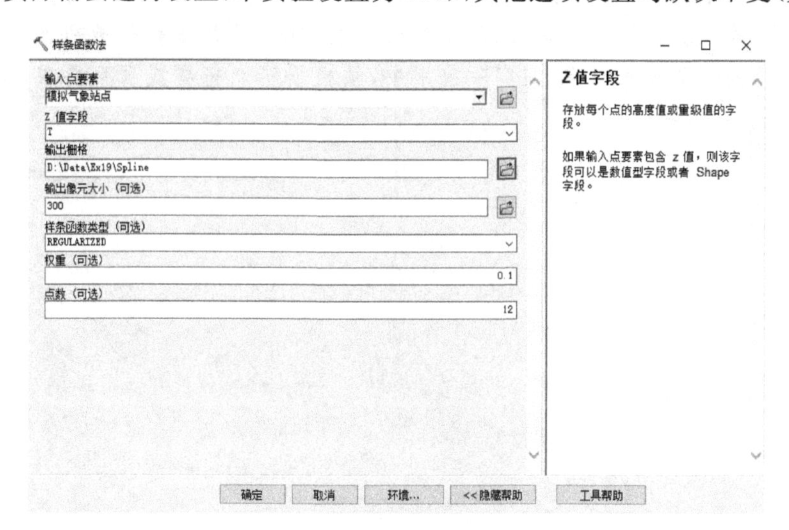

图 19.30 样条函数法对话框

(3)单击【确定】,完成操作,结果如图 19.31 所示。

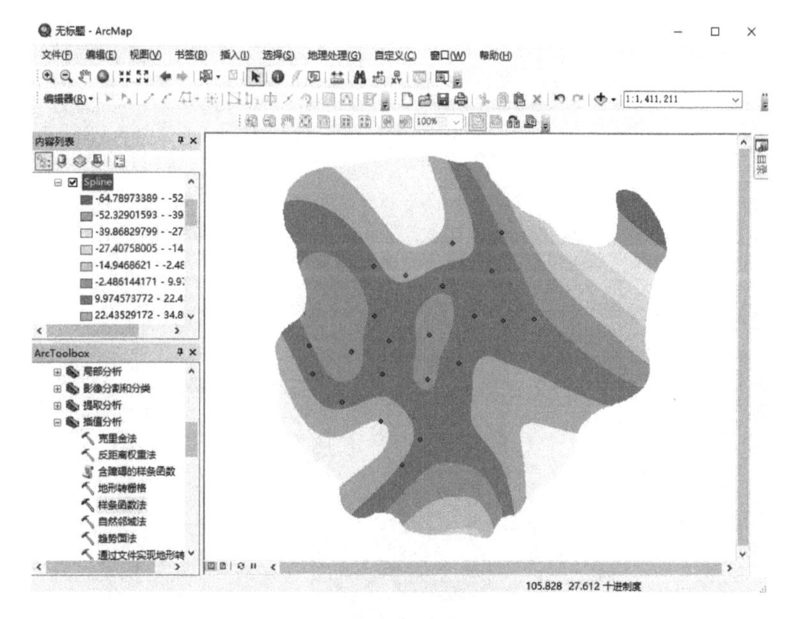

图 19.31 样条函数法插值结果

【注意事项】

(1)【添加XY数据】对话框中选择X和Y坐标对应的字段时,应注意:X字段对应坐标中的经度,Y字段对应坐标中的纬度。

(2)在运用ArcGIS软件打开Excel表格数据时,建议将Excel数据文件保存为Office 2003的低版本格式(×××.xls格式),这是因为高版本的Excel数据文件在加载到ArcGIS软件时常弹出错误警告或无法加载。

(3)在进行插值分析之前,首先要进行环境设置,以免插值分析运算过程中以样点数据的四角坐标生成矩形结果,导致目标区域插值分析结果栅格数据的缺失或多余。

(4)ArcGIS软件提供了克里金法、反距离权重法、样条函数法等多种插值分析方法,不同插值方法(模型)的预测结果不同,在实际应用中,须根据研究需要或项目要求,选择恰当的插值方法。

实验 20 核密度分析

【实验背景】

核密度分析是运用线要素或点要素数据计算要素在其周围邻域中的密度，生成一个连续表面的平滑密度栅格的方法。核密度分析方法在规划设计、探索性分析以及空间格局分析等方面具有广泛的用途。

【实验目的】

通过本实验，熟悉密度制图函数的原理及差异性，掌握如何根据实际采样数据特点，结合密度制图功能和其他空间分析，制作符合要求的密度图。

【实验要求】

模拟假定某珍稀濒危保护动物的活动具有一定的生境范围(生境半径为 3 km)，一个生境范围只有一个该保护动物。根据野外采集的华南虎活动足迹数据，以每个保护物种生境范围为权重，运用 ArcGIS 中的区域分配功能和密度制图功能制作该保护区华南虎分布密度图。

【实验数据】

(1)实验数据位于\Data\Ex20\目录中，包括“HNHpoint. shp”和“保护区. shp”数据。

(2)野外采集的华南虎活动足迹数据，一个足迹代表华南虎曾在此处活动过，相同的足迹只记录一次。

【操作步骤】

(1)打开 ArcMap，将“HNHpoint. shp”和“保护区. shp”数据加载到视图窗口(见图 20.1)(“HNHpoint. shp”每一个要素点代表该保护动物的一个足迹点，相同足迹只记录一次)。

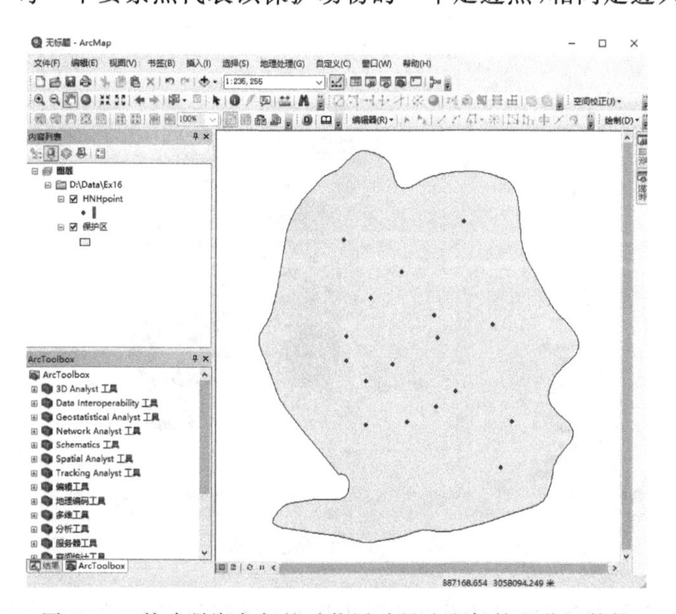

图 20.1 某珍稀濒危保护动物活动足迹和保护区范围数据

(2)在菜单栏中依次点击【地理处理】→【环境】,打开【环境设置】对话框,在【处理范围】中选择“与图层保护区相同”,在【栅格分析】→【掩膜】中选择“保护区”,其他设置默认,点击【确定】,完成环境设置。

(3)在【ArcToolbox】工具箱中选择【Spatial Analyst 工具】→【距离】→【欧式分配】,打开【欧式分配】工具对话框;在【输入栅格数据或要素源数据】文本框中选择输入的数据(本实验输入“HNHpoint”数据),在【源字段(可选)】文本框中选择“Id”,在【输出分配栅格数据】文本框中输入输出数据的路径和名称(本实验输出数据命名为“EucAllo”),在【最大距离(可选)】文本框中输入“3000”(本实验中生境范围为 3 km,故输入 3000),在【输出像元大小(可选)】文本框中输入“300”,其他选项设置均默认不变(见图 20.2)。单击【确定】,完成操作,结果如图 20.3 所示。

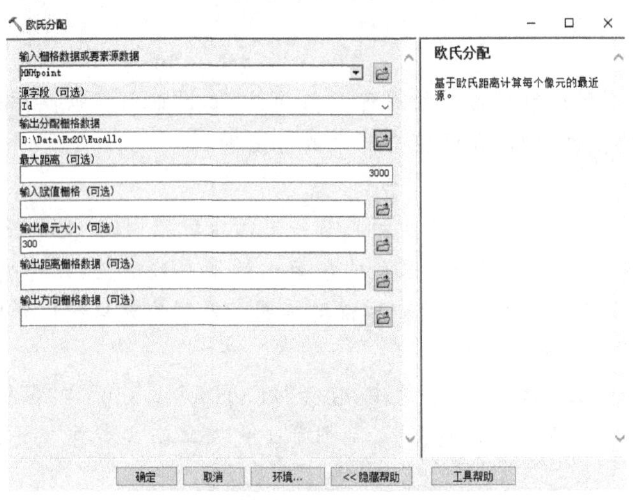

图 20.2　欧式分配对话框

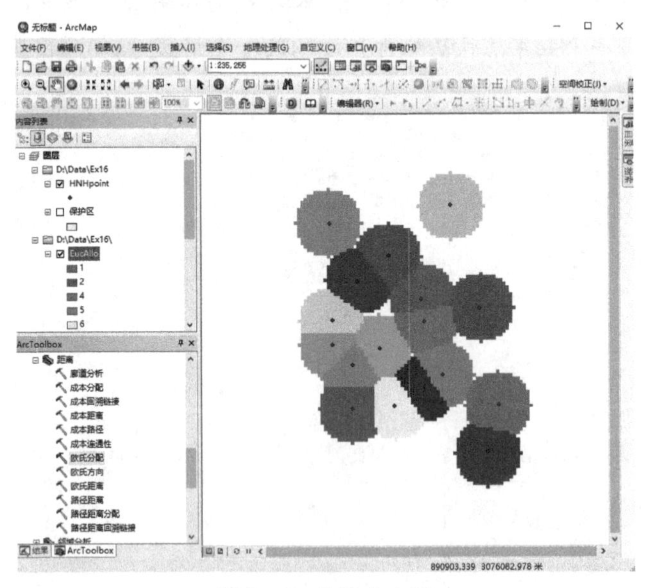

图 20.3　生境分布图

(4)在【内容列表】中的“EucAllo”图层单击鼠标右键,打开属性表,单击【表选择】→【添加字段】；在【添加字段】对话框的【名称】文本框中输入“AREA”，在【类型】选项卡中选择“长整型”（见图 20.4），点击【确定】，则该字段将添加到属性表中。选中该字段，用鼠标右键选择【字段计算器】，打开【字段计算器】对话框，在字段计算器中设置表达式为“COUNT * 300 * 300”（300 为栅格单元边长），如图 20.5 所示。

Rowid	VALUE	COUNT
0	1	287
1	2	244
2	4	192
3	5	215
4	6	203
5	7	289
6	8	209
7	9	306
8	11	135
9	12	240
10	13	317
11	14	192
12	16	155
13	18	315
14	20	247
15	22	206
16	38	157

添加字段
名称(N): AREA
类型(T): 长整型
字段属性
精度 0
确定 取消

图 20.4 添加字段对话框

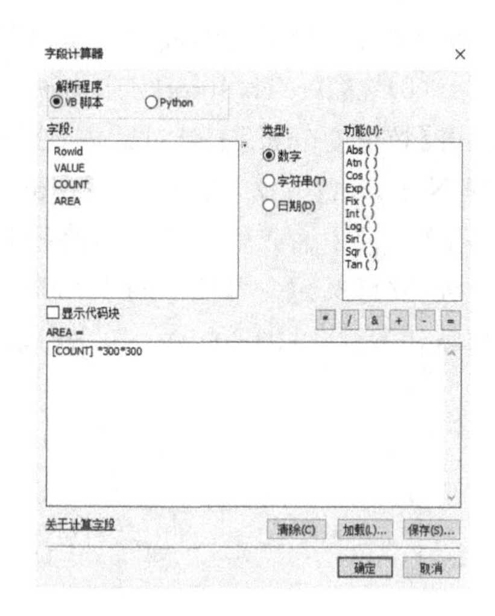

图 20.5 字段计算器对话框

（5）单击“EucAllo”属性表左上角按钮下拉箭头，选择【导出】命令，输出文件名记为“EA”。

（6）在【内容列表】中的“HNHpoint”图层单击鼠标右键，选择【连接和关联】→【连接】，打开【连接数据】对话框，在【1. 选择该图层中连接将基于的字段(C)】选项卡中选择“Id”，在【2. 选择要连接到此图层的表，或者从磁盘加载表(T)】选项卡中选择“EA”，在【3. 选择此表中要作为连接基础的字段(F)】选项卡中选择“VALUE”（见图 20.6），点击【确定】，完成该保护动物采样数据与生境范围数据的连接。

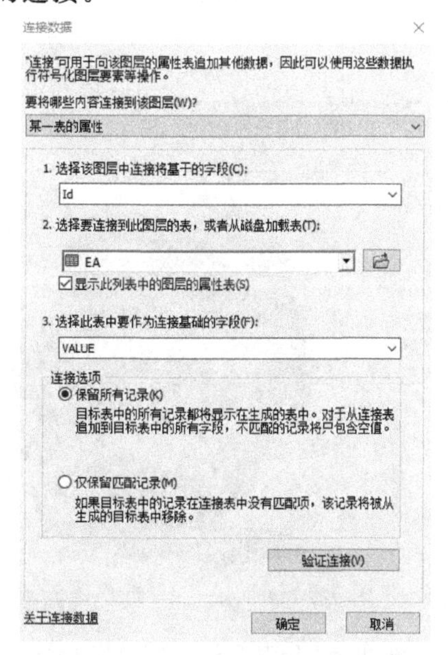

图 20.6 连接数据对话框

(7)在【内容列表】中的“HNHpoint”图层单击鼠标右键，打开属性表，单击【表选择】→【添加字段】；在【添加字段】对话框的【名称】文本框中输入“power”，在【类型】选项卡中选择“浮点型”。在属性表中选中“HNHpoint. power”，然后用鼠标右键选择【字段计算器】，在【字段计算器】对话框中输入计算公式“3. 1415926 * 3000 * 3000/[EA. AREA]”(式中：“3. 1415926 * 3000 * 3000”为假定的最大生境面积，计算每个采样点的权重值，作为计算密度的权重值)。

(8)在【ArcToolbox】工具箱中选择【Spatial Analyst 工具】→【密度分析】→【核密度分析】，打开【核密度分析】工具对话框；在【输入点或折线要素】文本框中选择输入的数据(本实验输入“HNHpoint”数据)，在【Population 字段】文本框中输入选择“HNHpoint. power”，在【输出栅格】文本框中输入输出数据的路径和名称(本实验输出数据命名为“HNHkernel”)，在【输出像元大小(可选)】文本框中输入“300”，在【搜索半径(可选)】文本框中输入“3000”，其他选项设置均默认不变(见图 20.7)。单击【确定】，结果如图 20.8 所示。

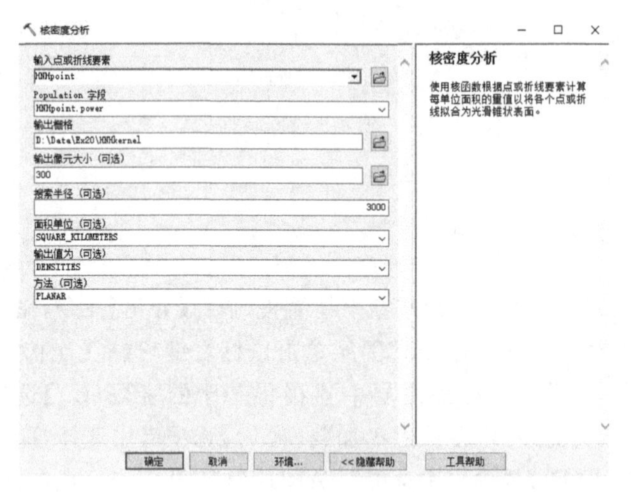

图 20.7　核密度分析对话框

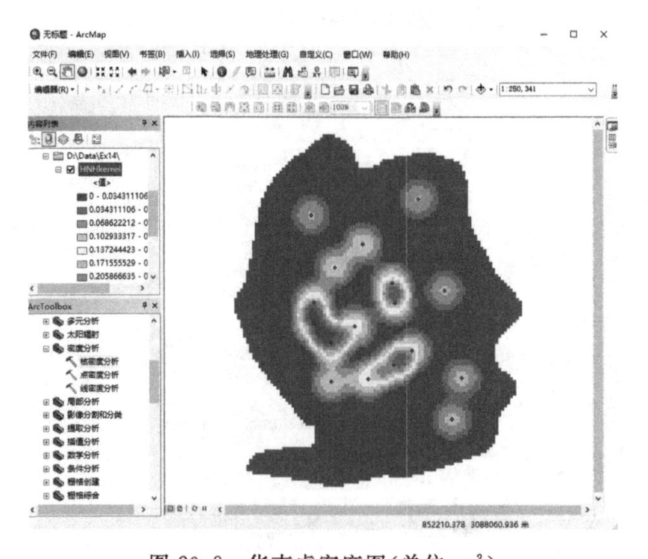

图 20.8　华南虎密度图(单位：m^2)

【注意事项】

(1)核密度分析工具支持的输入要素为矢量数据的线要素或点要素,输出结果为空间连续的栅格表面。

(2)核密度分析的搜索半径设置对分析结果具有较大影响,一般而言,搜索半径参数值越小,生成的栅格信息越详细;搜索半径参数值越大,生成的密度栅格越平滑,但概化程度越高。

(3)运用核密度分析工具时,输入要素数据坐标系统建议设置为投影坐标系统,以避免输入要素坐标系统为地理坐标系产生的分析结果异常值的出现。

实验 21 热点分析

【实验背景】

热点分析通过对数据集给定一组加权要素，计算每一个要素的 Getis-Ord Gi* 统计值，以 *Z* 值得分(标准差)和 *P* 值(概率)计算结果，识别具有统计显著性的热点和冷点，判别高值或低值要素在空间上发生聚类的位置。热点分析工具在犯罪分析、流行病学、经济地理学、事故分析、人口统计学、空间格局分析等方面具有广泛的应用。

【实验目的】

通过本实验，熟悉热点分析的工作原理和方法，熟练掌握热点分析工具的使用。

【实验要求】

利用所提供的“M 区域. shp”数据，制作“因子 A”热冷点分布图。

【实验数据】

实验数据位于\Data\Ex21\目录中，包括“M 区域. shp”数据。

【操作步骤】

(1)打开 ArcMap，将“M 区域. shp”数据加载到 ArcMap 视图窗口(见图 21.1)。

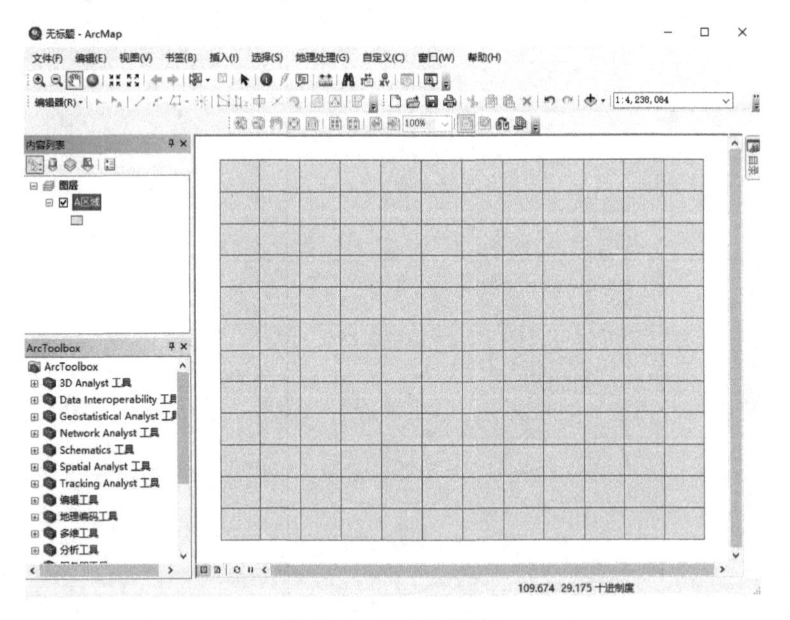

图 21.1 M 区域数据

(2)在【ArcToolbox】工具箱中选择【空间统计工具】→【聚类分布制图】→【热点分析(Getis-Ord Gi*)】，打开【热点分析(Getis-Ord Gi*)】工具对话框。

(3)在【输入要素类】文本框中选择输入的数据(本实验输入“M 区域”数据)，在【输入字段】中选择要用于热点分析的字段(本实验输入“因子 A”字段)，在【输出要素类】文本框中键入输出数据的路径和名称(本实验输出数据命名为“HotSpots.shp”),其他选项设置均默认不变(见图 21.2)。

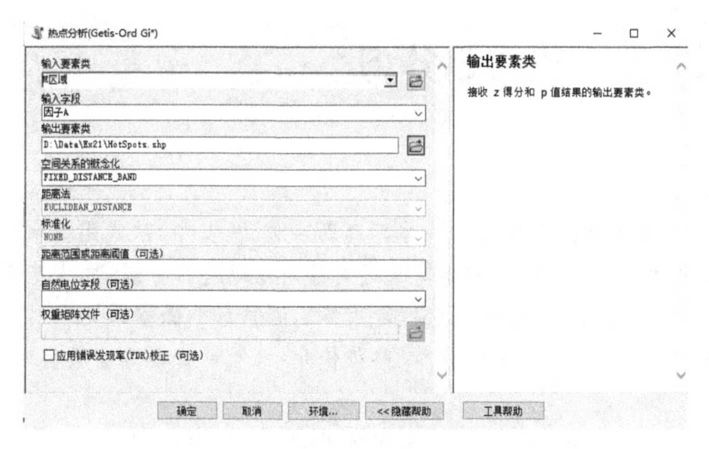

图 21.2　热点分析对话框

(4)单击【确定】,完成操作,结果如图 21.3 所示。

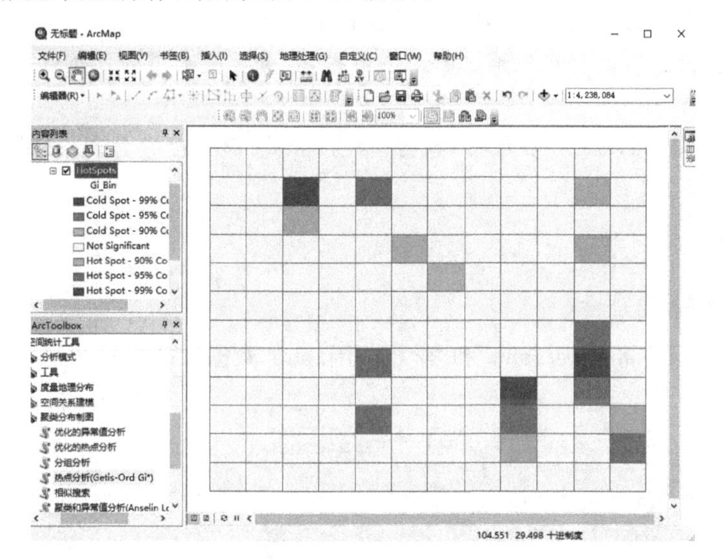

图 21.3　热点分析结果

【注意事项】

(1)在热点分析过程中,如输入要素属性值标准差过大,可能会导致分析结果中仅有热点区没有冷点区等情况出现,此时可通过对原始要素属性值取对数后,再执行热点分析,以得到较理想的结果。

(2)一般而言,热点分析的输入要素类中至少应包含 30 个要素,以得到较为可靠的分析结果。

(3)热点分析结果通过 Z 得分和 P 值来判别是否具有统计显著性的热点和冷点的空间聚类。ArcGIS 软件热点分析提供了 90%、95%和 99%三个置信区间下的分析结果判别,分别对应的 Z 得分值为 ± 1.65、± 1.96 和 ± 2.58,P 值分别对应 0.10、0.05 和 0.01。

实验 22 距离分析

【实验背景】

距离分析工具主要包括欧氏距离和成本距离两种方法，其中，欧式距离用于测量每个像元与最邻近目标像元(源)的直线距离，并按距离远近对分析结果进行分级；成本距离则是在欧式距离的基础上，通过添加成本因素(如时间、距离、费用等)，测量每个栅格单元与其临近源的最小累积成本距离。距离分析在廊道设计、线路分析、路径优化、格局评价等方面具有广泛应用。

【实验目的】

通过本实验，理解距离分析的工作原理和方法，掌握 ArcGIS 中欧氏距离和成本距离工具的使用。

【实验要求】

(1)利用所提供的商店数据，计算学校范围内最近的商店的距离。

(2)利用所提供的田鼠生存源地、landuse 数据，计算学校范围内田鼠迁徙的成本距离。

【实验数据】

实验数据位于\Data\Ex22\目录中，包括“商店.shp”“田鼠生存源地.shp”“学校范围.shp”“landuse.img”数据。

【操作步骤】

1. 欧氏距离

(1)打开 ArcMap，将“商店.shp”和“学校范围.shp”数据加载到视图窗口(见图 22.1)。

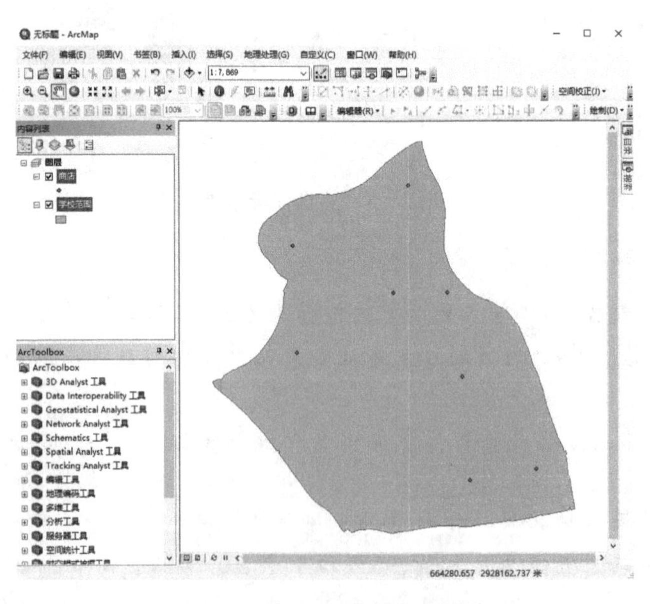

图 22.1 商店和学校范围数据

(2)在菜单栏中依次点击【地理处理】→【环境】,打开【环境设置】对话框,在【处理范围】中选择“与图层 学校范围 相同”(见图 22.2),在【栅格分析】→【掩膜】中选择“学校范围”(见图 22.3),其他设置默认,点击【确定】,完成环境设置。

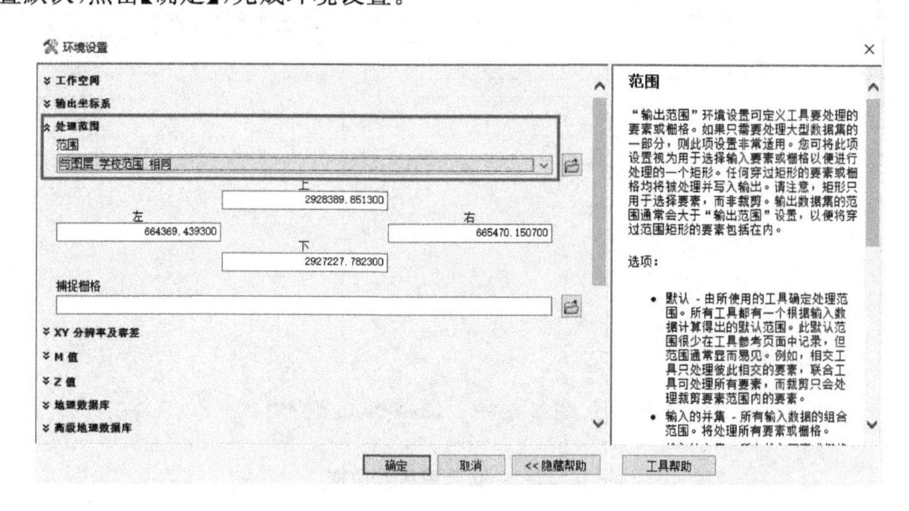

图 22.2 环境设置对话框 1

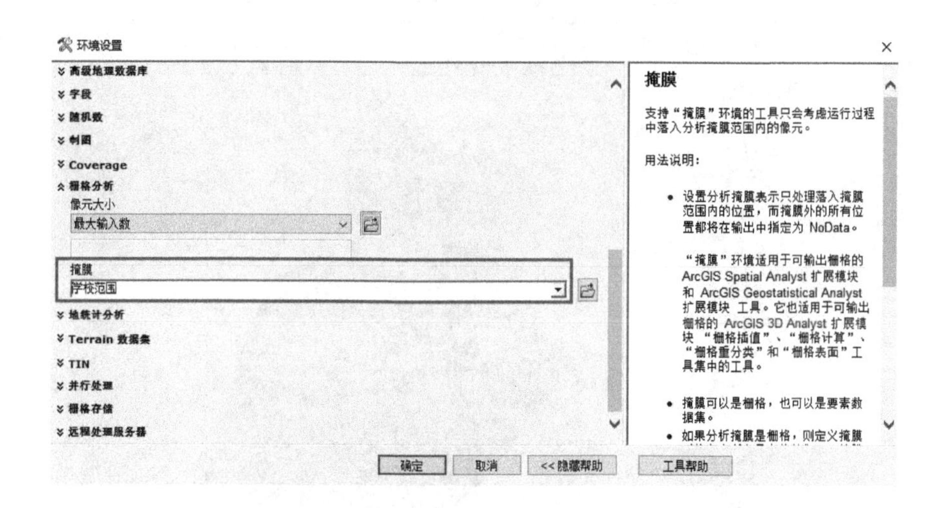

图 22.3 环境设置对话框 2

(3)在【ArcToolbox】工具箱中选择【Spatial Analyst 工具】→【距离】→【欧氏距离】,打开【欧氏距离】工具对话框。

(4)在【输入栅格数据或要素源数据】文本框中选择输入的数据(本实验输入“商店”数据),在【输出距离栅格数据】文本框中输入输出数据的路径和名称(本实验输出数据命名为“EucDist”),在【输出像元大小(可选)】文本框中输入“3”,其他选项设置均默认不变(见图 22.4)。

(5)单击【确定】,完成操作,结果如图 22.5 所示。

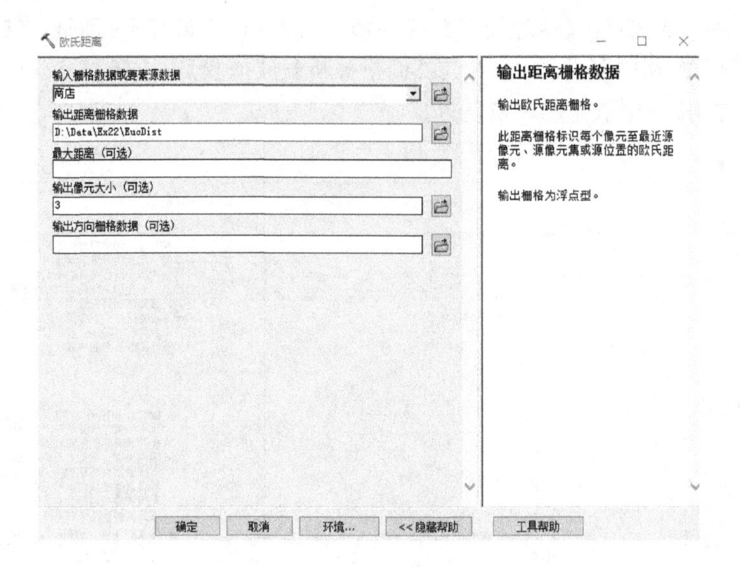

图 22.4　欧氏距离对话框

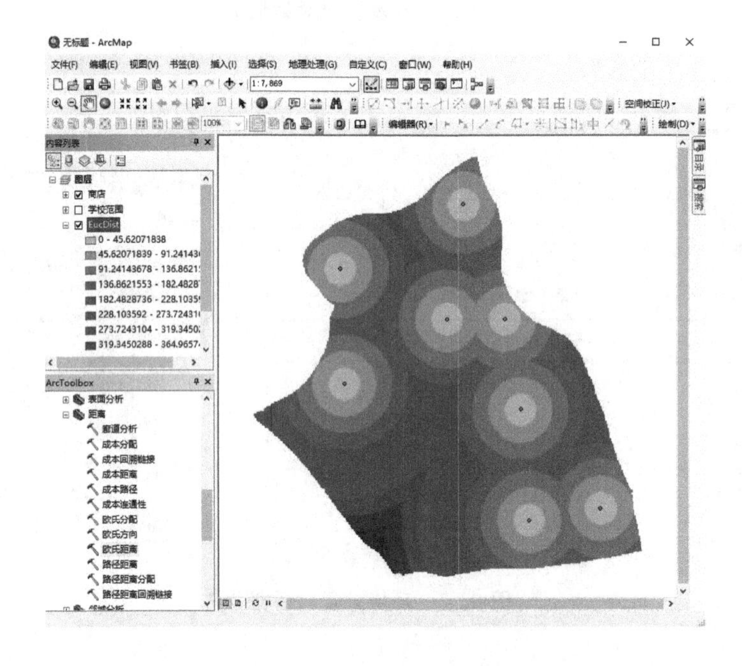

图 22.5　欧式距离结果

2. 成本距离

(1)打开 ArcMap，将“田鼠生存源地.shp”“学校范围.shp”“landuse.img”数据加载到视图窗口(见图 22.6)。

(2)在菜单栏中依次点击【地理处理】→【环境】，打开【环境设置】对话框，在【处理范围】中选择“与图层 学校范围 相同”，在【栅格分析】→【掩膜】中选择“学校范围”，其他设置默认，点击【确定】，完成环境设置。

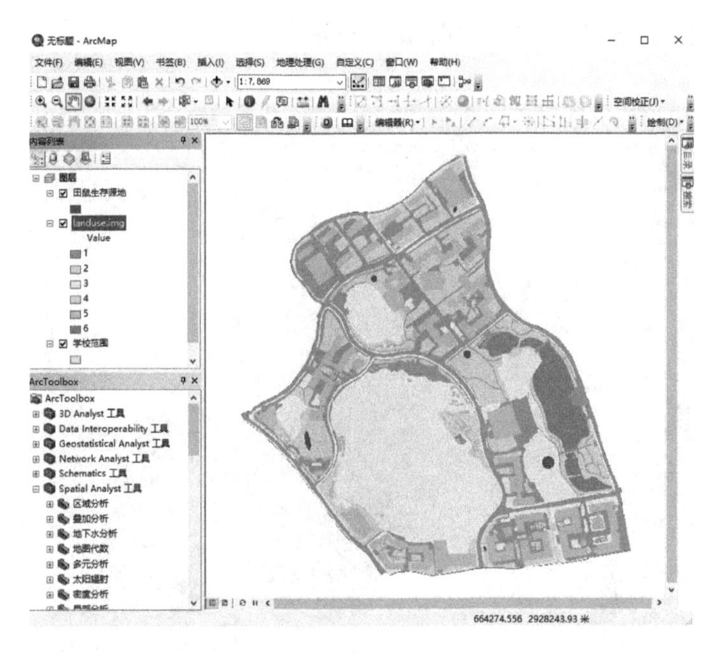

图 22.6　田鼠生存源地和 landuse 数据

（3）在【ArcToolbox】工具箱中选择【Spatial Analyst 工具】→【距离】→【成本距离】，打开【成本距离】工具对话框。

（4）在【输入栅格数据或要素源数据】文本框中选择输入的数据（本实验输入“田鼠生存源地”数据），在【输入成本栅格数据】文本框中选择输入的数据（本实验输入“landuse”数据），在【输出距离栅格数据】文本框中输入输出数据的路径和名称（本实验输出数据命名为“CostDis”），其他选项设置均默认不变（见图 22.7）。

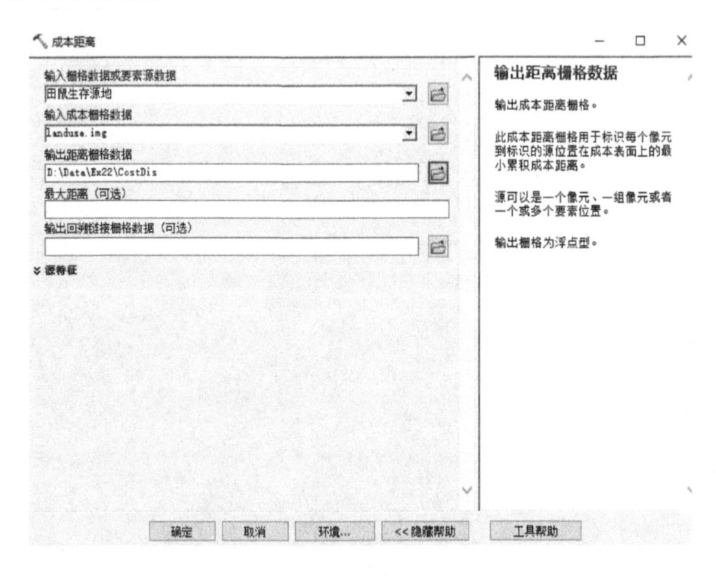

图 22.7　欧氏距离对话框

(5)单击【确定】,完成操作,结果如图 22.8 所示。

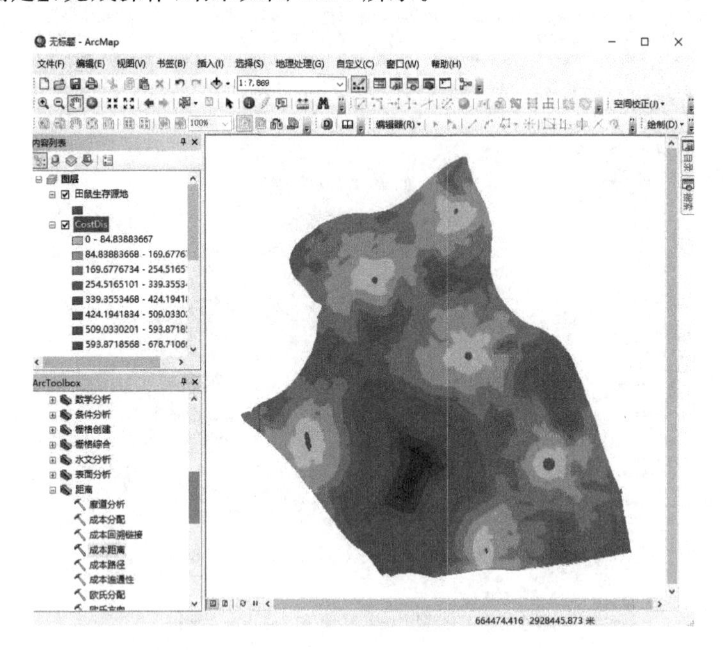

图 22.8　成本距离结果

【注意事项】

(1)距离分析工具中输入要素可支持栅格数据或矢量要素数据,用以标识计算每个输出像元位置所依据的像元或位置(源),其中,栅格数据类型可以为整型或浮点型。

(2)在成本距离分析工具中,【输入成本栅格数据】的数据格式应为栅格数据结构,成本栅格数据的属性值代表经过每个像元所需的阻力值,数据类型可以为整型或浮点型,但属性值不能有负值或零值。

实验 23　缓冲区分析

【实验背景】

缓冲区分析是基于矢量数据要素(点、线、面),在输入要素周围某一指定距离(固定距离或分段距离)内,创建缓冲区多边形的方法。通过输入要素与缓冲区分析结果目标要素的叠加,缓冲区分析在灾害预测预警、事故分析、规划设计、动态评价等方面具有广泛的应用。

【实验目的】

通过本实验,熟知缓冲区分析的基本原理和方法,掌握缓冲区工具的使用。

【实验要求】

实验模拟:某学校后勤部门计划将某条道路拓宽至 30 m,现需知道哪些建筑都受到了影响;学校在大礼堂要举办大型活动,现在需要对 0～50 m、50～100 m 和 100～150 m 范围内的人员进行清场,现需确定涉及哪些建筑物及其涉及面积。

根据模拟实验背景,完成:

(1)分别使用 3 种方法建立某条道路的缓冲区。

(2)使用多环缓冲区工具建立"大型活动"的多环缓冲区,并统计不同缓冲区内建筑物的面积。

【实验数据】

实验数据位于\Data\Ex23\目录中,包括"道路. shp""建筑. shp""大型活动核心区""缓冲区 1"数据。

【操作步骤】

1. 使用【编辑器】工具条中的【缓冲区】菜单建立缓冲区

(1)打开 ArcMap,将"道路. shp""建筑. shp""缓冲区 1"数据加载到视图窗口(见图 23.1)。

图 23.1　道路和建筑数据

(2)单击【编辑器】工具条中的【编辑器】→【开始编辑】,选中待创建缓冲区的目标道路(见图 23.2);在【编辑器】工具条下拉菜单栏中选择【缓冲】,打开【缓冲】对话框。

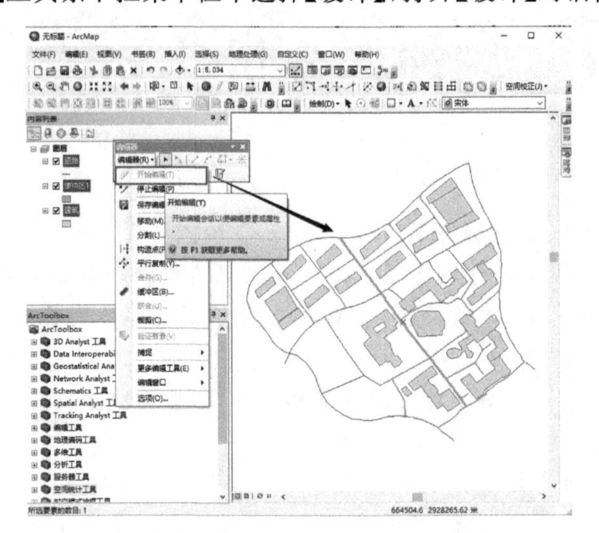

图 23.2 开始编辑并选中待缓冲道路

(3)在弹出的【选择要素模板】对话框中选择"缓冲区 1",返回【缓冲】对话框,设置距离为 15,如图 23.3 所示。

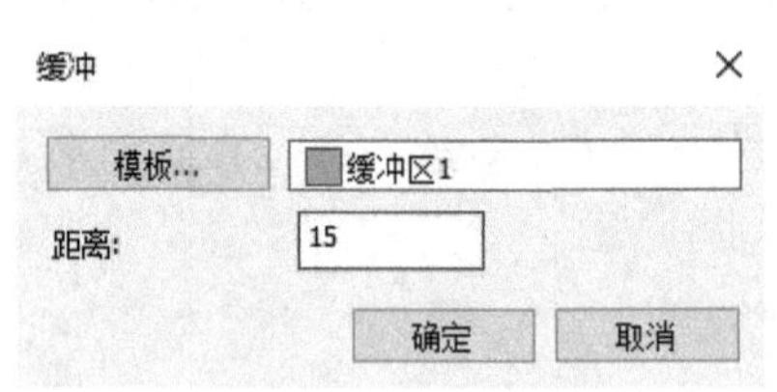

图 23.3 缓冲对话框

(4)单击【确定】,完成操作,结果如图 23.4 所示。

图 23.4 创建的缓冲区

(5)在创建缓冲区之后，可以利用缓冲区与建筑物进行分析，本实验使用空间选择功能查询与缓冲区相交的建筑物。

(6)单击菜单栏中的【选择】→【按位置选择】，弹出【按位置选择】对话框，具体设置如图 23.5 所示，设置完成后点击【确定】，结果如图 23.6 所示。

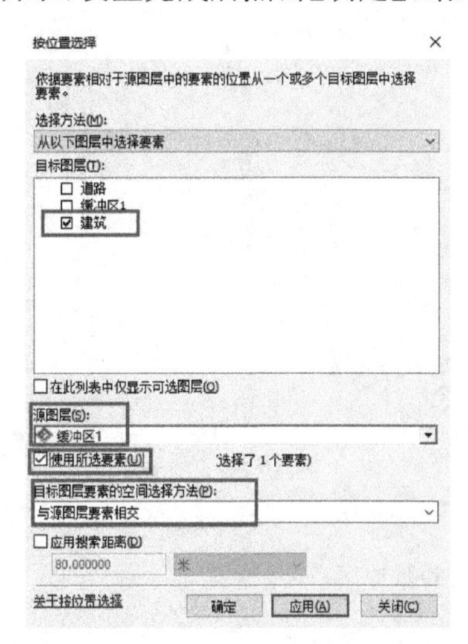

图 23.5　按位置选择对话框

图 23.6　与缓冲区相交的建筑物

2. 使用【分析工具】中的【缓冲区】工具建立缓冲区

(1)在视图窗口中，选中“道路.shp”数据中待创建缓冲区的目标道路，在【ArcToolbox】工具箱中选择【分析工具】→【邻域分析】→【缓冲区】，打开【缓冲区】工具对话框。

(2)在【输入要素】文本框中选择要输入的数据(本实验选择“道路”数据)，在【输出要素类】文本框中输入输出数据的路径和名称(本实验输出数据命名为“道路_Buffer.shp”)，在【距离[值或字段]】中选择【线性单位】按钮，在文本框中输入一个数值作为缓冲区距离(本实验输入 15，单位选择“米”)，其他选项保持默认，如图 23.7 所示。

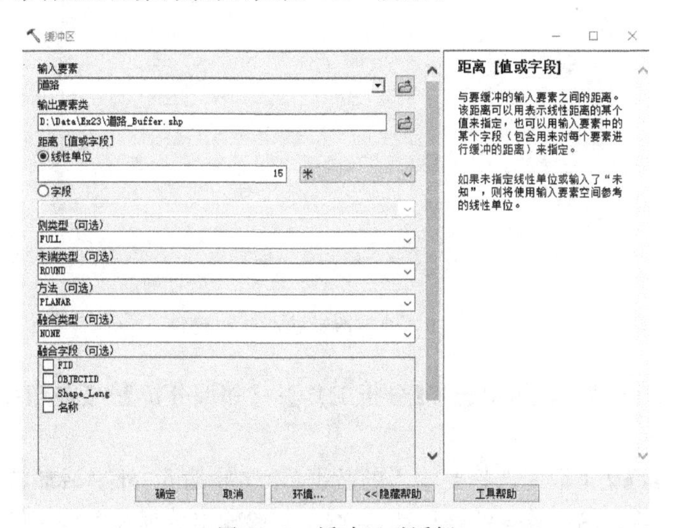

图 23.7　缓冲区对话框

(3)单击【确定】,完成操作,结果如图 23.8 所示。

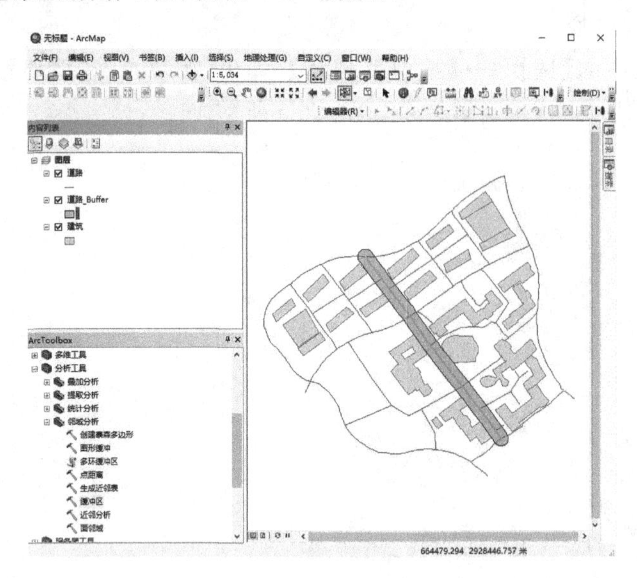

图 23.8 使用缓冲区工具建立的缓冲区

3. 使用【分析工具】中的【多环缓冲区】工具建立多环缓冲区

(1)打开 ArcMap,将“外事活动核心区. shp”和“建筑. shp”数据加载到视图窗口(见图 23.9)。

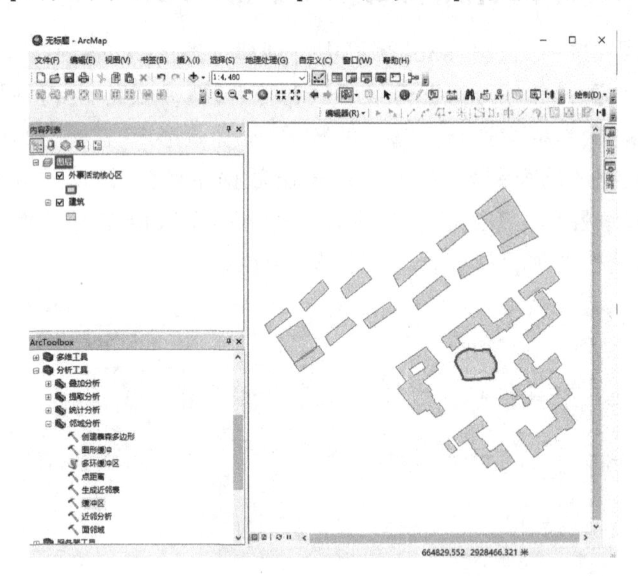

图 23.9 外事活动核心区和建筑

(2)在【ArcToolbox】工具箱中选择【分析工具】→【邻域分析】→【多环缓冲区】,打开【多环缓冲区】工具对话框。

(3)在【输入要素】文本框中选择要输入的数据(本实验输入“外事活动核心区”数据),在【输出要素类】文本框中输入输出数据的路径和名称(本实验输出数据命名为“外事_Buffer. shp”),在

【距离】文本框中依次输入 50、100、150，在【缓冲区单位（可选）】选择“Meters”，其他设置保持默认（见图 23.10）。

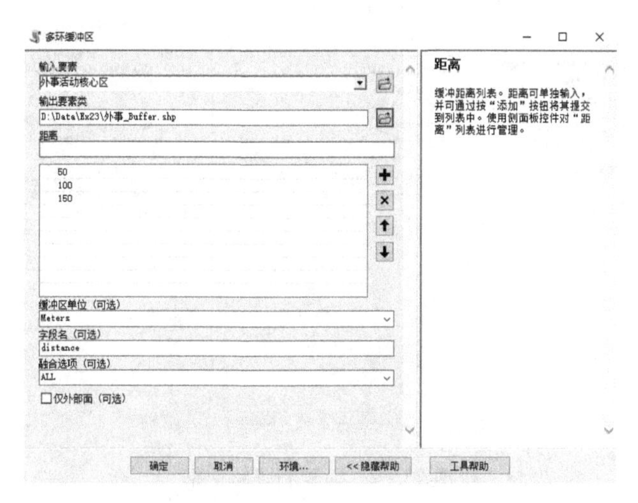

图 23.10 多环缓冲区对话框

（4）单击【确定】，完成操作，结果如图 23.11 所示。

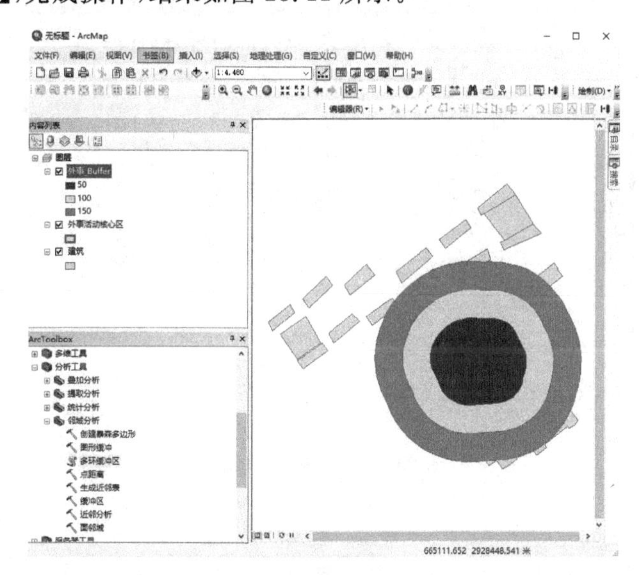

图 23.11 多环缓冲区结果

（5）在【ArcToolbox】工具箱中选择【Spatial Analyst 工具】→【区域分析】→【面积制表】，打开【面积制表】工具对话框。

（6）在【输入栅格数据或要素区域数据】文本框中选择要输入的数据（本实验输入“建筑”数据），在【区域字段】文本框中选择“name”字段，在【输入栅格数据或要素类数据】文本框中输入输出数据（本实验输出数据命名为“外事_Buffer”），在【类字段】文本框中选择“OBJECTID”，在【输出表】文本框中输入输出数据的路径和名称（本实验输出数据命名为“统计表”），其他设置保持默认（见图 23.12）。

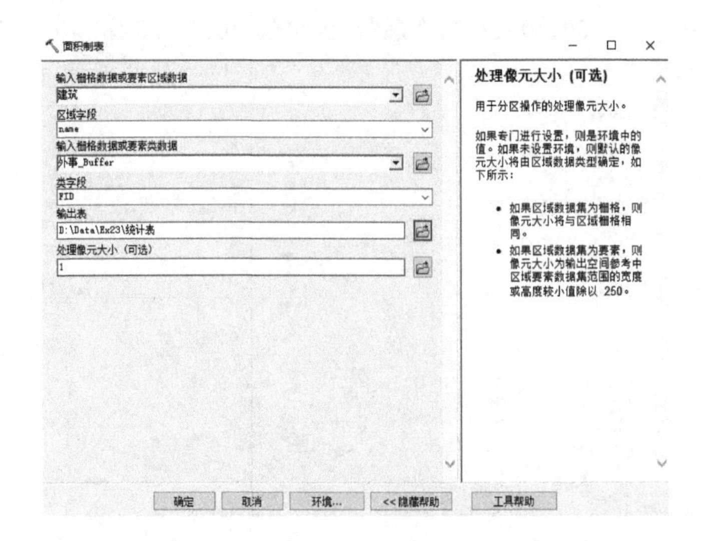

图 23.12　面积制表对话框

(7)单击【确定】,完成操作,在【内容列表】中选择【统计表】,结果如图 23.13 所示。

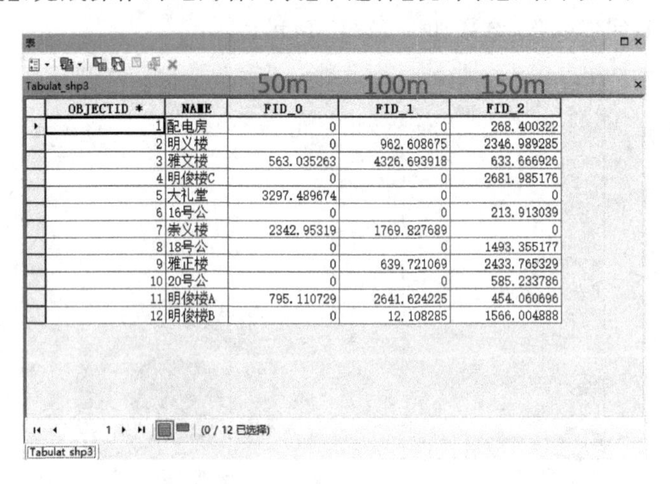
表
Tabulat_shp3　50m　100m　150m

OBJECTID *	NAME	FID_0	FID_1	FID_2
1	配电房	0	0	268.400322
2	明义楼	0	962.608675	2346.989285
3	雅文楼	563.035263	4326.693918	633.666926
4	明俊楼C	0	0	2681.985176
5	大礼堂	3297.489674	0	0
6	16号公	0	0	213.913039
7	崇义楼	2342.95319	1769.827689	0
8	18号公	0	0	1493.355177
9	雅正楼	0	639.721069	2433.765329
10	20号公	0	0	585.233786
11	明俊楼A	795.110729	2641.624225	454.060696
12	明俊楼B	0	12.108285	1566.004888

(0 / 12 已选择)
Tabulat_shp3

图 23.13　面积制表结果

【注意事项】

(1)使用【编辑器】工具条对要素创建缓冲区时,须将目标要素开始编辑,使目标要素处于可编辑状态,方能执行【编辑器】工具条下的【缓冲区】命令。

(2)缓冲区分析可支持单侧或双侧创建缓冲区,并且缓冲距离除固定距离和多环缓冲区中手动设置距离外,还可以通过选择【字段】,通过要素属性字段中设置的数值字段值,实现不同目标要素不同距离缓冲区的创建。

实验 24 分组分析

【实验背景】

分组分析是以矢量数据要素为基础，根据要素属性或一定的时空约束对要素进行分组，使组内的差异尽可能小，组间的差异尽可能大，进而实现空间聚类(分类)的目的。分组分析方法在疾病传播扩散预测、规划设计分区，以及农业、林业、生态、社会等领域的评价中用途广泛。

【实验目的】

通过本实验，了解分组分析的工作原理和不同空间约束规则的理论基础，熟练掌握分组分析工具的使用。

【实验要求】

根据本实验提供的“M 区域.shp”矢量数据的 A、B、C、D、E 和 F 6 种要素属性，将 M 区域按照 6 种要素属性的内在关系，划分为 5 组。

【实验数据】

实验数据位于\Data\Ex24\目录中，包括“M 区域.shp”数据。

【操作步骤】

(1)打开 ArcMap，将“M 区域.shp”数据加载到视图窗口(见图 24.1)。

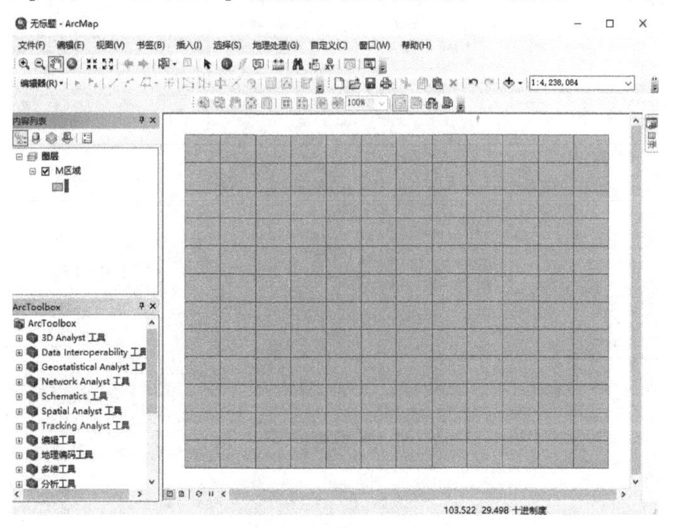

图 24.1 M 区域数据

(2)在【ArcToolbox】工具箱中选择【空间统计工具】→【聚类分布制图】→【分组分析】，打开【分组分析】工具对话框。

(3)在【输入要素】文本框中选择输入的数据(本实验输入“M 区域”数据)，在【唯一 ID 字段】中选择“OBJECTID”，在【输出要素类】文本框中键入输出数据的路径和名称(本实验输出数据命名为“Group.shp”)，在【组数】文本框中键入“5”，在【分析字段】中选择用于分组分析的字段(本实验选择因子 A、因子 B、因子 C、因子 D、因子 E 和因子 F)，在【空间约束】文本框中选择“K_NEAREST_NEIGHBORS”(此处共有 6 种空间约束关系，实际应用中可根据需求的不同而选择不同的约束关系)，在【距离法(可选)】中选择“EUCLIDEAN”，其他选项设置均默认不变(见图 24.2)。

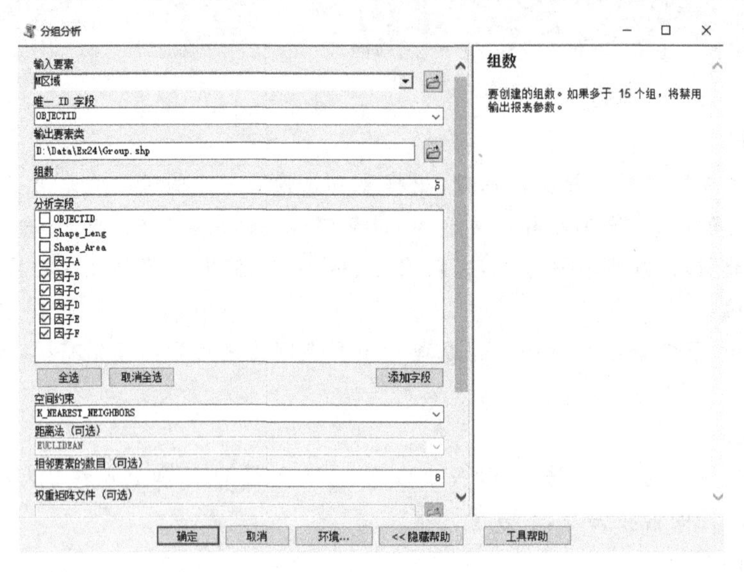

图 24.2　分组分析对话框

(4)单击【确定】，完成操作，结果如图 24.3 所示。

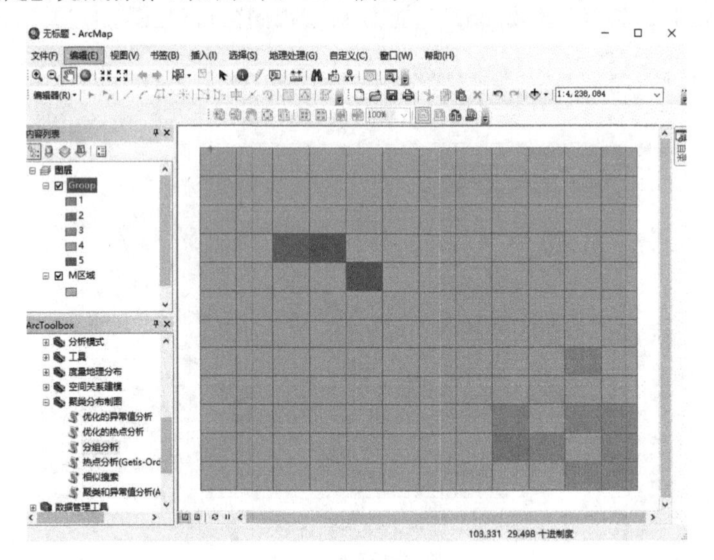

图 24.3　分组分析结果

【注意事项】

(1)ArcGIS 分组分析工具中提供了 6 种空间约束关系和 2 种距离计算方法，在实际应用中，往往需要反复尝试不同空间约束和不同距离法，才能得到理想的分组结果。

(2)分组分析中如选择输出报表文件，一方面会增加处理时间，另一方面当分组数超过 15 组时，分组分析工具将不会创建报表文件。

实验 25 创建渔网

【实验背景】

创建渔网工具是基于一定的空间范围,创建包含由矩形像元组成网络的矢量要素类,以实现项目范围内的格网化划区。渔网分析在样地样带设置、规则采样点选取、数据抽样等方面具有广泛的应用。

【实验目的】

通过本实验,了解渔网创建的基本原理,熟练掌握创建渔网工具的使用。

【实验要求】

利用所提供的 N 区域数据,以 N 区域为创建范围,创建 5 km×5 km 的渔网。

【实验数据】

实验数据位于\Data\Ex25\目录中,包括“N 区域. shp”数据。

【操作步骤】

1. 初始渔网创建

(1)打开 ArcMap,将“N 区域. shp”数据加载到视图窗口(见图 25.1)。

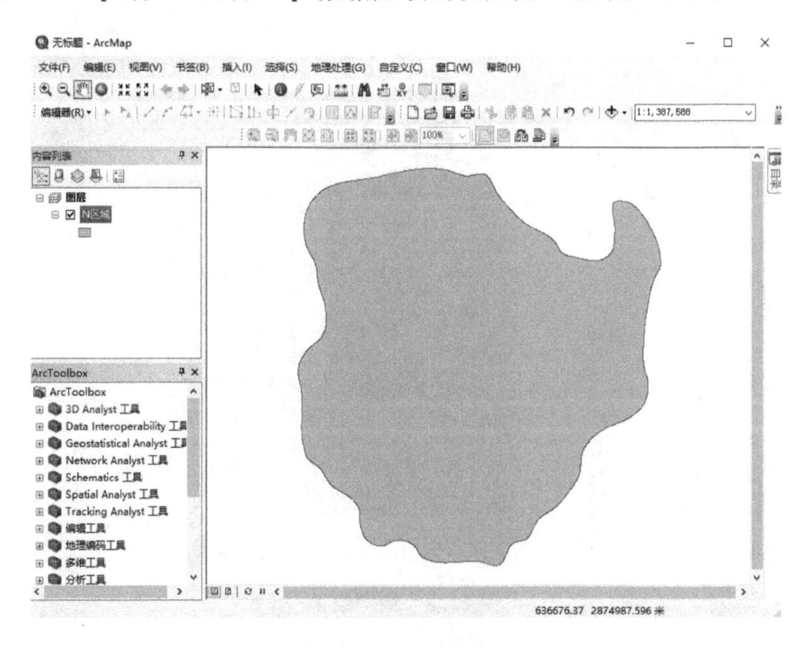

图 25.1 N 区域数据

(2)在【ArcToolbox】工具箱中选择【数据管理工具】→【采样】→【创建渔网】,打开【创建渔网】工具对话框。

(3)在【输出要素类】文本框中输入输出数据的路径和名称(本实验输出数据命名为“Fishnet.shp”),在【模板范围(可选)】文本框中选择“与图层 N 区域 相同”,在【像元宽度】文本框中输入“5000”,在【像元高度】文本框中输入“5000”,其他设置保持默认(见图 25.2)。

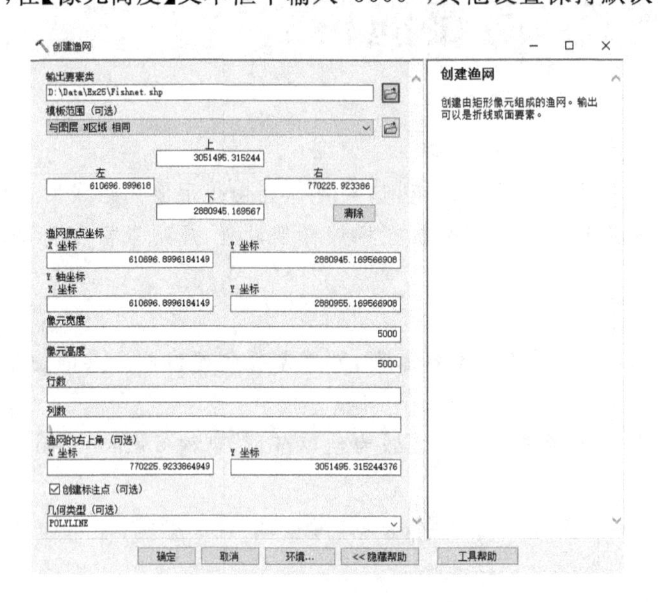

图 25.2　创建渔网对话框

(4)单击【确定】,完成操作,结果如图 25.3 所示。

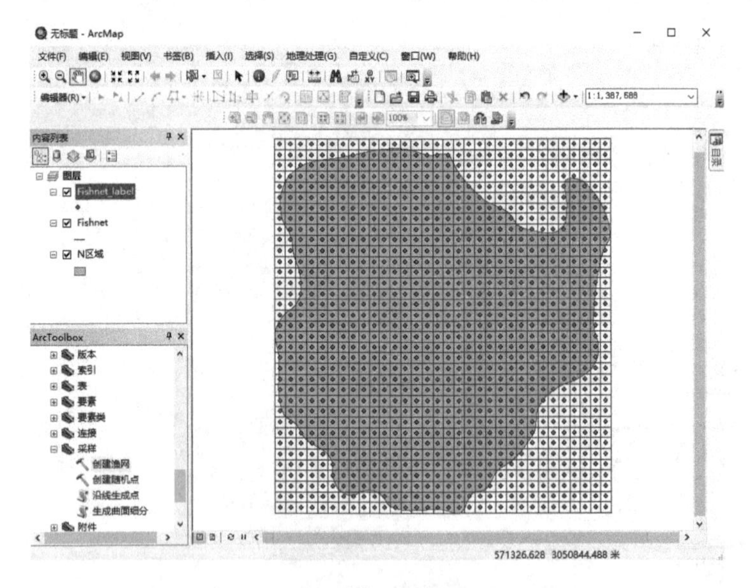

图 25.3　渔网结果

2. 裁剪所需范围内的渔网

(1)在【ArcToolbox】工具箱中选择【分析工具】→【提取分析】→【裁剪】,打开【裁剪】工具对话框。

（2）在【输入要素】文本框中选择输入的数据（本实验输入“Fishnet”数据），在【裁剪要素】文本框中选择输入的数据（本实验输入“N 区域”数据），在【输出要素类】文本框中输入输出数据的路径和名称（本实验输出数据命名为“Fishnet_Clip. shp”）（见图 25.4），单击【确定】，完成操作。

（3）使用（2）中同样的方法，将“Fishnet_label. shp”也进行裁剪，最终结果如图 25.5 所示。

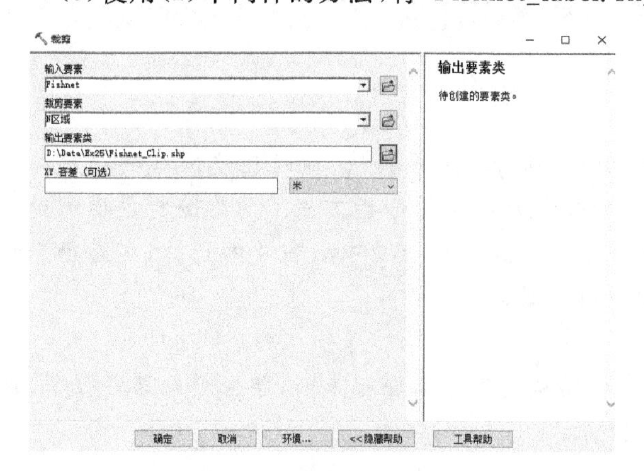

图 25.4 裁剪对话框

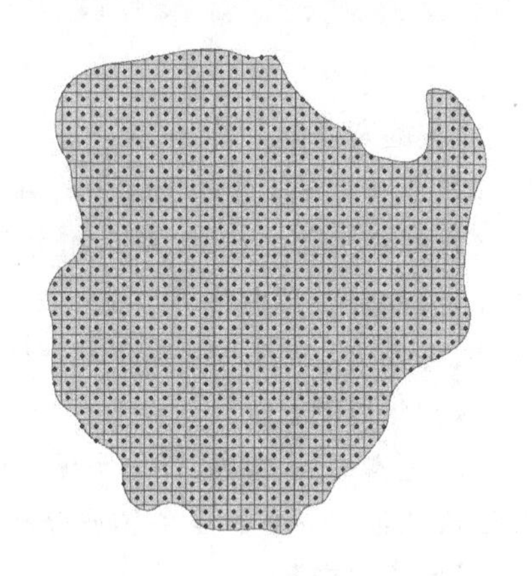

图 25.5 N 区域监测格网

【注意事项】

（1）渔网的空间范围是创建渔网的先决条件之一，可利用已知项目区矢量边界为空间范围，也可以根据待创建格网的经纬度范围或行列数确定渔网空间范围。

（2）创建渔网的输出要素类，可以是线要素类，也可以是面要素类，如需要利用渔网与现有数据集进行叠加分析等处理，则选择面要素类为输出要素类型；如仅将渔网作为显示，可选择线要素类为输出要素类型。如需要根据渔网创建标注点，可在【创建渔网】对话框中勾选“创建标注点”，则输出结果中包含一个渔网单元中心为要素类型的点要素类矢量数据文件。

（3）为避免参考空间范围的项目边界数据地理坐标系统导致的渔网创建结果错误，建议以项目区（研究区）边界为渔网空间范围时，将项目区边界矢量数据坐标系统转换为投影坐标系统。

实验 26 网络分析

【实验背景】

网络分析是基于 ArcGIS 软件的 Network Analyst 扩展模块，通过构建网络数据集并对网络数据集执行分析，以解决相关网络问题的矢量数据空间分析方法。网络分析主要通过路径分析、地址匹配和资源分配等方法，实现最佳路径或最佳布局中心位置的选择，在路径规划设计、资源优化配置、服务区域分析等方面应用广泛。

【实验目的】

通过本实验，掌握 Network Analyst 扩展模块的工作原理与方法，学会最短路径分析、最邻近服务设施分析和服务区域分析的基本操作。

【实验要求】

根据本实验提供的数据，分析从“17 栋公寓”到“明俊楼 A 区”的最短路径；分析“取件人位置”的最邻近快递点位置；分析 6 个快递点 100 m、200 m 的服务范围。

【实验数据】

实验数据位于\Data\Ex26\目录中，包括“取件人位置.shp”“快递点.shp”“道路.shp”“建筑.shp”数据。

【操作步骤】

1. 最短路径分析

(1)打开 ArcMap，在【菜单栏】中依次点击【自定义】→【扩展模块】，将【扩展模块】对话框中的所有对钩都选中，如图 26.1 所示。

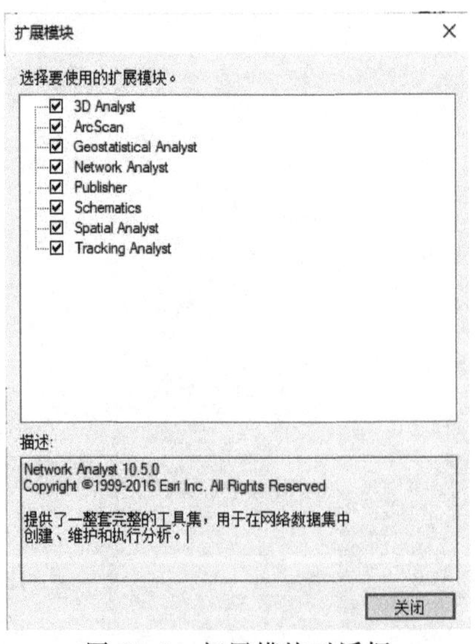

图 26.1 拓展模块对话框

(2)将“建筑.shp”数据加载到 ArcMap 视图窗口中。在【内容列表】中用鼠标右键选中“建筑”图层,单击【属性】,打开【图层属性】对话框,单击【标注】选项卡,勾选【标注此图层中的要素】选项,在【标注字段】中选择“name”,如图 26.2 所示;然后选择【确定】按钮,结果如图 26.3 所示。

图 26.2　标注对话框

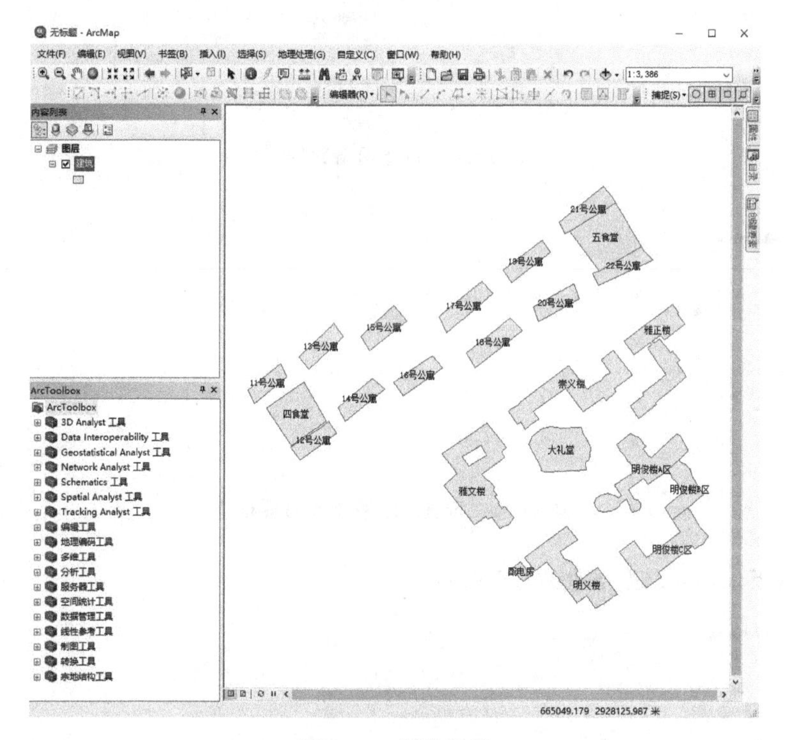

图 26.3　标注结果

(3)在文件夹连接的目录中,找到“道路.shp”(见图 26.4),用鼠标右键选择【新建网络数据集】,弹出【新建网络数据集】对话框,如图 26.5 所示。

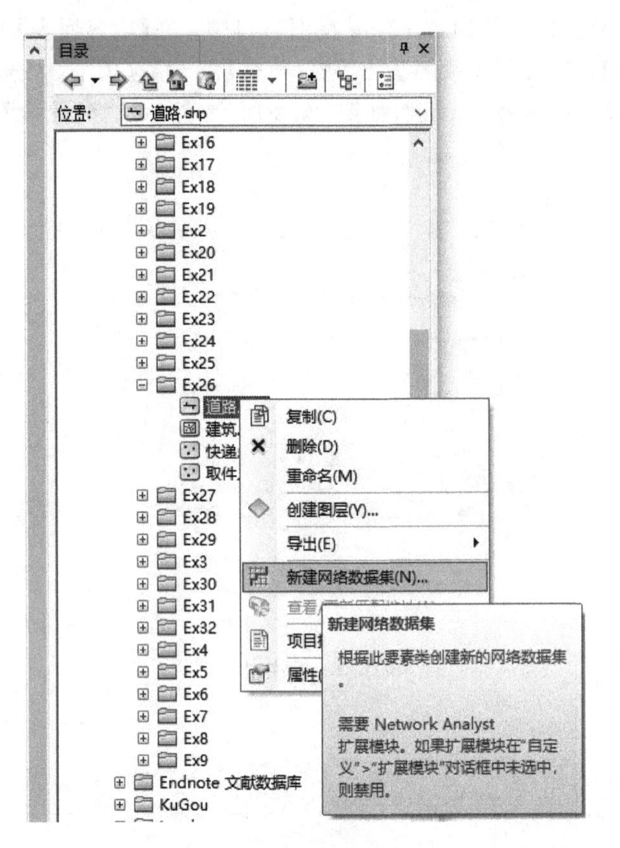

图 26.4　新建网络数据集

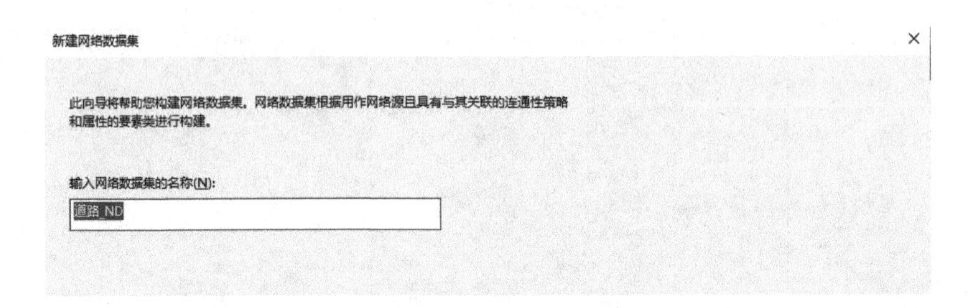

图 26.5　新建网络数据集对话框 1

(4)点击【下一步】按钮，如图 26.6 所示。

新建网络数据集

是否要在此网络中构建转弯模型?

否(O)

是(Y)

转弯源:

<通用转弯>

图 26.6　新建网络数据集对话框 2

(5)选择“是”选项,单击【下一步】按钮,如图 26.7 所示。

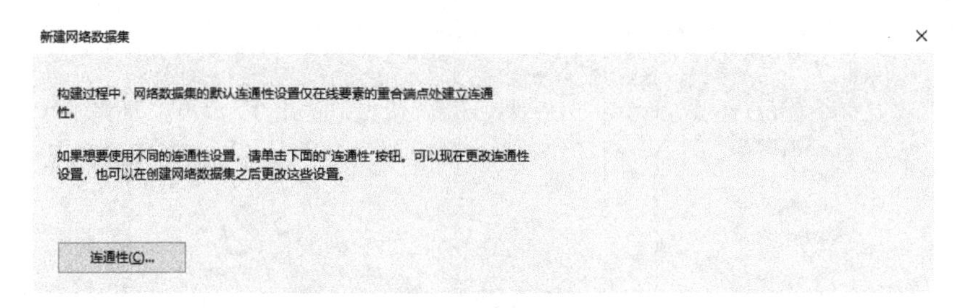

图 26.7　新建网络数据集对话框 3

(6)根据向导,一直选择单击【下一步】按钮,选择默认值,最后界面如图 26.8 所示。

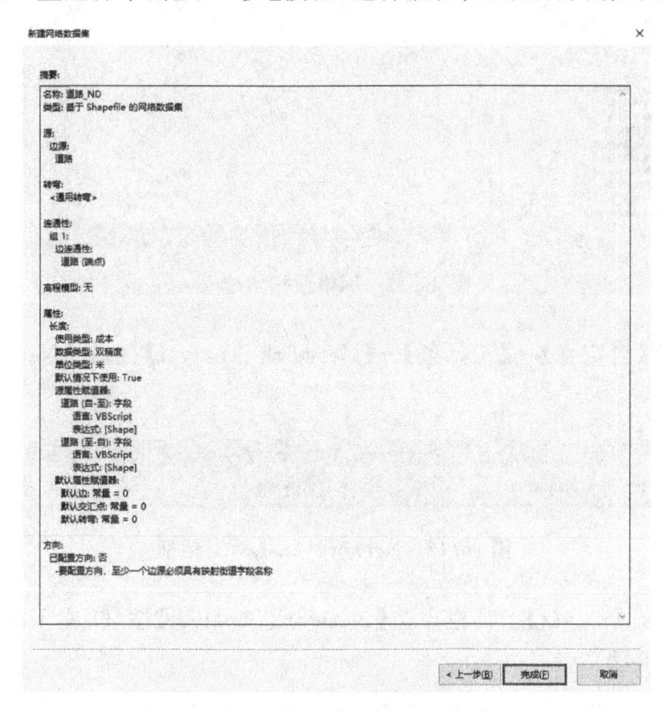

图 26.8　新建网络数据集对话框 4

(7)单击【完成】按钮,此时会弹出完成构建【是否立即构建】对话框(见图 26.9),选择【是】;接下来会弹出【添加网络图层】对话框(见图 26.10),选择【是】,完成构建,如图 26.11 所示。

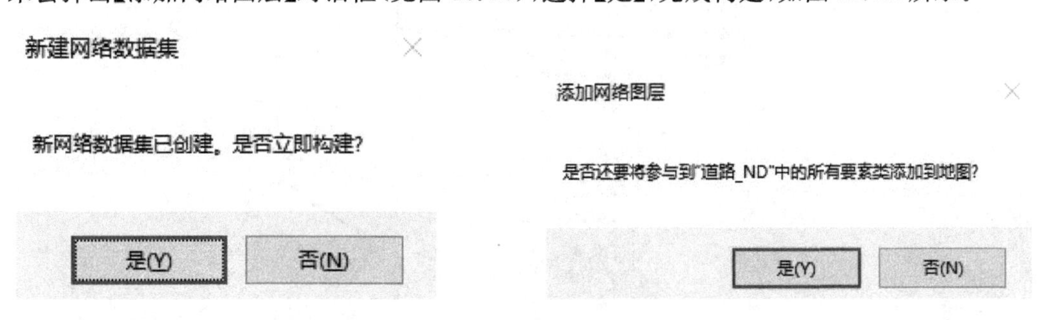

图 26.9　是否立即构建对话框　　　　图 26.10　添加网络图层对话框

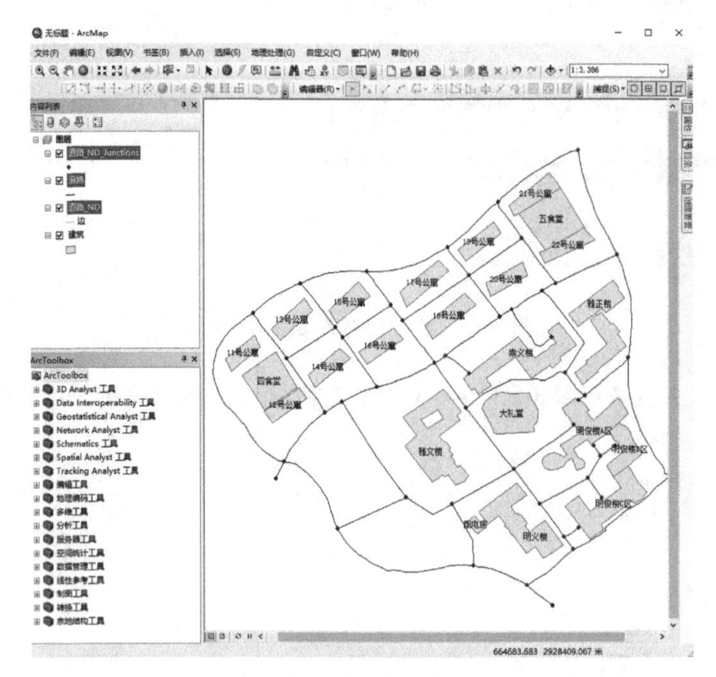

图 26.11　网络数据集建立

(8)单击菜单栏【自定义】→【工具条】→【Network Analyst】,加载【Network Analyst】工具栏,如图 26.12 所示。

图 26.12　Network Analyst 对话框

(9)在【Network Analyst】工具栏点击【Network Analyst】按钮,在下拉菜单栏选择【新建路径】,如图 26.13 所示。

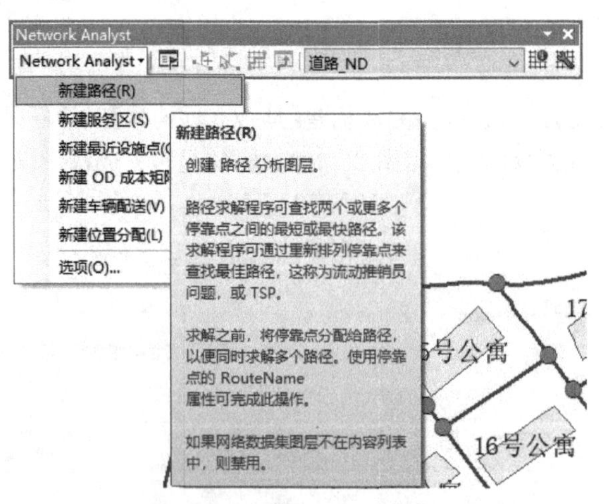

图 26.13　新建路径示意图

(10)单击【创建网络位置工具】按钮，设置停靠点。这里选择“17 栋公寓”和“明俊楼 A 区”分别为起点和终点，如图 26.14 所示。

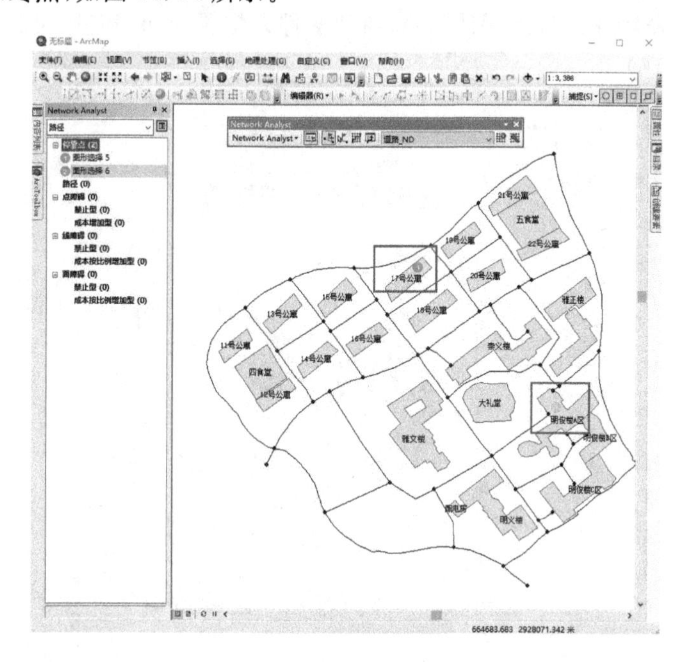

图 26.14　设置起点和终点

(11)单击【求解】按钮，则会生成从“17 栋公寓”到“明俊楼 A 区”的最短路径，如图 26.15 所示。

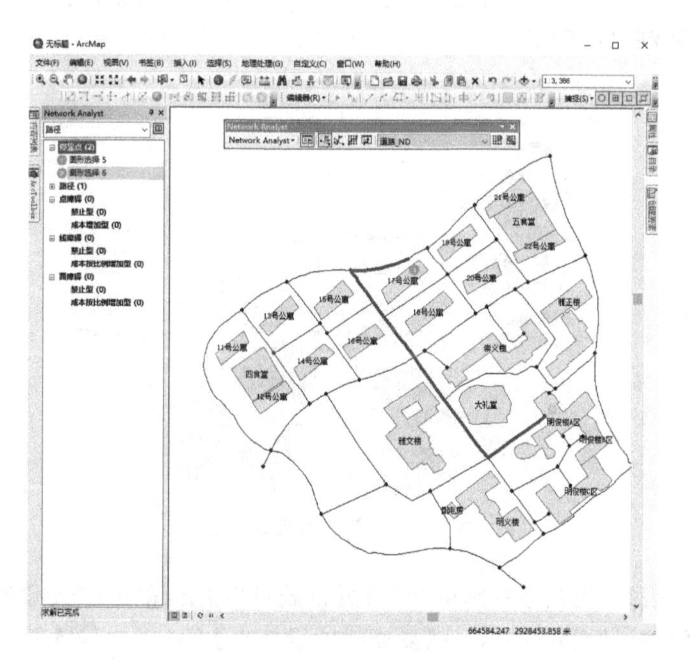

图 26.15　最短路径

2. 最邻近服务设施分析

(1)将【内容列表】下的“路径”图层移除,将“取件人位置.shp”和“快递点.shp”数据加载到视图窗口(见图 26.16)。

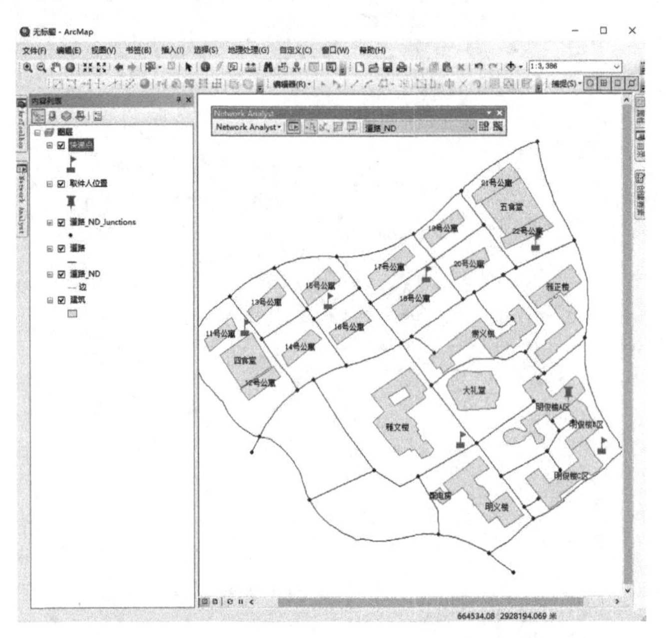

图 26.16 “取件人”和“快递点”位置分布

(2)在【Network Analyst】工具栏点击【Network Analyst】按钮,在下拉菜单栏选择【新建最近设施点】,如图 26.17 所示。

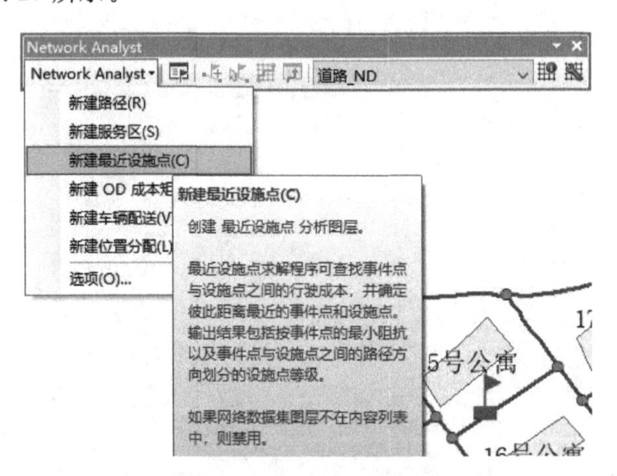

图 26.17 新建最近设施点

(3)在【内容列表】中用鼠标右键单击“最近设施点”图层,单击【属性】菜单,打开【图层属性】对话框,单击【分析设置】选项卡,在【要查找的设施点】文本框中输入“1”,即分析任务可以在限制条件下搜索一定数目的设施点(即快递点)以供选择,如果限制条件下设施点不足,则只返回满足条件的设施点。

(4)勾选【忽略无效位置】选项(见图 26.18),单击【确定】按钮,完成设置。

(5)单击【Network Analyst】窗口按钮 ,打开【Network Analyst】窗口对话框,用鼠标右键单击【设施点】,单击【加载位置】(见图 26.19)。

图 26.18　分析设置　　　　图 26.19　加载数据

(6)在【加载自】下拉列表中选择“快递点”图层,即快递点为设施点(见图 26.20)。

(7)单击【确定】按钮,返回【Network Analyst】窗口对话框,按照类似的操作,对【事件点】添加“取件人位置”数据(见图 26.21)。

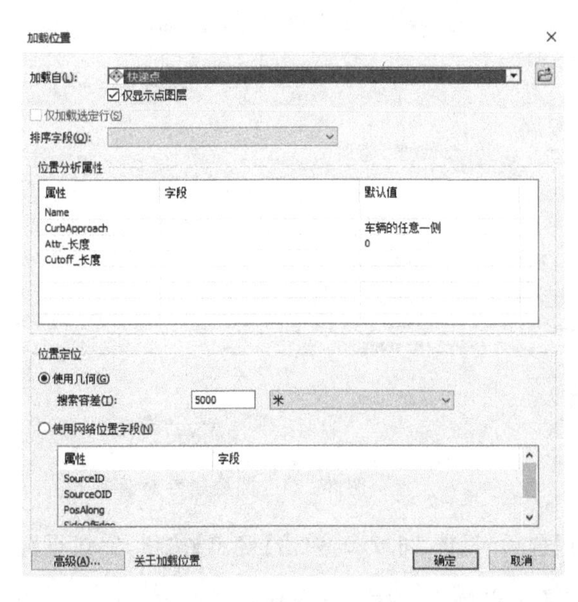

图 26.20　加载快递点数据

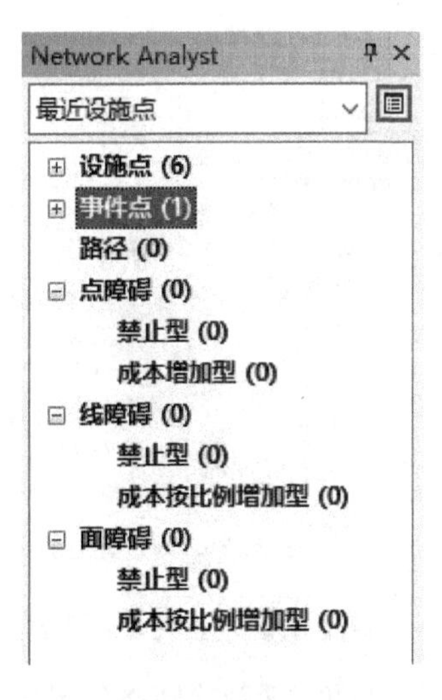

图 26.21　加载位置结果

(8)关闭【Network Analyst】窗口,单击【求解】按钮 ,结果如图 26.22 所示。

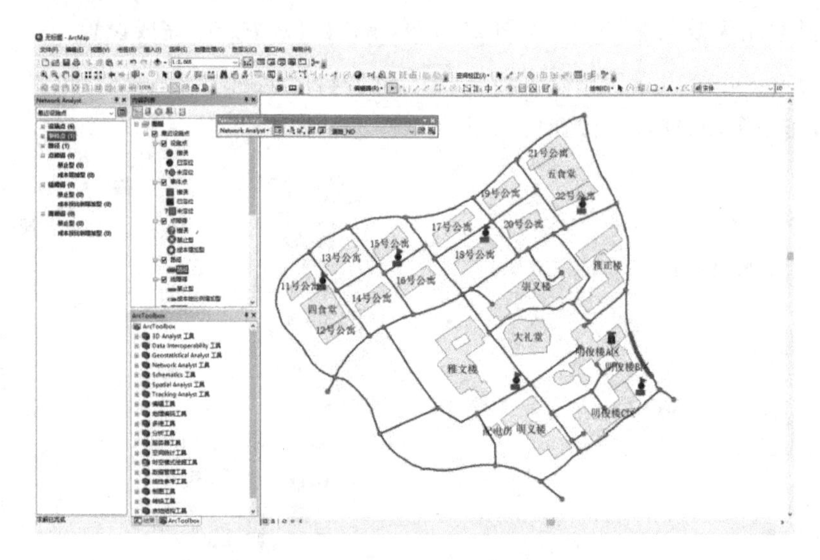

图 26.22 最邻近服务设施分析

3. 服务区域分析

(1)将【内容列表】下的“最近设施点”图层移除。在网络分析工具栏中单击【Network Analyst】→【新建服务区】,新建服务区分析图层(见图 26.23)。

(2)在【内容列表】中用鼠标右键单击“服务区分析”图层,单击【属性】,打开【图层属性】对话框,单击【分析设置】选项,在【默认中断】选项中输入“100”和“200”,中间用英文逗号隔开,即在分析任务中,不会搜索超过中断值距离范围的区域(见图 26.24)。

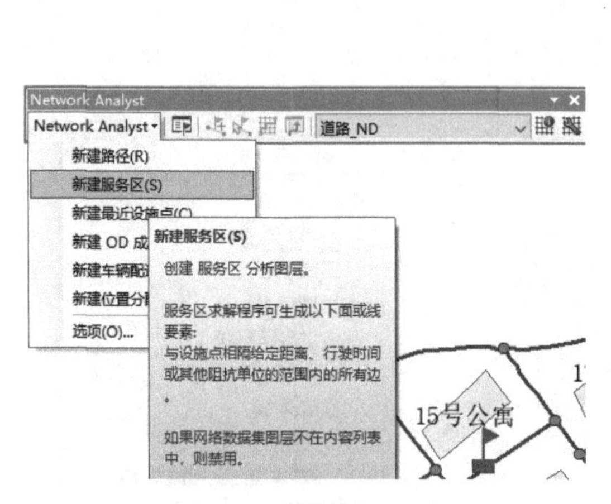

图 26.23 新建服务区

图 26.24 图层属性对话框

(3)单击【面生成】选项卡,勾选【生成面】选项(见图 26.25),单击【确定】按钮,完成设置。

(4)单击【创建网络位置工具】按钮 ,确定设施点。这里选择所有快递点(见图 26.26)。

(5)单击【求解】按钮 ,如图 26.27 所示,不同灰度值的面状图形是不同中断值产生的服务区域。

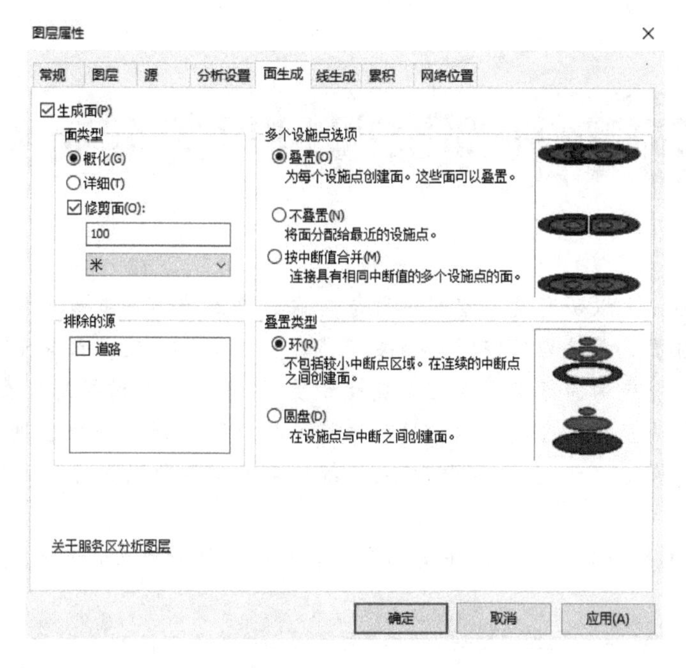

图 26.25 面生成设置

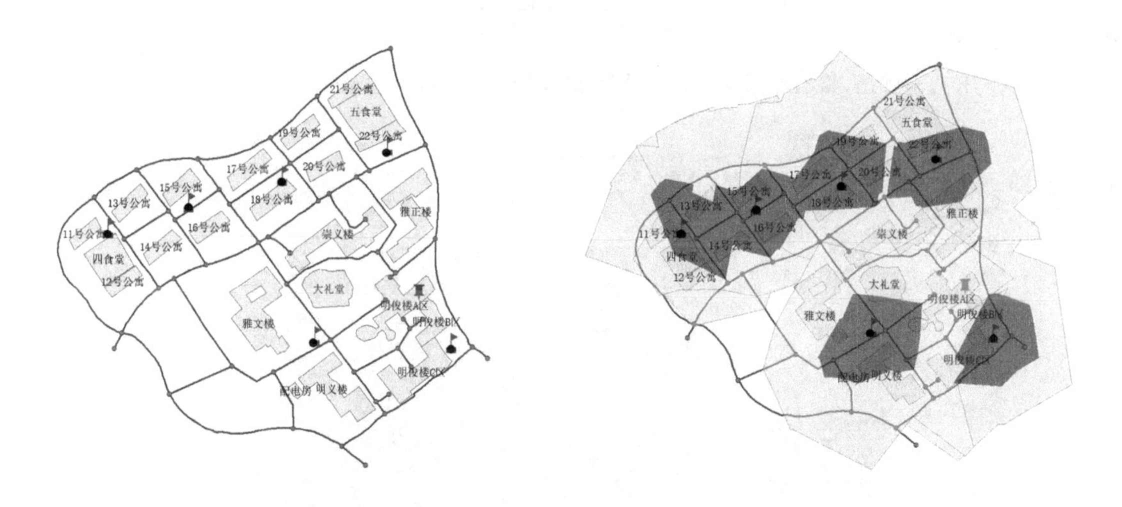

图 26.26 确定设施点

图 26.27 快递点服务区域

【注意事项】

(1)在进行最短路径或最佳路径分析时,除起点和终点外,可设置多个停靠点,获取经过所有停靠点的最佳(最短)路径。但停靠点的位置确定须在道路网络数据集的容差阈值范围内,否则,会导致路径无法识别该停靠点而生成错误的结果。

(2)在实际应用中,进行最短路径分析和最邻近服务设施分析时,常用到障碍设置,包括障碍点、障碍线和障碍面等三种形式。

(3)进行最佳路径分析时,除本实验中设计的距离成本外,在实际应用中,还可创建时间成本路径分析。

实验 27　局部空间自相关分析

【实验背景】

局部空间自相关用以研究某个空间单元与其临近单元就某一属性的相关程度，能够探索集聚中心的空间位置。通过局部空间自相关可进一步探明具有空间聚集效应的空间单元，每个空间位置都有其对应的局部空间自相关统计计量值，并可以通过显著性图和聚集点图等将局部空间自相关的分析结果直观显示。局部自相关分析可以识别高值密度、低值密度和空间异常值，在经济学、资源管理、生物地理学、人口统计学等众多领域具有广泛的应用。

【实验目的】

通过本实验，熟练掌握 ArcMap 中局部空间自相关工具的使用。

【实验要求】

利用所提供的"M 区域. shp"数据，制作"因子 C"局部空间自相关分布图。

【实验数据】

实验数据位于\Data\Ex27\目录中，包括"M 区域. shp"数据。

【操作步骤】

(1)打开 ArcMap，将"M 区域. shp"数据加载到视图窗口(见图 27.1)。

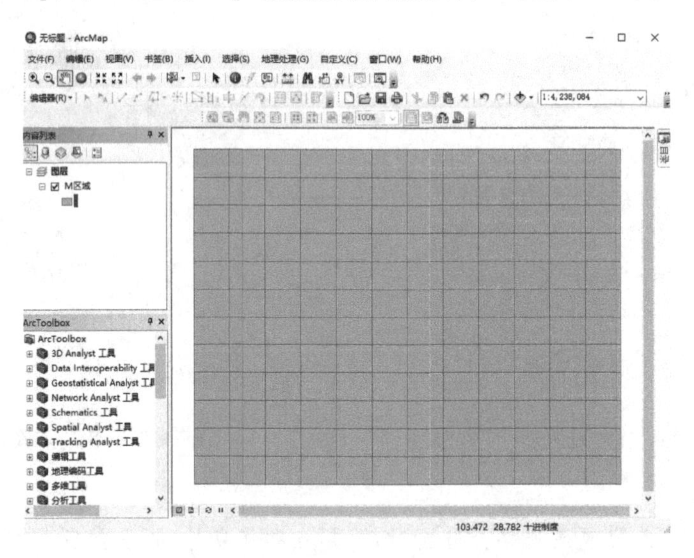

图 27.1　M 区域数据

(2)在【ArcToolbox】工具箱中选择【空间统计工具】→【聚类分布制图】→【聚类和异常值分析(Anselin Local Moran I)】，打开【聚类和异常值分析(Anselin Local Moran I)】工具对话框。

(3)在【输入要素类】文本框中选择输入的数据(本实验输入"M 区域"数据)，在【输入字段】文本框中选择要用于空间自相关分析的字段(本实验输入"因子 C"字段)，在【输出要素类】

文本框中输入输出数据的路径和名称(本实验输出数据命名为“LISA. shp”),其他选项设置均默认不变(见图 27.2)。

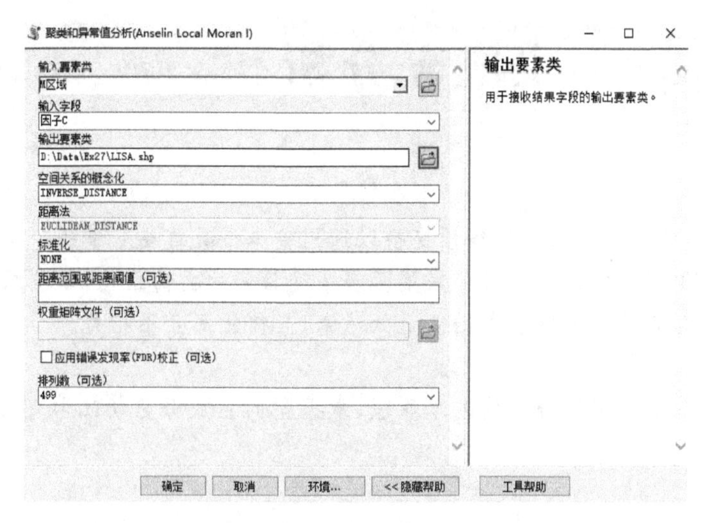

图 27.2 聚类和异常值分析对话框

(4)单击【确定】,完成操作,结果如图 27.3 所示。

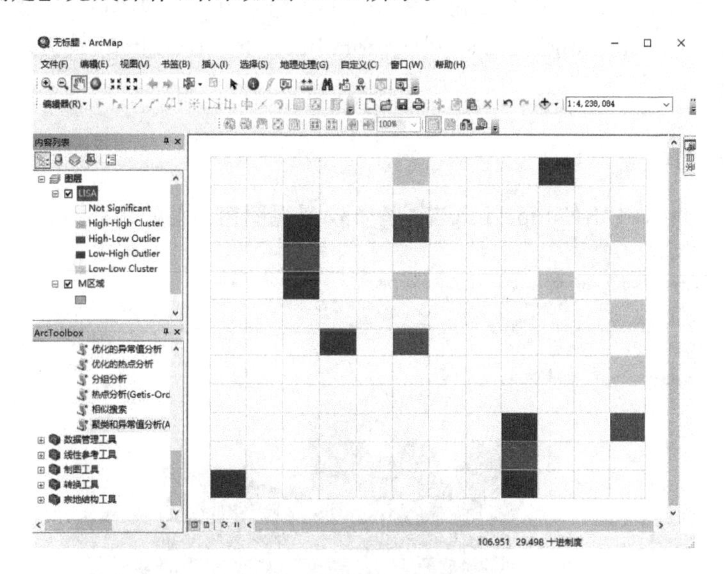

图 27.3 局部空间自相关分析结果

【注意事项】

(1)为了保证结果的精确性和可靠性,在使用此工具前,输入要素类应至少有 30 个要素以上。

(2)【聚类和异常值分析(Anselin Local Moran I)】工具对话框中的【空间关系的概念化】和【距离法】两个文本选框中分别提供了 7 种要素空间关系概念化方法和 2 种距离计算方法,不同的空间关系概念化方法和距离法的分析结果各异,一般而言,在空间关系的概念化中要素选取构建的模型越逼真,结果就越精确。距离法也是如此,在实际应用中,因根据研究目标和项目要求,选择恰当的方法设置。

实验 28 主成分分析

【实验背景】

主成分分析是将多个变量通过线性变换以选出较少个数重要变量的一种多元统计分析方法，主要研究如何通过少数几个主成分来揭示多个变量间的内部结构，即从原始变量中导出少数几个主成分，并尽可能多地保留原始变量的信息，且彼此间互不相关。

【实验目的】

通过本实验，了解主成分分析的基本原理，掌握空间主成分分析工具的基本步骤，熟练解读主成分分析结果。

【实验要求】

掌握主成分分析的步骤，理解主成分分析结果中各个表格的含义。

【实验数据】

实验数据位于\Data\Ex28 目录中，包括“REslope. img” “REfvc. img” “RElucc. img” “source. shp” “REaltitude. img”“REconstruction. img”“REriver. img”数据。

【操作步骤】

1. 因子归一化

(1)打开 ArcMap，将“REslope. img”数据加载到视图窗口(见图 28.1)。

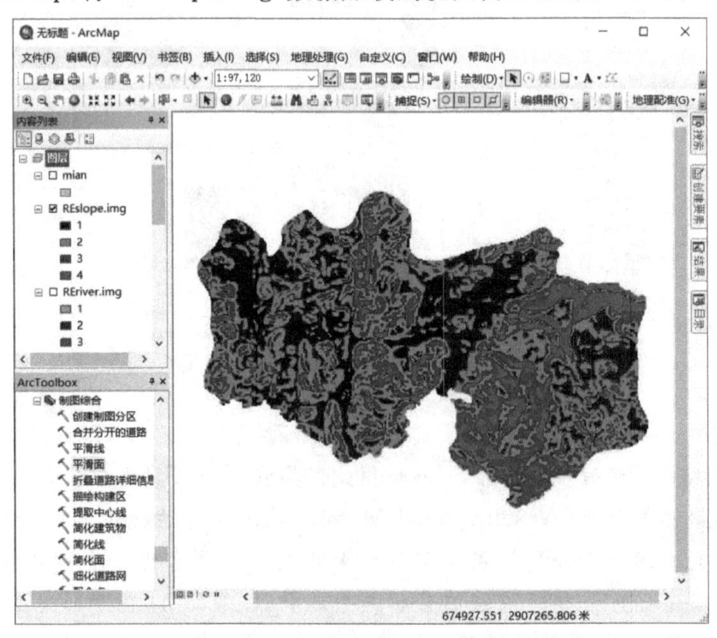

图 28.1 坡度等级数据

(2)在【ArcToolbox】工具箱中选择【Spatial Analyst 工具】→【叠加分析】→【模糊隶属度】，打开【模糊隶属度】工具对话框(见图 28.2)。

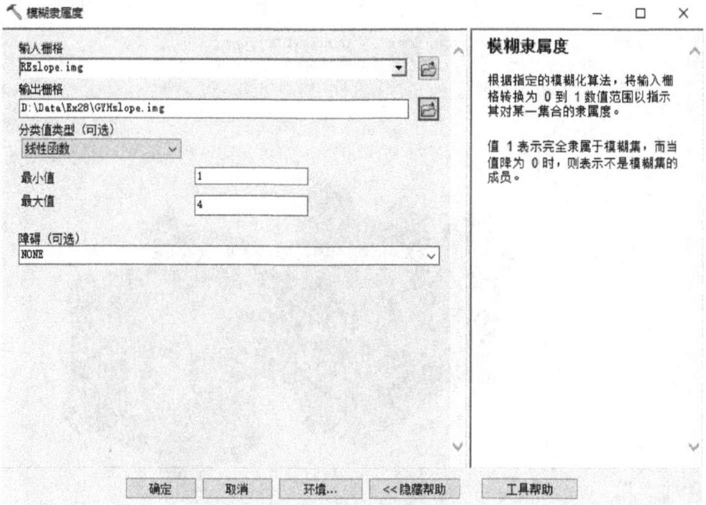

图 28.2 模糊隶属度对话框

(3)在【输入栅格】文本框中选择输入“REslpoe.img”数据，在【分类值类型(可选)】中选择“线性函数”，在【输出栅格】文本框中输入输出数据的路径和名称，本实验输出数据命名为“GYHslope.img”，点击【确定】完成操作(见图 28.3)。

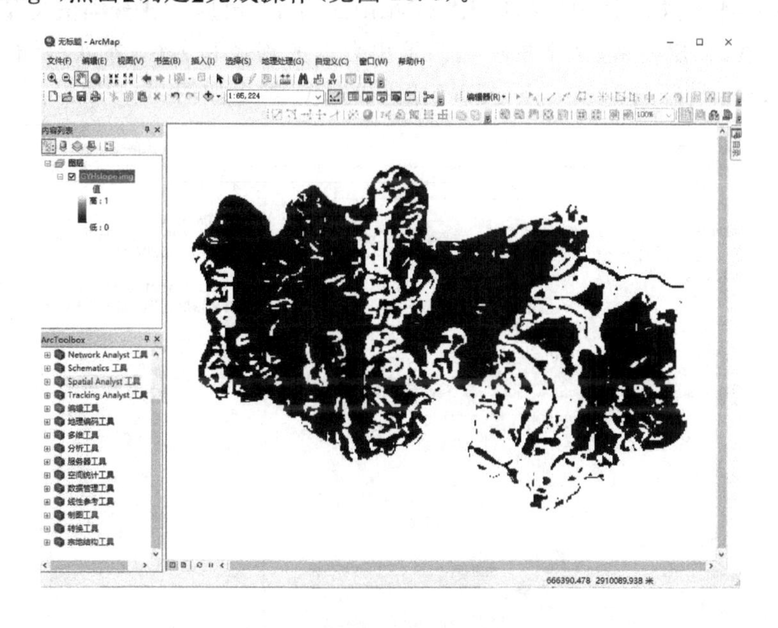

图 28.3 坡度等级归一化数据

(4)将“REaltitude.img”数据加载到视图窗口(见图 28.4)。

(5)在【ArcToolbox】工具箱中选择【Spatial Analyst 工具】→【叠加分析】→【模糊隶属度】，打开【模糊隶属度】工具对话框。

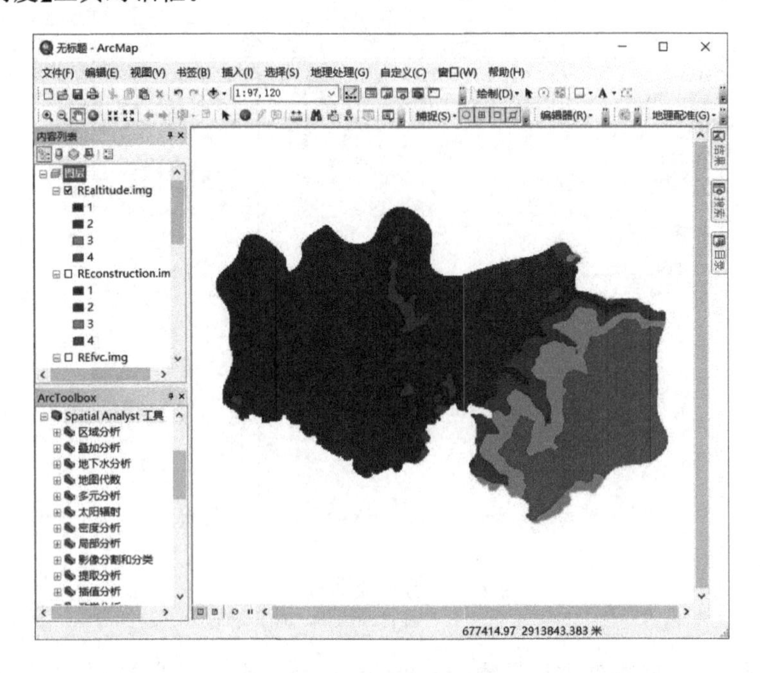

图 28.4 海拔等级数据

(6)在【输入栅格】文本框中选择输入“REaltitude.img”数据，在【分类值类型(可选)】中选择“线性函数”，在【输出栅格】文本框中输入输出数据的路径和名称，本实验输出数据命名为“GYHaltitude.img”(见图 28.5)，点击【确定】完成操作，结果如图 28.6 所示。

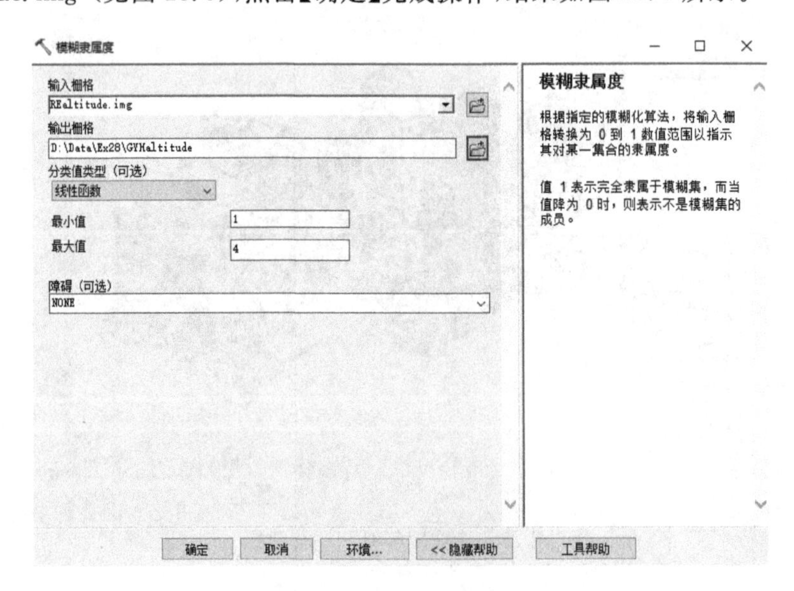

图 28.5 模糊隶属度对话框

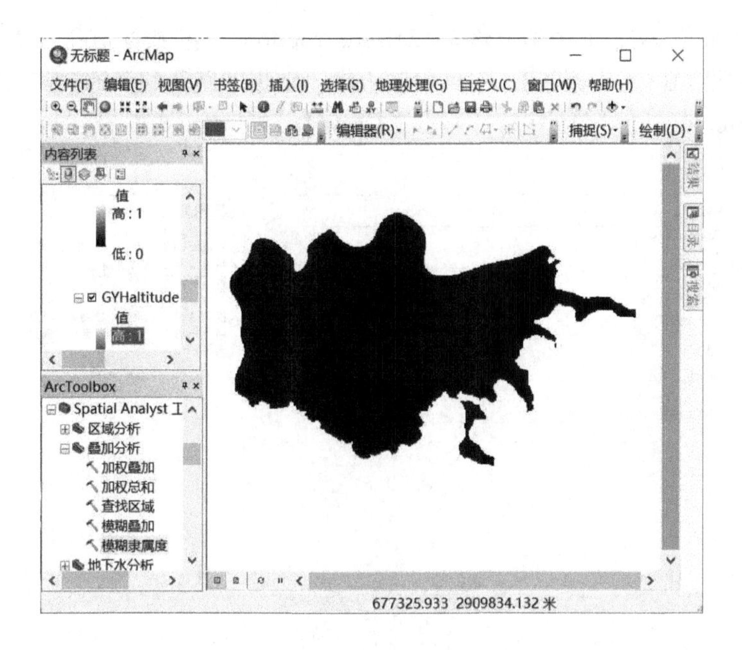

图 28.6 海拔等级归一化数据

(7)将“REconstruction.img”数据加载到视图窗口(见图 28.7)。

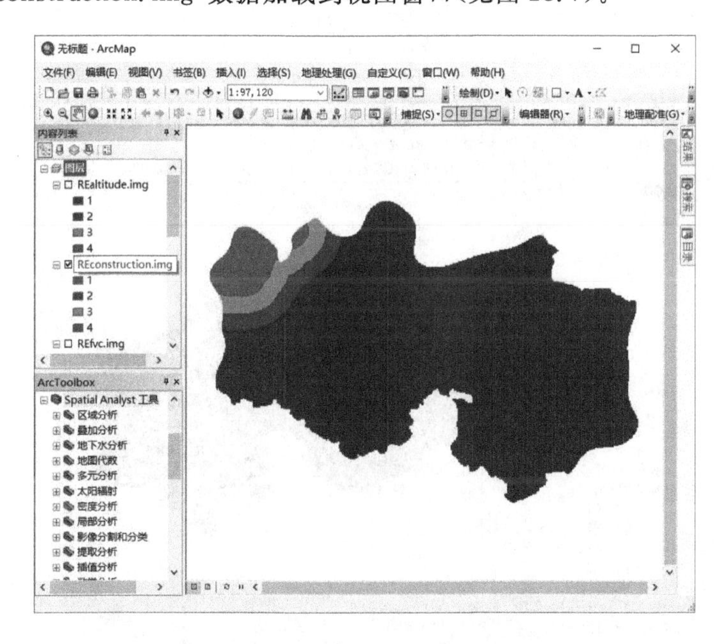

图 28.7 距建设用地距离数据

(8)在【ArcToolbox】工具箱中选择【Spatial Analyst 工具】→【叠加分析】→【模糊隶属度】，打开【模糊隶属度】工具对话框。

(9)在【输入栅格】文本框中选择输入“REconstruction. img”数据，在【分类值类型(可选)】中选择“线性函数”，在【输出栅格】文本框中输入输出数据的路径和名称，本实验输出数据命名为“GYHconstruction. img”(见图 28.8)，点击【确定】完成操作(见图 28.9)。

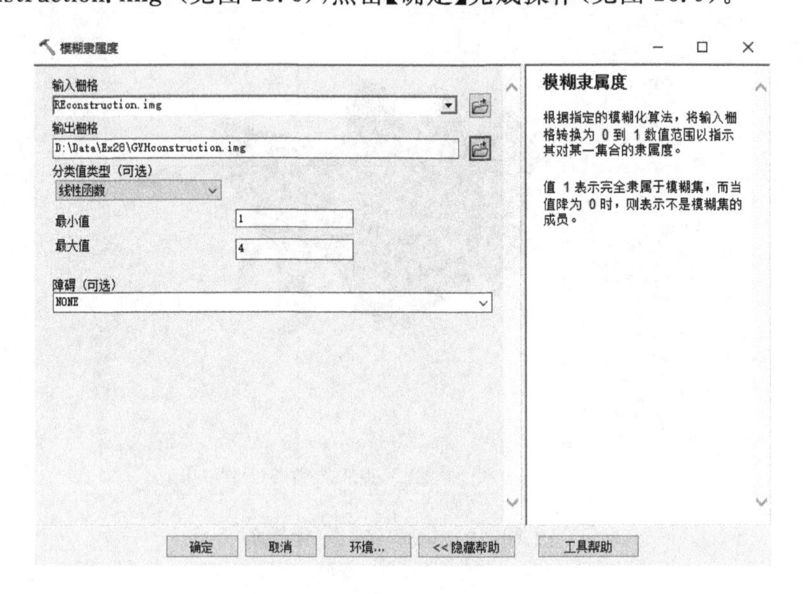

图 28.8　模糊隶属度对话框

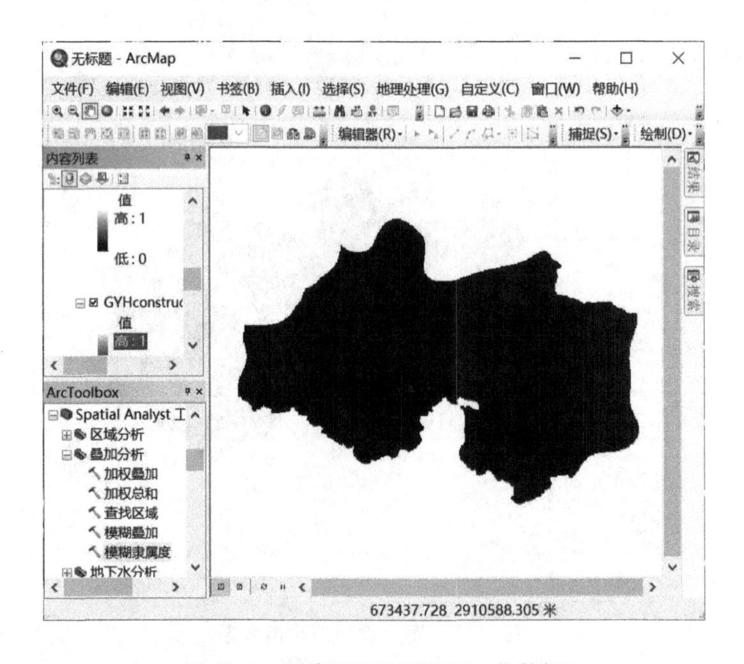

图 28.9　距建设用地距离归一化数据

(10)将“RElucc. img”数据加载到视图窗口(见图 28.10)。

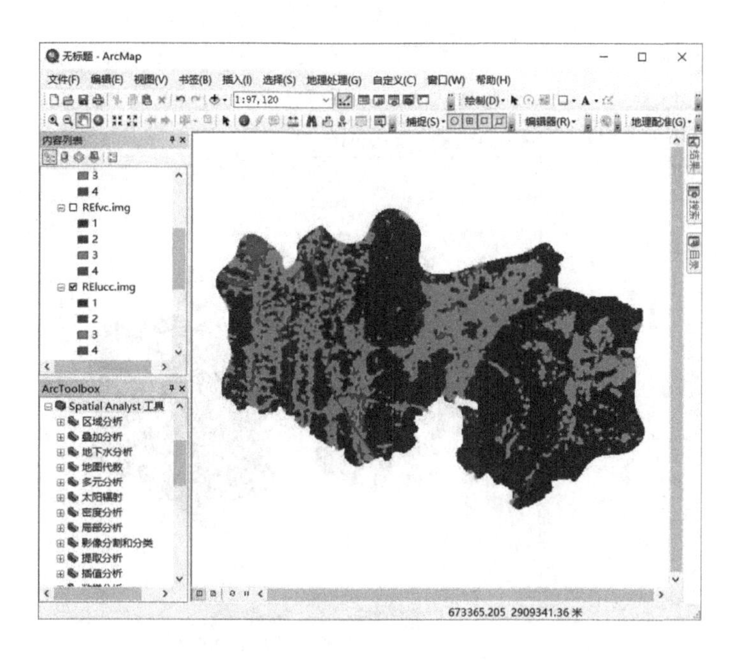

图 28.10 土地利用类型数据

(11)在【ArcToolbox】工具箱中选择【Spatial Analyst 工具】→【叠加分析】→【模糊隶属度】,打开【模糊隶属度】工具对话框。

(12)在【输入栅格】文本框中选择输入“RElucc.img”数据,在【分类值类型(可选)】中选择“线性函数”,在【输出栅格】文本框中输入输出数据的路径和名称,本实验输出数据命名为“GYHlucc.img”(见图 28.11),点击【确定】完成操作(见图 28.12)。

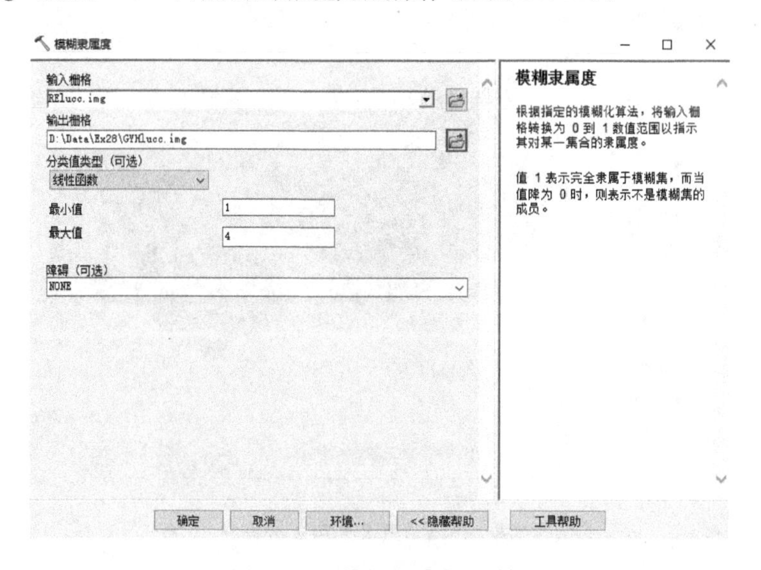

图 28.11 模糊隶属度对话框

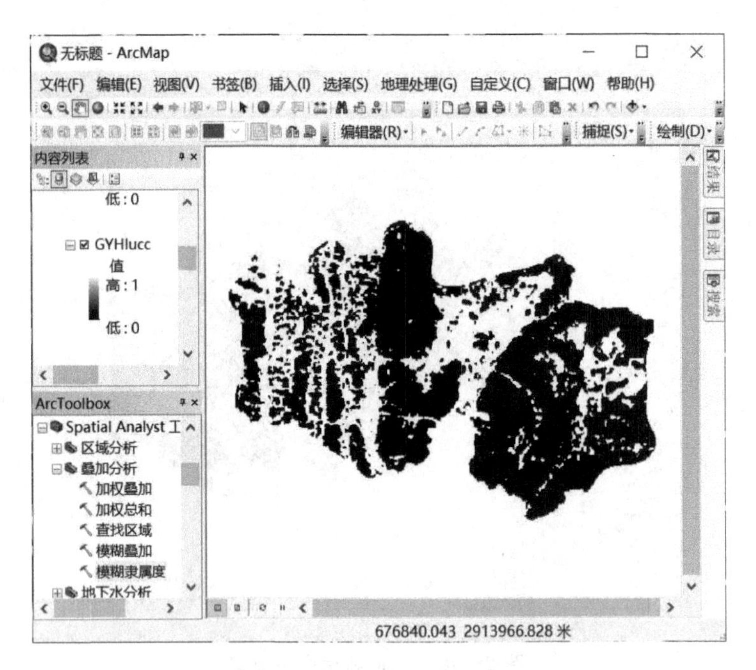

图 28.12　土地利用类型归一化数据

(13)将“REriver. img”数据加载到视图窗口(见图 28.13)。

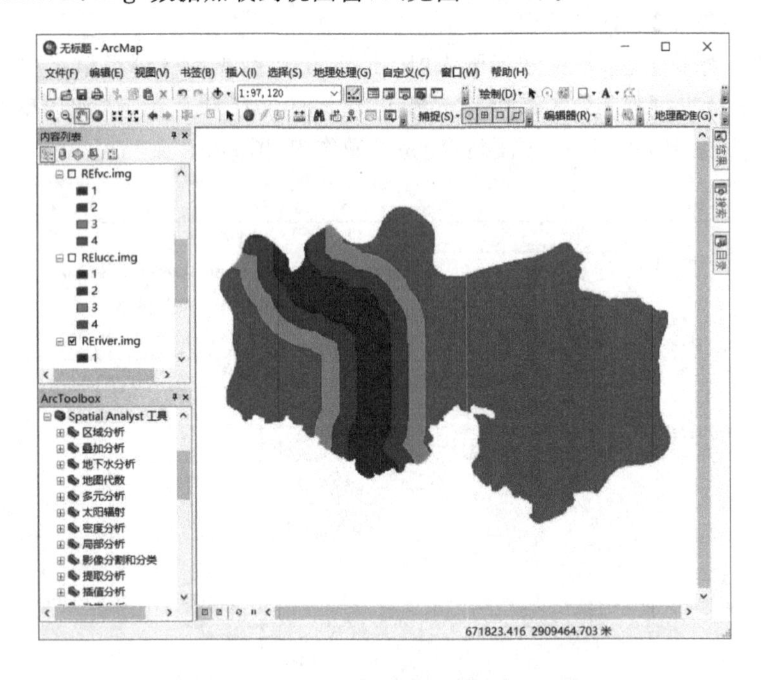

图 28.13　距水系距离数据

（14）在【ArcToolbox】工具箱中选择【Spatial Analyst 工具】→【叠加分析】→【模糊隶属度】，打开【模糊隶属度】工具对话框。

（15）在【输入栅格】文本框中选择输入“REriver. img”数据，在【分类值类型（可选）】中选择“线性函数”，在【输出栅格】文本框中输入输出数据的路径和名称，本实验输出数据命名为“GYHriver. img”（见图 28.14），点击【确定】完成操作，结果如图 28.15 所示。

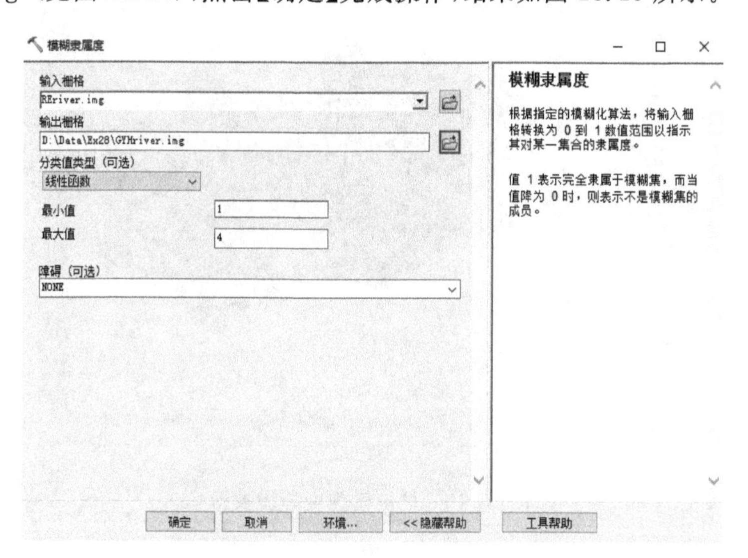

图 28.14　模糊隶属度对话框

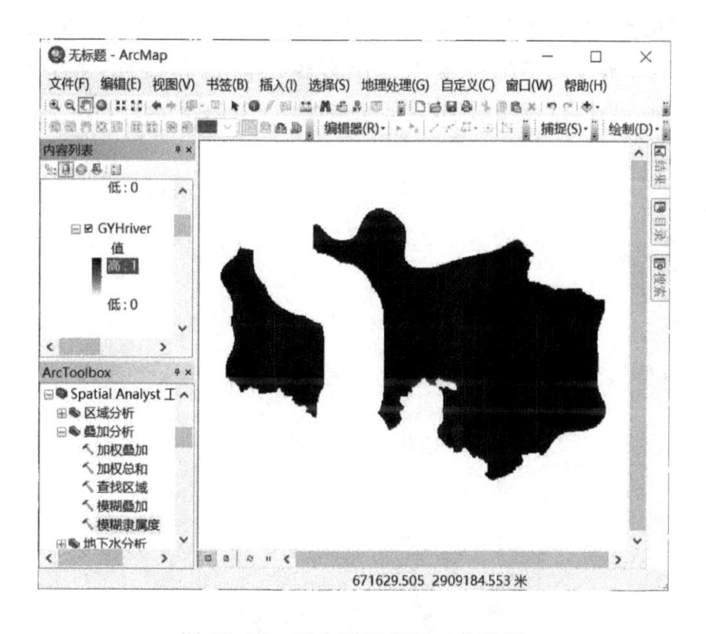

图 28.15　距水系距离归一化数据

(16)将“REfvc.img”数据加载到视图窗口中(见图 28.16)。

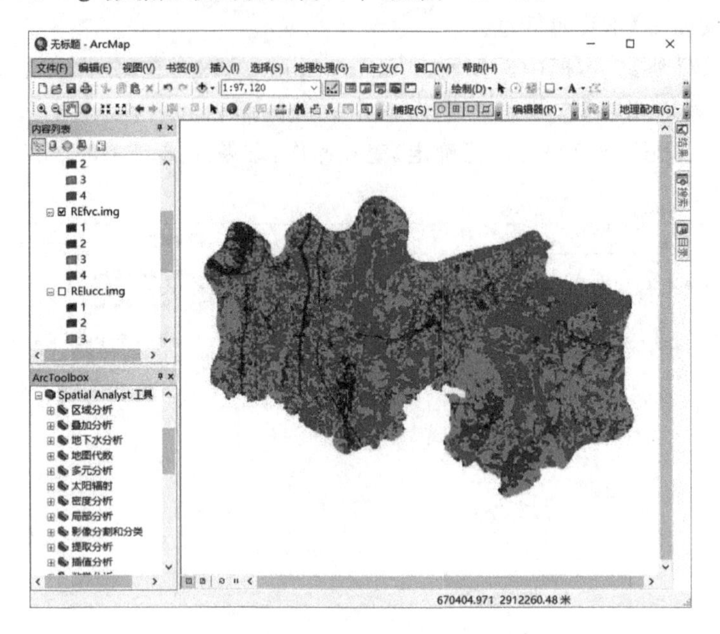

图 28.16 植被覆盖度等级数据

(17)在【ArcToolbox】工具箱中选择【Spatial Analyst 工具】→【叠加分析】→【模糊隶属度】,打开【模糊隶属度】工具对话框。

(18)在【输入栅格】文本框中选择输入“REfvc.img”数据,在【分类值类型(可选)】中选择“线性函数”,在【输出栅格】文本框中输入输出数据的路径和名称,本实验输出数据命名为“GYHfvc.img”(见图 28.17),点击【确定】完成操作,结果如图 28.18 所示。

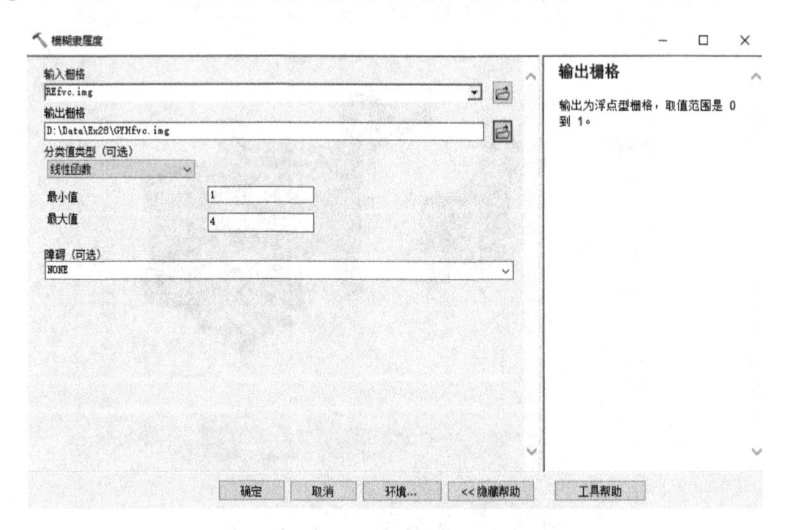

图 28.17 模糊隶属度对话框

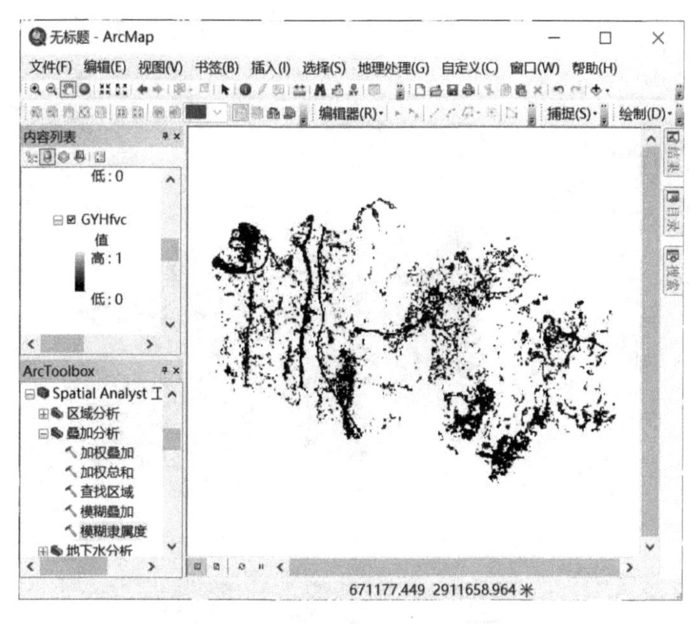

图 28.18　植被覆盖度归一化数据

2. 主成分分析

(1)将归一化后的 6 个因子进行主成分分析。在【ArcToolbox】工具箱中选择【Spatial Analyst 工具】→【多元分析】→【主成分分析】,打开【主成分分析】工具对话框。

(2)在【输入栅格波段】文本框中依此添加“GYHslope. img”“GYHriver. img”“GYHfvc. img”“GYHconstruction. img”“GYHaltitud. img”“GYHlucc. img”数据,在【输出多波段栅格】文本框中输入输出数据的路径和名称,本实验输出数据命名为“SPCA. img”(见图 28.19),在【输出数据文件(可选)】中选择主成分分析生成的文本文件的存储路径和名称,本实验输出的文本命名为“SPCA”,点击【确定】完成操作,结果如图 28.20 所示。

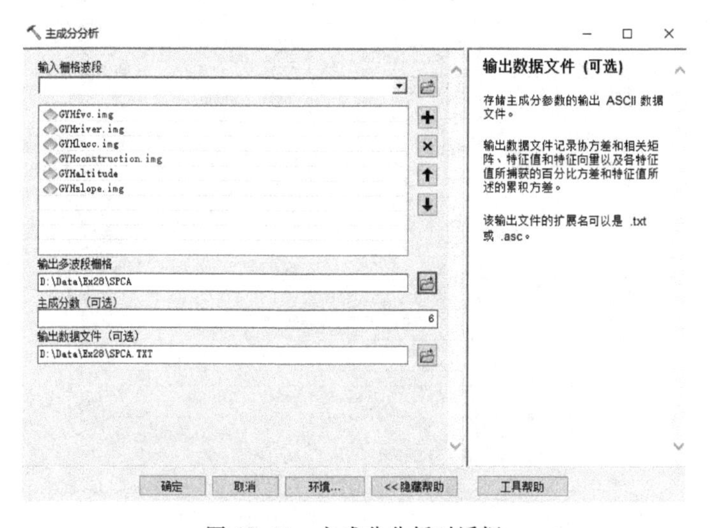

图 28.19　主成分分析对话框

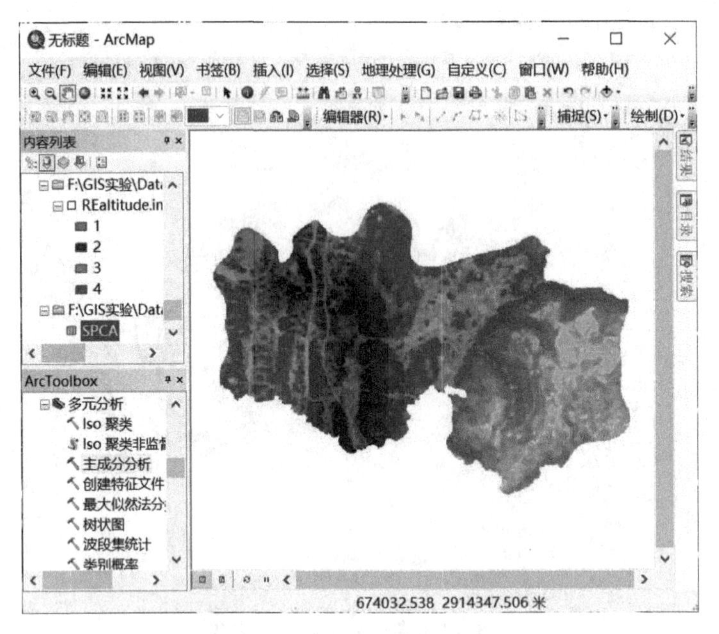

图 28.20　主成分分析栅格数据

(3)在【内容列表】中选择“SPCA. TXT”文件，单击鼠标右键打开(见图 28.21)，对主成分结果进行判读。

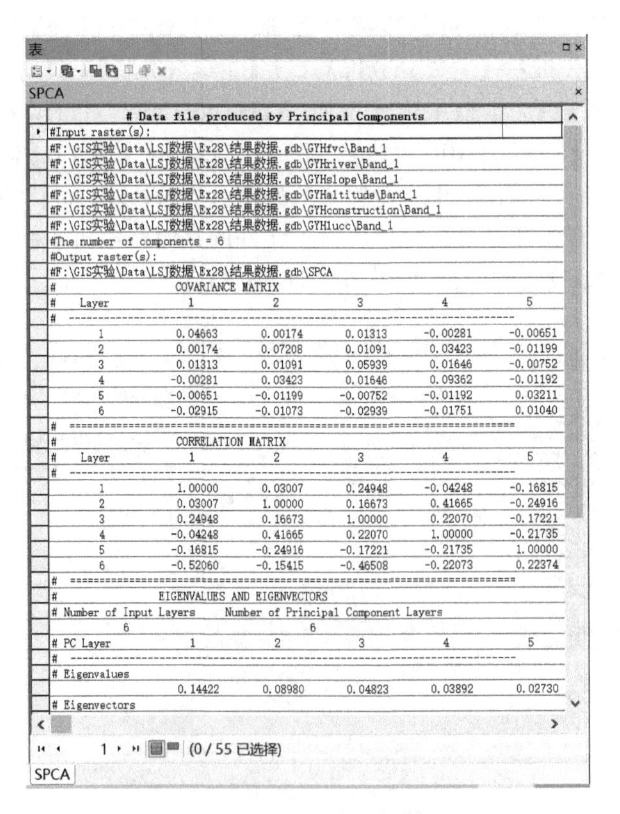

图 28.21　SPCA 文本数据

(4)【SPCA】表中的"COVARIANCE MATRIX"表示"协方差矩阵"(见图 28.22)。协方差是用来度量两个变量之间"协同变异"大小的总体参数,即两个变量相互影响大小的参数,协方差的绝对值越大,两个变量相互影响越大,做主成分分析的意义越大。

# Layer	1	2	3	4	5
1	0.04663	0.00174	0.01313	-0.00281	-0.00651
2	0.00174	0.07208	0.01091	0.03423	-0.01199
3	0.01313	0.01091	0.05939	0.01646	-0.00752
4	-0.00281	0.03423	0.01646	0.09362	-0.01192
5	-0.00651	-0.01199	-0.00752	-0.01192	0.03211
6	-0.02915	-0.01073	-0.02939	-0.01751	0.01040

图 28.22 协方差矩阵

(5)【SPCA】中的"CORRELATION MATRIX"表示"相关系数矩阵"(见图 28.23)。相关系数是用以反映变量之间相关关系密切程度的统计指标,主要用于确定主成分中包含了多个变量中的 85%及以上的信息。

# Layer	1	2	3	4	5
1	1.00000	0.03007	0.24948	-0.04248	-0.16815
2	0.03007	1.00000	0.16673	0.41665	-0.24916
3	0.24948	0.16673	1.00000	0.22070	-0.17221
4	-0.04248	0.41665	0.22070	1.00000	-0.21735
5	-0.16815	-0.24916	-0.17221	-0.21735	1.00000
6	-0.52060	-0.15415	-0.46508	-0.22073	0.22374

图 28.23 相关系数矩阵

(6)【SPCA】中的"EIGENVALUES AND EIGENVECTORS"表示"特征值和特征向量"(见图 28.24)。特征向量代表了主成分选择的空间方向,特征值是各主成分的方差,其大小反映了各个主成分的影响力。特征值越大代表了在这个方向上的数据主成分"含量越大"。根据特征值和特征向量可计算主成分载荷,主成分载荷是原始变量与主成分之间的相关系数,计算公式为:主成分载荷 = 特征向量 × $\sqrt{特征值}$,本实验计算结果如表 28.1 所示。

# EIGENVALUES AND EIGENVECTORS					
# Number of Input Layers		Number of Principal Component Layers			
6		6			
# PC Layer	1	2	3	4	5
# Eigenvalues					
	0.14422	0.08980	0.04823	0.03892	0.02730
# Eigenvectors					
# Input Layer					
1	0.18687	-0.48541	0.18549	-0.43347	0.00688
2	0.45303	0.35017	0.78641	0.12364	0.19566
3	0.37822	-0.34066	-0.17314	0.81355	-0.07178
4	0.61822	0.48967	-0.54094	-0.23819	0.02691
5	-0.19161	0.02154	-0.15024	0.10848	0.95004
6	-0.44485	0.53430	0.04454	0.25778	-0.23070

图 28.24 特征值和特征向量

表 28.1　主成分载荷矩阵

生态安全因子	PC1	PC2	PC3	PC4	PC5	PC6
植被覆盖度	0.07097	−0.18434	0.07044	−0.16462	0.00261	0.27043
距水系距离	0.13576	0.10493	0.23566	0.03705	0.05863	−0.00349
坡度	0.08306	−0.07481	−0.03802	0.17867	−0.01576	0.04602
海拔	0.12196	0.09660	−0.10672	−0.04699	0.00531	0.03299
距建设用地距离	−0.03166	0.00356	−0.02482	0.01792	0.15697	0.02659
土地利用类型	−0.06689	0.08034	0.00670	0.03876	−0.03469	0.09450

(7)【SPCA】中的“PERCENT AND ACCUMULATIVE EIGENVALUES”表示“主成分的贡献率及其累积贡献率”(见图 28.25)。计算贡献率和累计贡献率是为了确定主成分(即综合指标)的个数,并据此建立主成分方程(选取主成分个数的原则,一般是累积贡献率>85%)。在本实验中,选取前 4 个主成分用于代表 6 个因子所包含的属性信息。结合“主成分载荷矩阵”可以分析得到:第一主成分中在距水系距离的载荷最大,可理解为第一主成分的属性信息中“距水系距离”的占比最多;第二主成分在植被覆盖度的载荷最大,可理解为第二主成分的属性信息中“植被覆盖度”的占比最多;第三主成分在距水系距离的载荷最大,可理解为第三主成分的属性信息中“距水系距离”的占比最多,海拔的载荷次之;第四主成分在坡度的载荷最大,可理解为第四主成分的属性信息中“坡度”的占比最多。

#	PERCENT AND ACCUMULATIVE EIGENVALUES		
# PC Layer	EigenValue	Percent of EigenValues	Accumulative of EigenValues
1	0.14422	38.8656	38.8656
2	0.08980	24.1999	63.0654
3	0.04823	12.9966	76.0621
4	0.03892	10.4879	86.5499
5	0.02730	7.3566	93.9066
6	0.02261	6.0934	100.0000
# ====================			

图 28.25　主成分的贡献率及其累积贡献率

【注意事项】

(1)在进行主成分分析操作前,各因子必须统一量纲,进行归一化处理。

(2)在指定输出数据名的情况下,协方差矩阵、相关系数矩阵、特征值和特征向量、主成分的贡献率及其累积贡献率都将存储在 ASCII 文件中。

(3)使用栅格计算器进行加权叠加时,要注意因子所对应的权重值。

实验 29 地图符号化

【实验背景】

地图是 GIS 空间信息可视化的主要表现形式，地图符号是用来表示地球表面现实空间地物的图形、颜色、数字语言和文字注记的总括，是地图的语言和了解地图最直观的方法。地图符号通过归纳概括、分类分级的方法表达地物的空间位置、大小、数量等特征，还可以表达不同地物之间的关系。地图符号可以分为点状符号、线状符号和面状符号三类，地图符号化能够进一步提高地图的制图效率和地图制图数字化水平。

【实验目的】

通过本实验，熟练掌握 ArcMap 中简单符号化（单一符号化）、类别符号化、数量符号化、图表符号化和多个属性符号化等多种表示方法实现数据的符号化的基本操作与应用。

【实验要求】

(1)对“中心点. shp”和“W 区域边界. shp”图层分别进行简单符号化。

(2)对“W 区域. shp”图层分别进行“唯一值”和“唯一值，多个字段”符号化。

(3)对“W 区域. shp”图层分别进行“分级色彩”“分级符号”“比例符号”“点密度”符号化。

(4)对“W 区域. shp”图层分别进行“饼图”“条形图/柱状图”“堆叠图”符号化。

(5)对“W 区域. shp”图层进行“多个属性”符号化。

【实验数据】

实验数据位于\Data\Ex29\目录中，包括“中心点. shp”“W 区域边界. shp”“W 区域. shp”数据。

【操作步骤】

1. 简单符号化(单一符号化)

(1)打开 ArcMap，将“中心点. shp”“W 区域边界. shp”“W 区域. shp”数据加载到视图窗口(见图 29.1)。

(2)在【内容列表】中，单击“中心点”图层下的点符号，弹出【符号选择器】对话框，在【全部样式】面板中选择符合要求的符号样式，然后在【当前符号】中调整符号的颜色、大小、角度等信息(见图 29.2)。

(3)单击【确定】，完成操作，结果如图 29.3 所示。

(4)在【内容列表】中，单击“W 区域边界”图层下的点符号，弹出【符号选择器】对话框，在【全部样式】面板中选择符合要求的符号样式，然后在【当前符号】中调整符号的颜色、大小、角度等信息(见图 29.4)。

(5)单击【确定】，完成操作，结果如图 29.5 所示。

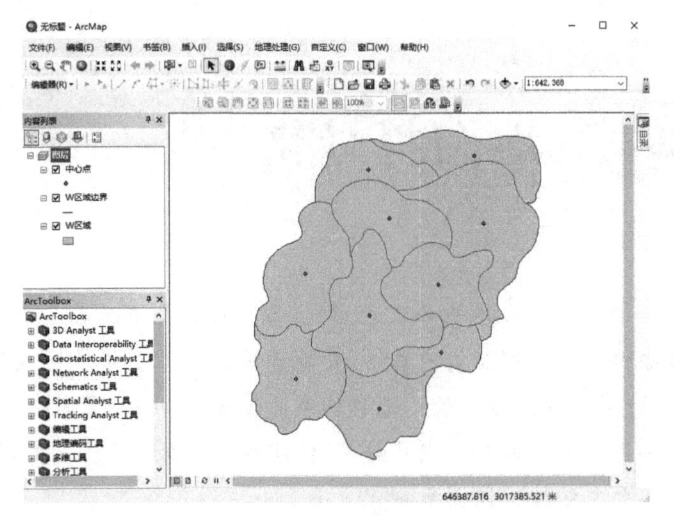

图 29.1　待符号化数据

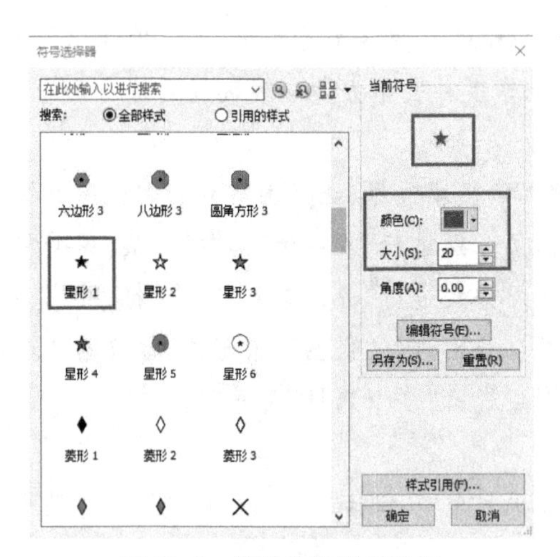

图 29.2　符号选择器对话框

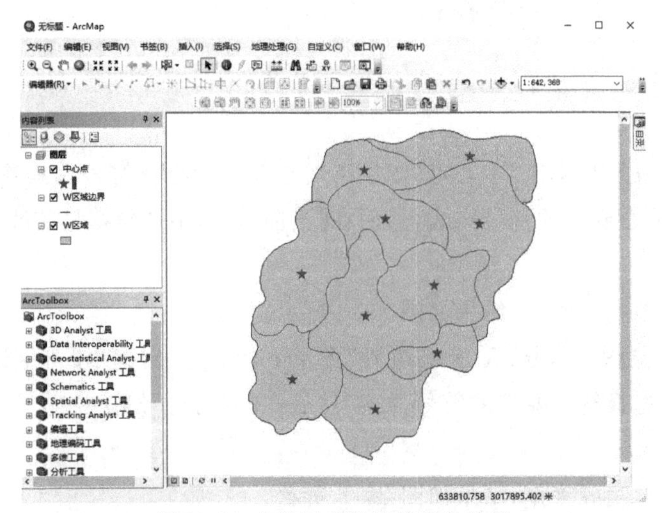

图 29.3　点状要素简单符号化结果

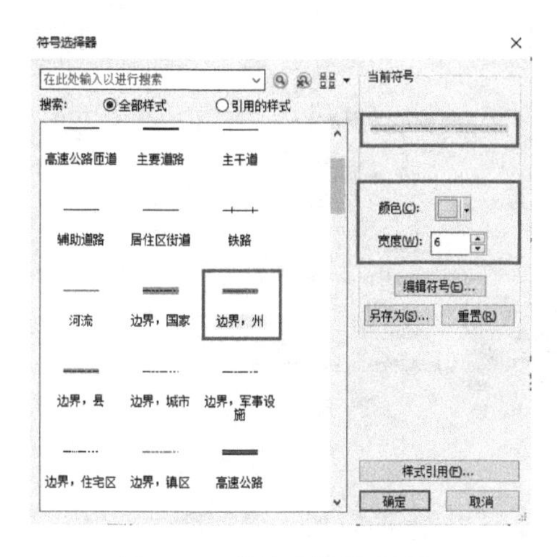

图 29.4　符号选择器对话框

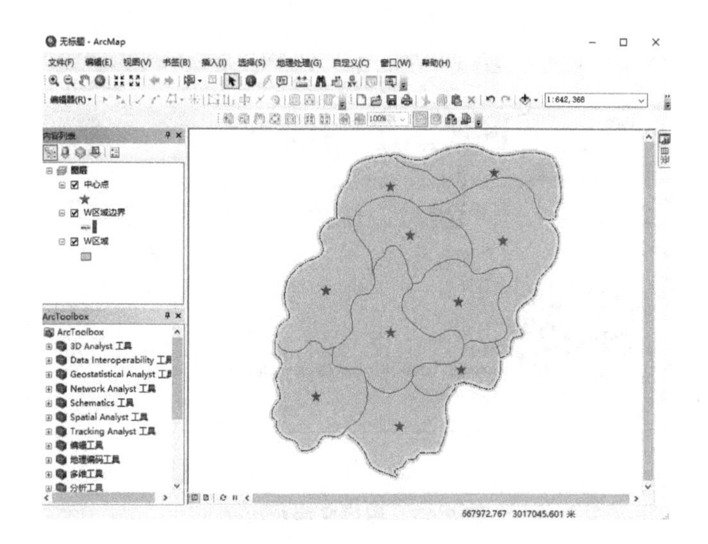

图 29.5　线状要素简单符号化结果

2. 基于符号系统的各种类型符号化

1)类别符号化

(1)在【内容列表】中，用鼠标右键单击“W 区域”图层，选择【属性】→【符号系统】，如图 29.6 所示。

(2)在【显示】选项卡中选择【类别】→【唯一值】，在【值字段】选项卡中选择“name”，在【色带】选项卡中选择一组色带，去掉【其他所有值】前面对话框中的对钩，然后点击【添加所有值】(见图 29.7)。

(3)单击【确定】，完成操作，结果如图 29.8 所示。

图 29.6 图层属性对话框

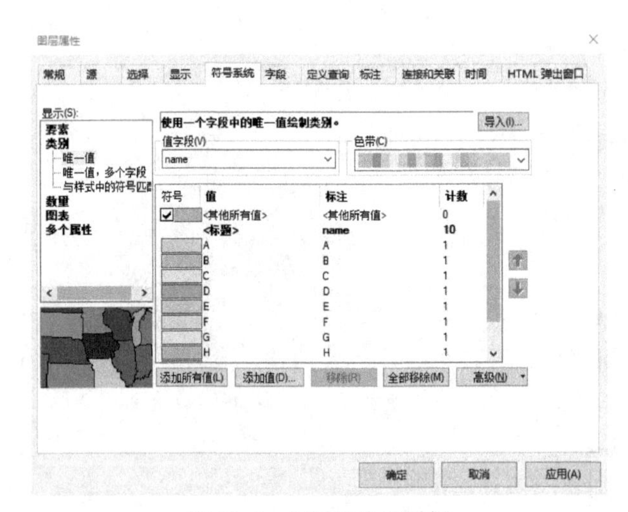

图 29.7 图层属性对话框

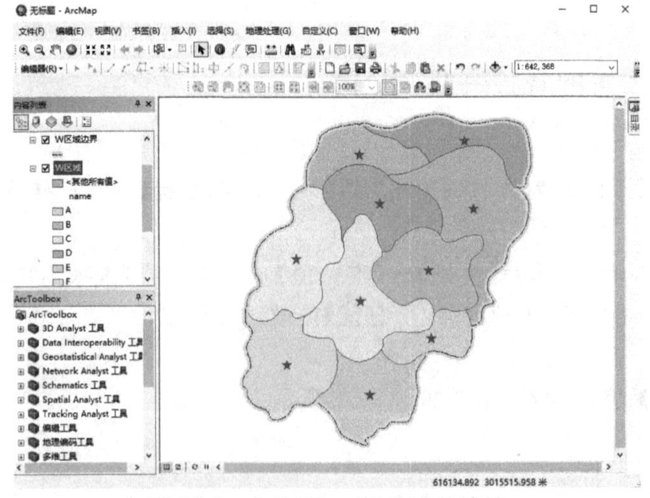

图 29.8 分类(唯一值)符号化结果

(4)在【内容列表】中,用鼠标右键单击“W 区域”图层,选择【属性】→【符号系统】。

(5)在【显示】选项卡中选择【类别】→【唯一值,多个字段】,在【值字段】选项卡中分别选择“name”、“G1”和“G2”,在【色带】选项卡中选择一组色带,去掉【其他所有值】前面对话框中的对钩,然后点击【添加所有值】(见图 29.9)。单击【确定】,完成操作,结果如图 29.10 所示。

图 29.9 图层属性对话框

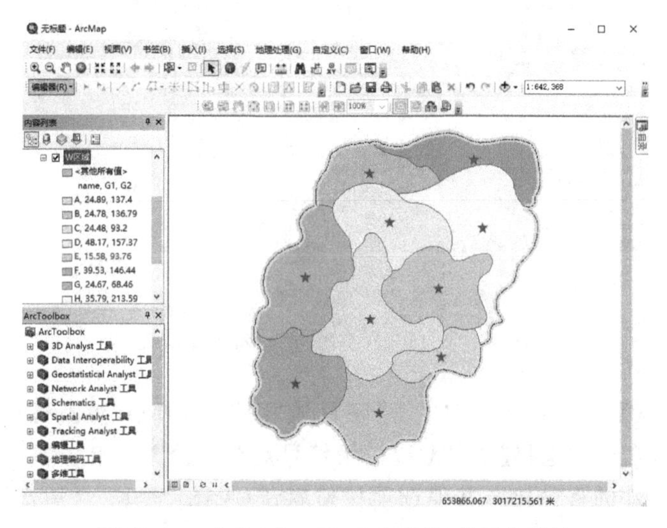

图 29.10 分类(唯一值,多个字段)符号化结果

2)数量符号化

(1)在【内容列表】中,用鼠标右键单击“W 区域”图层,选择【属性】→【符号系统】。

(2)在【显示】选项卡中选择【数量】→【分级色彩】,在【值】选项卡中选择“G1”,在【归一化】选项卡中选择“占全部的百分比”,在【分类】选项卡中选择“5”,在【色带】选项卡中选择一组色带(见图 29.11)。

(3)单击【确定】,完成操作,结果如图 29.12 所示。

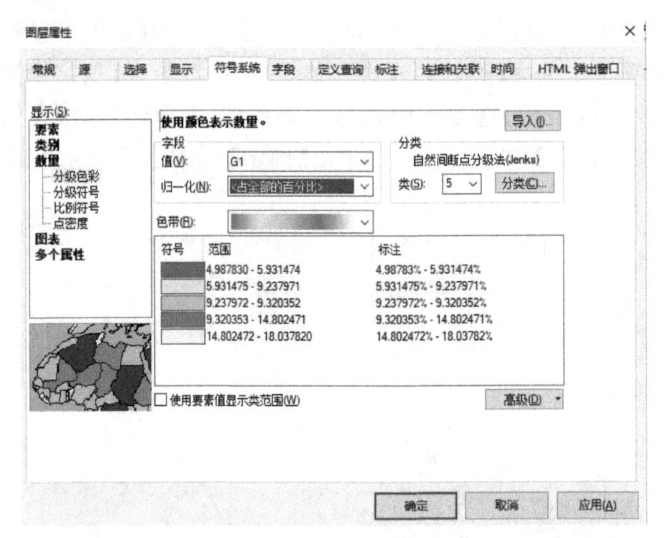

图 29.11 图层属性对话框

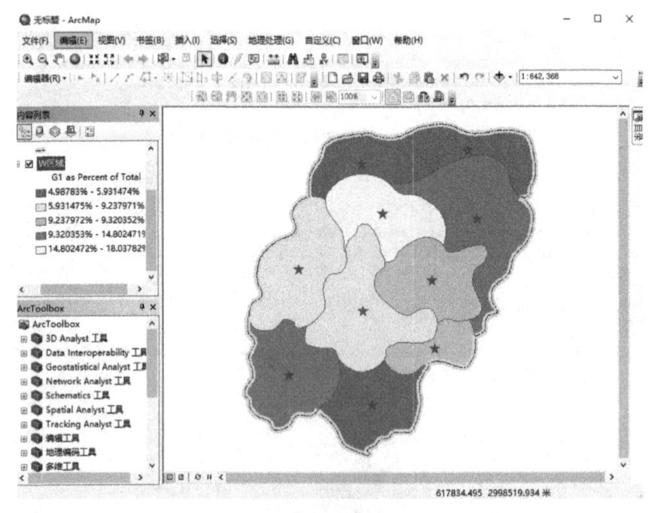

图 29.12 数量(分级色彩)符号化结果

(4)在【内容列表】中,用鼠标右键单击“W 区域”图层,选择【属性】→【符号系统】。

(5)在【显示】选项卡中选择【数量】→【分级符号】,在【值】选项卡中选择“G1”,在【归一化】选项卡中选择“占全部的百分比”,其他选项保持默认(见图 29.13)。单击【确定】,完成操作,结果如图 29.14 所示。

(6)在【内容列表】中,用鼠标右键单击“W 区域”图层,选择【属性】→【符号系统】。

(7)在【显示】选项卡中选择【数量】→【比例符号】,在【值】选项卡中选择“G2”,在【归一化】选项卡中选择“无”,其他选项保持默认(图 29.15)。单击【确定】,完成操作,结果如图 29.16 所示。

(8)在【内容列表】中,用鼠标右键单击“W 区域”图层,选择【属性】→【符号系统】。

(9)在【显示】选项卡中选择【数量】→【点密度】,在【字段选择】选项卡中选择“G3”、“G4”和“G5”加入右侧的【符号】对话框中,其他选项保持默认(见图 29.17)。单击【确定】,完成操作,结果如图 29.18 所示。

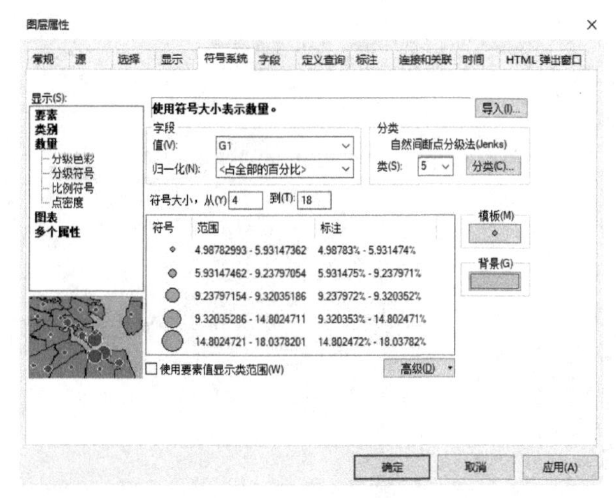

图 29.13 图层属性对话框

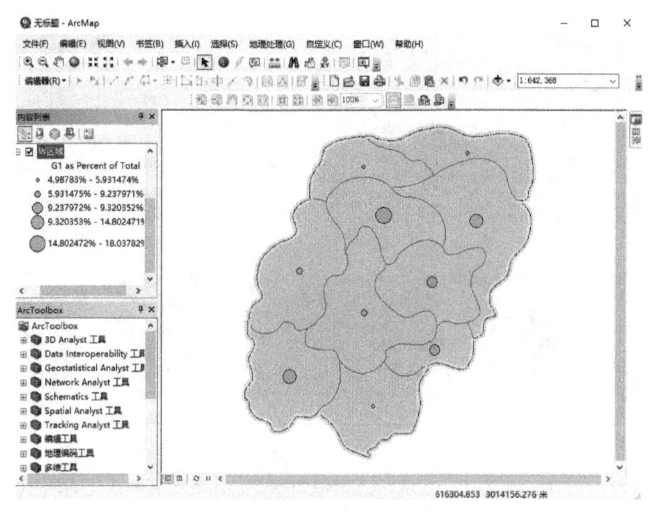

图 29.14 数量(分级符号)符号化结果

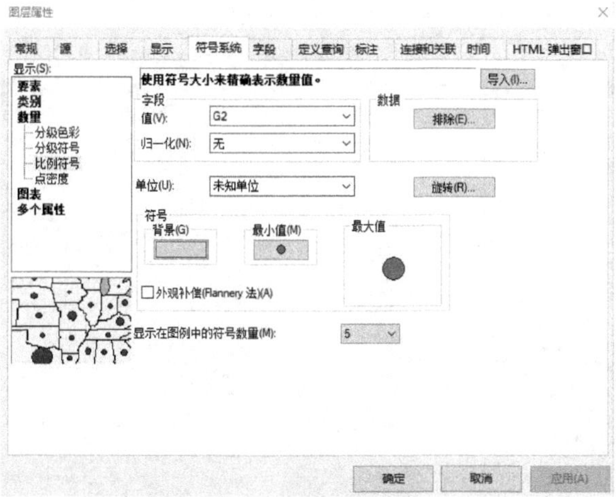

图 29.15 图层属性对话框

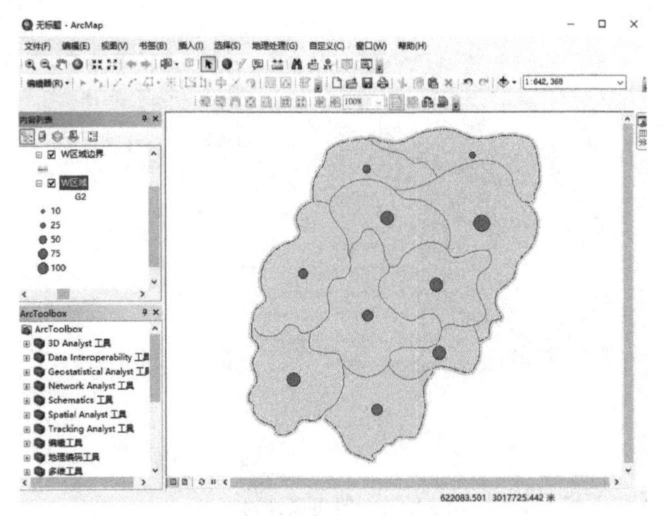

图 29.16　数量(比例符号)符号化结果

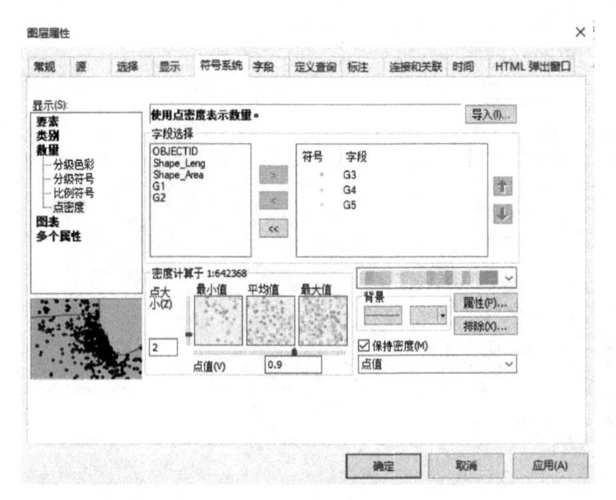

图 29.17　图层属性对话框

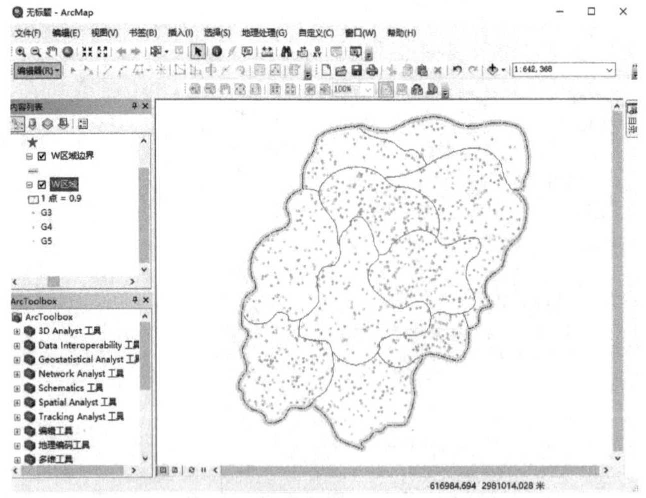

图 29.18　数量(点密度)符号化结果

3)图表符号化

(1)在【内容列表】中,用鼠标右键单击"W 区域"图层,选择【属性】→【符号系统】。

(2)在【显示】选项卡中选择【图表】→【饼图】,在【字段选择】选项卡中选择"G2"、"G3"和"G4"加入右侧的【符号】对话框中,其他选项保持默认(见图 29.19)。

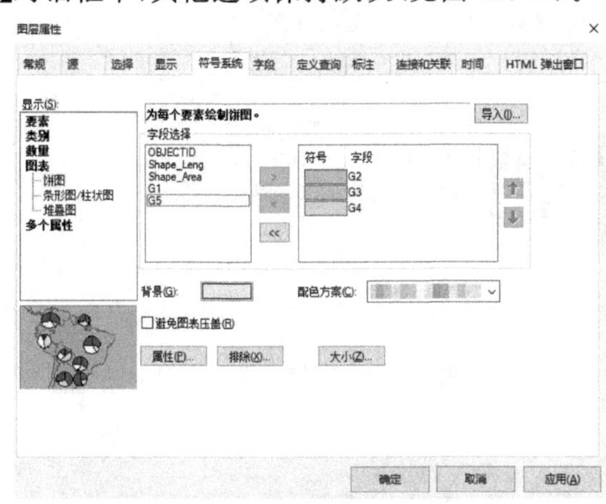

图 29.19 图层属性对话框

(3)单击【确定】,完成操作,结果如图 29.20 所示。

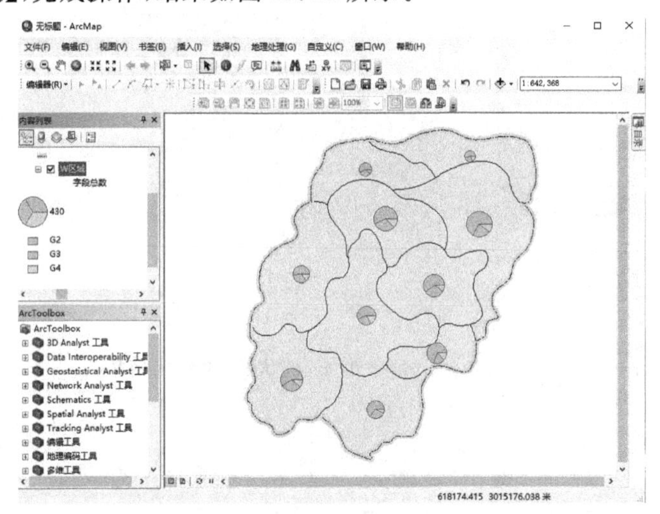

图 29.20 图表(饼图)符号化结果

(4)在【内容列表】中,用鼠标右键单击"W 区域"图层,选择【属性】→【符号系统】。

(5)在【显示】选项卡中选择【图表】→【条形图/柱形图】,在【字段选择】选项卡中选择"G2"、"G3"和"G4"加入右侧的【符号】对话框中,其他选项保持默认(见图 29.21)。单击【确定】,完成操作,结果如图 29.22 所示。

(6)在【内容列表】中,用鼠标右键单击"W 区域"图层,选择【属性】→【符号系统】。

(7)在【显示】选项卡中选择【图表】→【堆叠图】,在【字段选择】选项卡中选择"G2"、"G3"和"G4"加入右侧的【符号】对话框中,其他选项保持默认(见图 29.23)。单击【确定】,完成操作,结果如图 29.24 所示。

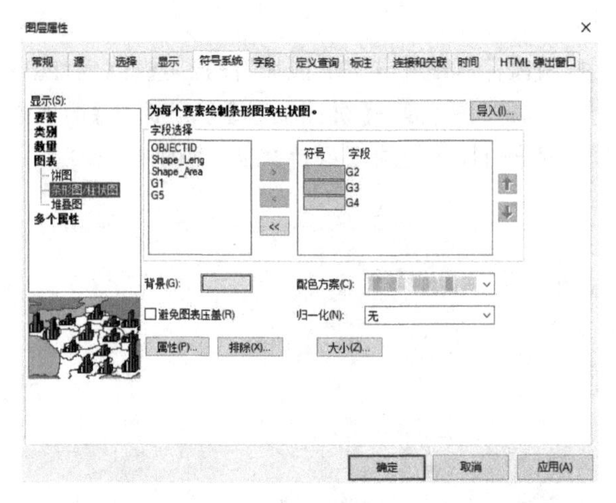

图 29.21 图层属性对话框

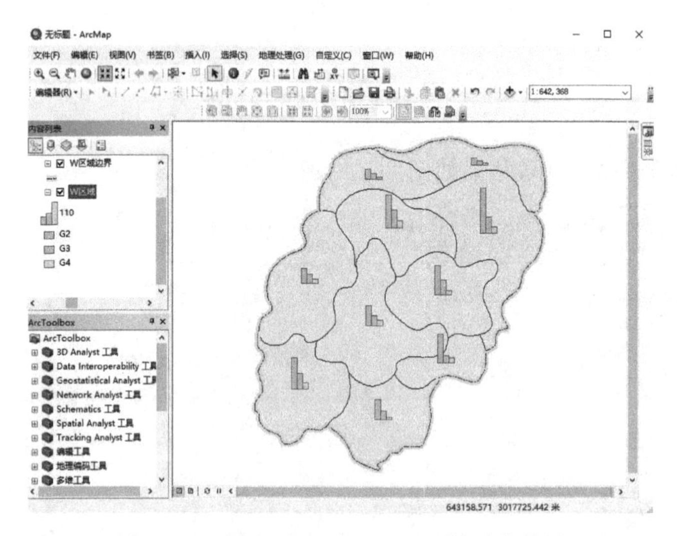

图 29.22 图表(条形图/柱状图)符号化结果

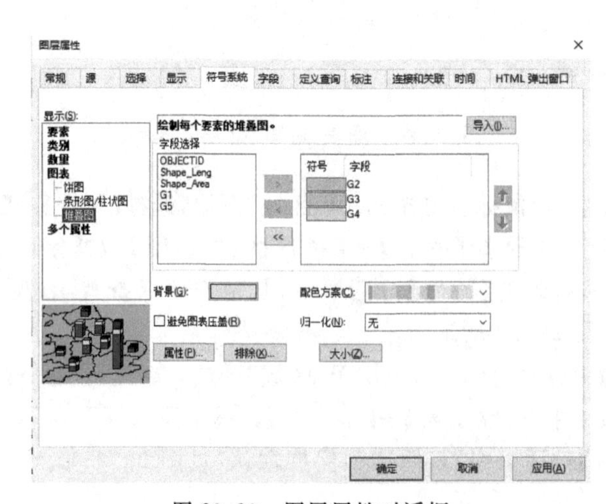

图 29.23 图层属性对话框

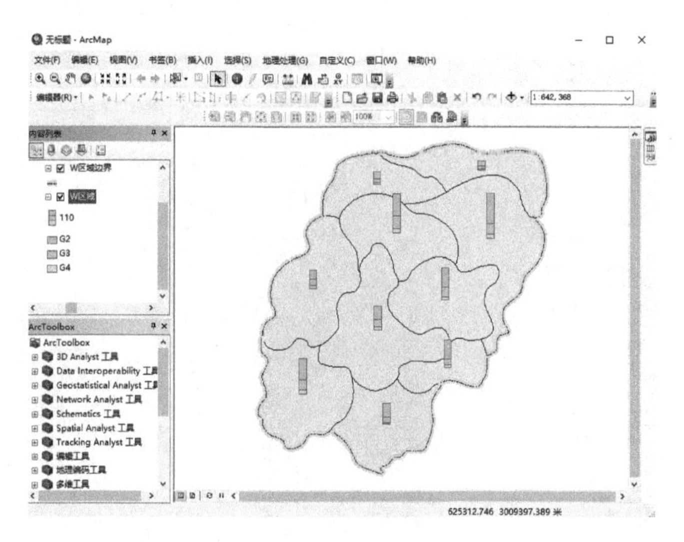

图 29.24 图表(堆叠图)符号化结果

4)多个属性符号化

(1)在【内容列表】中,用鼠标右键单击“W 区域”图层,选择【属性】→【符号系统】。

(2)在【显示】选项卡中选择【多个属性】→【按类别确定数量】,在【值字段】选项卡中分别选择“name”、“G1”和“G2”;在【变化依据】选项卡中点击【符号大小】,在【使用符号大小表示数量】对话框中的设置如图 29.25 所示,然后点击【确定】返回到【图层属性】对话框;去掉【其他所有值】前面对话框中的对钩,然后点击【添加所有值】,其他设置保持默认(见图 29.26)。

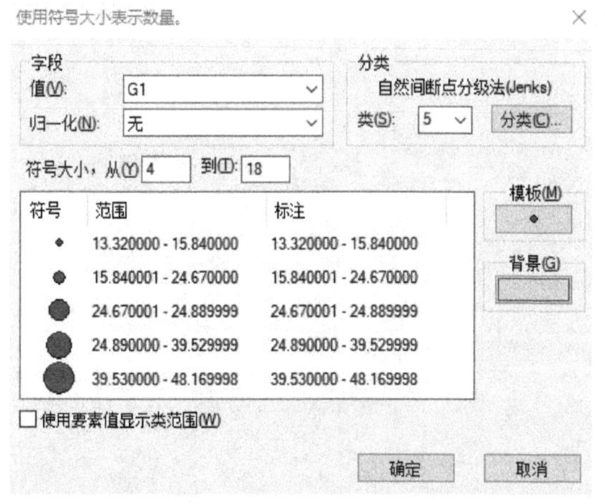

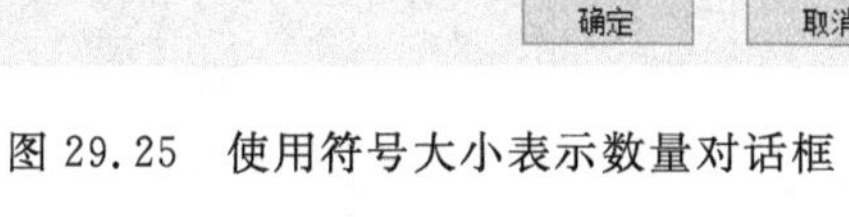

图 29.25 使用符号大小表示数量对话框

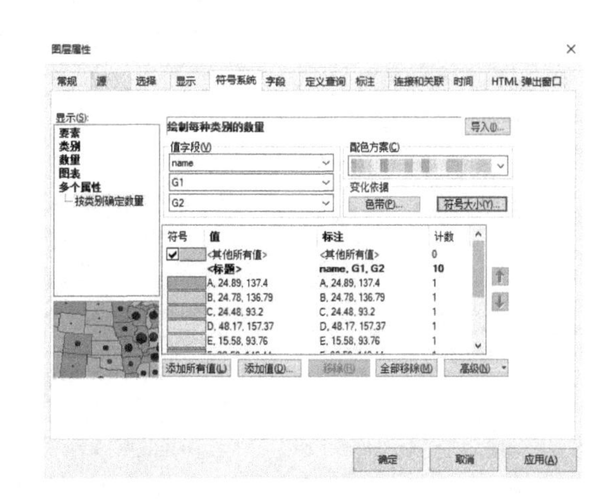

图 29.26 图层属性对话框

(3)单击【确定】,完成操作,结果如图 29.27 所示。

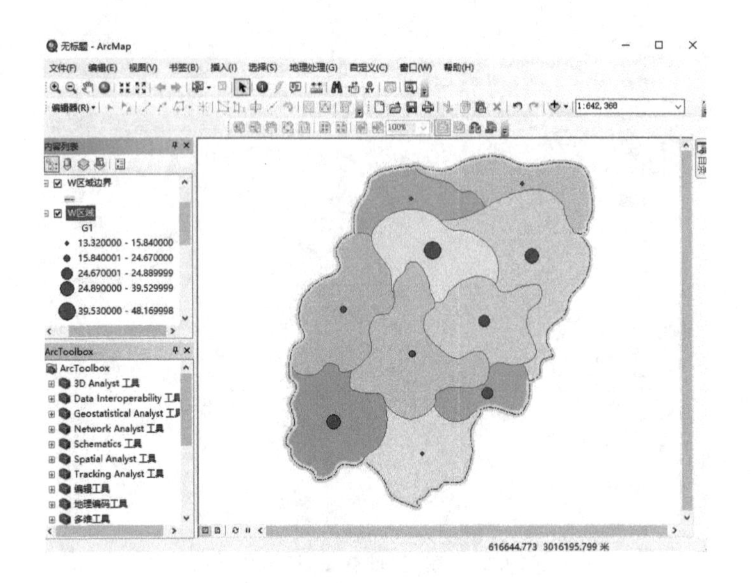

图 29.27　多个属性(按类别确定数量)符号化结果

【注意事项】

地图符号可以自己绘制,即单击【符号选择器】→【编辑符号】→【符号属性编辑器】,自己绘制的符号也可以保存成“.style”文件的符号库;也可以导入现成的符号库,单击【符号选择器】→【样式引用】→【将样式添加至列表】,或者是单击菜单栏下的【自定义】→【样式管理器】→【样式】→【将样式添加至列表】,然后选择文件夹中的“.style”文件。

实验 30 地图制图

【实验背景】

地图制图是 GIS 的重要功能和主要内容之一，是 GIS 空间数据采集、管理、编辑、运算、分析结果的可视化表达，可以直观地展现空间数据的分布状况，可以为各行业辅助决策和评价、规划、设计提供依据，是多学科交叉融合的集中体现。随着计算机技术和 GIS 技术的发展，基于 GIS 软件平台的地图制图在各行业的应用愈加广泛。

【实验目的】

通过本实验，熟知基于 ArcGIS 软件的地图制图流程和工作原理，熟练掌握地图制图的步骤和方法。

【实验要求】

(1)设置地图页面大小。设置地图页面宽度为 21 cm，高度为 25 cm。

(2)数据的符号化显示。

①地图中共有 10 个区域，将这 10 个区域按照“name”字段用分类颜色表示。

②中线点样式：星形 1；颜色：火星红；大小：20。

③铁路样式：铁路；颜色：黑色；大小：4。

④高速样式：公路；颜色：电子金色；宽度：1.5。

⑤省道样式：公路；颜色：电子金色；宽度：1。

⑥区域内边界：虚线 1 长 1 短；颜色：灰色 50%；宽度：0.5。

⑦W 区域边界样式：虚线 1 长 1 短；颜色：灰色 70%；宽度 2。

(3)注记标注。对地图中 10 个区域的“name”字段使用自动标注，标注字体的样式和大小为 Times New Roman 22 号。

(4)格网绘制。采用索引参考格网。

①格网标注只显示度和分；字体的样式和大小为 Times New Roman 14 号；标注方向要左右两侧垂直标注。

②格网不显示线或刻度。

③格网间隔 X 轴和 Y 轴均为 15 分。

(5)添加内图廓线。

①内图廓线边框大小为 1.0 磅。

②内图廓线放置位置为围绕所选元素放置。

③内图廓线间距为 25 磅，圆角为 0。

(6)添加图幅整饰要素(图例、比例尺、指北针、图名)。

①添加图例，不包括 W 区域字段，图例列数为 1 列。

②添加指北针，选择 ESRI 指北针 3 样式。

③添加比例尺，选择黑白相间比例尺 1 样式；主刻度数为 1，分刻度数为 2；主刻度单位为千米；字体样式和大小为 Times New Roman 14 号。

④添加标题“W区域区划图”，字体的样式和大小为宋体34号，并放于地图上侧且居中位置。

(7)保存地图：300dpi分辨率的TIFF格式图片。

(8)保存地图文档。

【实验数据】

实验数据位于\Data\Ex30\目录中。

【操作步骤】

1. 加载数据，切换视图

(1)打开ArcMap，将Ex30文件夹中的所有数据加载到视图窗口(见图30.1)。

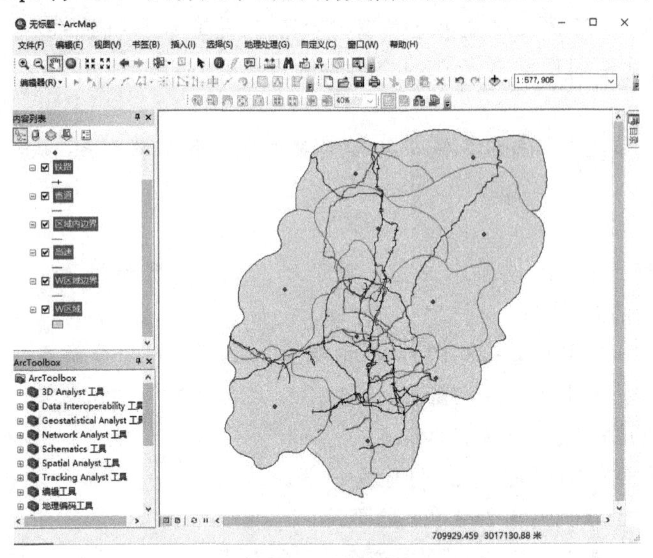

图30.1 制图数据

(2)在【菜单栏】中单击【视图】→【布局视图】，此时就将“数据视图”切换到了“布局视图”(见图30.2)。

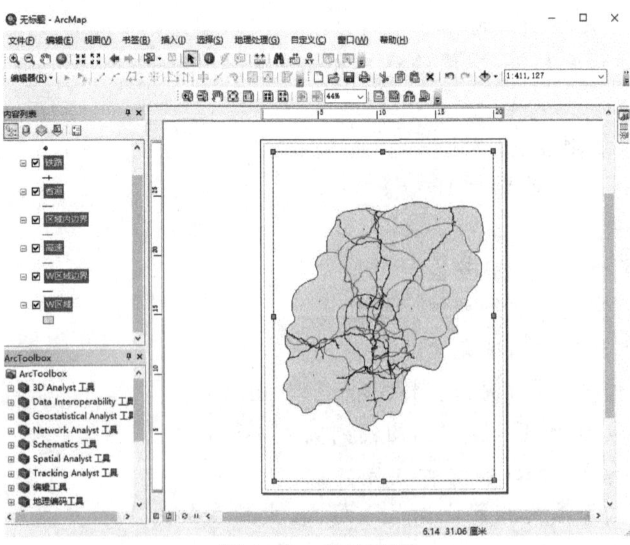

图30.2 布局视图

(3)在【布局视图】窗口下单击鼠标右键，选择【页面和打印设置】(见图 30.3)，打开【页面和打印设置】对话框，将【使用打印机纸张设置】对话框前面的对钩去掉，将【宽度】改为 21，【高度】改为 25，其他设置保持默认(见图 30.4)，点击【确定】，结果如图 30.5 所示。

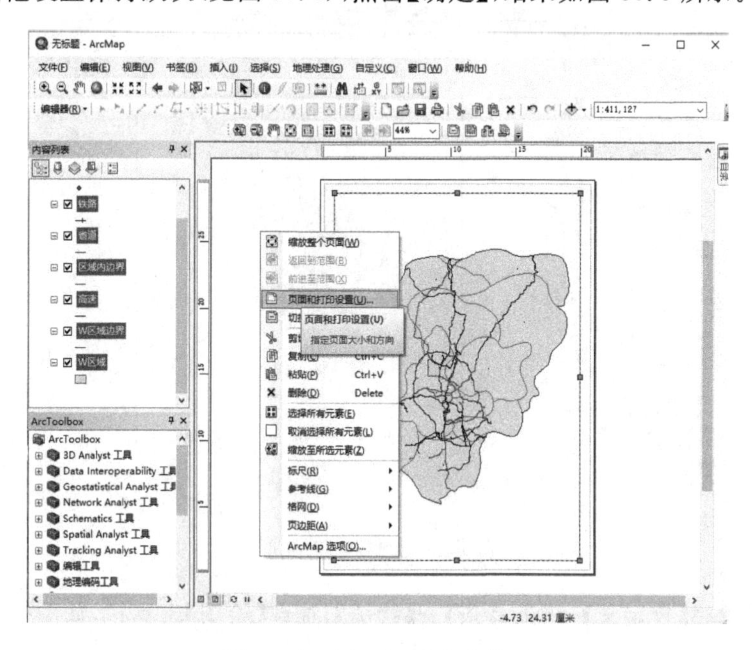

图 30.3 选择页面和打印设置

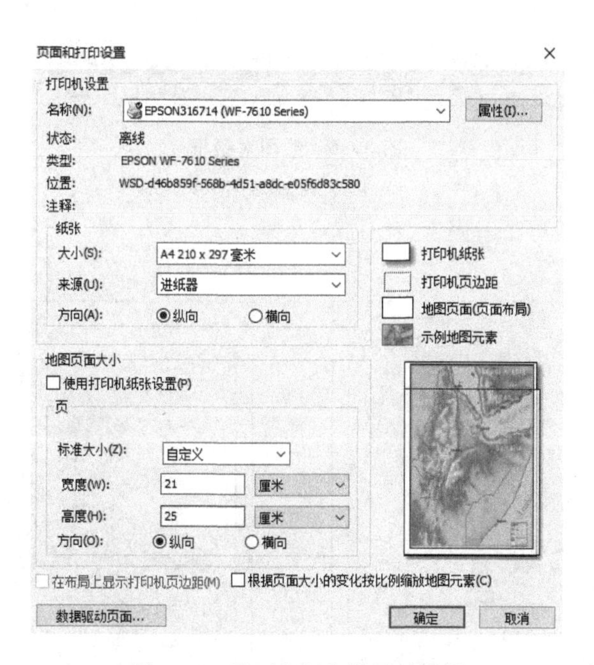

图 30.4 页面和打印设置对话框

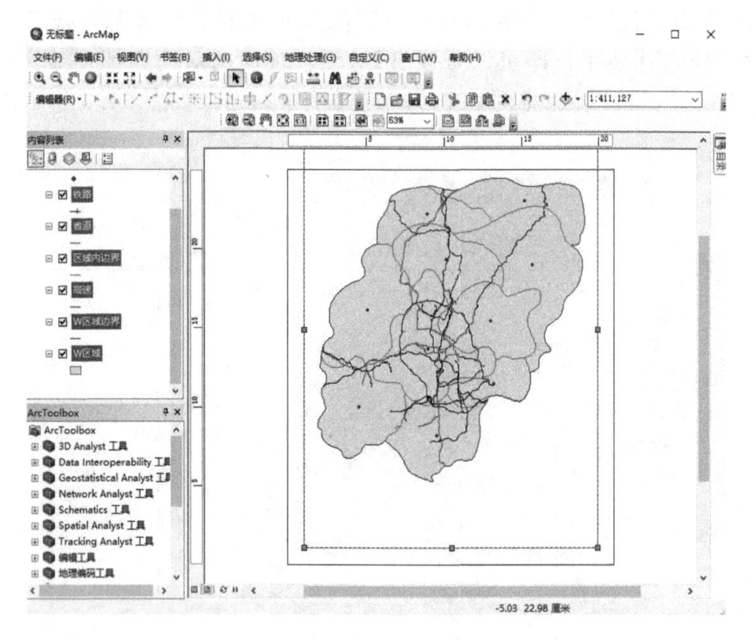

图 30.5 修改后的页面

(4)单击菜单栏【自定义】→【工具条】→【绘图】，加载【绘图】工具栏，如图 30.6 所示。

(5)选中【绘图】工具条中的【选择要素】按钮，点击数据框，将数据框调整到合适的位置(见图 30.7)。

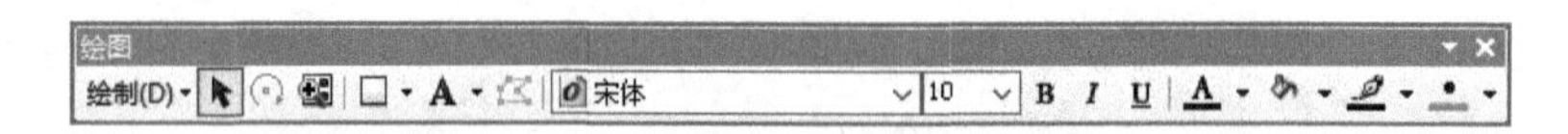

图 30.6 绘图对话框

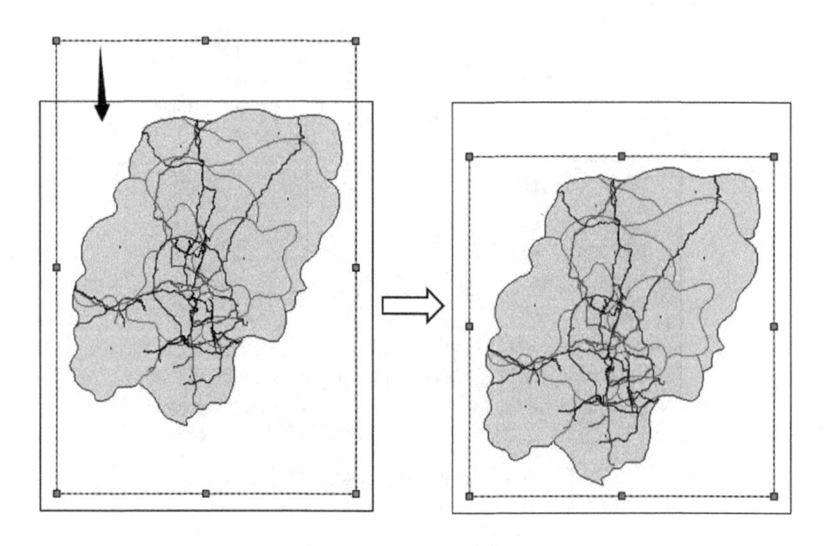

图 30.7 数据框调整

2. 数据符号化

(1)根据“点”“线”“面”的排序规则对图层进行排序。
(2)根据要求,对数据进行符号化,结果如图 30.8 所示。

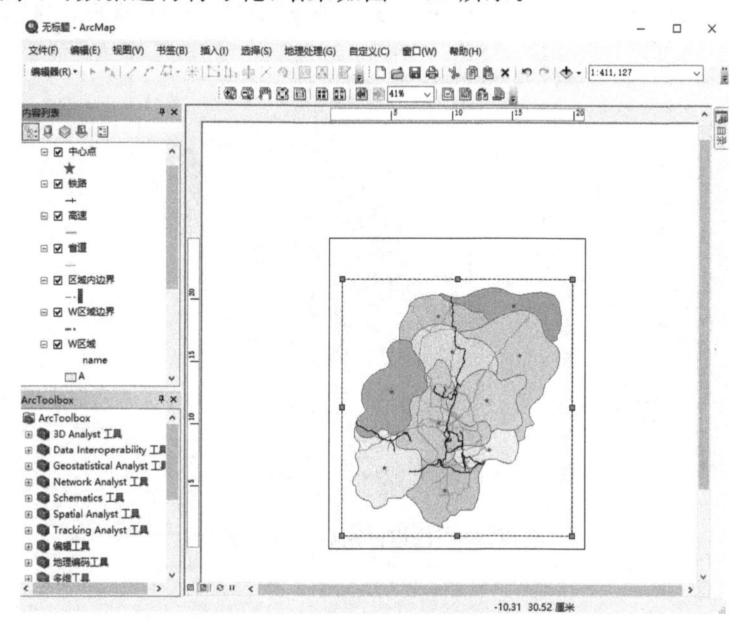

图 30.8 符号化后的布局视图

3. 注记标注

(1)在【内容列表】中的“W 区域”图层上单击鼠标右键,选择【属性】,打开【图层属性】对话框,选择【标注】,勾选【标注此图层中的要素】选项,【文本字符串】中的【标注字段】选择“name”,【文本符号】中选择“Times New Roman”,“22”(见图 30.9)。

图 30.9 图层属性对话框

(2)单击【确定】,完成设置,结果如图 30.10 所示。

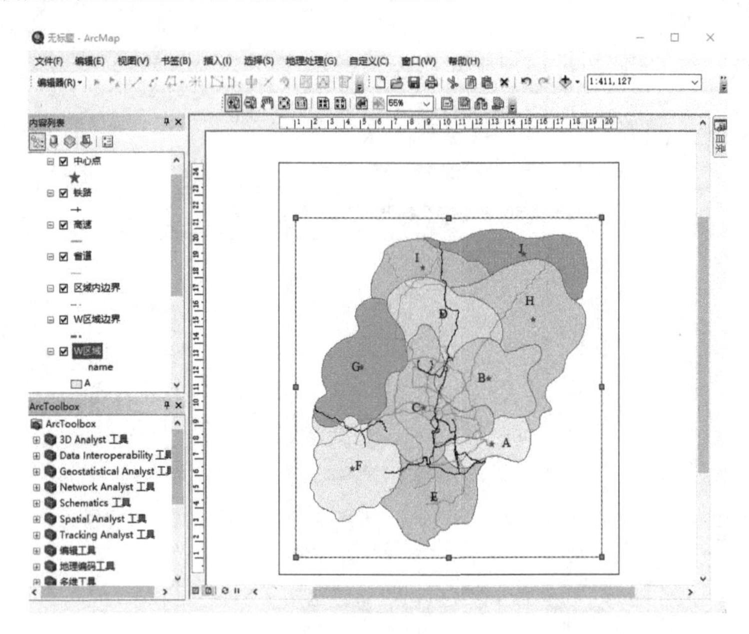

图 30.10 注记标注后的布局视图

4. 格网绘制

(1)在【菜单栏】中单击【视图】→【数据库属性】,打开【数据框属性】对话框,选择【格网】→【新建格网】,直接点击【下一页】直至完成(见图 30.11),然后返回到【数据库属性】对话框,点击【确定】,结果如图 30.12 所示。

(2)在【菜单栏】中单击【视图】→【数据库属性】,打开【数据框属性】对话框,选择【格网】→【属性】,在弹出的【参考系统属性】对话框中选择【标注】。

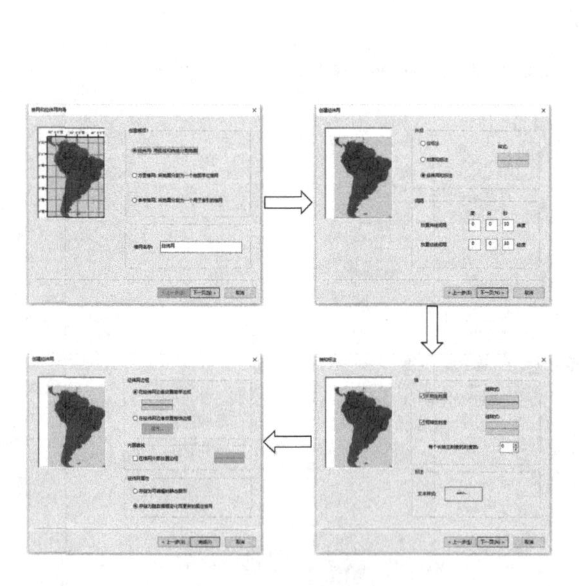

图 30.11 新建格网

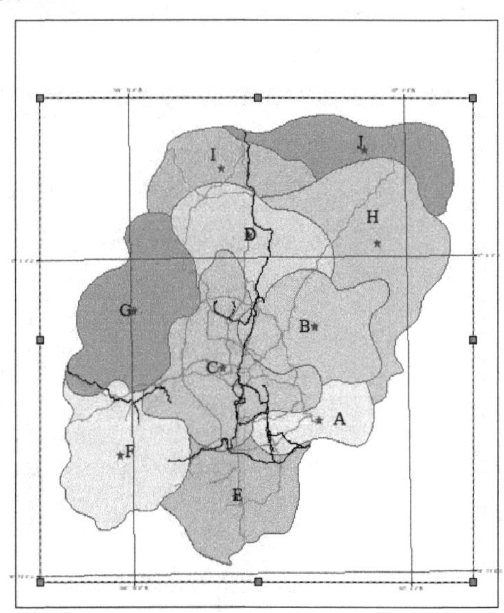

图 30.12 新建格网结果

(3)在【字体】选项卡中选择“Times New Roman”,在【大小】选项卡中选择“14”,选中【垂直标注】选项卡中的“左”和“右”选项;然后点击【其他属性】,弹出【格网标注属性】对话框,将“显示零秒”对话框前面的对钩去掉(见图 30.13),点击【确定】,返回【参考系统属性】对话框(见图 30.14),其他设置默认不变;单击【确定】返回到【数据框属性】对话框,点击【应用】,结果如图 30.15 所示。

(4)在【数据框属性】对话框中,选择【格网】→【属性】,在弹出的【参考系统属性】对话框中选择【线】,在【显示属性】选项卡中选择“不显示线或刻度”(见图 30.16),然后点击【确定】返回到【数据框属性】对话框,点击【应用】,结果如图 30.17 所示。

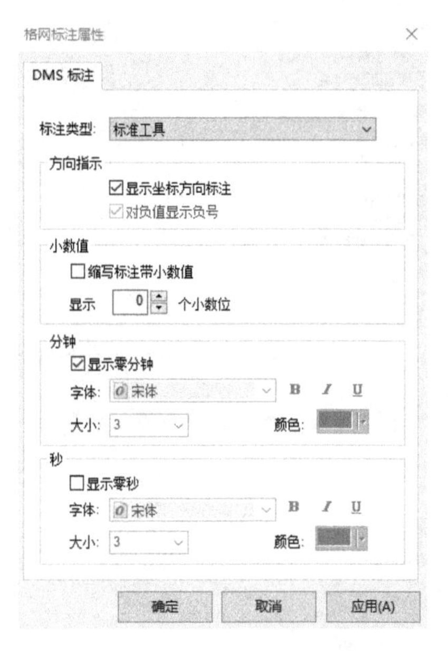

图 30.13 格网标注属性对话框

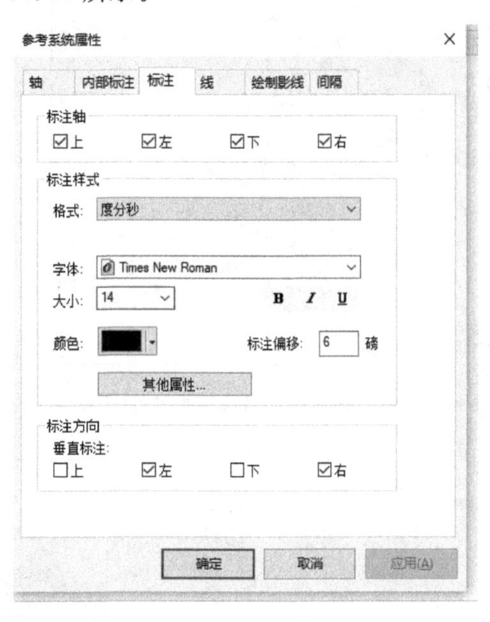

图 30.14 参考系统属性对话框

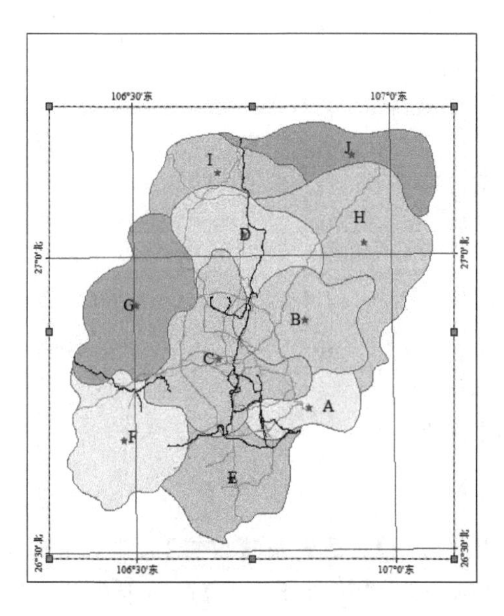

图 30.15 标注设置后的结果

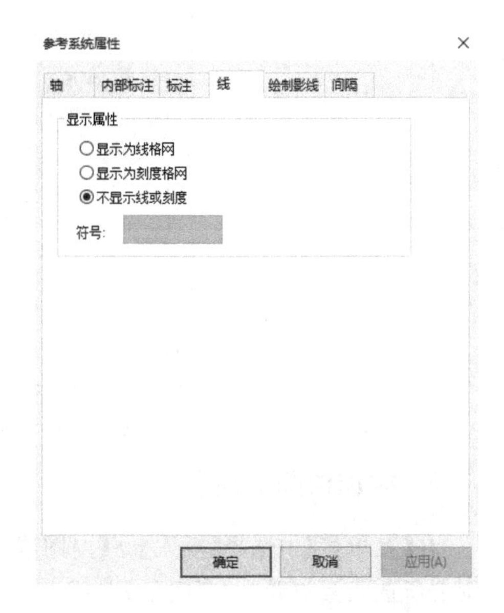

图 30.16 参考系统属性对话框

(5)在【数据框属性】对话框中，选择【格网】→【属性】，在弹出的【参考系统属性】对话框中选择【间隔】，在【间隔】选项卡中的【X 轴】和【Y 轴】选项卡中均设置为“15”分(见图 30.18)，然后点击【确定】返回到【数据框属性】对话框，点击【应用】，结果如图 30.19 所示。

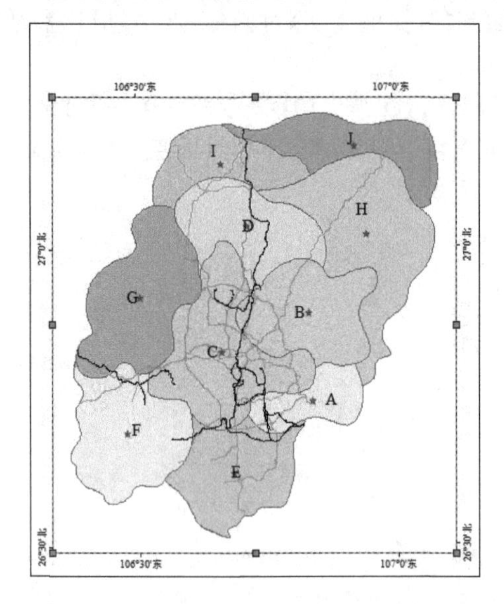

图 30.17　经纬网显示线设置后的结果

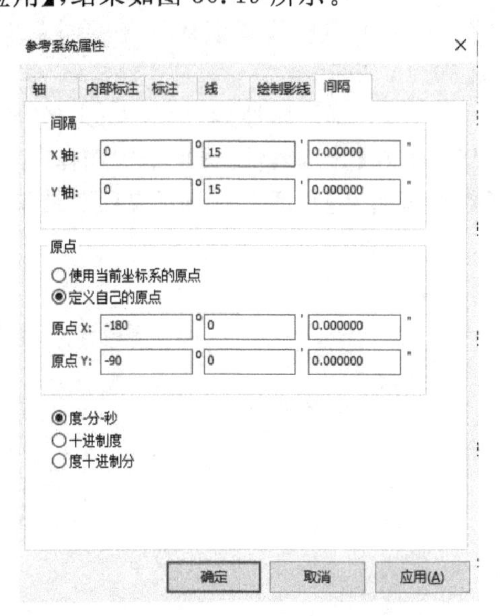

图 30.18　参考系统属性对话框

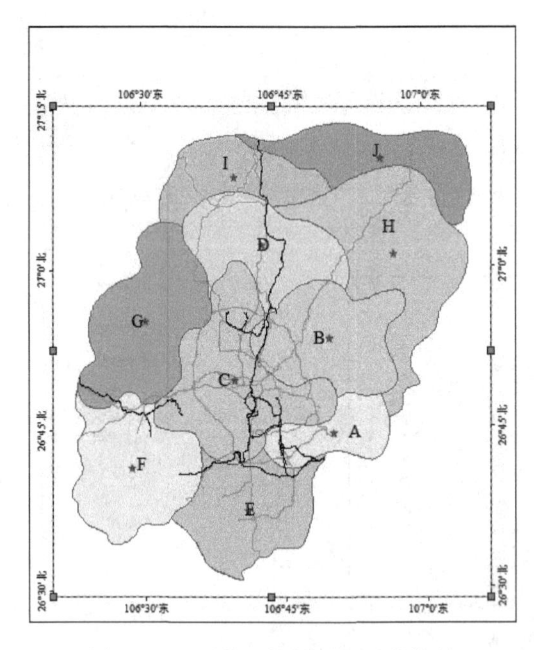

图 30.19　经纬网间隔设置后的结果

5. 添加内图廓线

在【菜单栏】中选择【插入】→【内图廓线】，打开【内图廓线】对话框，在【放置】选项卡中选择“围绕所选元素放置”，在【间距】选项卡中设置“25”，【圆角】为“0”，在【边框】选项卡中选择“1 磅”，其他设置保持默认不变(见图 30.20)，点击【确定】，结果如图 30.21 所示。

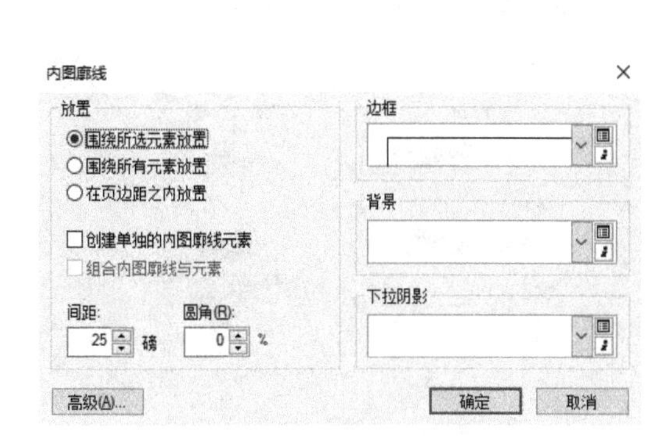

图 30.20 内图廓线对话框

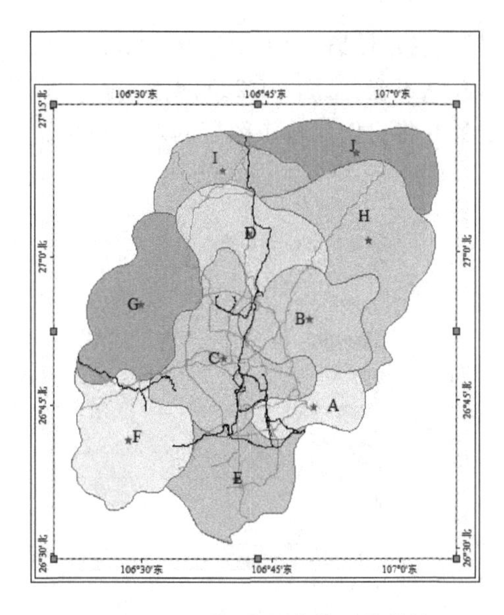

图 30.21 添加内图廓线后的结果

6. 添加图幅整饰要素

(1)在【菜单栏】中选择【插入】→【指北针】,打开【指北针选择器】对话框,在【指北针选择器】选项卡中选择"ESRI 指北针 3",其他设置保持默认不变(见图 30.22),点击【确定】,然后将添加的指北针适当放大,并放于图层的左上角位置,如图 30.23 所示。

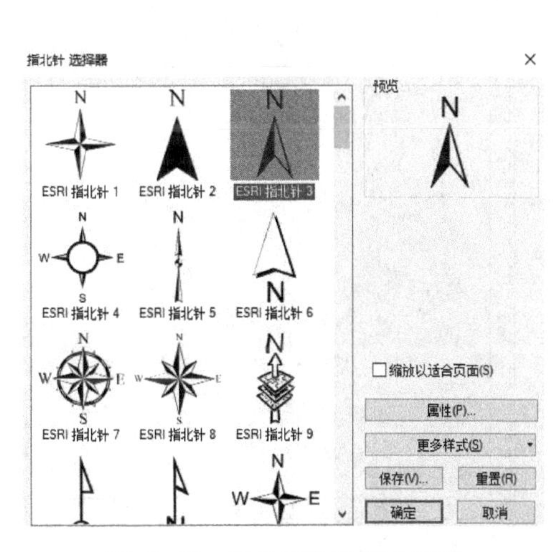

图 30.22 指北针选择器对话框

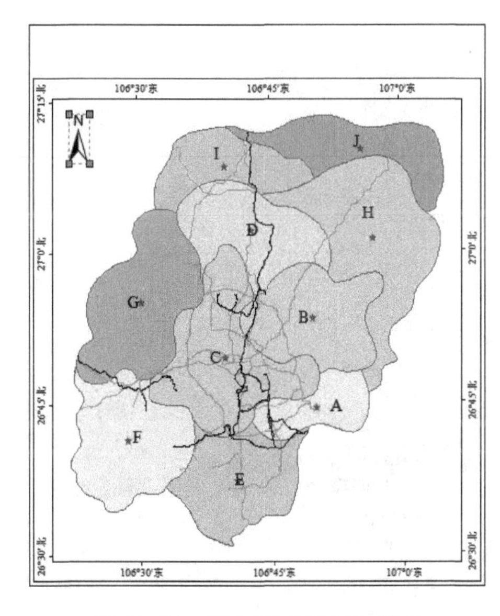

图 30.23 添加指北针后的结果

(2)在【菜单栏】中选择【插入】→【比例尺】,弹出【比例尺选择器】对话框,在【比例尺选择器】选项卡中选择"黑白相间比例尺 1";然后选择【属性】,弹出【比例尺】对话框,选择【比例尺和单位】,在【主刻度数】选项卡中输入"1",在【分刻度数】选项卡中输入"2",在【主刻度单位】选项卡中选择"千米", 其他设置保持默认不变(见图 30.24);然后在【比例尺】对话框中选择【格式】,在【字体】选项卡中选择“Times New Roman”,在【大小】选项卡中选择“14”,其他设置保持默认不变(见图 30.25),点击【确定】,返回【比例尺选择器】对话框(见图 30.26)。点击【确定】,并将比例尺放于图层的左下角位置,如图 30.27 所示。

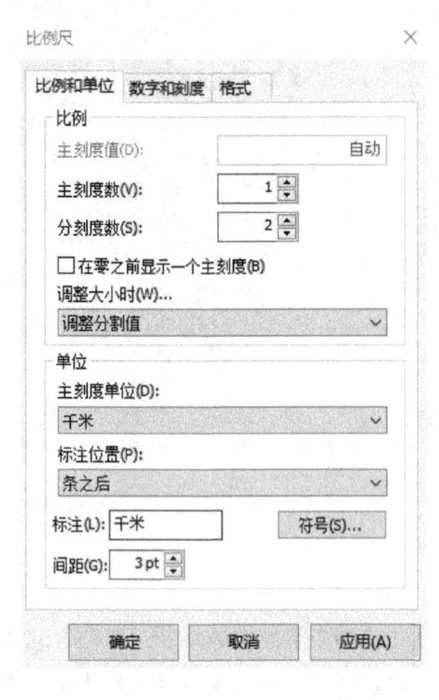

图 30.24　比例尺对话框 1

图 30.25　比例尺对话框 2

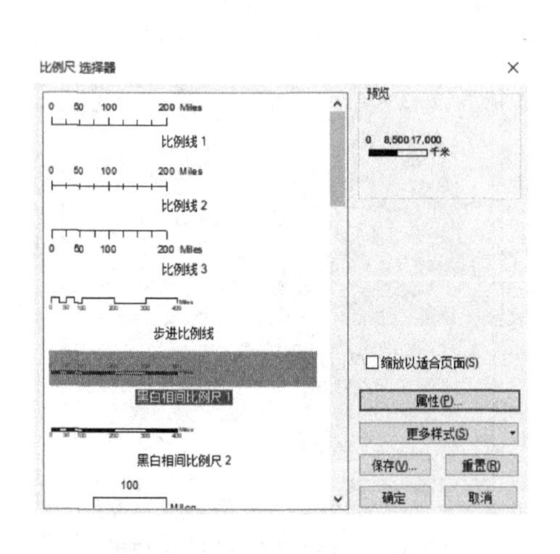

图 30.26　比例尺选择器对话框

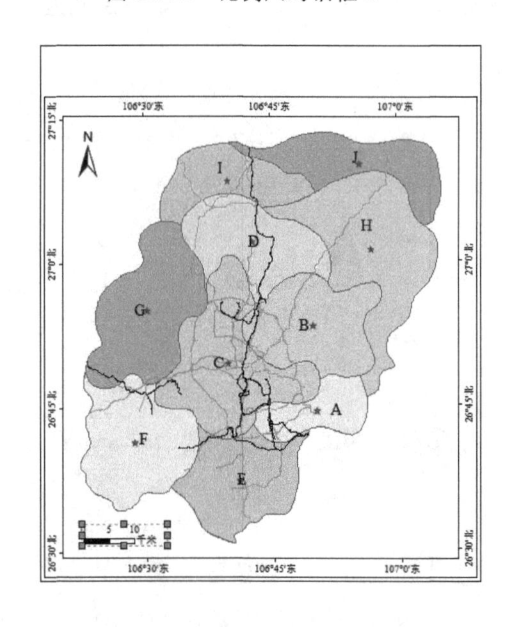

图 30.27　添加比例尺后的结果

(3)在【菜单栏】中选择【插入】→【图例】,弹出【图例向导】对话框,选中【图例项】中的“W区域”,将其移到左侧【地图图层】中(见图 30.28),然后点击【下一页】直至完成,并将插入的图例适当放大,放于图层中的右下角位置,如图 30.29 所示。

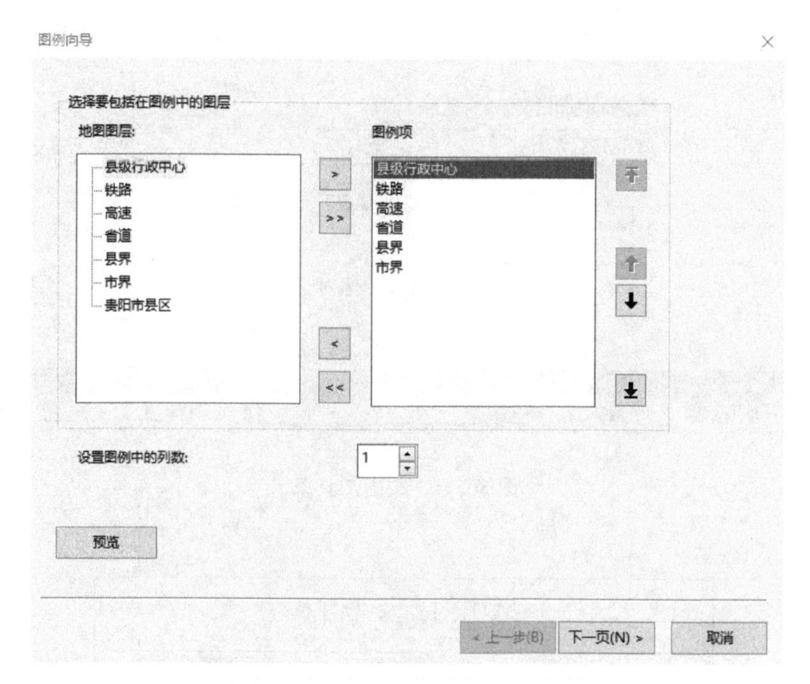

图 30.28　图例向导对话框

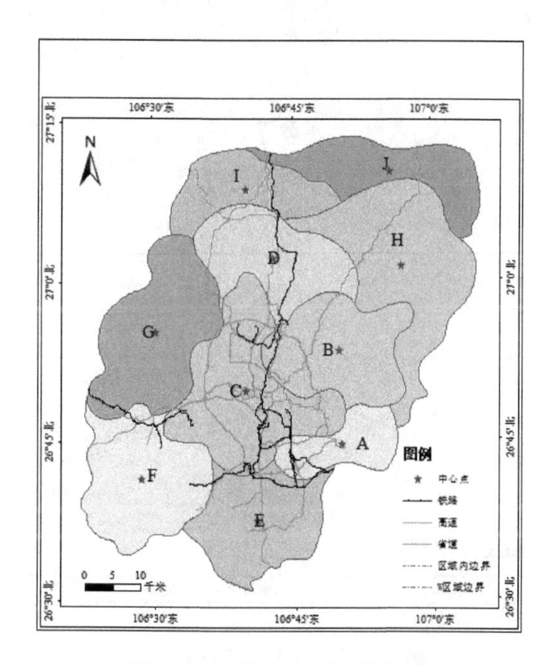

图 30.29　插入图例后的结果

(4)在【菜单栏】中选择【插入】→【标题】，弹出【插入标题】对话框，在【插入标题】文本框中输入“W 区域区划图”(见图 30.30)；用【绘图】工具条中的【选择要素】按钮选中刚插入的标题，然后在绘图工具条上修改字体和字号(宋体，34 号)，如图 30.31 所示；最后将修改好的标题放于图层页面的正上方居中位置(见图 30.32)。

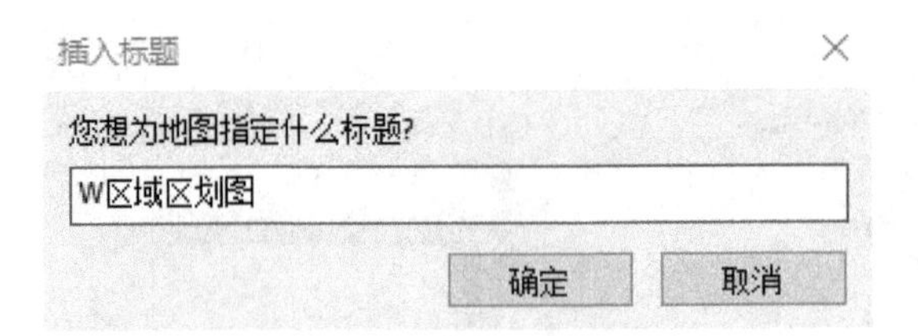

图 30.30 插入标题对话框

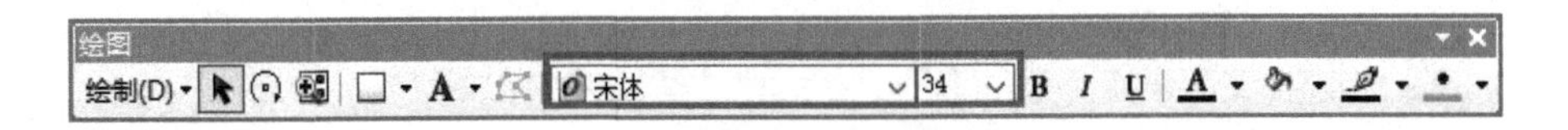

图 30.31 绘图工具条

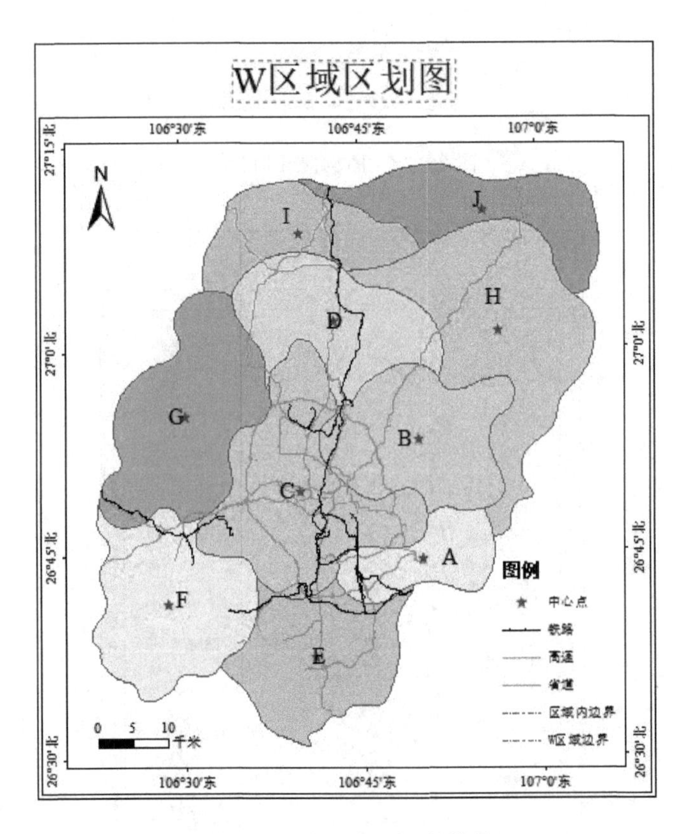

图 30.32 插入标题后的结果

7. 保存地图

在【菜单栏】中选择【文件】→【导出地图】,弹出【导出地图】对话框,设置保存路径和保存名称(本实验命名为“W 区域区划图. tif”),【保存类型】选择“TIFF”,【分辨率】输入“300”,其他设置不变(见图 30.33),然后点击保存,结果如图 30.34 所示。

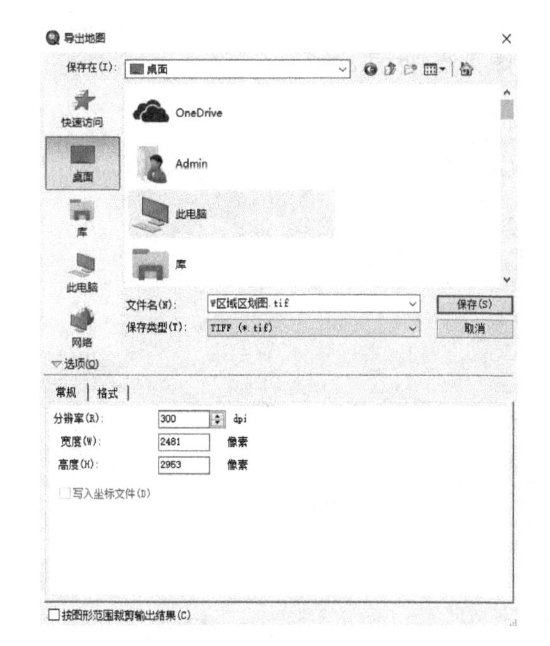

图 30.33 导出地图对话框

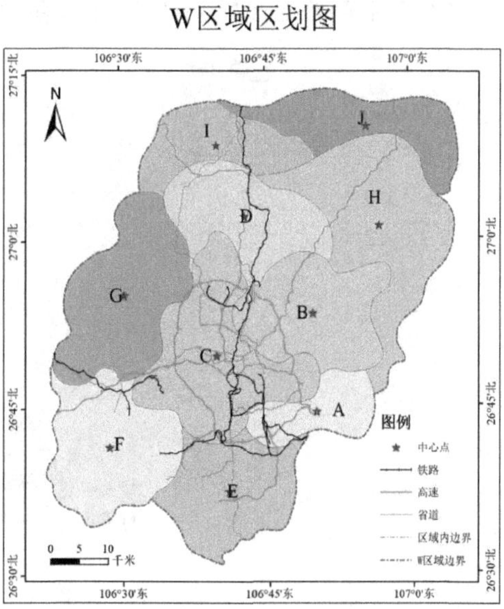

W区域区划图

图 30.34 W 区域区划图

8. 保存地图文档

(1)在菜单栏中选择【文件】→【地图文档属性】,打开【地图文档属性】对话框(见图 30.35)。
(2)勾选【存储数据源的相对路径名(R)】,则保存相对路径名(见图 30.36)。

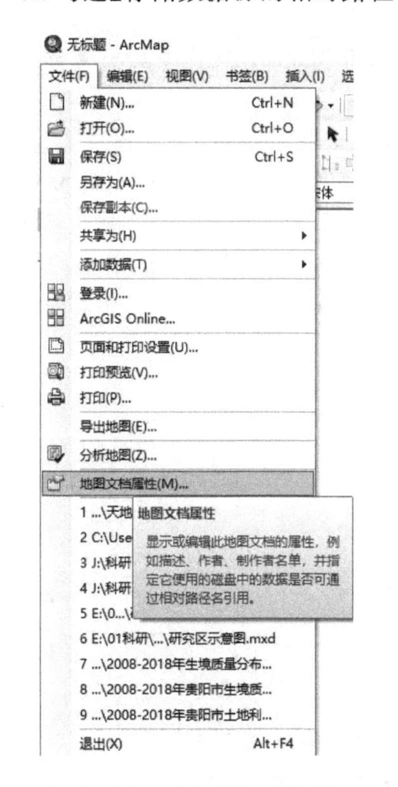

图 30.35 打开地图文档属性

图 30.36 地图文档属性对话框

(3)在主菜单上选择【文件】→【另存为】,保存地图文档(见图 30.37)。

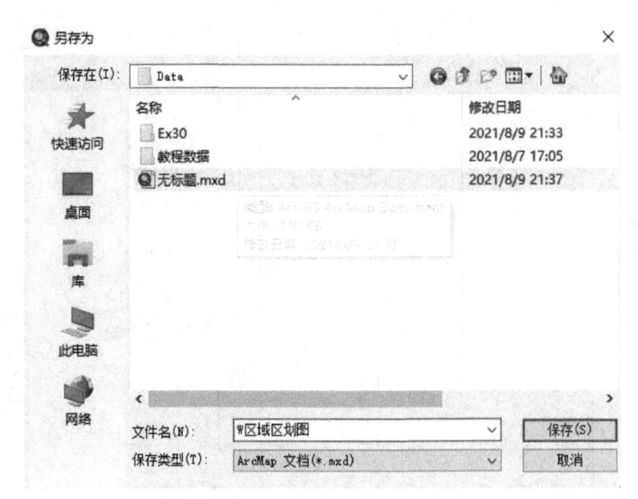

图 30.37　另存为对话框

【注意事项】

(1)在进行数据层保存时,若勾选【存储数据源的相对路径名】,则保存相对路径名,此时,该文档与数据在同一目录中时,不论目录拷贝至任何地方,均可直接打开文档并显示数据。若不勾选,则默认为保存绝对路径名,若拷贝至其他设备终端或存放位置时,地图文档中的图层链接需重新设置。

(2)为了地图的美观,将制图所需的全部要素加入布局视图后,要整体考虑图案的大小以及内容的丰富程度,以求视觉上的美观效果更佳。

(3)本实验中的制图要求是根据本实验的需求自行设定的要求,在实际制图中,应根据相关的制图标准进行制图。常用的制图规范有:国家基本比例尺地图图式第 1 部分(GB/T 20257.1—2017)、国家基本比例尺地图图式第 2 部分(GB/T 20257.2—2017)、国家基本比例尺地图图式第 3 部分(GB/T 20257.3—2017)、国家基本比例尺地图图式第 4 部分(GB/T 20257.4—2017)、《市(地)级土地利用总体规划制图规范》(TD/T 1020—2009)、《县级土地利用总体规划制图规范》(TD/T 1021—2009)等。

应用案例篇

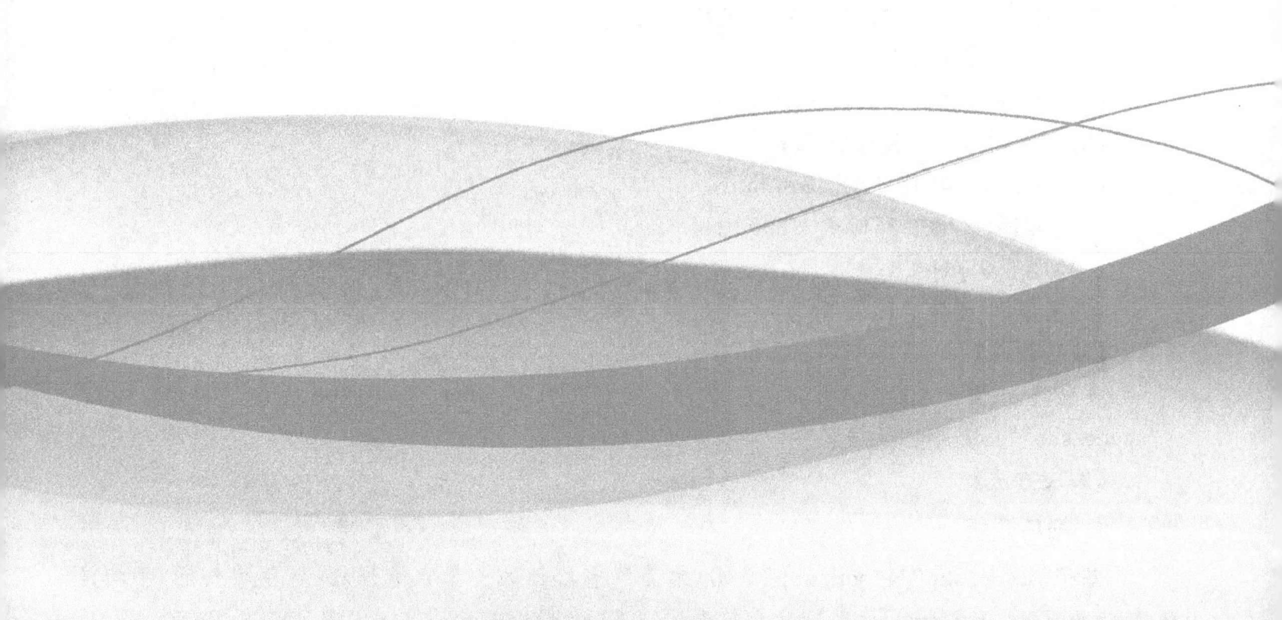

实验 31 基于"千层饼法"的适宜区分析

【实验背景】

综合多种 GIS 空间分析方法和工具，通过对多个因子空间数据的编辑和处理，筛选满足一定条件的空间单元，采用"千层饼法"叠置分析，开展适宜性评价，是资源管理、评价、区划等领域的普遍应用思路，同时也是基于 GIS 的多源空间数据和多种空间分析方法集成的典型应用。

【实验目的】

通过本实验，根据模拟案例（虫草生长适宜区）的要求，熟知运用"千层饼法"进行适宜区（性）评价的工作原理和流程，熟练掌握插值分析、栅格重分类、数字地形分析、栅格计算器等工具的使用和多因子要素数据的叠置与集成。

【实验要求】

根据某品种虫草的环境适宜性条件，综合多源空间数据和多种 GIS 空间分析方法，实现模拟虫草环境适宜性区划。

某品种虫草的环境适宜性条件（模拟）为：

(1)15°＜坡度＜35°；

(2)1100 m＜海拔＜1250 m；

(3)13 ℃＜年均气温＜26 ℃；

(4)500 mm＜年均降水＜800 mm；

(5)500 h＜年均日照时数＜800 h；

(6)5＜土壤 pH＜8；

(7)土壤含 N 量＞1.5。

【实验数据】

实验数据位于\Data\Ex31 目录中，包括"DEM. img""polygon. shp""slope. img""scene. shp""soil. shp"数据。

【解决方法】

1. 插值分析

基于"scene. shp"和"soil. shp"数据（均为附有属性的矢量点数据）提取年均气温、年均降水、年均日照、土壤 pH、土壤 N 含量数据。

2. 单因子适宜性分析

将坡度、海拔、年均气温、年均降水、年均日照、土壤 pH、土壤 N 含量数据按照虫草生长适宜条件分别进行筛选。

3. 总体评价

将筛选出符合虫草生长的各个适宜数据进行属性信息、空间信息的叠加，得到虫草种植适宜区。

实验流程如图 31.1 所示。

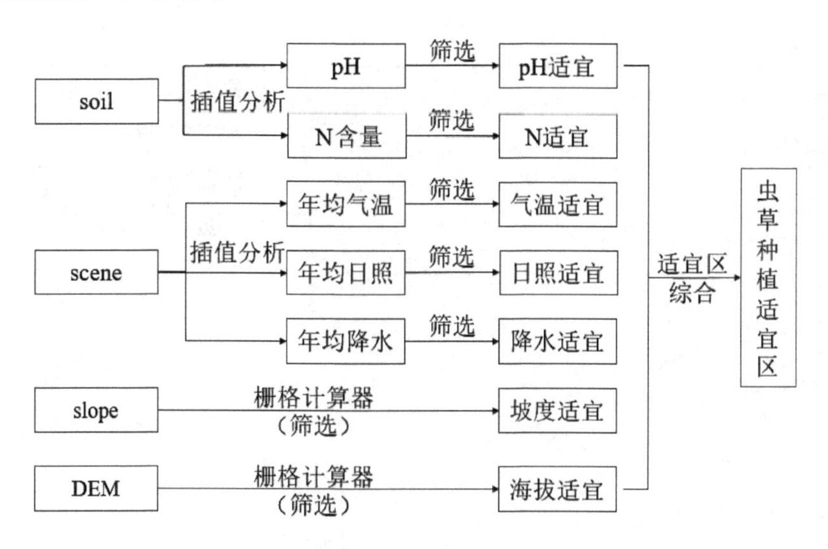

图 31.1　实验流程图

【操作步骤】

1. 插值分析

(1)打开 ArcMap,将“soil. shp”和“scene. shp”数据分别加载到视图窗口(见图 31.2)。

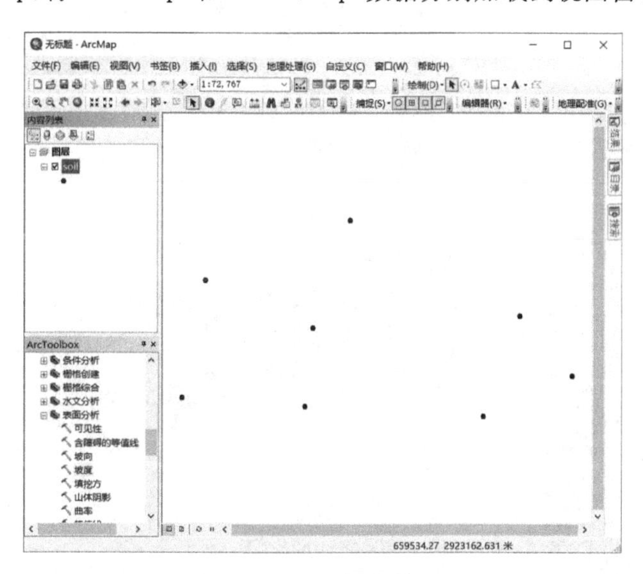

图 31.2　视图窗口

(2)在【ArcToolbox】工具箱中选择【Spatial Analyst 工具】→【插值分析】→【反距离权重法】,打开【反距离权重法】工具对话框。

(3)在【反距离权重法】文本框中选择“soil”数据,在【Z 值字段】文本框中选择“N 含量”数据,在【输出栅格】文本框中输入输出数据的路径和名称(本实验输出数据命名为“N”),【输出像元大小(可选)】文本框中设置为“30”(见图 31.3),点击【确定】完成操作,结果如图 31.4

所示。

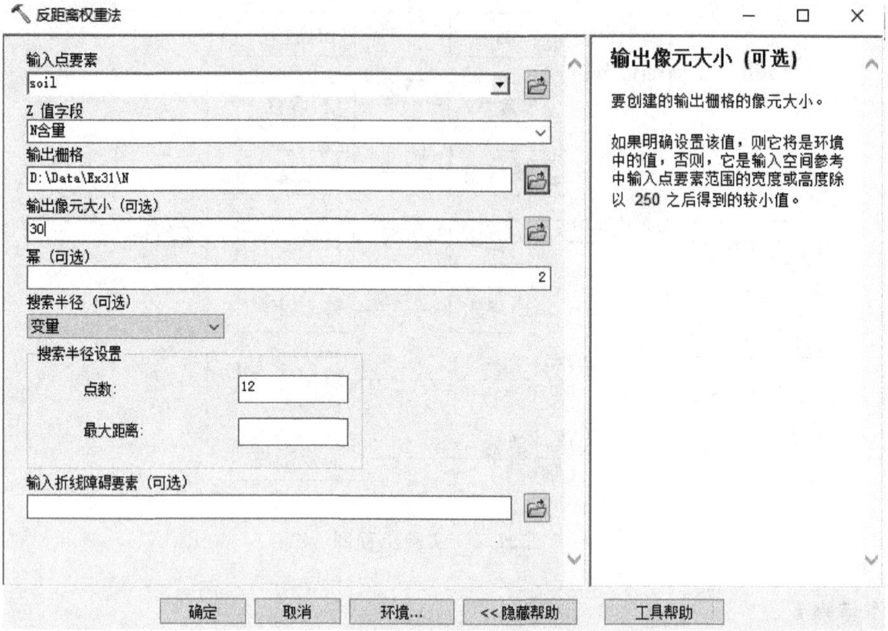

反距离权重法

输入点要素

soil

Z 值字段

N含量

输出栅格

D:\Data\Ex31\N

输出像元大小（可选）

30

幂（可选）

2

搜索半径（可选）

变量

搜索半径设置

点数：12

最大距离：

输入折线障碍要素（可选）

确定　取消　环境…　<< 隐藏帮助　工具帮助

输出像元大小（可选）

要创建的输出栅格的像元大小。

如果明确设置该值，则它将是环境中的值，否则，它是输入空间参考中输入点要素范围的宽度或高度除以 250 之后得到的较小值。

图 31.3　反距离权重法对话框

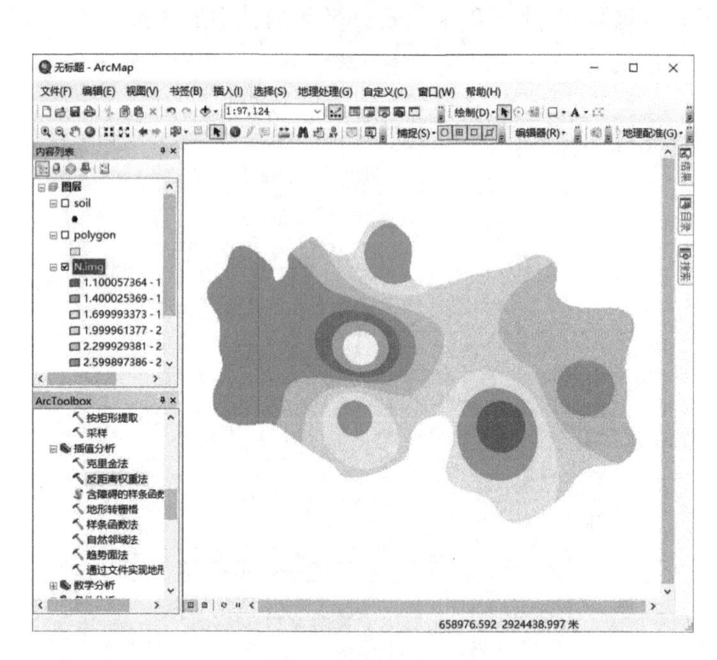

图 31.4　N 含量插值分析数据

(4)重复以上操作,分别将 pH、年均气温、年均降水、年均日照做插值分析,结果如图 31.5、图 31.6、图 31.7、图 31.8 所示。

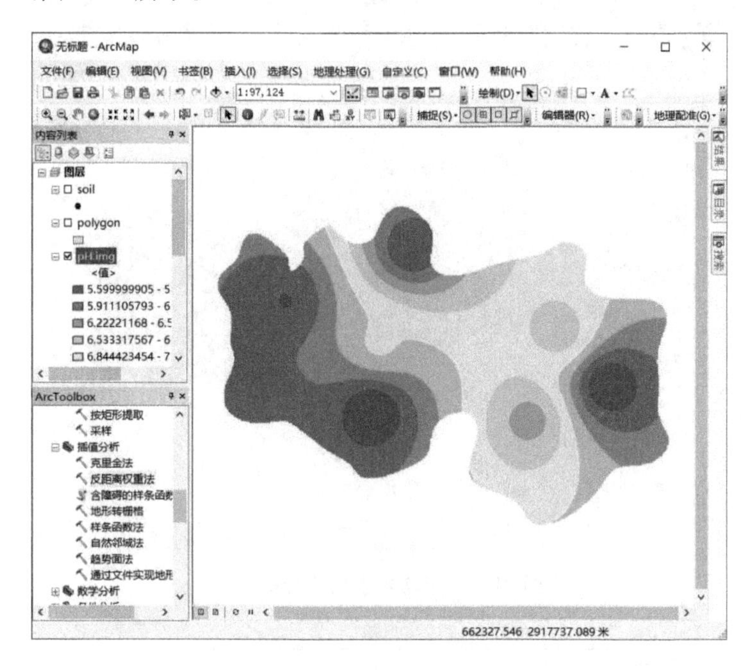

图 31.5 pH 插值分析数据

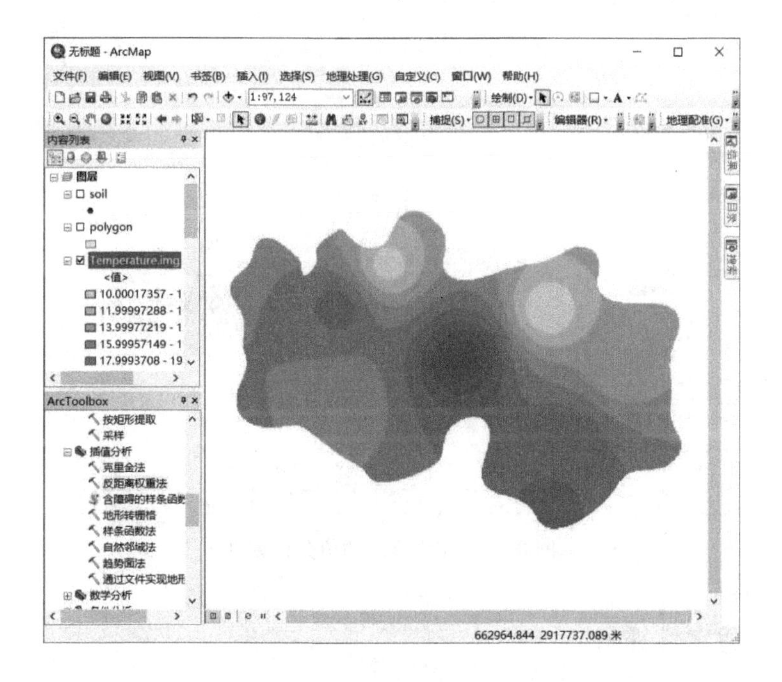

图 31.6 年均气温插值分析数据

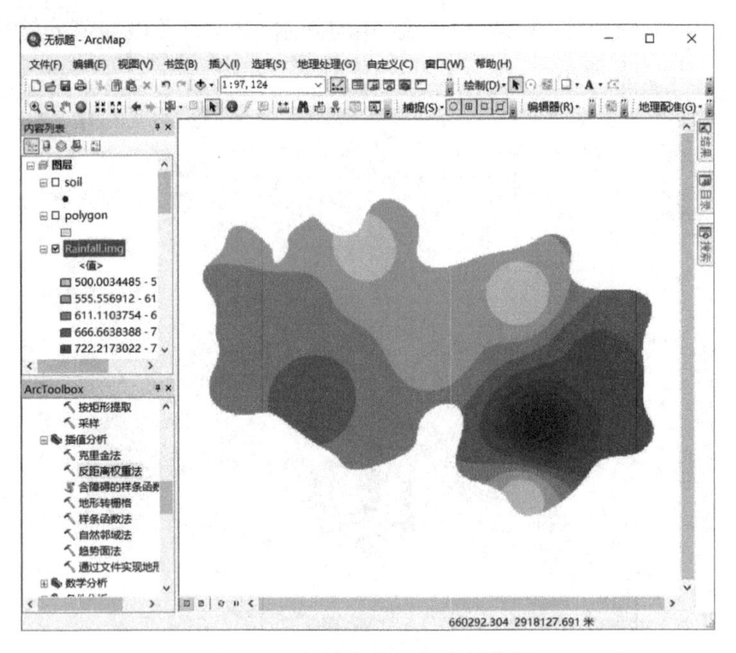

图 31.7 年均降水插值分析数据

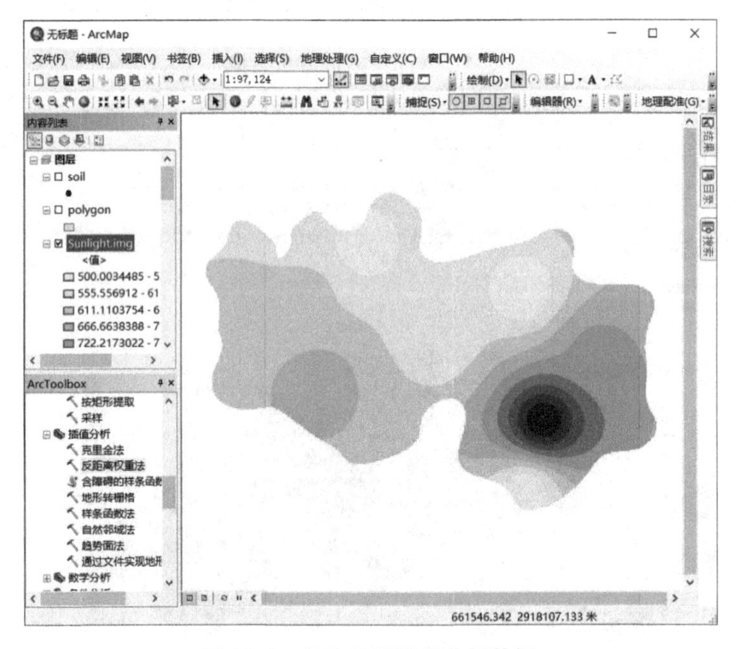

图 31.8 年均日照插值分析数据

2. 单因子适宜性评价

1)坡度

(1)打开 ArcMap,将“slope. img”数据加载到视图窗口(见图 31.9)。

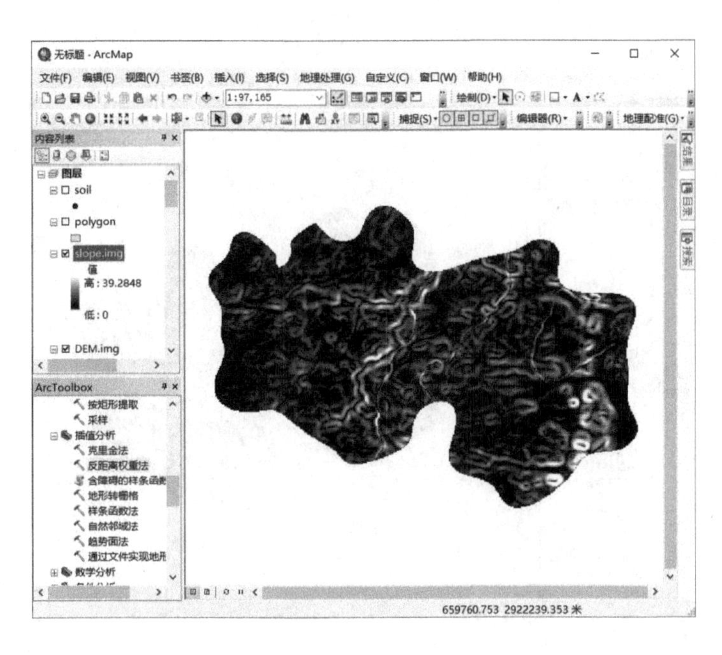

图 31.9　坡度数据

(2)在【ArcToolbox】工具箱中选择【Spatial Analyst 工具】→【地图代数】→【栅格计算器】,打开【栅格计算器】工具对话框。

(3)在【栅格计算器】文本框中输入筛选计算公式:(“slope. img” > 15) & (“slope. img” < 35),在【输出栅格】文本框中输出数据的路径和名称,本实验输出数据命名为“slope_proper”(见图 31.10),点击【确定】,完成操作,结果如图 31.11 所示。

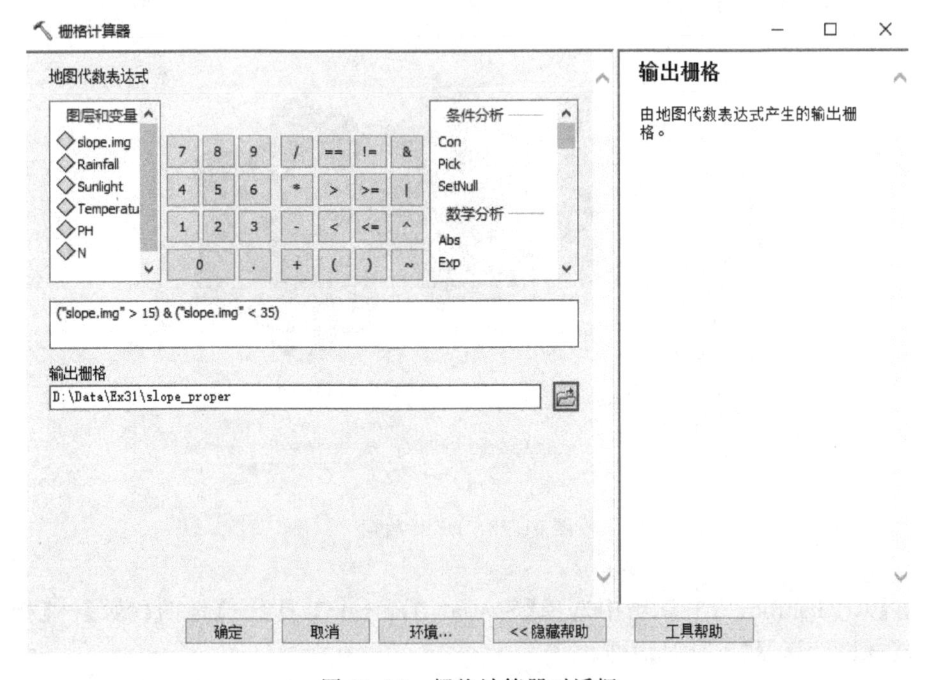

图 31.10　栅格计算器对话框

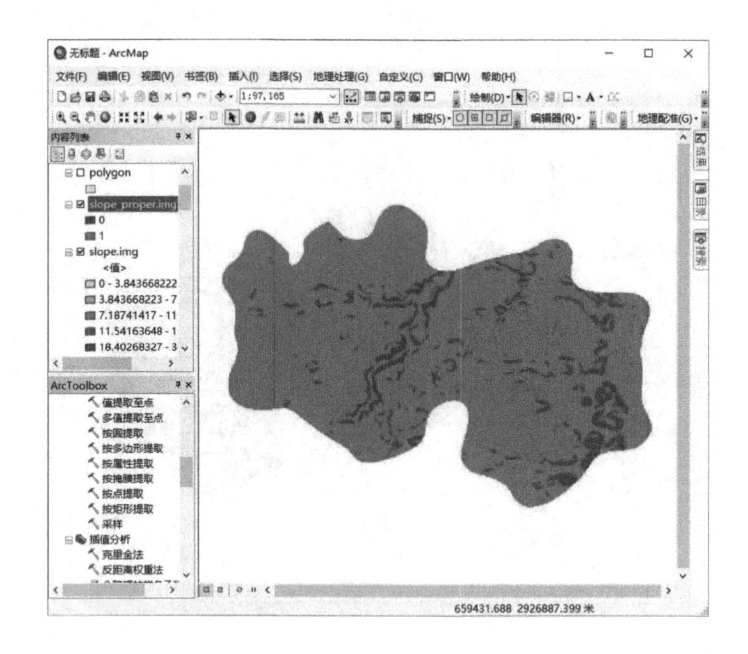

图 31.11　坡度适宜数据

2)海拔

(1)打开 ArcMap,将“DEM. img”数据加载到视图窗口(见图 31.12)。

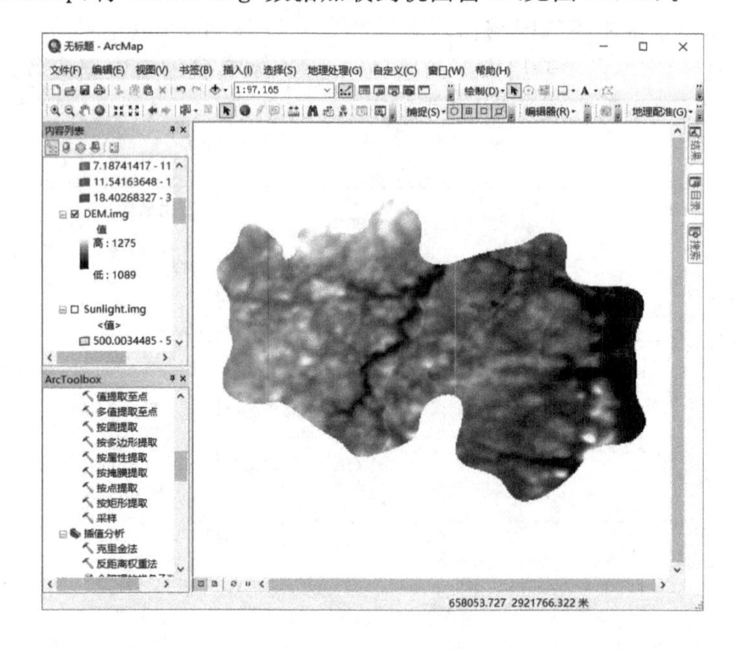

图 31.12　DEM 数据

(2)在【ArcToolbox】工具箱中选择【Spatial Analyst 工具】→【地图代数】→【栅格计算器】,打开【栅格计算器】工具对话框。

(3)在【栅格计算器】文本框中输入筛选计算公式：("DEM. img" > 1100) & ("DEM. img"< 1250)，在【输出栅格】文本框中输出数据的路径和名称，本实验输出数据命名为“altitude_proper. img”(见图 31.13)，点击【确定】，完成操作，结果如图 31.14 所示。

图 31.13 栅格计算器对话框

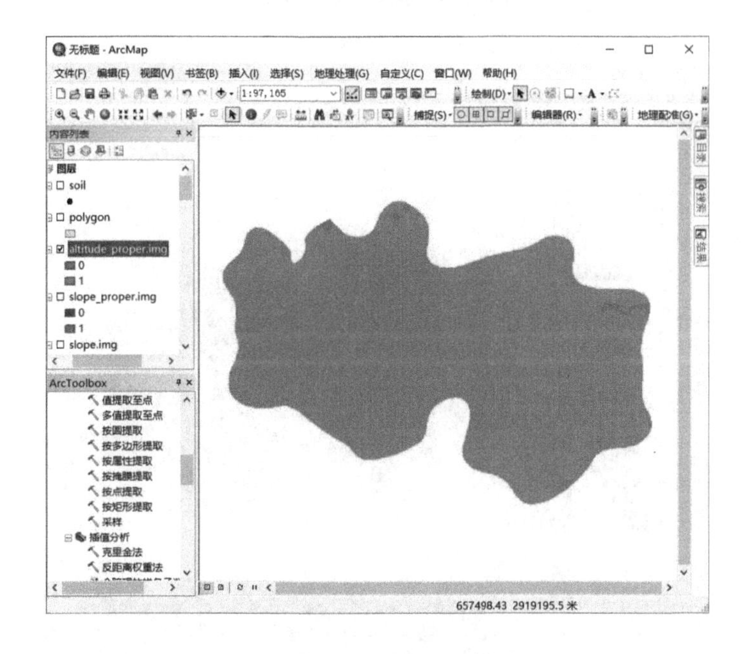

图 31.14 海拔适宜数据

3)年均气温

(1)在【ArcToolbox】工具箱中选择【Spatial Analyst 工具】→【地图代数】→【栅格计算器】,打开【栅格计算器】工具对话框。

(2)在【栅格计算器】文本框中输入筛选计算公式:("Temperature" ＞ 13) & ("Temperature" ＜ 26),在【输出栅格】文本框中输出数据的路径和名称,本实验输出数据命名为"Temperature _proper. img"(见图 31.15),点击【确定】,完成操作,结果如图 31.16 所示。

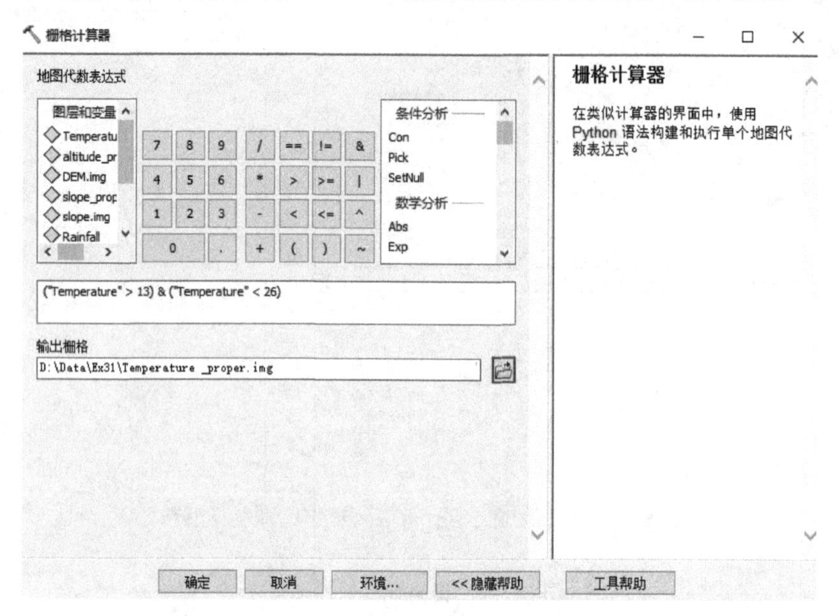

图 31.15 栅格计算器对话框

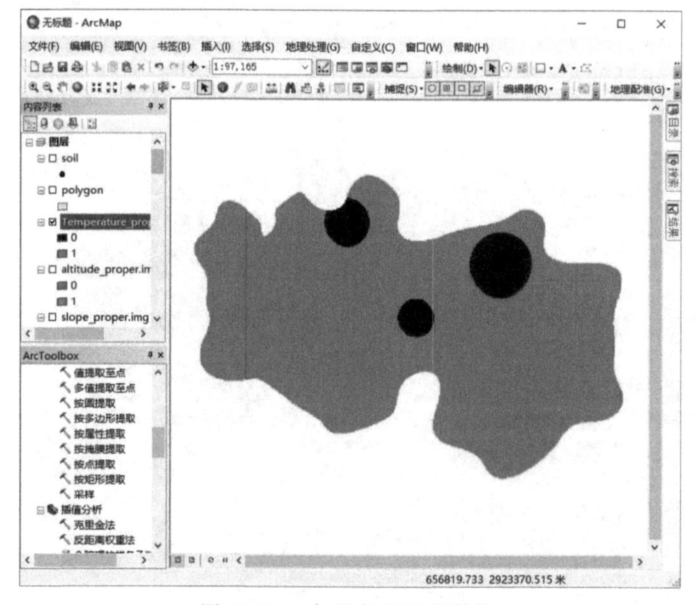

图 31.16 年均气温适宜数据

4)年均降水

(1)在【ArcToolbox】工具箱中选择【Spatial Analyst 工具】→【地图代数】→【栅格计算器】,打开【栅格计算器】工具对话框。

(2)在【栅格计算器】文本框中输入筛选计算公式:("Rainfall">500)&("Rainfall"<800),在【输出栅格】文本框中输出数据的路径和名称,本实验输出数据命名为"Rainfall _proper.img"(见图 31.17),点击【确定】,完成操作,结果如图 31.18 所示。

图 31.17 栅格计算器对话框

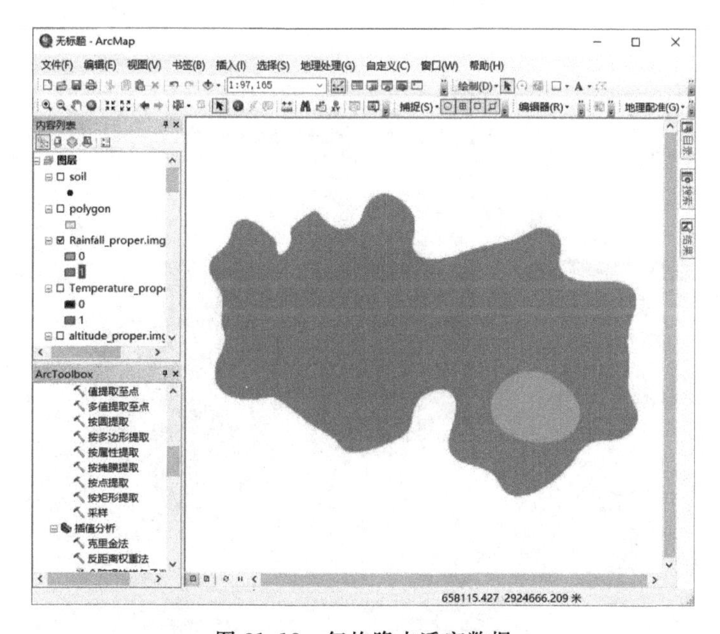

图 31.18 年均降水适宜数据

5)年均日照

(1)在【ArcToolbox】工具箱中选择【Spatial Analyst 工具】→【地图代数】→【栅格计算器】，打开【栅格计算器】工具对话框。

(2)在【栅格计算器】文本框中输入筛选计算公式：(″Sunlight″ > 500)& (″Sunlight″ < 800)，在【输出栅格】文本框中输出数据的路径和名称，本实验输出数据命名为“Sunlight _proper.img”(见图 31.19)，点击【确定】，完成操作，结果如图 31.20 所示。

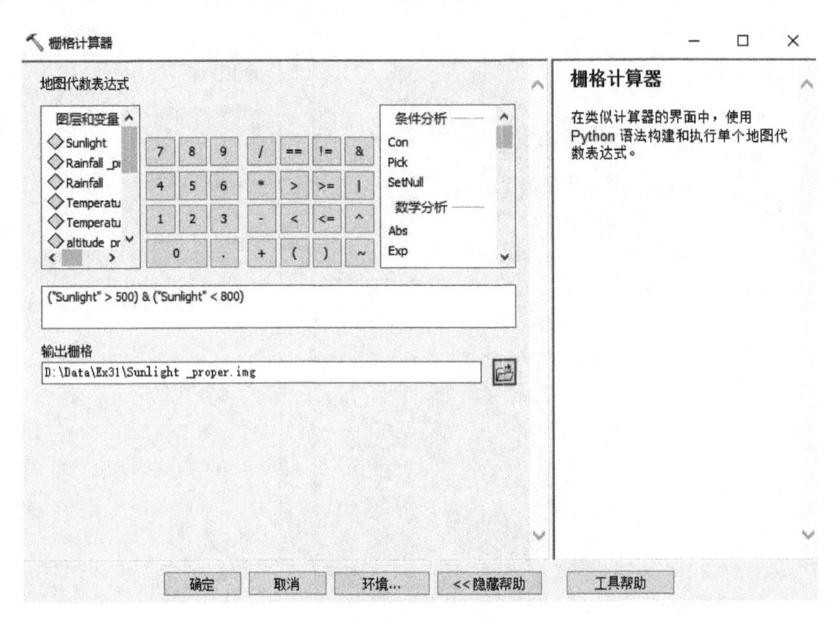

图 31.19 栅格计算器对话框

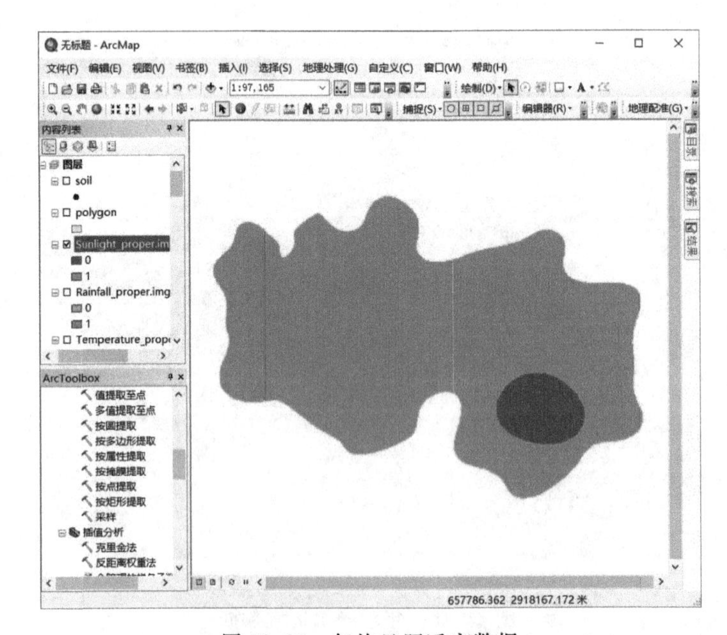

图 31.20 年均日照适宜数据

6)土壤 pH 值

(1)在【ArcToolbox】工具箱中选择【Spatial Analyst 工具】→【地图代数】→【栅格计算器】，打开【栅格计算器】工具对话框。

(2)在【栅格计算器】文本框中输入筛选计算公式：("pH" > 5) & ("pH" < 8)，在【输出栅格】文本框中输出数据的路径和名称，本实验输出数据命名为“pH _proper. img”(见图 31.21)，点击【确定】，完成操作，结果如图 31.22 所示。

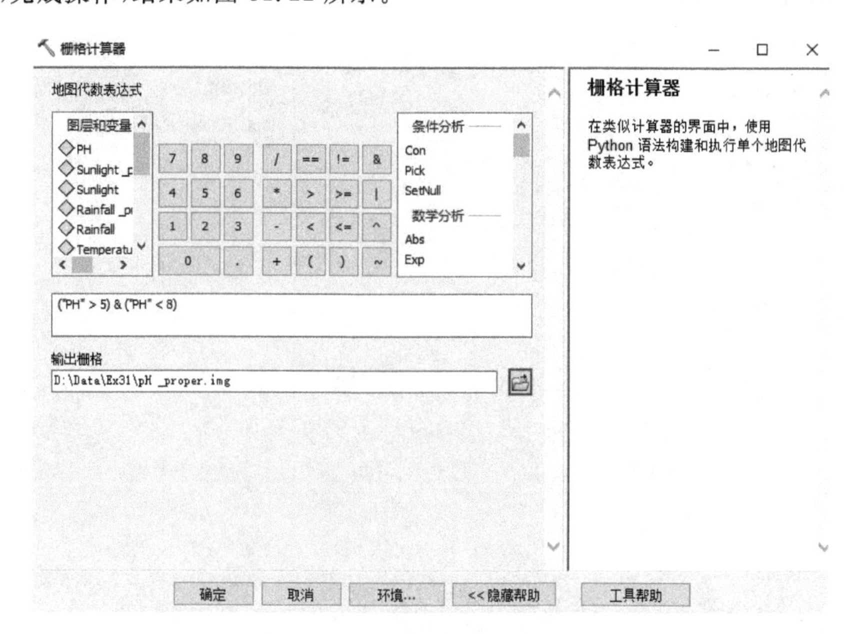

图 31.21　栅格计算器对话框

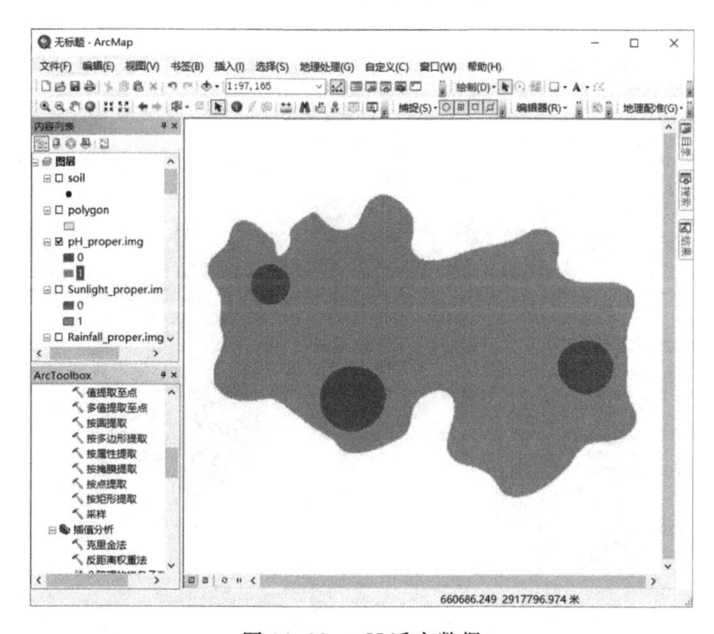

图 31.22　pH 适宜数据

7)土壤 N 含量

(1)在【ArcToolbox】工具箱中选择【Spatial Analyst 工具】→【地图代数】→【栅格计算器】,打开【栅格计算器】工具对话框。

(2)在【栅格计算器】文本框中输入筛选计算公式:"N" > 1.5,在【输出栅格】文本框中输出数据的路径和名称,本实验输出数据命名为“N _proper. img”(见图 31. 23),点击【确定】,完成操作,结果如图 31. 24 所示。

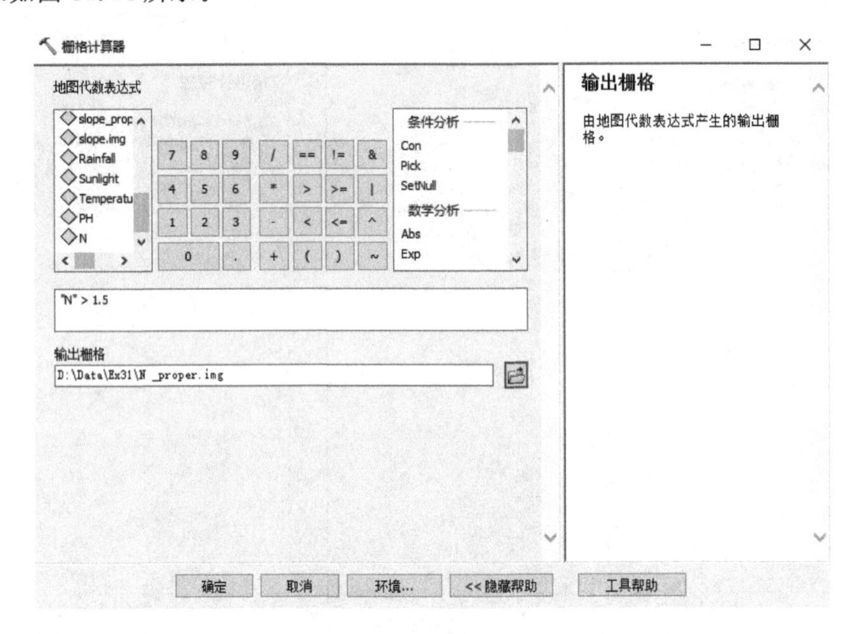

图 31. 23　栅格计算器对话框

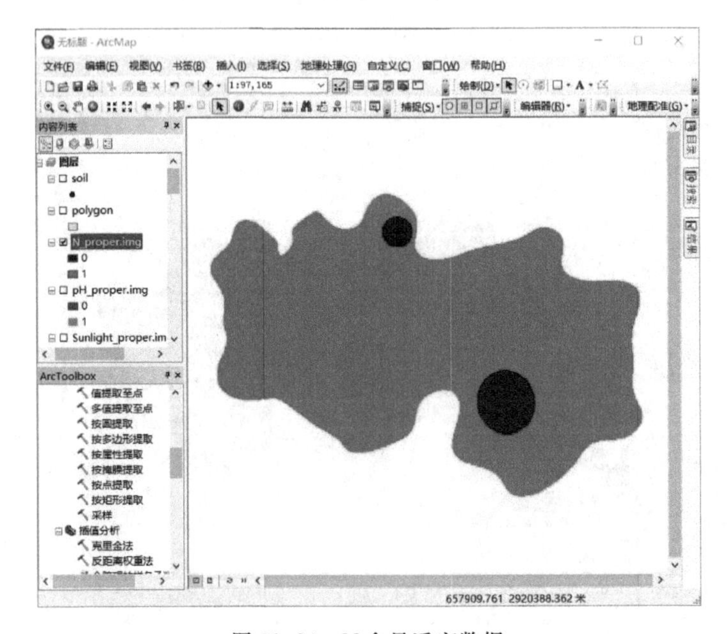

图 31. 24　N 含量适宜数据

3. 总体评价

(1)在【ArcToolbox】工具箱中选择【Spatial Analyst 工具】→【地图代数】→【栅格计算器】,打开【栅格计算器】工具对话框。

(2)在【栅格计算器】文本框中输入筛选计算公式:"N_proper. img" * "pH_proper. img" * "Sunlight_proper. img" * "Rainfall_proper. img" * "Temperature_proper. img" * "slope_proper" * "altitude_proper. img",在【输出栅格】文本框中输出数据的路径和名称,本实验输出数据命名为"slope_proper. img"(见图 31.25),点击【确定】,完成操作,结果如图 31.26 所示。

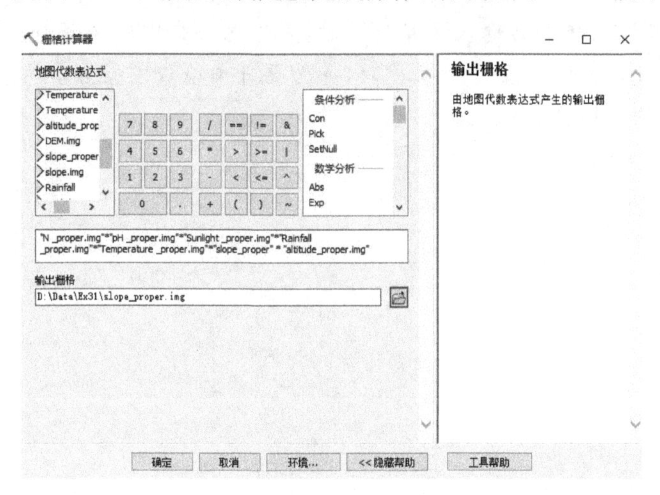

图 31.25 栅格计算器对话框

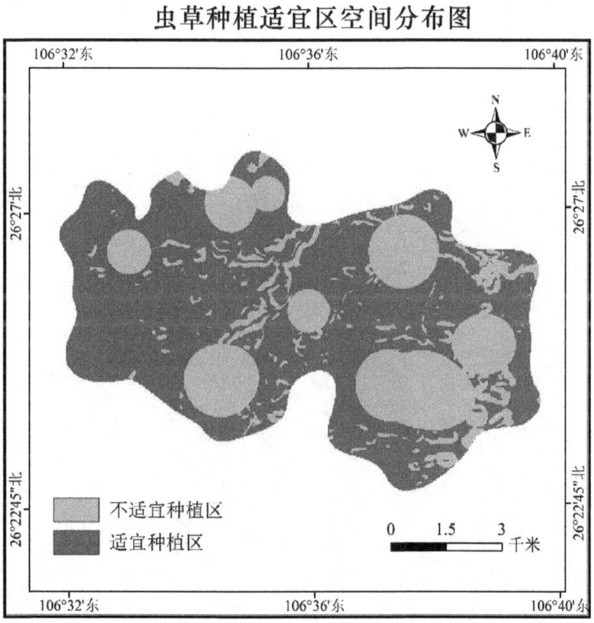

图 31.26 虫草适宜区

【注意事项】

(1)本实验中,气温、降水和日照等要素的插值分析选用反距离权重法。在实际应用中,对于某些需要运用插值分析的因子,需根据具体的项目要求或研究需要,选择合适的插值方法,以得到较可靠的结果。

(2)在本实验总体评价过程中,对各单因子适宜性数据(二值化结果)在栅格计算器中采用连乘法,得到虫草适宜区的二值化分布图。在实际工作中,如需要对总体评价结果分级显示最适宜、较适宜、适宜、较不适宜、不适宜等级,可在栅格计算器的运算中采用单因子二值化数据相加的方法,得到各像元(空间单元)的适宜性等级值。

(3)在运用栅格计算器工具输入运算公式时,须注意公式中的运算符且符号均为英文输入法或半角输入法格式,同时,涉及多个括号时,务必要仔细检查左括号和右括号的一致性,以及括号包含的子公式的准确性。

实验32 生态安全格局评价

【实验背景】

生态安全是国家安全的重要基石和维持区域可持续发展的基本前提，可以为人类社会持续不断提供优质产品和服务，满足人类生存发展对自然生态环境的需求。开展生态安全评价，揭示和协调区域经济活动与生态环境的关系，已成为政府和学术界关注的焦点。基于GIS技术开展生态安全格局评价，是当前生态安全格局评价的主要手段和依据，其中，综合影响生态安全的众多因子，通过构建多因子评价指标体系，进行生态安全格局的综合评价和生态安全网络的构建，是目前比较普遍的研究思路和方法。

【实验目的】

通过本实验，了解利用指标体系法构建生态评价指标体系，通过多源多因子空间数据的编辑和处理，运用空间主成分分析和最小累积阻力模型，进行生态评价的基本原理和思路；熟练运用数字地形分析、栅格重分类、水文分析、缓冲区分析、栅格计算器、空间主成分分析、距离分析等工具和方法。

【实验要求】

利用ArcGIS软件提供的工具和方法，根据实验提供的基础空间数据，完成项目区生态安全格局的评价和生态安全网络的构建。

【实验数据】

实验数据位于\Data\Ex32目录中，包括“DEM. img”“FVC. img”“LUCC. img”“source. shp”“polygon. shp”数据。

【解决思路】

1. 生态安全因子的提取、分级及归一化处理

(1)基于“DEM. img”数据提取坡度、海拔数据，按照分级临界值进行重分类。

(2)基于“DEM. img”数据提取水系数据，并转换为矢量数据，按照一定间隔距离构建缓冲区，再进行重分类得到距水系距离。

(3)基于“LUCC. img”数据提取建设用地数据，并转换为矢量数据，按照一定间隔距离构建缓冲区，再进行重分类得到距建设用地距离。

(4)基于“FVC. img”数据按照分级临界值进行重分类，得到植被覆盖度分级数据。

(5)将量化分级后的各因子空间数据进行归一化处理。

2. 生态安全格局的构建

经归一化处理后的数据借助空间主成分分析(SPCA)方法确定不同生态安全评价因子的权重，选取累积贡献率大于85%的指标进行空间叠加分析加权求和，得到生态安全综合指数数据，以主成分分析得到的占比最大的数据为分级标准进行重分类，得到某地区生态安全格局。

基于最小累积阻力模型和成本距离加权方法，提取某地区生态廊道、生态节点和阻力面数据，综合生态廊道、生态节点、阻力面和“source”叠加得到模拟的某地区生态安全网络。

实验流程如图 32.1 所示。

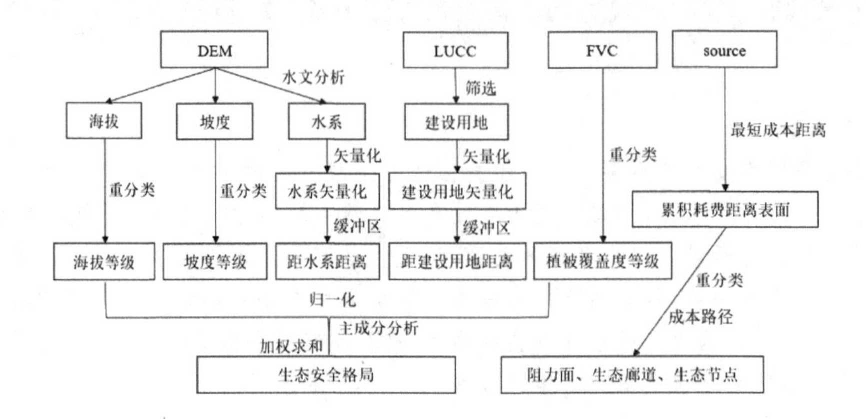

图 32.1　实验流程图

【操作步骤】

1. 生态安全因子的提取、分级及归一化处理

1)坡度

(1)打开 ArcMap，将“DEM. img”数据加载到视图窗口(见图 32.2)。

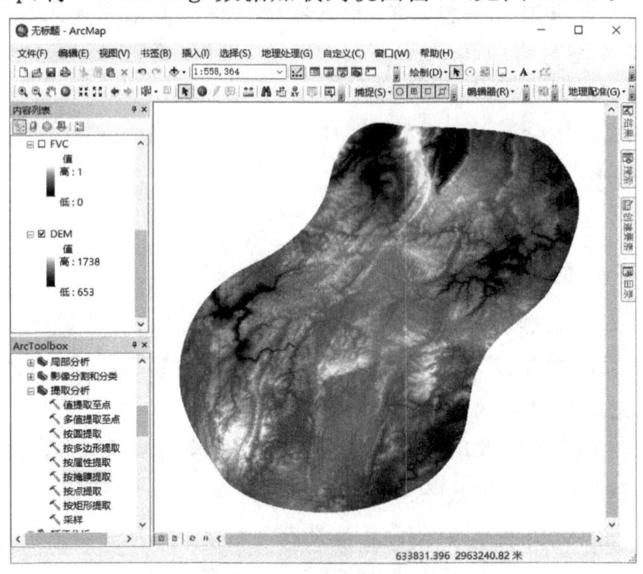

图 32.2　DEM 数据

(2)在【ArcToolbox】工具箱中选择【Spatial Analyst 工具】→【表面分析】→【坡度】，打开【坡度】工具对话框。在【输入栅格】文本框中选择输入“DEM. img”数据，在【输出栅格】文本框中输入输出数据的路径和名称，本实验输出数据命名为“slope. img”(见图 32.3)，点击【确定】完成操作，结果如图 32.4 所示。

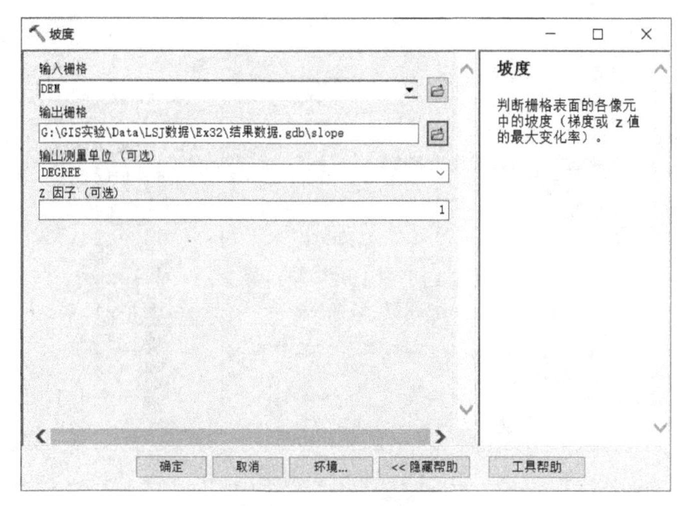

图 32.3　坡度对话框

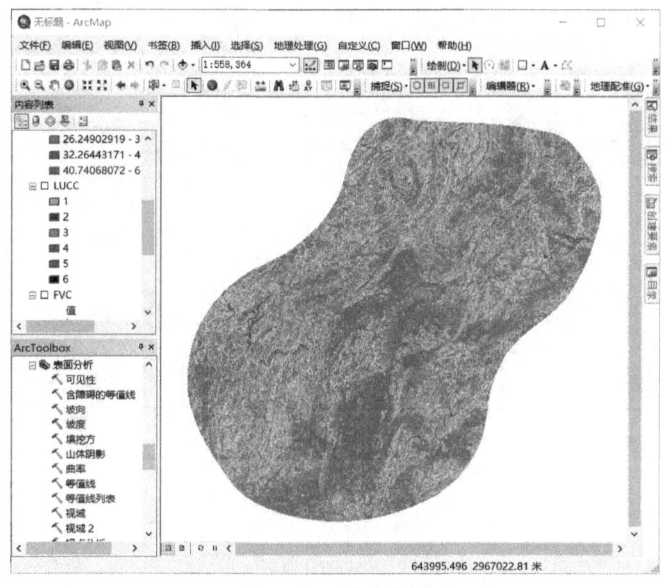

图 32.4　坡度数据

(3)在【ArcToolbox】工具箱中选择【Spatial Analyst 工具】→【重分类】→【重分类】(见图 32.5)，打开【重分类】对话框后，在【输入栅格】文本框中选择输入“slpoe. img”数据，点击【分类】，弹出【分类】对话框后，【类别】选择“4”(见图 32.6)，按照分类标准将【中断值】修改为“5、15、25 和 70”，如图 32.7 所示，点击【确定】返回【重分类】对话框，在【输出栅格】文本框中输入输出数据的路径和名称，本实验输出数据命名为“REslope. img”(见图 32.8)，点击【确定】完成操作，结果如图 32.9 所示。

(4)在【ArcToolbox】工具箱中选择【Spatial Analyst 工具】→【叠加分析】→【模糊隶属度】，打开【模糊隶属度】对话框后，在【输入栅格】文本框中选择输入“REslpoe. img”数据，在【分类值类型(可选)】选择“线性函数”，在【输出栅格】文本框中输入输出数据的路径和名称，本实验输出数据命名为“GYHslope. img”(见图 32.10)，点击【确定】完成操作，结果如图 32.11 所示。

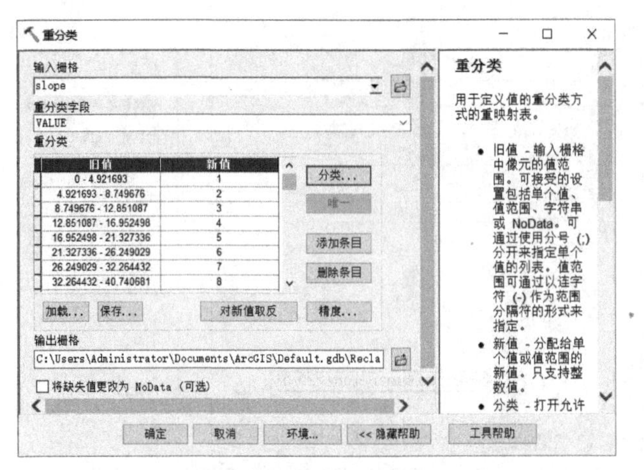

图 32.5 重分类对话框 1

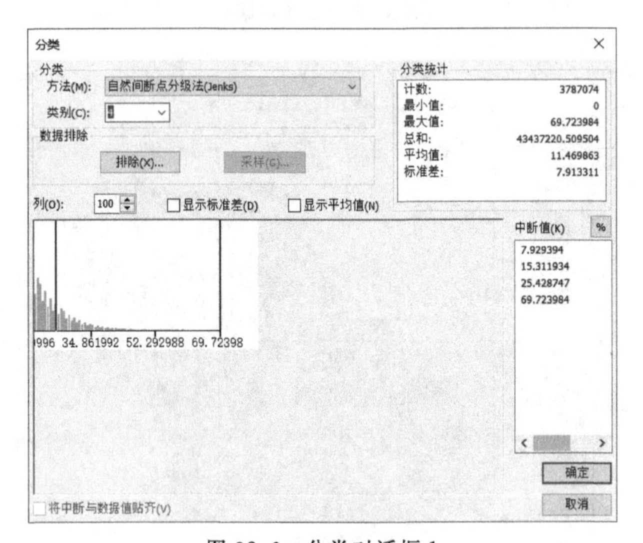

图 32.6 分类对话框 1

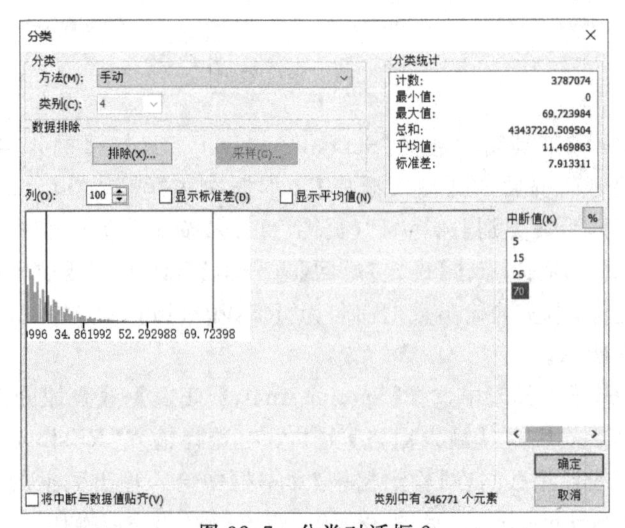

图 32.7 分类对话框 2

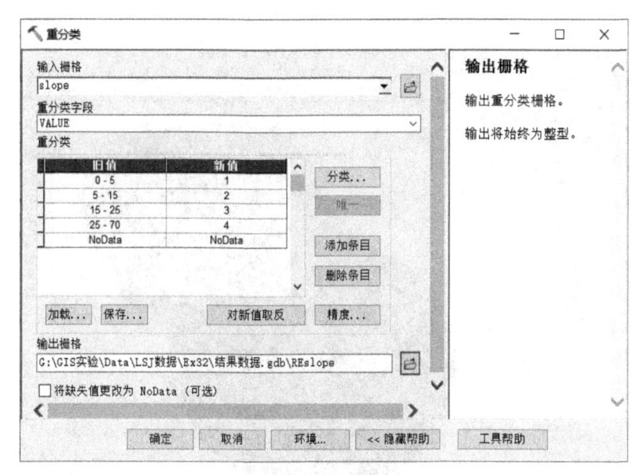

图 32.8 重分类对话框 2

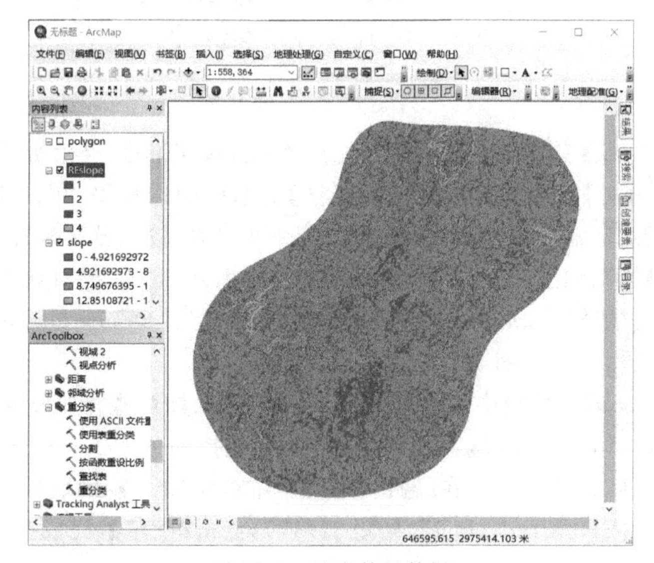

图 32.9 坡度等级数据

图 32.10 归一化对话框

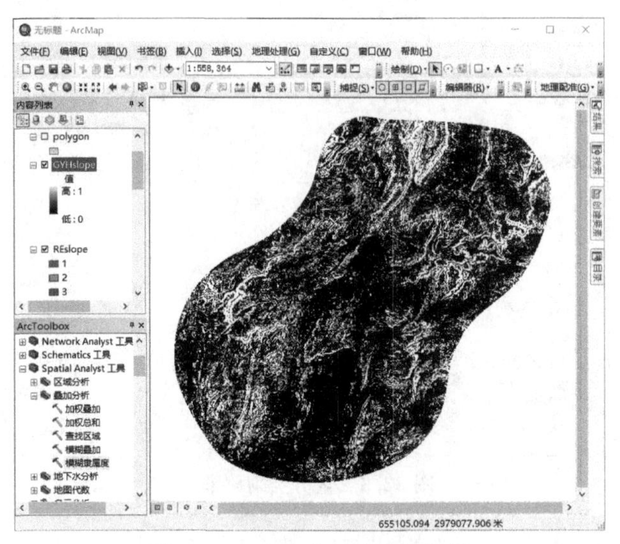

图 32.11 归一化坡度等级数据

2)海拔

(1)在【ArcToolbox】工具箱中选择【Spatial Analyst 工具】→【重分类】→【重分类】(见图 32.12),打开【重分类】对话框后,在【输入栅格】文本框中选择输入“DEM. img”数据,点击【分类】,弹出【分类】对话框后,【类别】选择“4”(见图 32.13),按照分类标准将【中断值】修改为“800、1200、1600、1800”,如图 32.14 所示,点击【确定】返回【重分类】对话框,在【输出栅格】文本框中输入输出数据的路径和名称,本实验输出数据命名为“REaltitude. img”(见图 32.15),点击【确定】,完成操作,结果如图 32.16 所示。

(2)在【ArcToolbox】工具箱中选择【Spatial Analyst 工具】→【叠加分析】→【模糊隶属度】,打开【模糊隶属度】对话框后,在【输入栅格】文本框中选择输入“REaltitude. img”数据,在【分类值类型(可选)】选择“线性函数”,在【输出栅格】文本框中输入输出数据的路径和名称,本实验输出数据命名为“GYHaltitude. img”(见图 32.17),点击【确定】,完成操作,结果如图 32.18 所示。

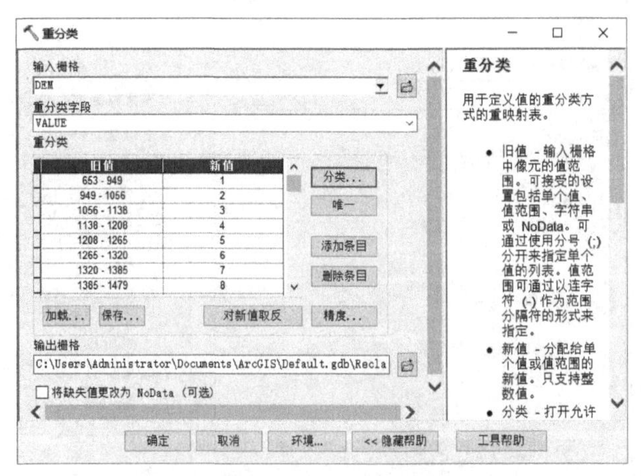

图 32.12 重分类对话框 1

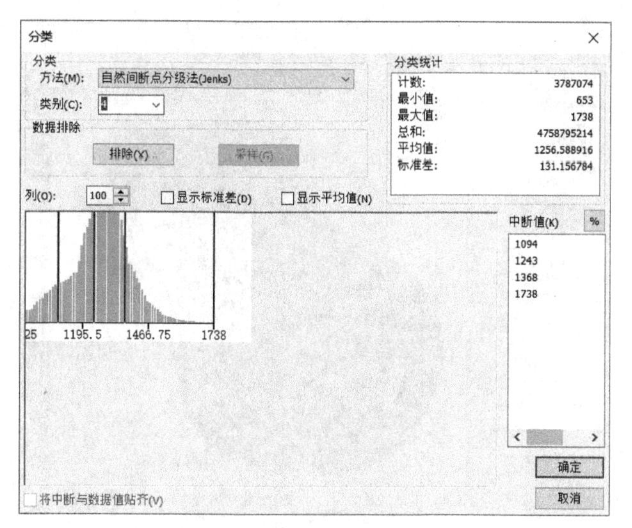

图 32.13　分类对话框 1

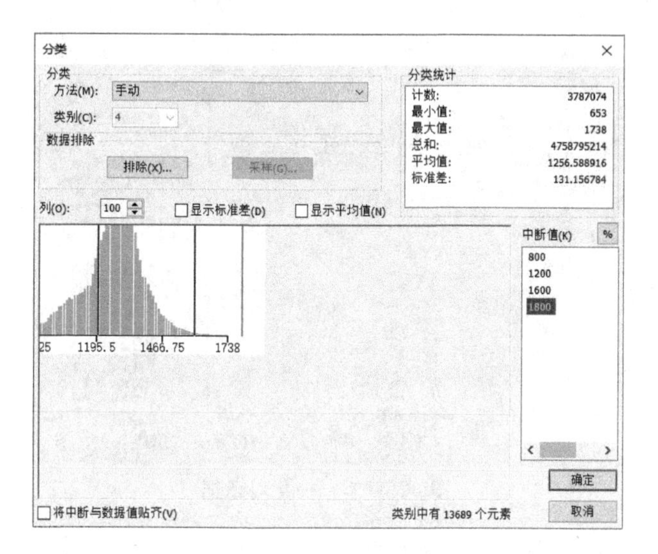

图 32.14　分类对话框 2

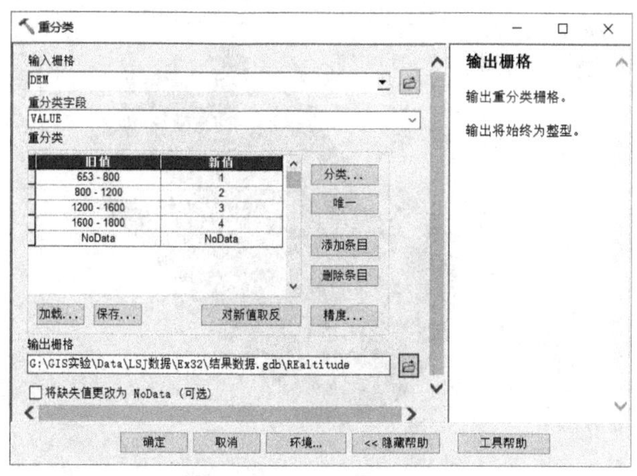

图 32.15　重分类对话框 2

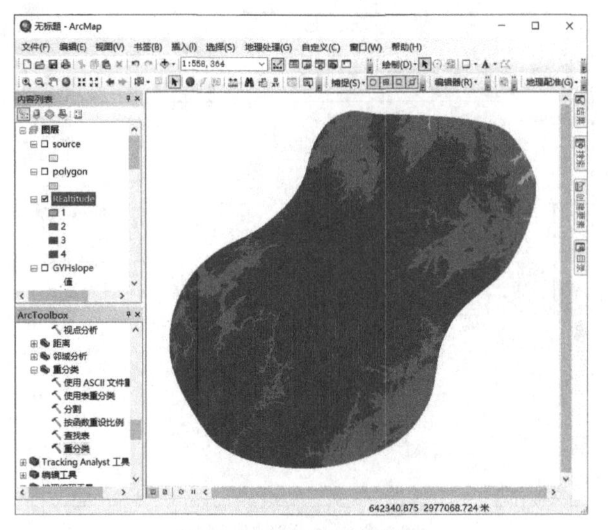

图 32.16 海拔分级数据

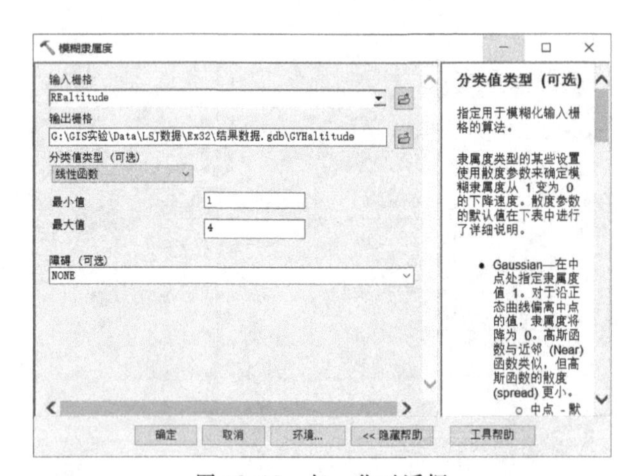

图 32.17 归一化对话框

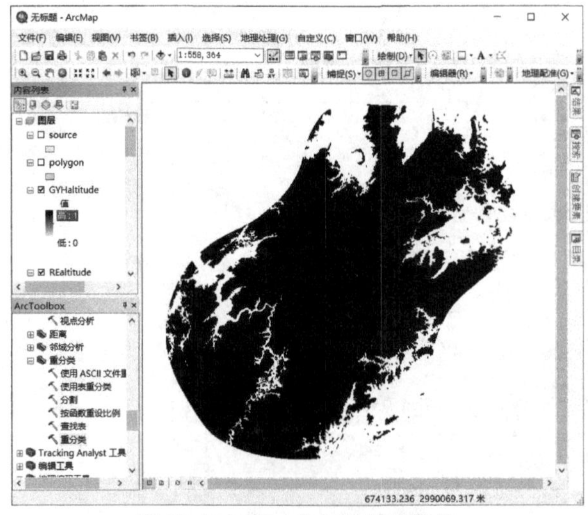

图 32.18 归一化海拔等级数据

3)距水体距离

(1)在【ArcToolbox】工具箱中选择【Spatial Analyst 工具】→【水文分析】→【填洼】，打开【填洼】工具对话框。

(2)在【输入表面栅格数据】文本框中选择输入“DEM. img”，在【输出表面栅格】文本框中输入输出数据的名称，本实验输出数据命名为“FillDEM. img”（见图 32. 19），点击【确定】，完成操作，结果如图 32. 20 所示。

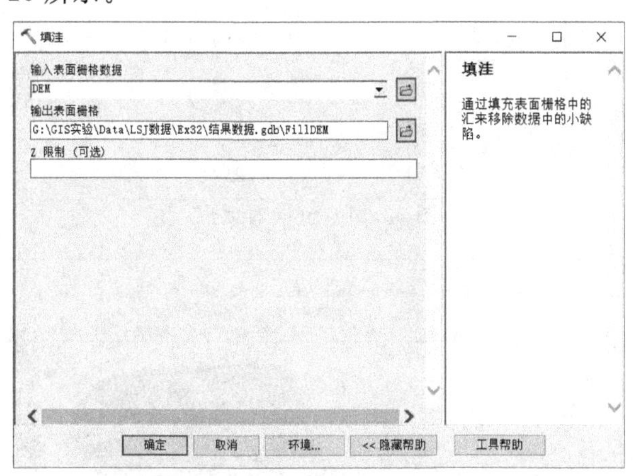

图 32. 19　填洼对话框

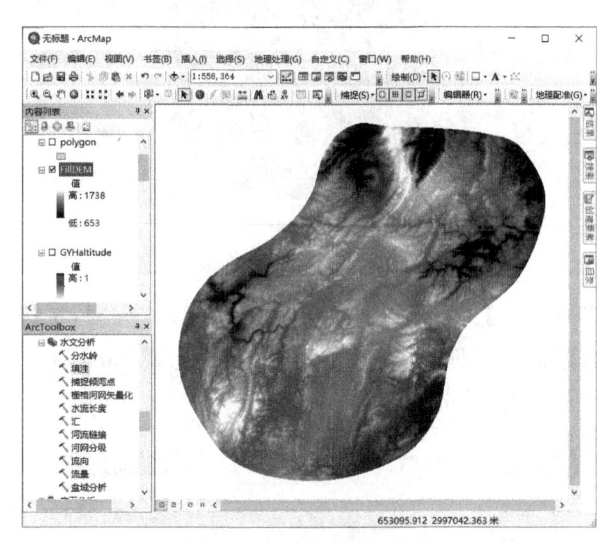

图 32. 20　FillDEM 数据

(3)在【ArcToolbox】工具箱中选择【Spatial Analyst 工具】→【水文分析】→【流向】，打开【流向】工具对话框。

(4)在【输入表面栅格数据】文本框中选择输入“FillDEM. img”数据，在【输出流向栅格数据】文本框中输入输出数据的路径和名称，本实验输出数据命名为“FlowDir. img”（见图 32. 21），点击【确定】，完成操作，结果如图 32. 22 所示。

(5)在【ArcToolbox】工具箱中选择【Spatial Analyst 工具】→【水文分析】→【流量】，打开【流量】工具对话框。

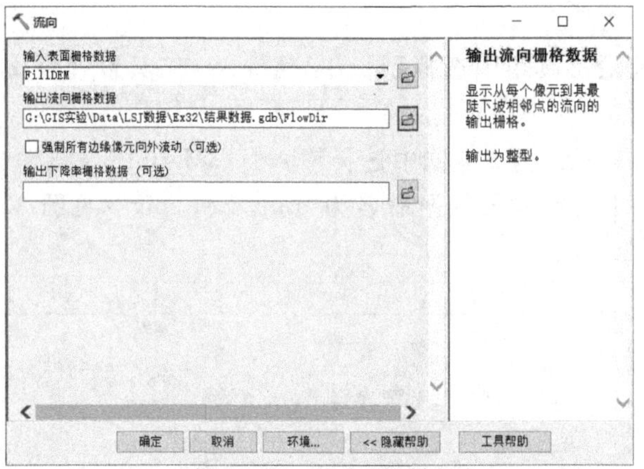

图 32.21　流向对话框

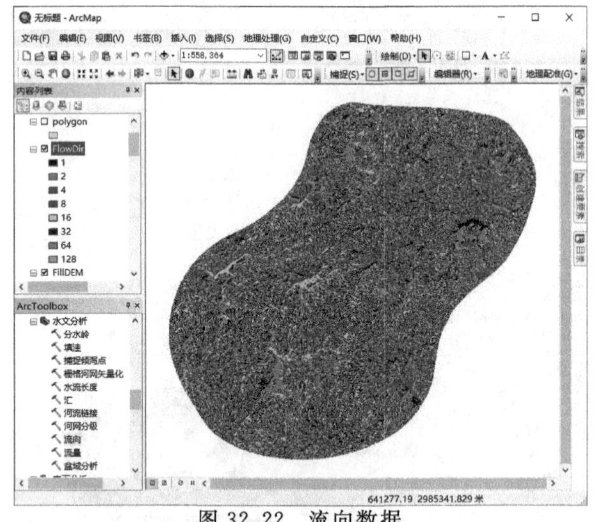

图 32.22　流向数据

(6)在【输入流向栅格数据】文本框中选择输入“FlowDir”数据，在【输出蓄积栅格数据】文本框中输入输出数据的路径和名称，本实验输出数据命名为“FlowAcc.img”(见图 32.23)，点击【确定】，完成操作，结果如图 32.24 所示。

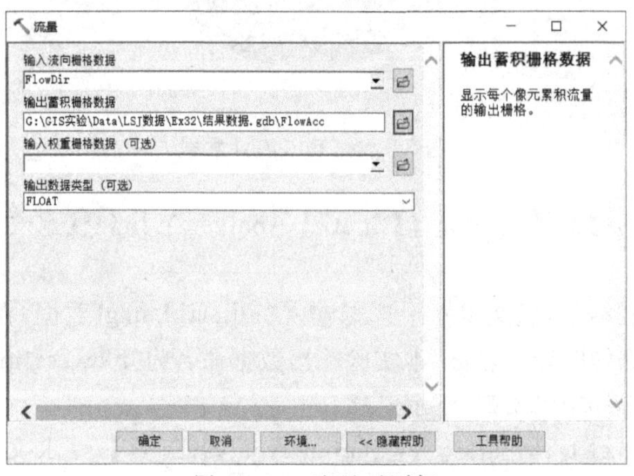

图 32.23　流量对话框

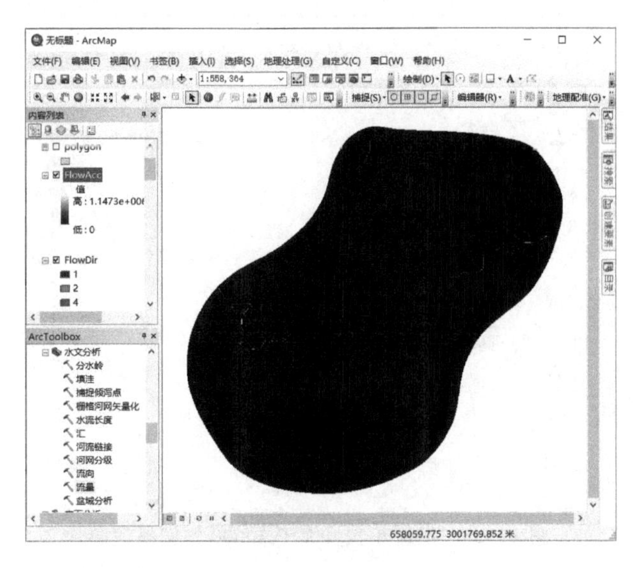

图 32.24 流量数据

(7)在【ArcToolbox】工具箱中选择【Spatial Analyst 工具】→【地图代数】→【栅格计算器】，打开【栅格计算器】工具对话框。

(8)在【栅格计算器】文本框中输入汇流量阈值的计算公式(本实验输入计算公式为“Con("FlowAcc">50000,1)”)，在【输出栅格】文本框中输出数据的路径和名称，本实验输出数据命名为“stream.img”(见图 32.25)，点击【确定】，完成操作，结果如图 32.26 所示。

(9)在【ArcToolbox】工具箱中选择【转换工具】→【由栅格转出】→【栅格转折线】，打开【栅格转折线】工具对话框。

(10)在【输入栅格】文本框中选择输入“stream.img”数据，在【输出折线要素】文本框中输出数据的路径和名称，本实验输出数据命名为“River”(见图 32.27)，点击【确定】，完成操作，结果如图 32.28 所示。

图 32.25 栅格计算器对话框

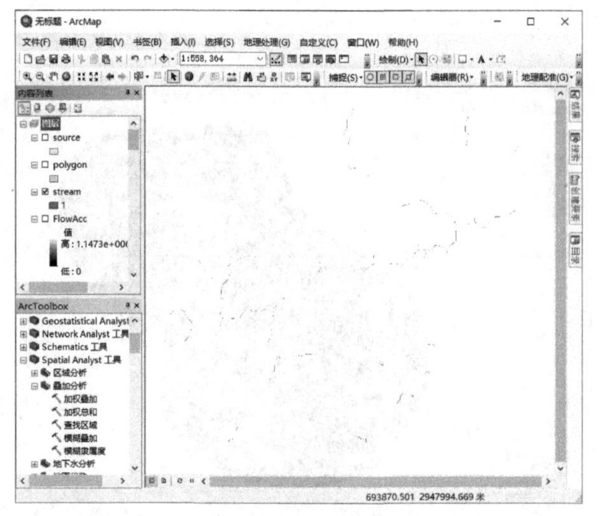

图 32.26　汇流累积量大于 50000 的栅格河网

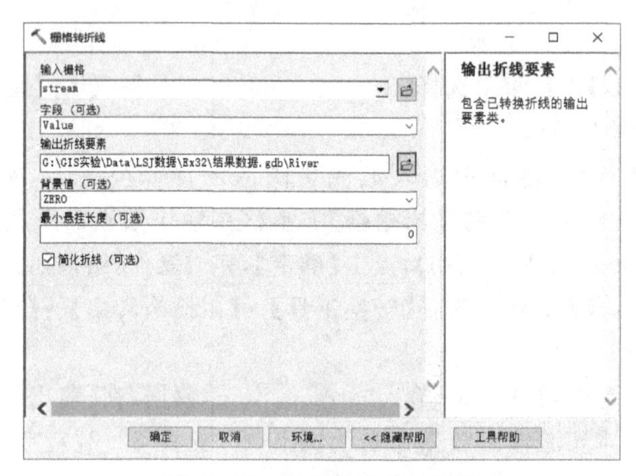

图 32.27　栅格转折线对话框

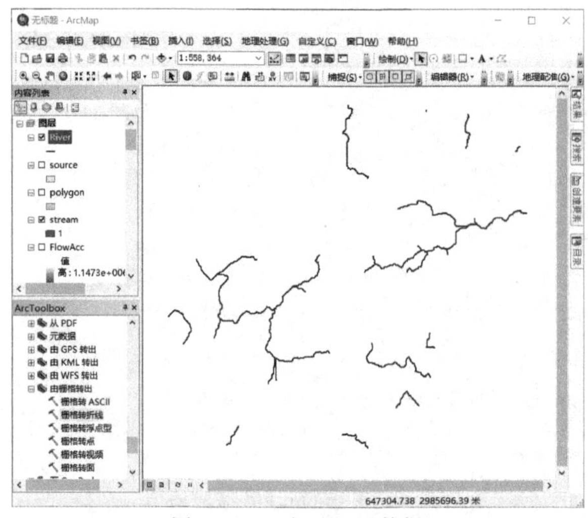

图 32.28　水系矢量数据

(11)在【ArcToolbox】工具箱中选择【分析工具】→【领域分析】→【多环缓冲区】，打开【多环缓冲区】工具对话框。在【输入要素】文本框中选择输入“River”数据，在“距离”对话框中依次输入 3000、6000、12000、15000 的多环缓冲区，在【缓冲区单位(可选)】中选择“Meters”，在【输出要素类】文本框中输入输出数据的路径和名称，本实验输出数据命名为“DHRiver”(见图 32.29)，点击【确定】，完成操作，结果如图 32.30 所示。

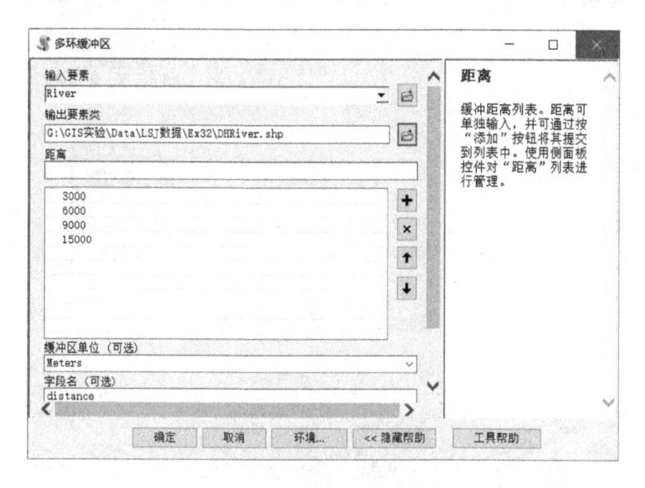

图 32.29　多环缓冲区对话框

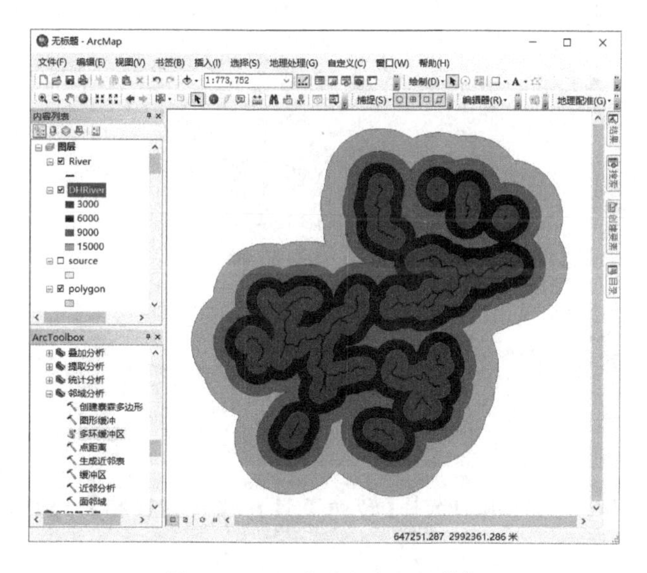

图 32.30　距水系距离矢量数据

(12)在【ArcToolbox】工具箱中选择【分析工具】→【提取分析】→【裁剪】，打开【裁剪】工具对话框。

(13)在【输入要素】文本框中选择输入“DHRiver”数据，在【裁剪要素】对话框中选择“polygon”数据，在【输出要素类】文本框中输入输出数据的路径和名称，本实验输出数据命名为“DisRiver”(见图 32.31)，点击【确定】，完成操作，结果如图 32.32 所示。

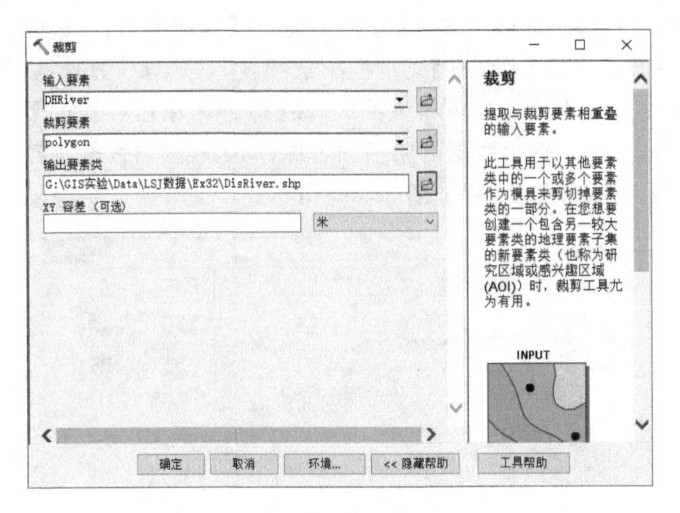

图 32.31 裁剪对话框

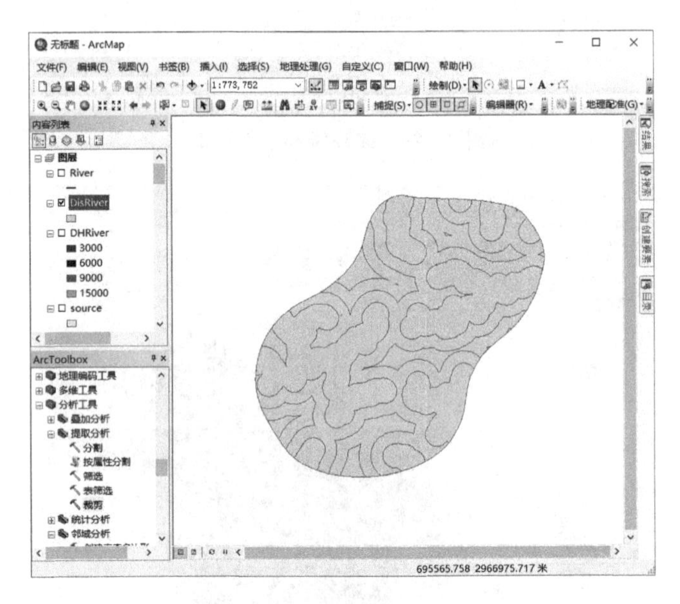

图 32.32 距水系距离矢量数据

(14)在【ArcToolbox】工具箱中选择【转换工具】→【转为栅格】→【面转栅格】，打开【面转栅格】工具对话框。

(15)在【输入要素】文本框中选择输入“DisRiver”数据，在【值字段】选择“distance”，将【像元大小(可选)】修改为“30”，在【输出栅格数据集】文本框中输出数据的路径和名称，本实验输出数据命名为“DisRiver. img”(见图 32. 33)，点击【确定】，完成操作，结果如图 32. 34 所示。

(16)在【ArcToolbox】工具箱中选择【Spatial Analyst 工具】→【重分类】→【重分类】，打开【重分类】对话框，在【输入栅格】文本框中选择输入“DisRiver. img”数据，在【输出栅格】文本框中输入输出数据的路径和名称，本实验输出数据命名为“RERiver. img”(见图 32. 35)，点击【确定】，完成操作，结果如图 32. 36 所示。

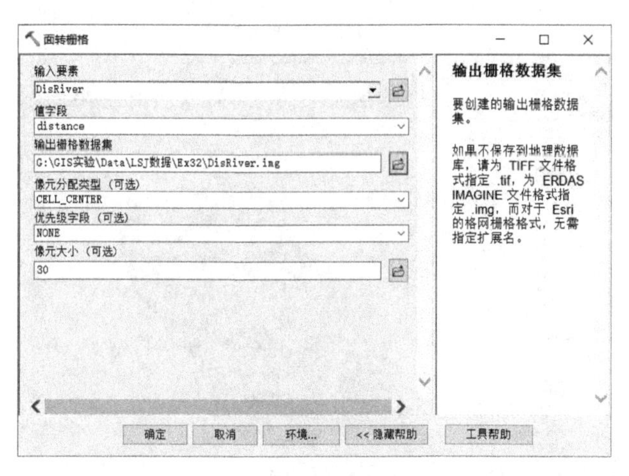

图 32.33　面转栅格对话框

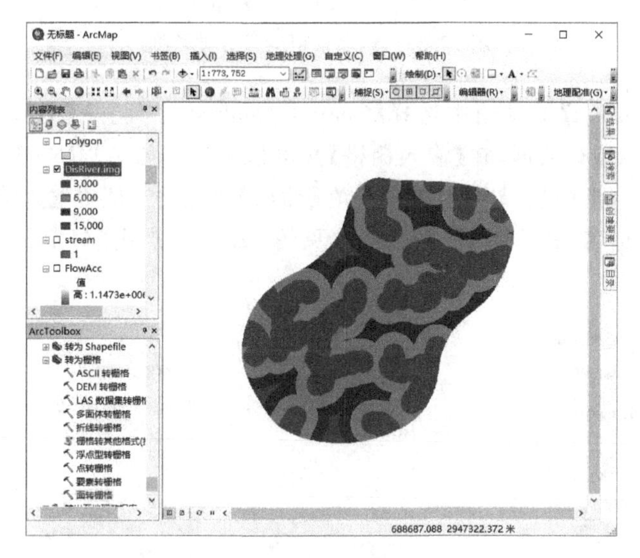

图 32.34　距水系距离栅格数据

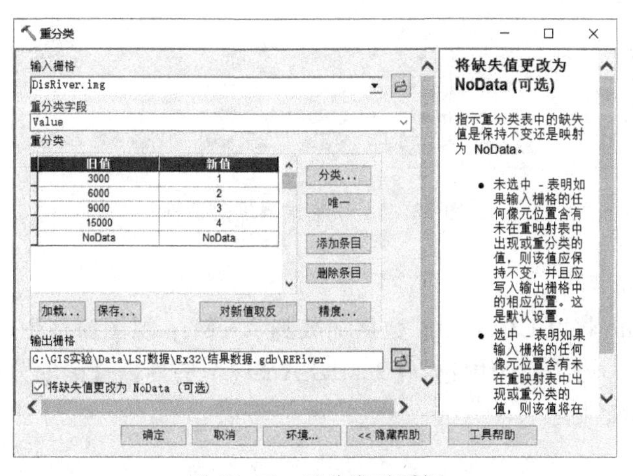

图 32.35　重分类对话框

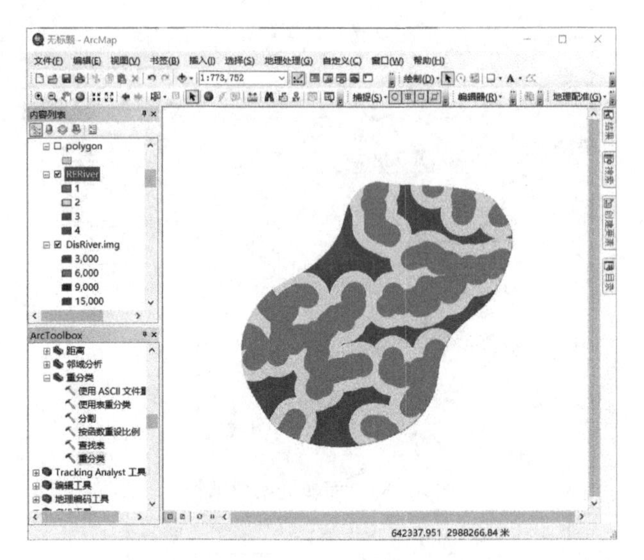

图 32.36　距水系距离重分类数据

(17)在【ArcToolbox】工具箱中选择【Spatial Analyst 工具】→【叠加分析】→【模糊隶属度】,打开【模糊隶属度】对话框,在【输入栅格】文本框中选择输入“RERiver. img”数据,在【分类值类型(可选)】文本框中选择“线性函数”,在【输出栅格】文本框中输入输出数据的路径和名称,本实验输出数据命名为“GYHRiver. img”(见图 32.37),点击【确定】,完成操作,结果如图 32.38 所示。

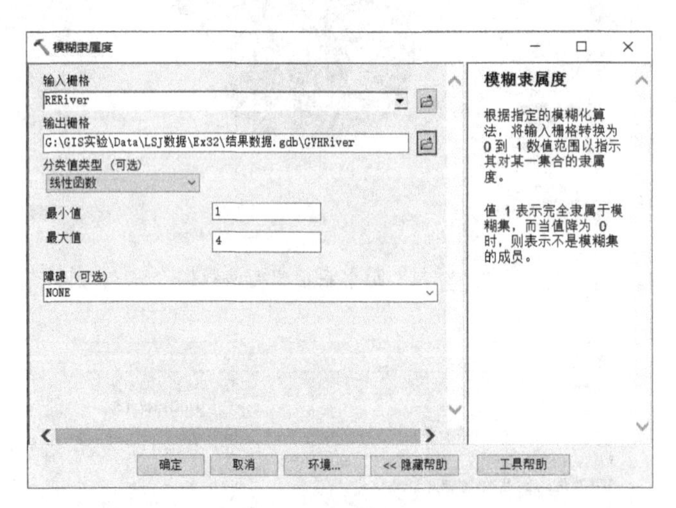

图 32.37　模糊隶属度对话框

4)距建设用地距离

(1)打开 ArcMap,将“LUCC. img”数据加载到 ArcMap 视图窗口中,如图 32.39 所示。

(2)在【ArcToolbox】工具箱中选择【Spatial Analyst 工具】→【提取分析】→【按属性提取】,打开【按属性提取】对话框。

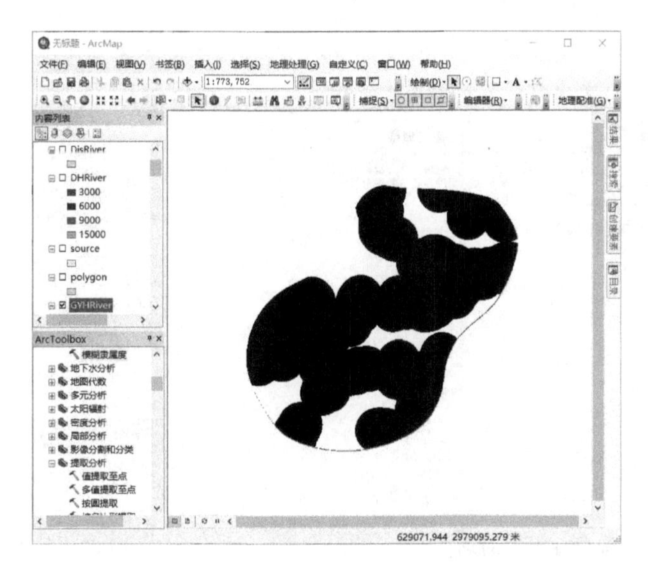

图 32.38　距水系距离归一化数据

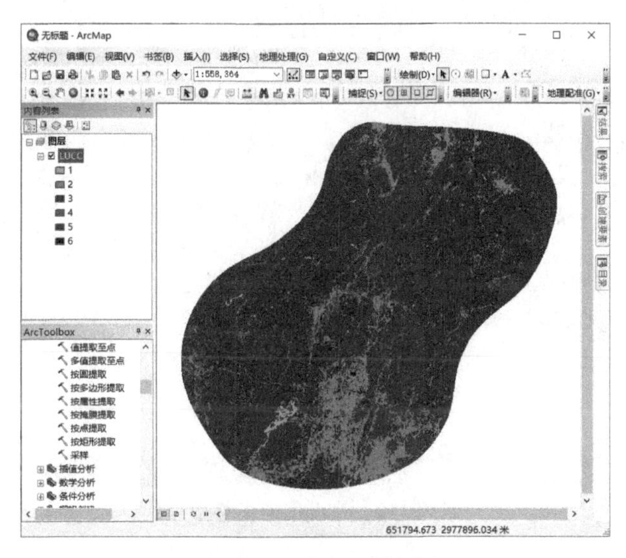

图 32.39　LUCC 数据

(3)在【输入栅格】文本框中选择输入“LUCC. img”数据，点击【Where 子句】文本框后面的“SQL”，在【查询构建器】中输入“Value＝2”，点击【确定】，在【输出栅格】文本框中输入输出数据的路径和名称，本实验输出数据命名为“building. img”(见图 3. 40、图 32. 41)，点击【确定】，完成操作，结果如图 32. 42 所示。

(4)在【ArcToolbox】工具箱中选择【转换工具】→【由栅格转出】→【栅格转面】，打开【栅格转面】工具对话框。

(5)在【输入栅格】文本框中选择输入“building. img”数据，在【输出面要素】文本框中输入输出数据的路径和名称，本实验输出数据命名为“building. shp”(见图 32. 43)，点击【确定】，完成操作，结果如图 32. 44 所示。

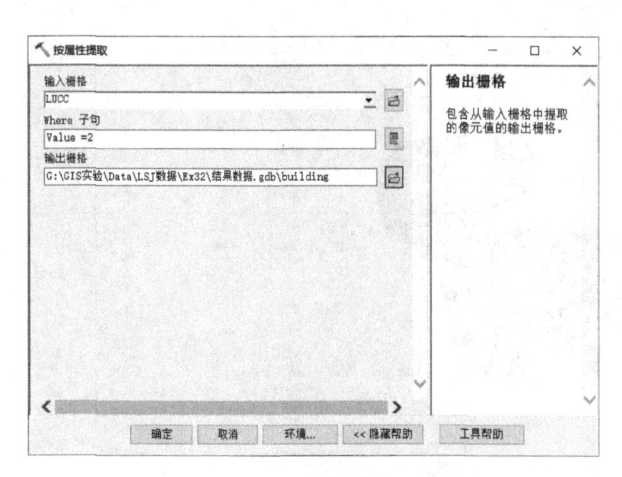

图 32.40　按属性提取对话框

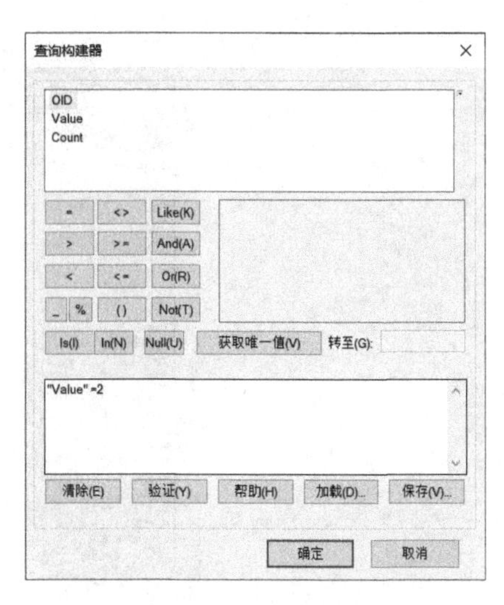

图 32.41　查询构建器对话框

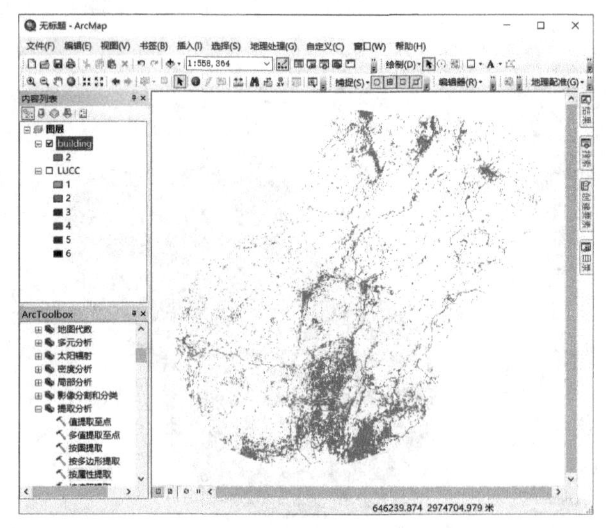

图 32.42　建设用地栅格数据

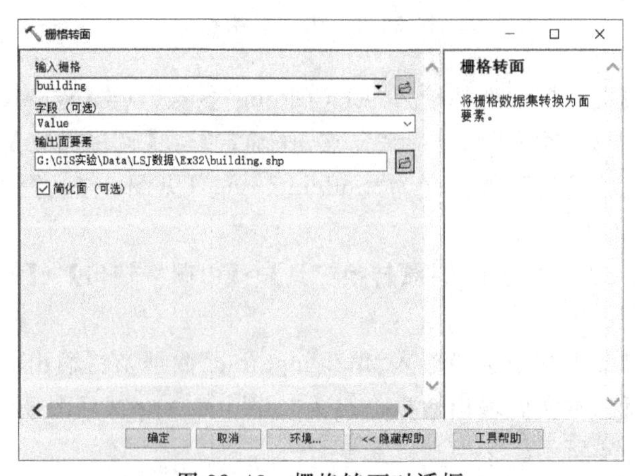

图 32.43　栅格转面对话框

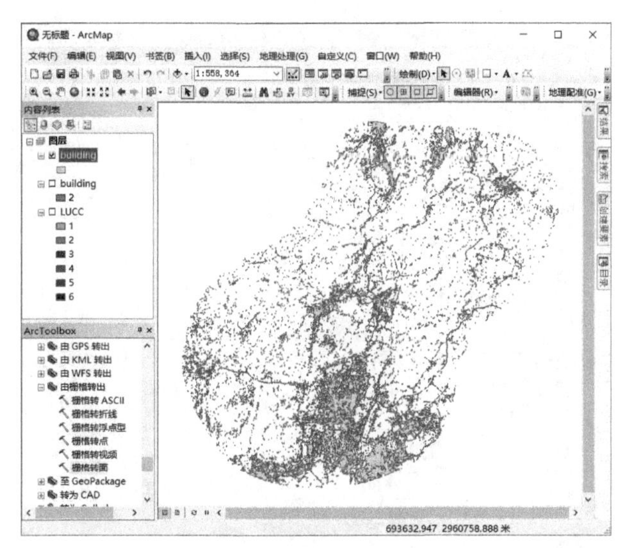

图 32.44　建设用地矢量数据

(6)在【内容列表】中选择“building”矢量数据，单击鼠标右键打开属性表(见图 30.45)，点击【表选项】中的【添加字段】(见图 32.46)，打开【添加字段】对话框。

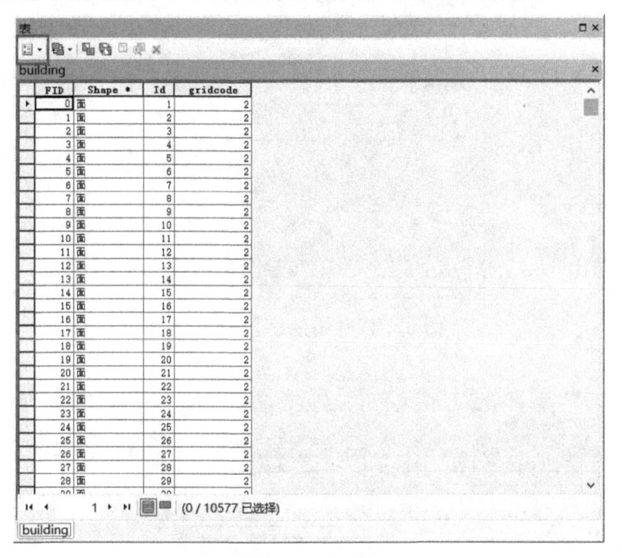
表
building

FID	Shape *	Id	gridcode
0	面	1	2
1	面	2	2
2	面	3	2
3	面	4	2
4	面	5	2
5	面	6	2
6	面	7	2
7	面	8	2
8	面	9	2
9	面	10	2
10	面	11	2
11	面	12	2
12	面	13	2
13	面	14	2
14	面	15	2
15	面	16	2
16	面	17	2
17	面	18	2
18	面	19	2
19	面	20	2
20	面	21	2
21	面	22	2
22	面	23	2
23	面	24	2
24	面	25	2
25	面	26	2
26	面	27	2
27	面	28	2
28	面	29	2

(0 / 10577 已选择)
building

图 32.45　表对话框 1

(7)在【名称】中输入“area”,【类型】选择“双精度”(见图 32.47)，点击【确定】后，完成操作，结果如图 32.48 所示。

(8)在【表】中选中“area”列，单击鼠标右键，选择【计算几何】(见图 32.49)，在弹出的【计算几何】对话框中点击“是”(见图 32.50)。

(9)在【计算几何】对话框中，【属性】选择“面积”,【单位】选择“平方千米”，点击【确定】(见图 32.51)，在弹出的【字段计算器】对话框中选择“是”(见图 32.52)，完成操作，结果如图 32.53 所示。

(10)在【ArcToolbox】工具箱中选择【分析工具】→【提取分析】→【筛选】，打开【筛选】工具对话框。

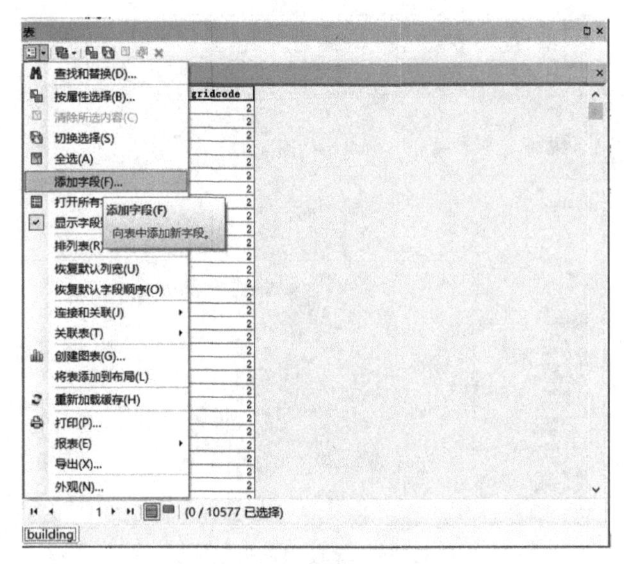

图 32.46 表对话框 2

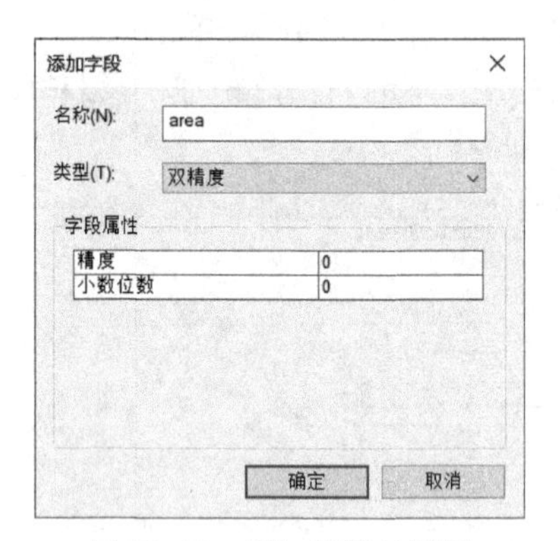

图 32.47 添加字段对话框

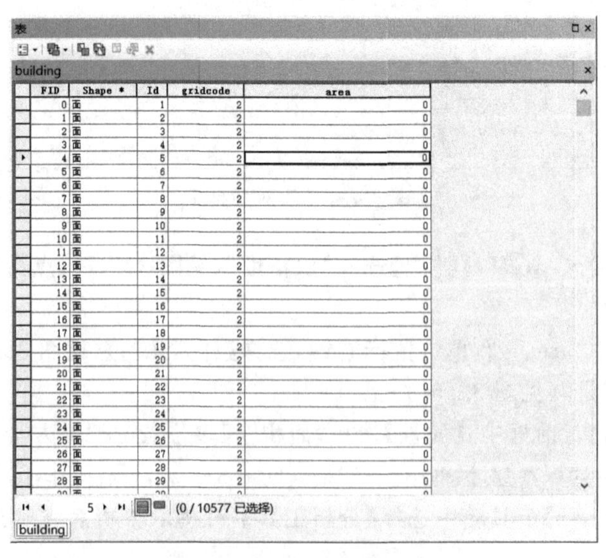

图 32.48 "area"字段添加成功

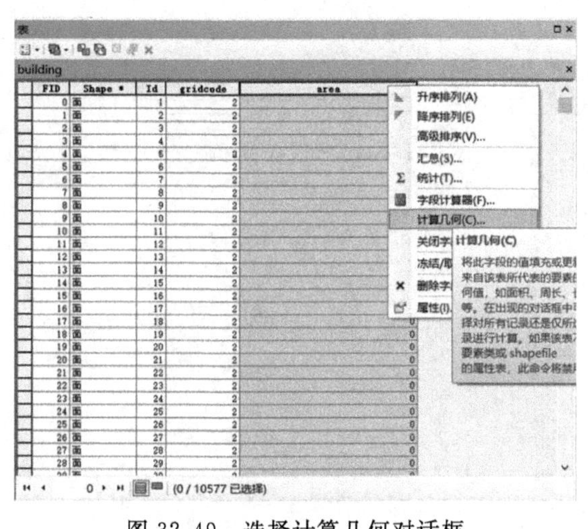

图 32.49　选择计算几何对话框

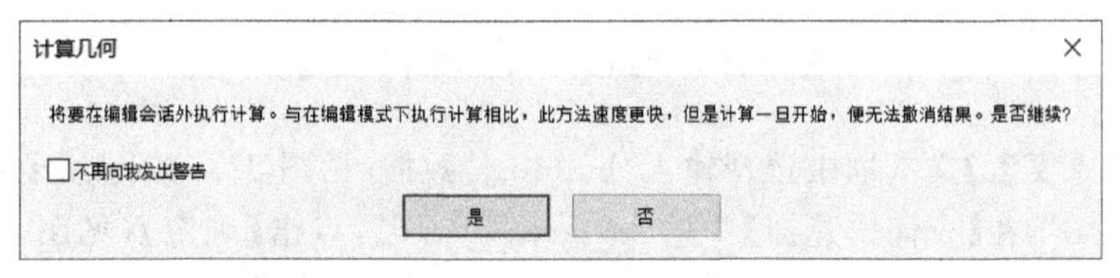

图 32.50　计算几何对话框 1

计算几何

属性(P): 面积

坐标系

使用数据源的坐标系(D):

PCS: WGS 1984 UTM Zone 48N

使用数据框的坐标系(F):

PCS: WGS 1984 UTM Zone 48N

单位(U): 平方千米 [平方千米]

仅计算所选的记录(R)

关于计算几何

确定　取消

图 32.51　计算几何对话框 2

字段计算器

将要在编辑会话外执行计算。与在编辑模式下执行计算相比，此方法速度更快，但是计算一旦开始，便无法撤消结果。是否继续?

不再向我发出警告

是　否

图 32.52　字段计算器对话框

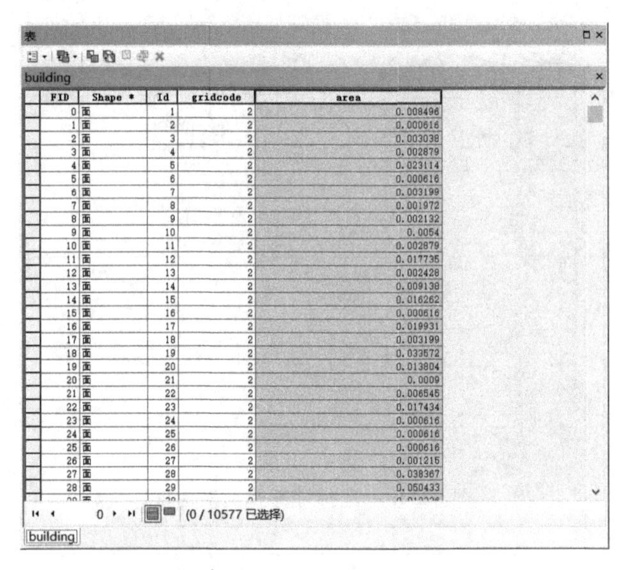

FID	Shape *	Id	gridcode	area
0	面	1	2	0.008496
1	面	2	2	0.000616
2	面	3	2	0.003038
3	面	4	2	0.002879
4	面	5	2	0.023114
5	面	6	2	0.000616
6	面	7	2	0.003199
7	面	8	2	0.001972
8	面	9	2	0.002132
9	面	10	2	0.0054
10	面	11	2	0.002879
11	面	12	2	0.017735
12	面	13	2	0.002428
13	面	14	2	0.009138
14	面	15	2	0.016262
15	面	16	2	0.000616
16	面	17	2	0.019931
17	面	18	2	0.003199
18	面	19	2	0.033572
19	面	20	2	0.013804
20	面	21	2	0.0009
21	面	22	2	0.006545
22	面	23	2	0.017434
23	面	24	2	0.000616
24	面	25	2	0.000616
25	面	26	2	0.000616
26	面	27	2	0.001215
27	面	28	2	0.038367
28	面	29	2	0.050433

图 32.53 “area”字段面积计算成功

(11)在【输入要素】文本框中选择输入“building”数据(见图 32.54),点击【表达式(可选)】对话框中的“SQL”,在【查询构建器】中输入“"area">1.5”,点击【确定】(见图 32.55)。在【输出要素类】文本框中输入输出数据的路径和名称,本实验输出数据命名为“construction”(见图 32.56),点击【确定】,完成操作,结果如图 32.57 所示。

(12)在【ArcToolbox】工具箱中选择【分析工具】→【领域分析】→【多环缓冲区】,打开【多环缓冲区】工具对话框。在【输入要素】文本框中选择输入“construction”数据,在【距离】对话框中依次输入 3000、6000、9000、22000 的多环缓冲区,在【缓冲区单位(可选)】中选择“Meters”,在【输出要素类】文本框中输入输出数据的路径和名称,本实验输出数据命名为“DHconstruction”(见图 32.58),点击【确定】,完成操作,结果如图 32.59 所示。

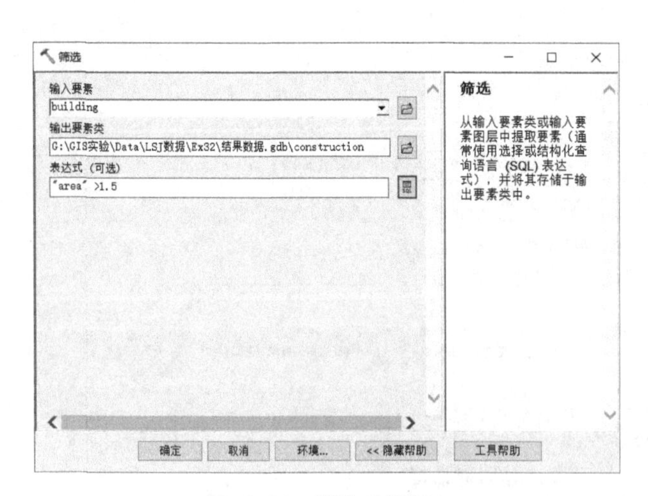

图 32.54 筛选对话框 1

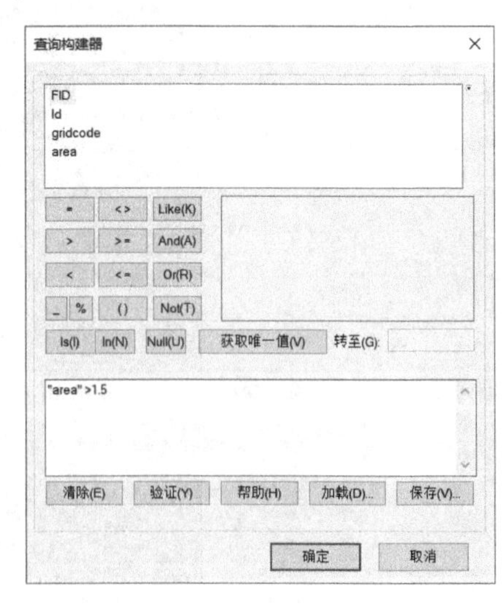

图 32.55 查询构建器对话框

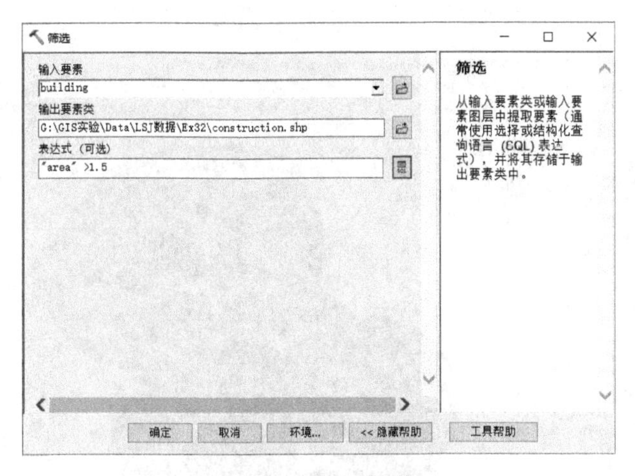

图 32.56 筛选对话框 2

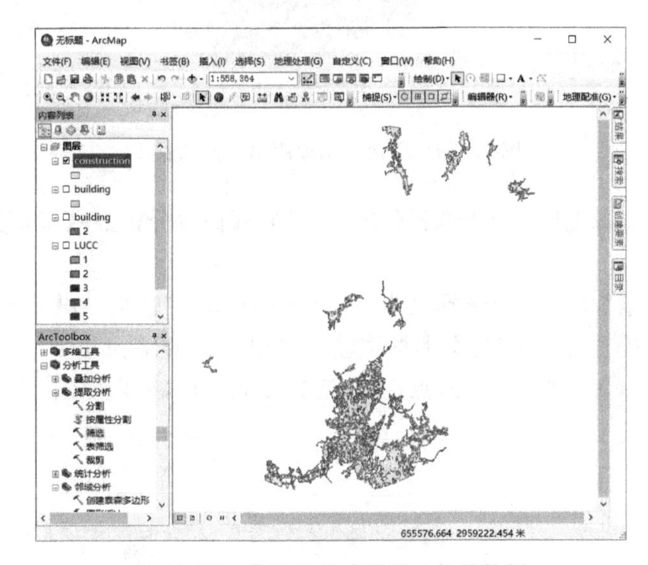

图 32.57 筛选后的建设用地矢量数据

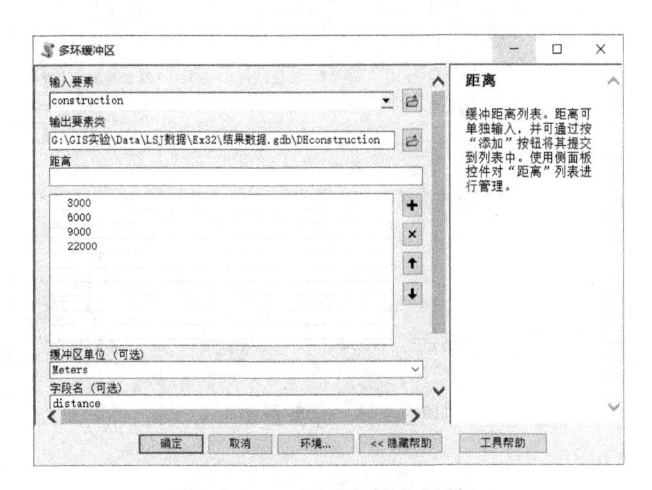

图 32.58 多环缓冲区对话框

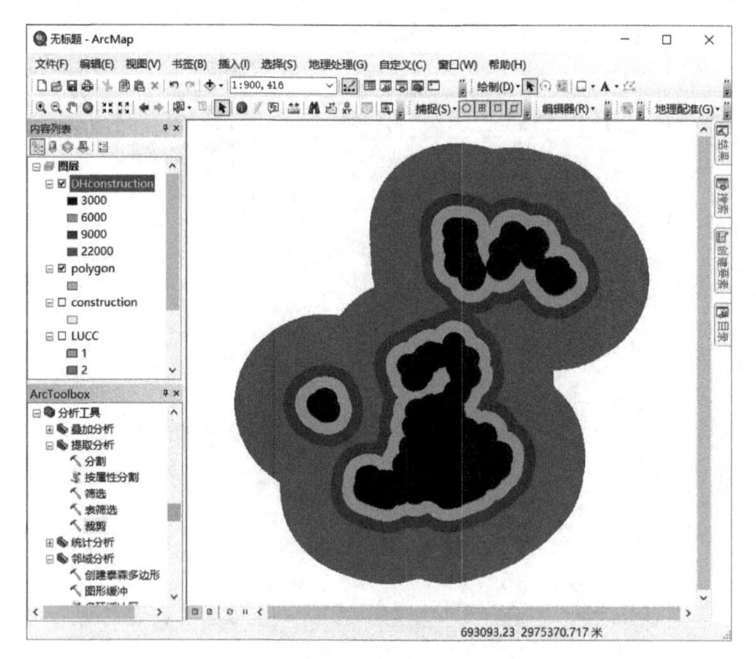

图 32.59　距建设用地距离矢量数据 1

(13)在【ArcToolbox】工具箱中选择【分析工具】→【提取分析】→【裁剪】,打开【裁剪】工具对话框。

(14)在【输入要素】文本框中选择输入“DHconstruction”数据,在【裁剪要素】文本框中选择“polygon”数据,在【输出要素类】文本框中输入输出数据的路径和名称,本实验输出数据命名为“DISconstruction”(见图 32.60),点击【确定】,完成操作,结果如图 32.61 所示。

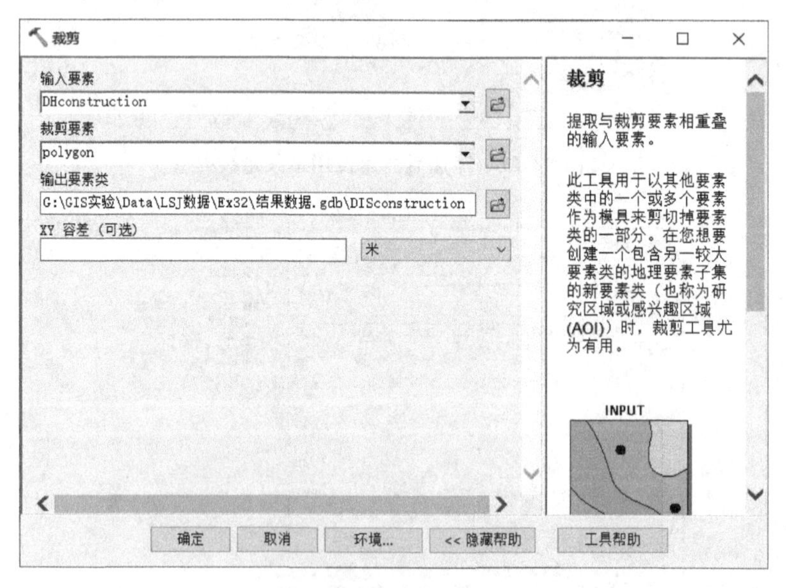

图 32.60　裁剪对话框

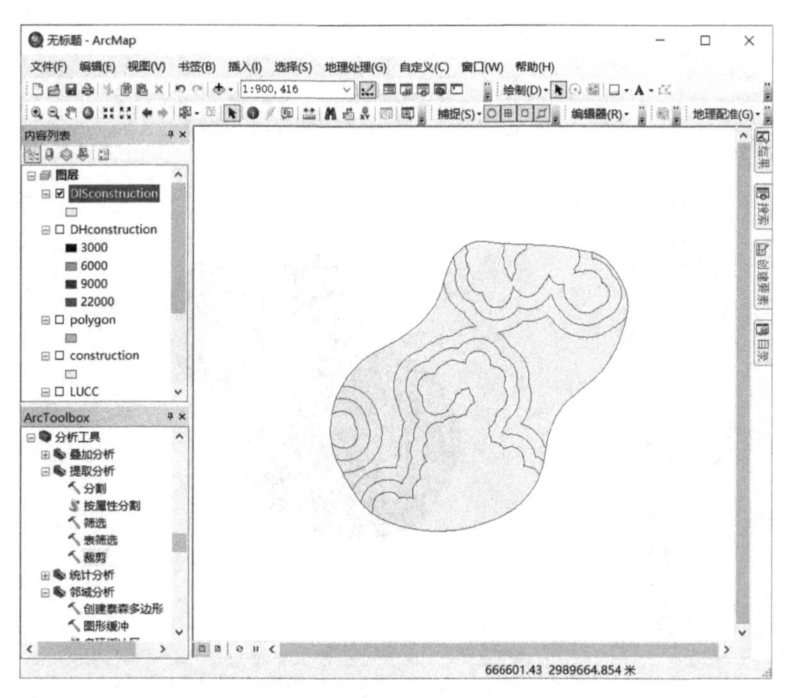

图 32.61　距建设用地距离矢量数据 2

(15)在【ArcToolbox】工具箱中选择【转换工具】→【转为栅格】→【面转栅格】,打开【面转栅格】工具对话框。

(16)在【输入要素】文本框中选择输入“DIsconstruction”数据,在【值字段】文本框中选择“distance”,将【像元大小(可选)】修改为“30”,在【输出栅格数据集】文本框中输入输出数据的路径和名称,本实验输出数据命名为“Disconstruction.img”(见图 32.62),点击【确定】,完成操作,结果如图 32.63 所示。

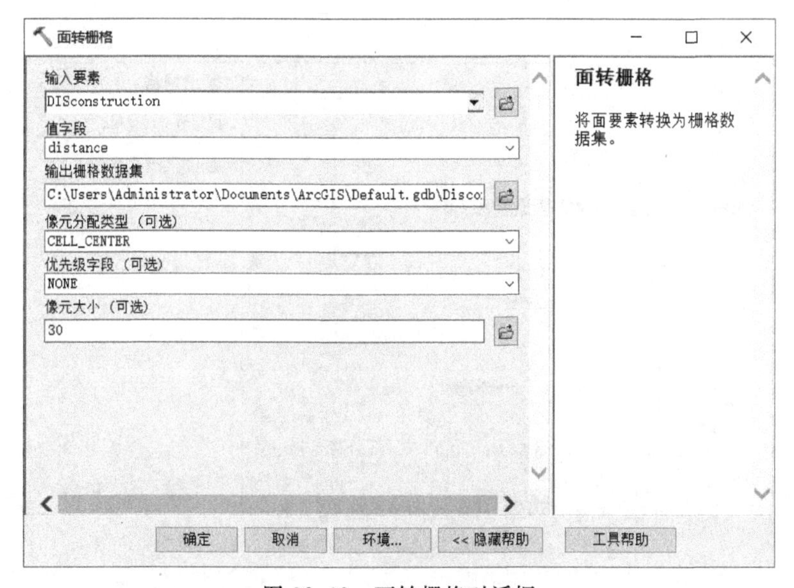

图 32.62　面转栅格对话框

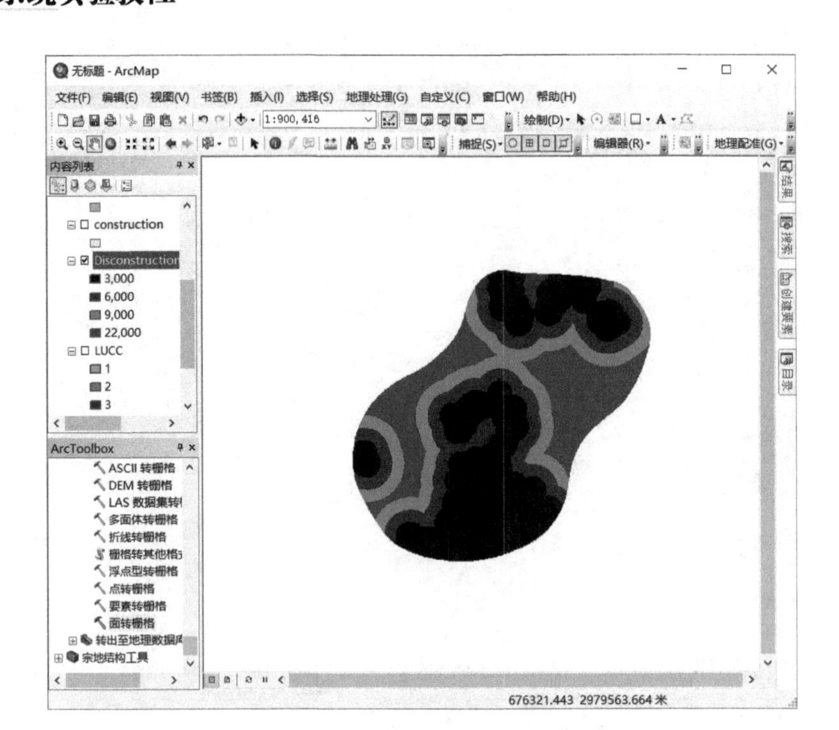

图 32.63　距建设用地距离栅格数据

(17)在【ArcToolbox】工具箱中选择【Spatial Analyst 工具】→【重分类】→【重分类】,打开【重分类】对话框,在【输入栅格】文本框中选择输入“Disconstruction.img”数据,将【重分类】中的“旧值”依次赋值为“4、3、2、1”,在【输出栅格】文本框中输入输出数据的路径和名称,本实验输出数据命名为“Reconstruction.img”(见图 32.64),点击【确定】,完成操作,结果如图 32.65 所示。

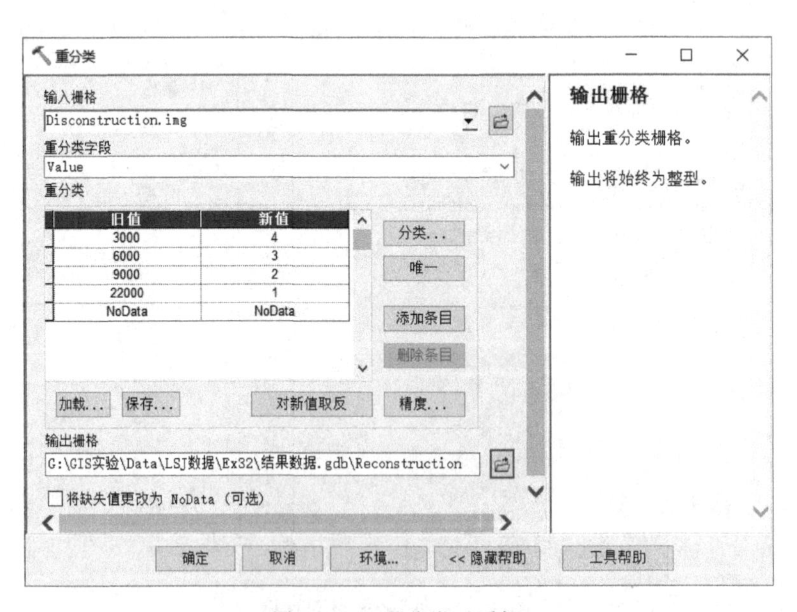

图 32.64　重分类对话框

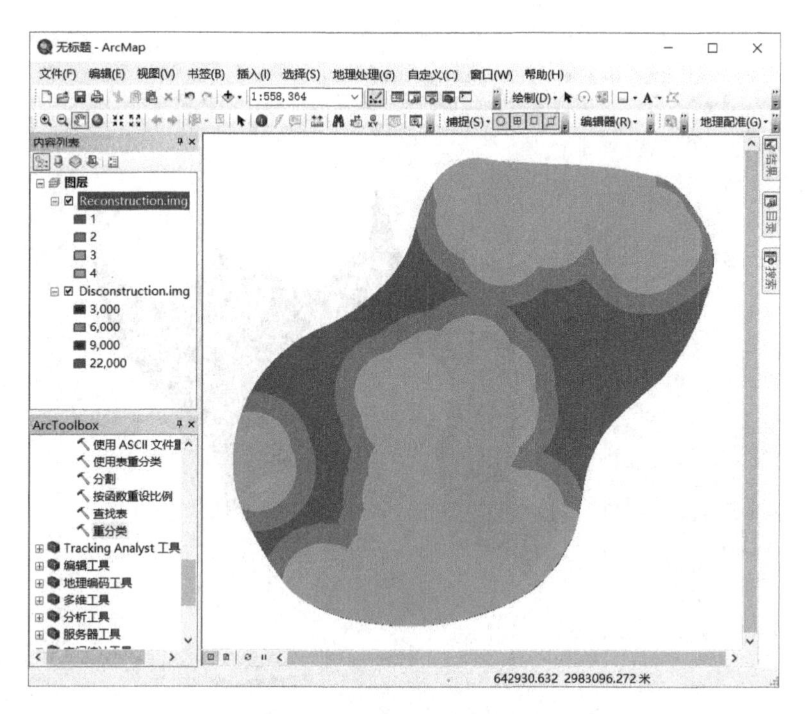

图 32.65 距建设用地重分类数据

(18)在【ArcToolbox】工具箱中选择【Spatial Analyst 工具】→【叠加分析】→【模糊隶属度】，打开【模糊隶属度】对话框，在【输入栅格】文本框中选择输入“Reconstruction. img”数据，在【分类值类型(可选)】中选择“线性函数”，在【输出栅格】文本框中输入输出数据的路径和名称，本实验输出数据命名为“GYHconstruction. img”(见图 32.66)，点击【确定】，完成操作，结果如图 32.67 所示。

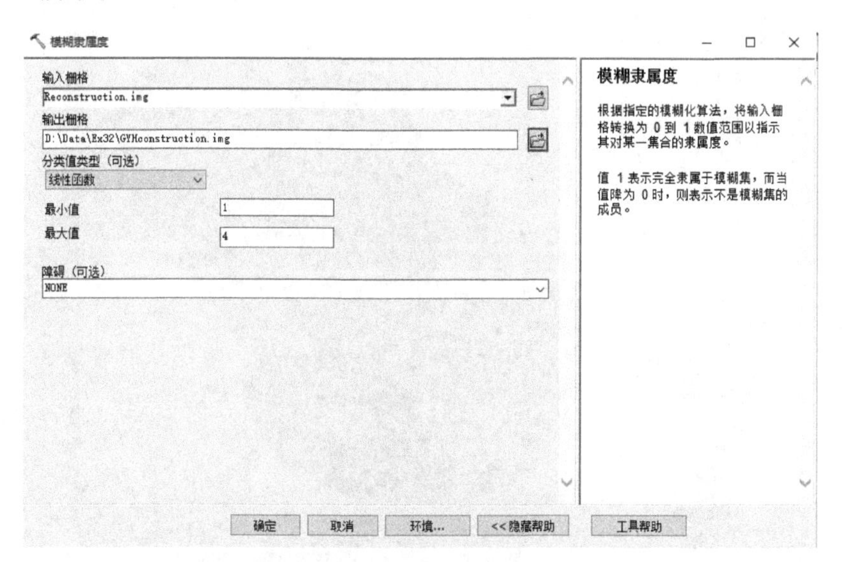

图 32.66 模糊隶属度对话框

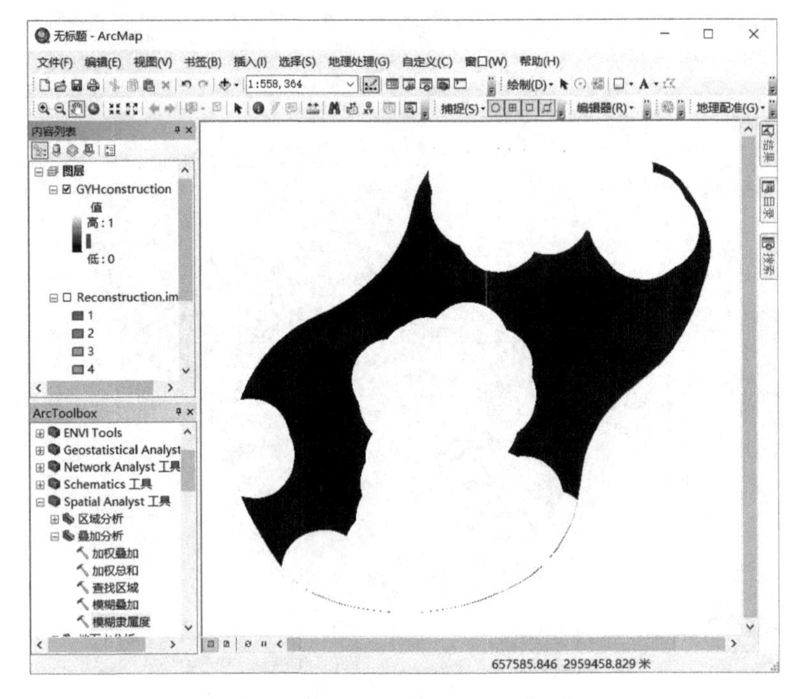

图 32.67 距建设用地距离归一化数据

5)植被覆盖度

(1)打开 ArcMap,将“FVC. img”数据加载到视图窗口(见图 32.68)。

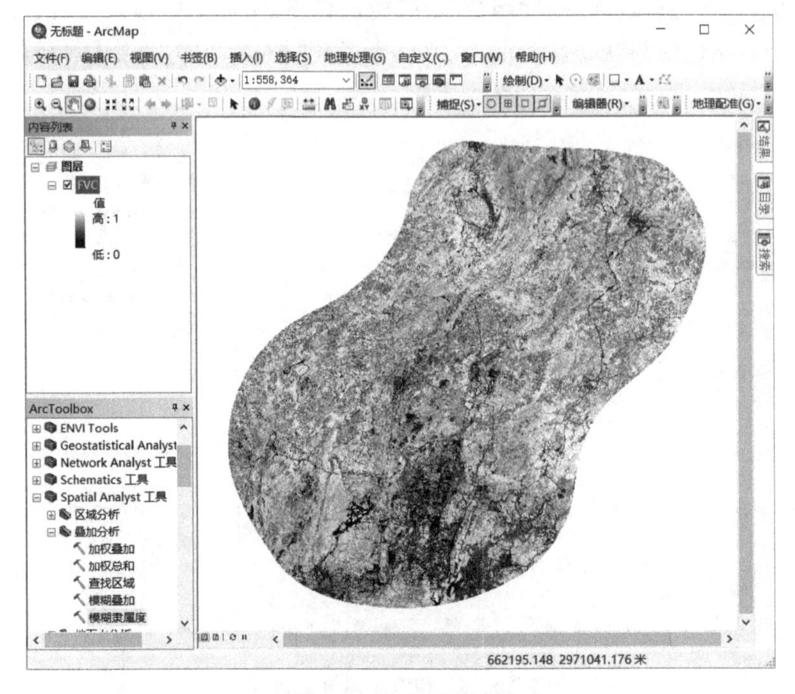

图 32.68 FVC 数据

(2)在【ArcToolbox】工具箱中选择【Spatial Analyst 工具】→【重分类】→【重分类】(见图32.69),打开【重分类】对话框,在【输入栅格】文本框中选择输入“FVC. img”数据,点击【分类】,弹出【分类】对话框后,在【类别】中选择“4”(见图32.70),按照分类标准将【中断值】修改为“0.6、0.7、0.8、1”,如图32.71所示,点击【确定】返回【重分类】对话框,在【输出栅格】文本框中输入输出数据的路径和名称,本实验输出数据命名为“ReFVC. img”(见图32.72),点击【确定】,完成操作,结果如图32.73所示。

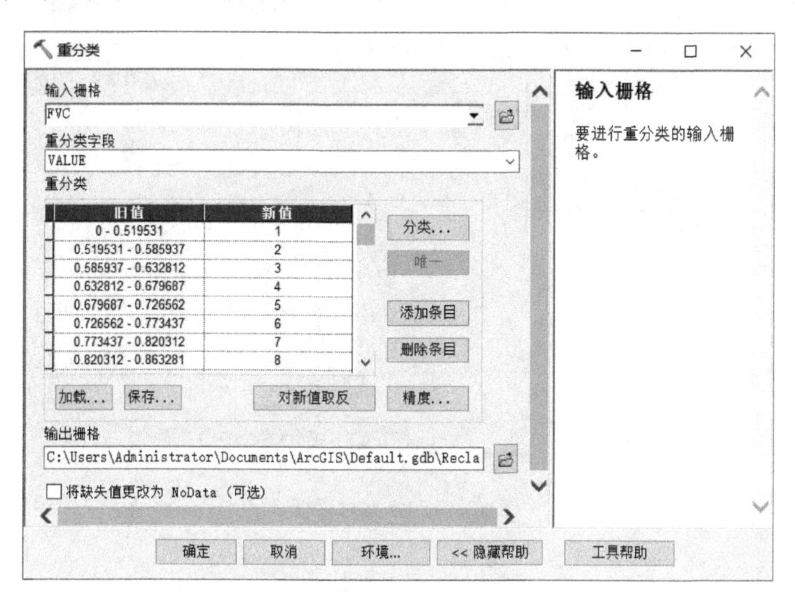

图 32.69　重分类对话框 1

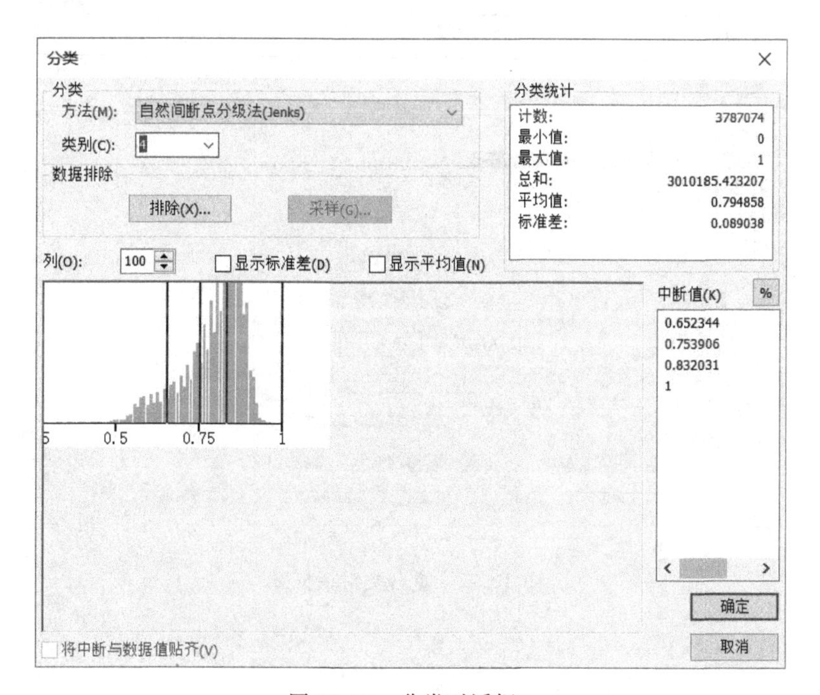

图 32.70　分类对话框 1

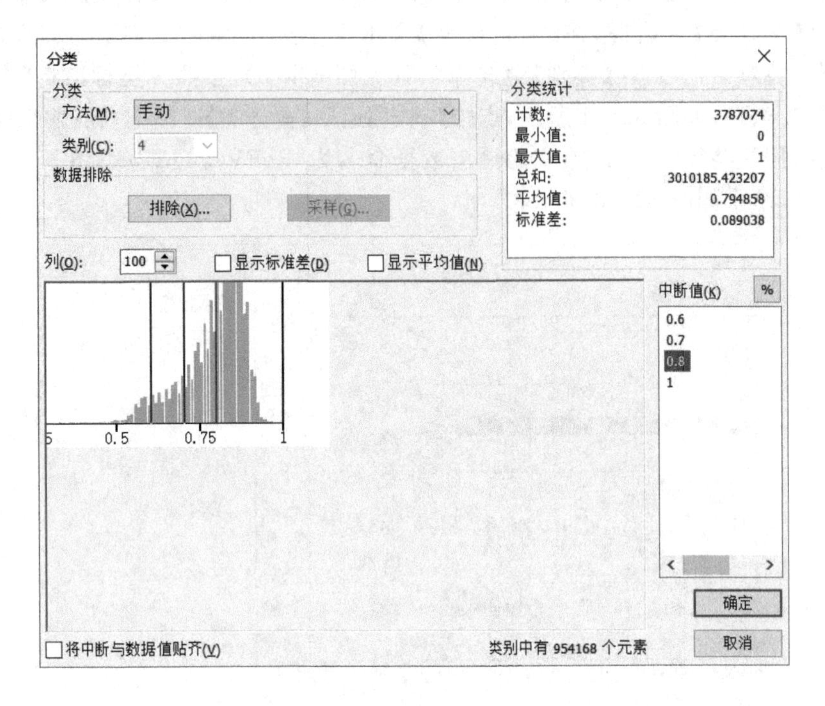

图 32.71　分类对话框 2

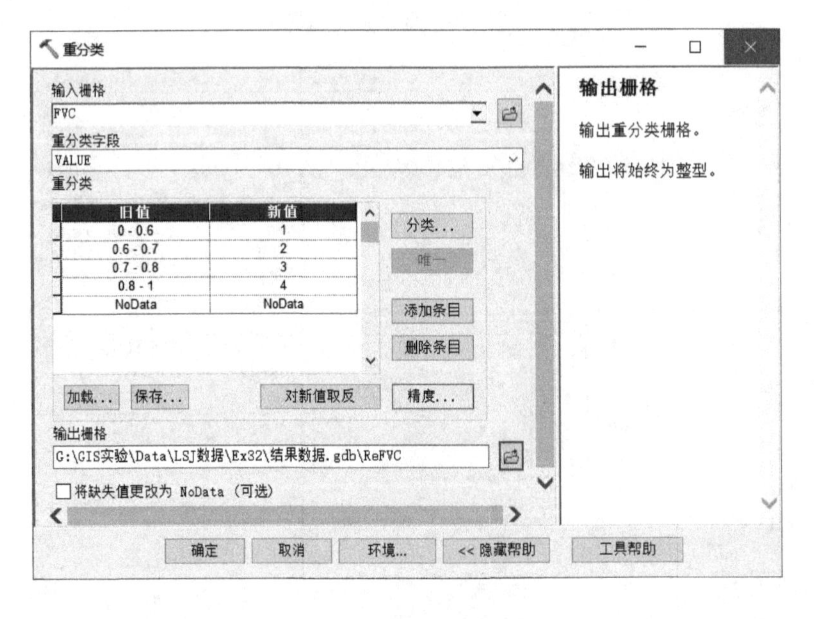

旧值	新值
0 - 0.6	1
0.6 - 0.7	2
0.7 - 0.8	3
0.8 - 1	4
NoData	NoData

图 32.72　重分类对话框 2

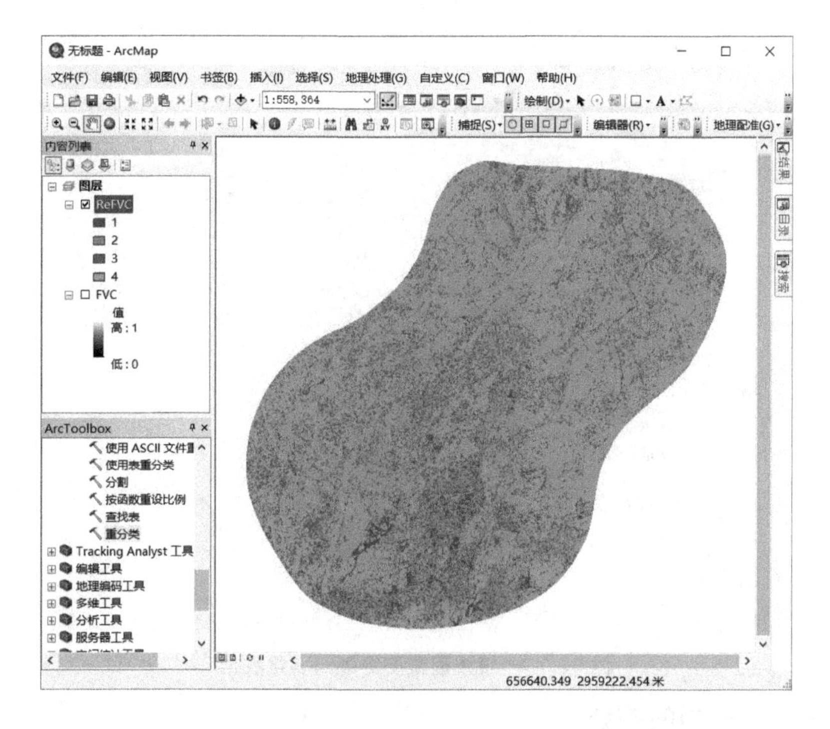

图 32.73　植被覆盖度等级数据

(3)在【ArcToolbox】工具箱中选择【Spatial Analyst 工具】→【叠加分析】→【模糊隶属度】，打开【模糊隶属度】对话框，在【输入栅格】文本框中选择输入“ReFVC. img”数据，在【分类值类型(可选)】中选择“线性函数”，在【输出栅格】文本框中输入输出数据的路径和名称，本实验输出数据命名为“GYHFVC. img”(见图 32.74)，点击【确定】，完成操作，结果如图 32.75 所示。

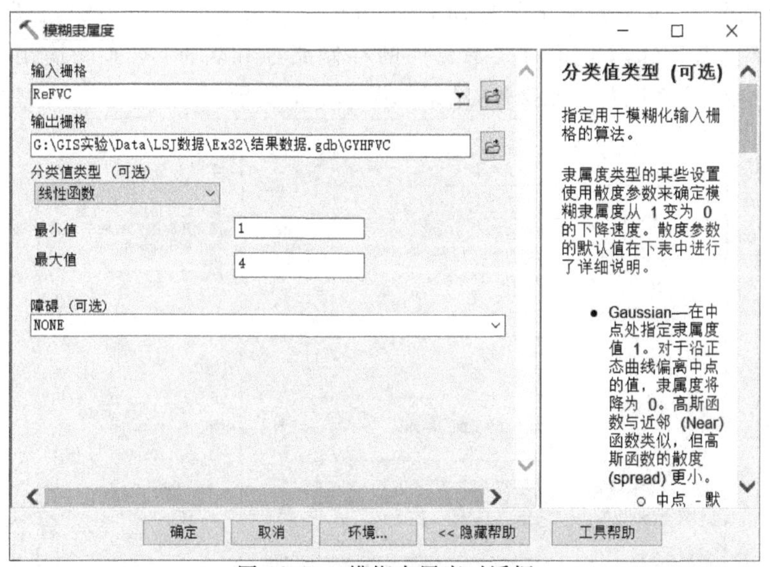

图 32.74　模糊隶属度对话框

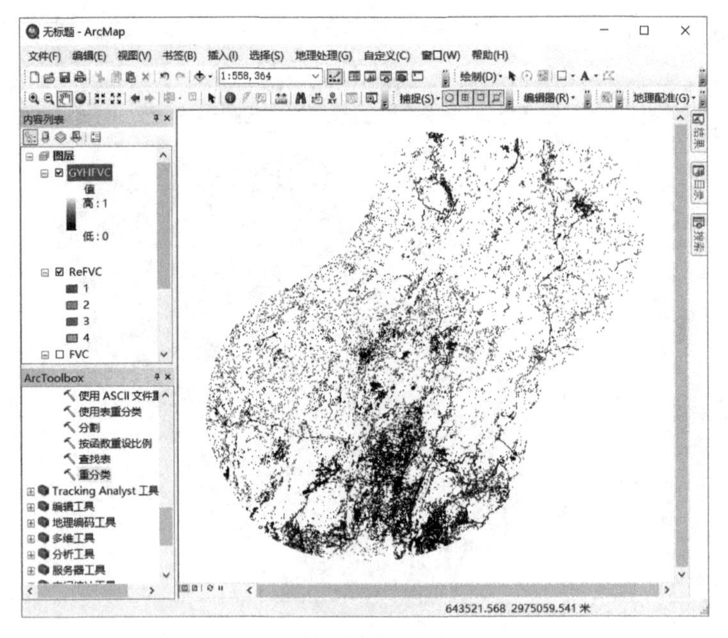

图 32.75 植被覆盖度等级归一化数据

2. 生态安全格局的构建

1)主成分分析

(1)对归一化后的 5 个生态安全评价因子进行主成分分析。在【ArcToolbox】工具箱中选择【Spatial Analyst 工具】→【多元分析】→【主成分分析】,打开【主成分分析】工具对话框。

(2)在【输入栅格波段】文本框中输入“GYHslope. img”“GYHRiver. img”“GYHFVC. img”“GYHconstruction. img”“GYHaltitude. img”数据,在【输出多波段栅格】文本框中输入输出数据的路径和名称,本实验输出数据命名为“SPCA. img”(见图 32.76),在【输出数据文件(可选)】中选择主成分分析生成的文本文件的存储路径和名称,本实验输出的文本命名为“SPCA. TXT”,点击【确定】,完成操作,结果如图 32.77 所示。

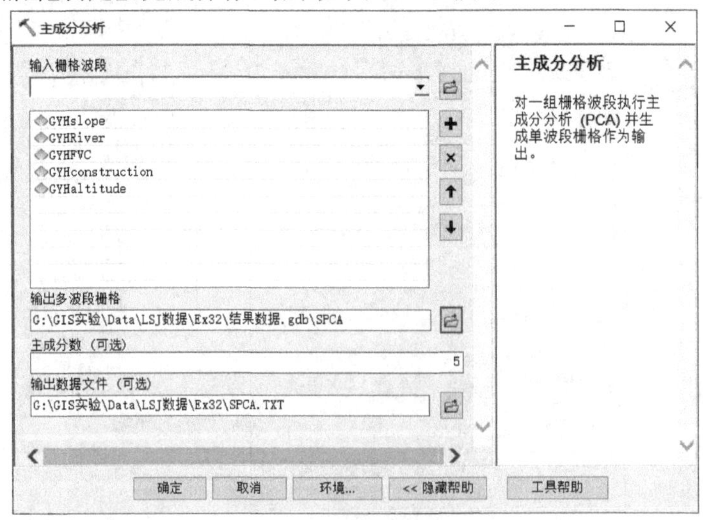

图 32.76 主成分分析对话框

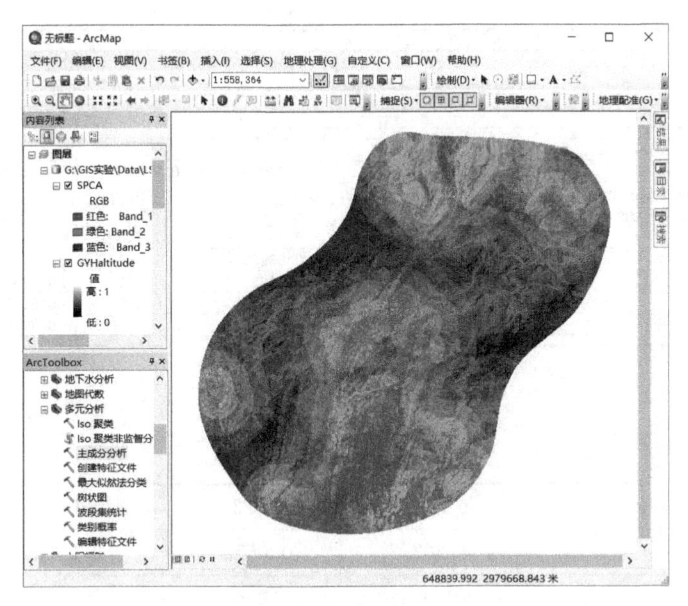

图 32.77 主成分分析栅格数据

(3)在【内容列表】中选择“SPCA. TXT”文件，单击鼠标右键，选择【打开】(见图 32.78)，对主成分结果进行判读。

表

SPCA

```
# Data file produced by Principal Components
#Input raster(s):
#G:\GIS实验\Data\LSJ数据\Ex32\结果数据.gdb\GYHslope\Band_1
#G:\GIS实验\Data\LSJ数据\Ex32\结果数据.gdb\GYHRiver\Band_1
#G:\GIS实验\Data\LSJ数据\Ex32\结果数据.gdb\GYHFVC\Band_1
#G:\GIS实验\Data\LSJ数据\Ex32\结果数据.gdb\GYHconstruction\Band_1
#G:\GIS实验\Data\LSJ数据\Ex32\结果数据.gdb\GYHaltitude\Band_1
#The number of components = 5
#Output raster(s):
#G:\GIS实验\Data\LSJ数据\Ex32\结果数据.gdb\SPCA
#                COVARIANCE MATRIX
#   Layer          1          2          3          4          5
# ---------------------------------------------------------------
        1    0.04847   -0.00139    0.01385   -0.01249   -0.00285
        2   -0.00139    0.04893    0.00020   -0.00303    0.00820
        3    0.01385    0.00020    0.05121   -0.01694    0.00025
        4   -0.01249   -0.00303   -0.01694    0.10369   -0.00071
        5   -0.00285    0.00820    0.00025   -0.00071    0.01497
# ===============================================================
#                CORRELATION MATRIX
#   Layer          1          2          3          4          5
# ---------------------------------------------------------------
        1    1.00000   -0.02855    0.27802   -0.17617   -0.10576
        2   -0.02855    1.00000    0.00401   -0.04261    0.30307
        3    0.27802    0.00401    1.00000   -0.23242    0.00902
        4   -0.17617   -0.04261   -0.23242    1.00000   -0.01797
        5   -0.10576    0.30307    0.00902   -0.01797    1.00000
# ===============================================================
#              EIGENVALUES AND EIGENVECTORS
# Number of Input Layers    Number of Principal Component Layers
          5                       5
# PC Layer         1          2          3          4          5
# ---------------------------------------------------------------
# Eigenvalues
             0.11281    0.05596    0.04978    0.03585    0.01288
# Eigenvectors
# Input Layer
        1   -0.24358    0.61845    0.19436   -0.71646    0.08421
        2   -0.03980   -0.39779    0.88292   -0.11586   -0.21726
        3   -0.30758    0.57380    0.32633    0.68451   -0.03310
        4    0.91895    0.33825    0.19974    0.03442    0.00573
        5   -0.00368   -0.12496    0.19047    0.05929    0.97189
# ===============================================================
#              PERCENT AND ACCUMULATIVE EIGENVALUES
# PC Layer  EigenValue  Percent of EigenValues  Accumulative of EigenValues
        1    0.11281       42.2064                  42.2064
        2    0.05596       20.9370                  63.1434
        3    0.04978       18.6252                  81.7687
        4    0.03585       13.4119                  95.1806
        5    0.01288        4.8194                 100.0000
# ===============================================================
```

(0 / 50 已选择)

SPCA

图 32.78 SPCA 文本数据

(4)【SPCA】中的“EIGENVALUES AND EIGENVECTORS”表示“特征值和特征向量”(见图 32.79)。根据特征值和特征向量计算主成分载荷，计算公式为：主成分载荷 = 特征向量 × $\sqrt{特征值}$，本实验计算结果如表 32.1 所示。

#	EIGENVALUES AND EIGENVECTORS				
# Number of Input Layers		Number of Principal Component Layers			
5		5			
# PC Layer	1	2	3	4	5
# --					
# Eigenvalues					
	0.11281	0.05596	0.04978	0.03585	0.01288
# Eigenvectors					
# Input Layer					
1	-0.24358	0.61845	0.19436	-0.71646	0.08421
2	-0.03980	-0.39779	0.88292	-0.11586	-0.21726
3	-0.30758	0.57380	0.32633	0.68451	-0.03310
4	0.91895	0.33825	0.19974	0.03442	0.00573
5	-0.00368	-0.12496	0.19047	0.05929	0.97189
# ==					

图 32.79 特征值和特征向量

表 32.1 主成分载荷矩阵

生态安全因子	PC1	PC2	PC3	PC4	PC5
坡度	−0.08181	0.20772	0.06528	−0.24064	0.02828
距水系距离	−0.00942	−0.09410	0.20886	−0.02741	−0.05139
植被覆盖度	−0.06863	0.12802	0.07281	0.15272	−0.00739
距建设用地距离	0.17399	0.06404	0.03782	0.00652	0.00108
海拔	−0.00042	−0.01418	0.02162	0.00673	0.11030

(5)【SPCA】中的“PERCENT AND ACCUMULATIVE EIGENVALUES”表示“主成分的贡献率及其累积贡献率”(见图 32.80)。计算贡献率和累积贡献率是为了确定主成分(即综合指标)的个数,并据此建立主成分方程(选取主成分个数的原则,一般是累积贡献率>85%)。在本实验中,选取前 4 个主成分用于代表 5 个生态安全因子所包含的属性信息。结合“主成分载荷矩阵”进行分析,可以得到:第一主成分在距建设用地距离的载荷最大,可概括为居住因子;第二主成分在坡度的载荷最大,可概括为地形因子;第三主成分在距水系距离的载荷最大,可概括为区位因子;第四主成分在坡度的载荷最大,植被覆盖度次之,可概括为自然因子。

#	PERCENT AND ACCUMULATIVE EIGENVALUES		
# PC Layer	EigenValue	Percent of EigenValues	Accumulative of EigenValues
1	0.11281	42.2064	42.2064
2	0.05596	20.9370	63.1434
3	0.04978	18.6252	81.7687
4	0.03585	13.4119	95.1806
5	0.01288	4.8194	100.0000
# ==			

图 32.80 主成分的贡献率及其累积贡献率

(6)根据【SPCA】的分析结果,将【目录】中的“SPCA.img”数据下的“SPCA-Band_1”“SPCA-Band_2”“SPCA-Band_3”“SPCA-Band_4”加载到 ArcMap 视图窗口中,如图 32.81 所示。

(7)在【ArcToolbox】工具箱中选择【Spatial Analyst 工具】→【地图代数】→【栅格计算器】,打开【栅格计算器】工具对话框。

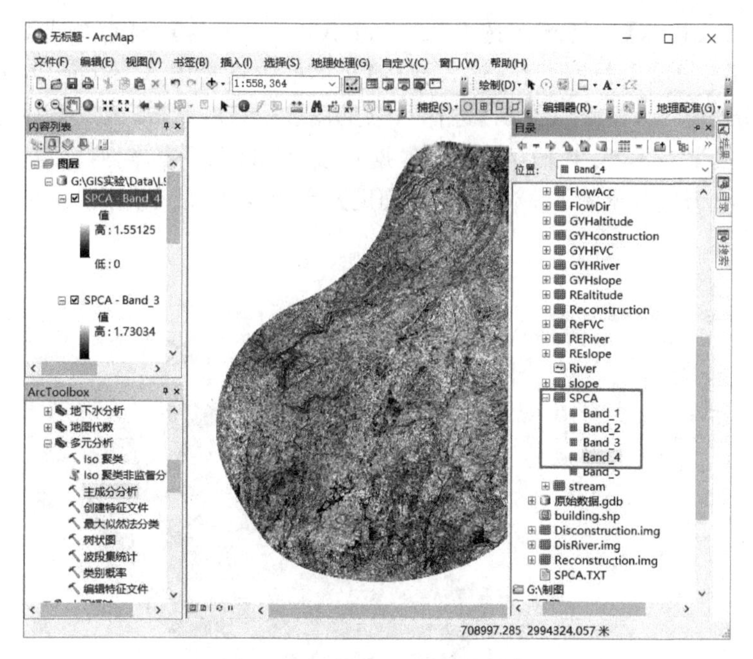

图 32.81 第 1～4 主成分数据

(8)在【栅格计算器】文本框中输入生态安全指数的计算公式(本实验输入计算公式为:“SPCA-Band_1 * 0.422064+SPCA-Band_2 * 0.209370+SPCA-Band_3 * 0.186252+ SPCA-Band_4 * 0.134119”,其中 0.422064、0.209370、0.186252、0.134119 分别为图 32.81 中第一主成分、第二主成分、第三主成分、第四主成分对应的贡献率),在【输出栅格】文本框中输入输出数据的路径和名称,本实验输出数据命名为“security.img”(见图 32.82),点击【确定】,完成操作,结果如图 32.83 所示。

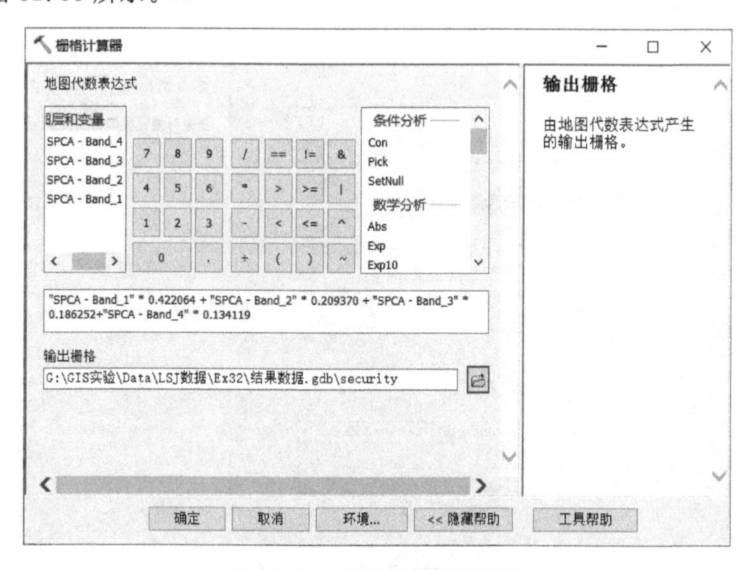

图 32.82 栅格计算器对话框

(9)在【ArcToolbox】工具箱中选择【Spatial Analyst 工具】→【重分类】→【重分类】(见图 32.84),打开【重分类】对话框,在【输入栅格】文本框中选择输入“security. img”数据,点击【分类】,弹出【分类】对话框后,【类别】选择“4”(见图 32.85),点击【确定】返回【重分类】对话框,在【输出栅格】文本框中输入输出数据的路径和名称,本实验输出数据命名为“Security_Pattern. img”(见图 32.86),点击【确定】,完成操作,结果如图 32.87 所示(等级越高表示生态越不安全)。

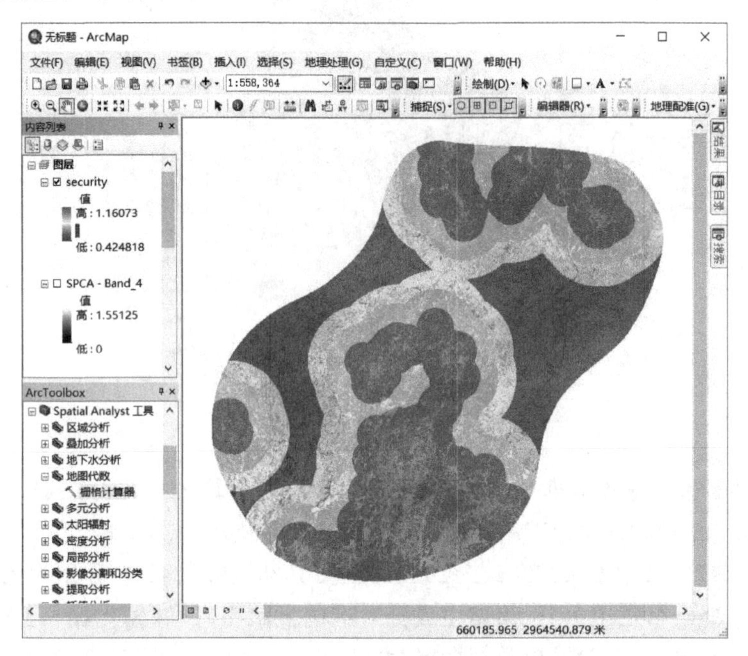

图 32.83　生态安全指数

图 32.84　重分类对话框 1

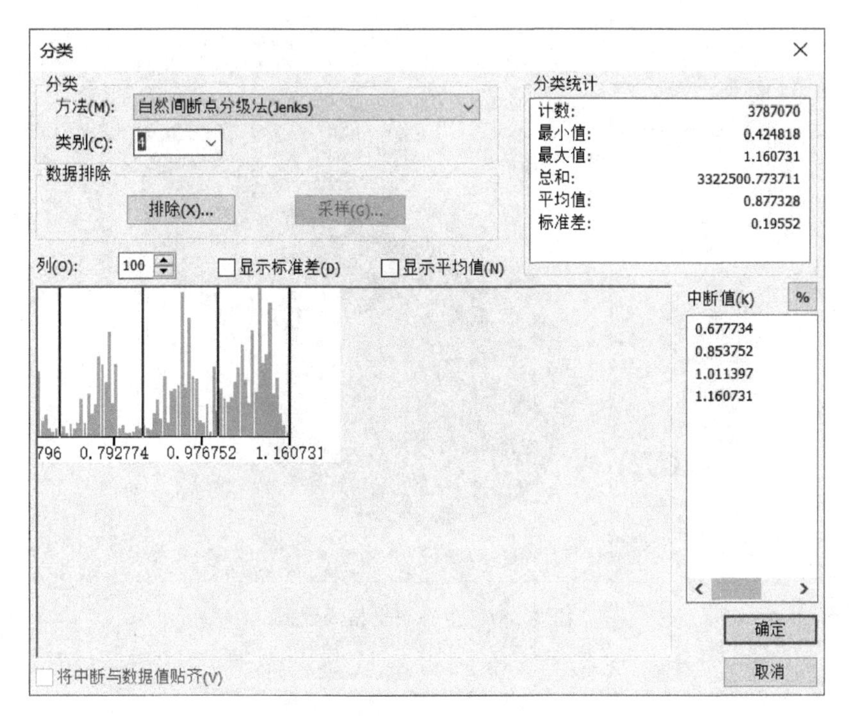

图 32.85 分类对话框

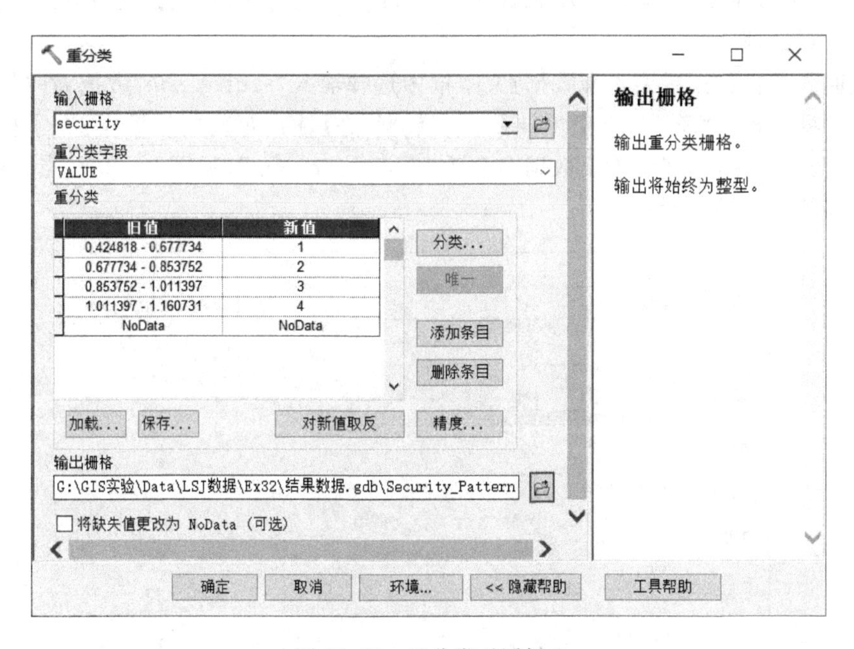

图 32.86 重分类对话框 2

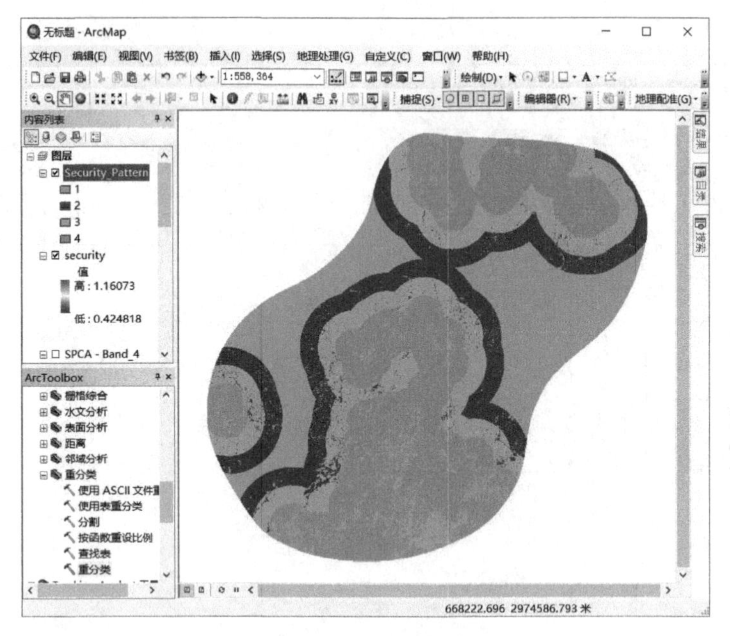

图 32.87　生态安全格局数据

2）生态安全网络

（1）阻力等级获取。

①在【ArcToolbox】工具箱中选择【Spatial Analyst 工具】→【距离】→【成本距离】，打开【成本距离】工具对话框。

②在【输入栅格数据或要素源数据】文本框中选择输入“source. shp”数据，在【输入成本栅格数据】文本框中输入“Security_Pattern. img”数据，在【输出距离栅格数据】文本框中输入输出数据的路径和名称，本实验输出数据命名为“resistance. img”（见图 32.88），点击【确定】，完成操作，结果如图 32.89 所示。

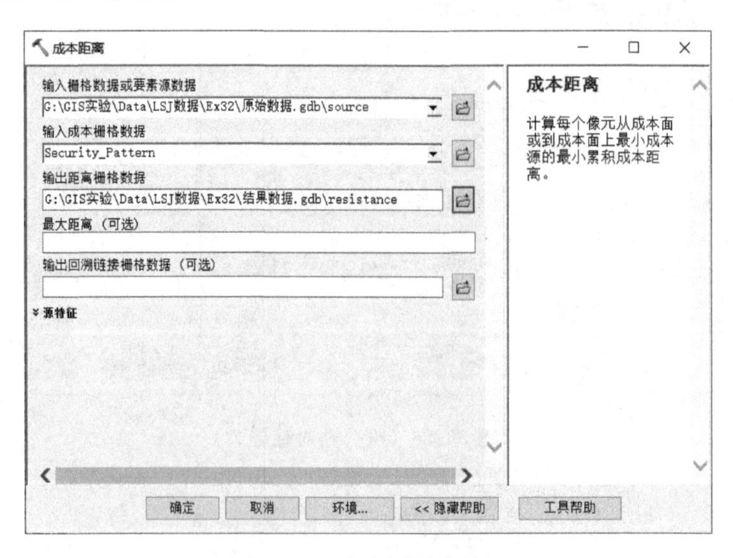

图 32.88　成本距离对话框

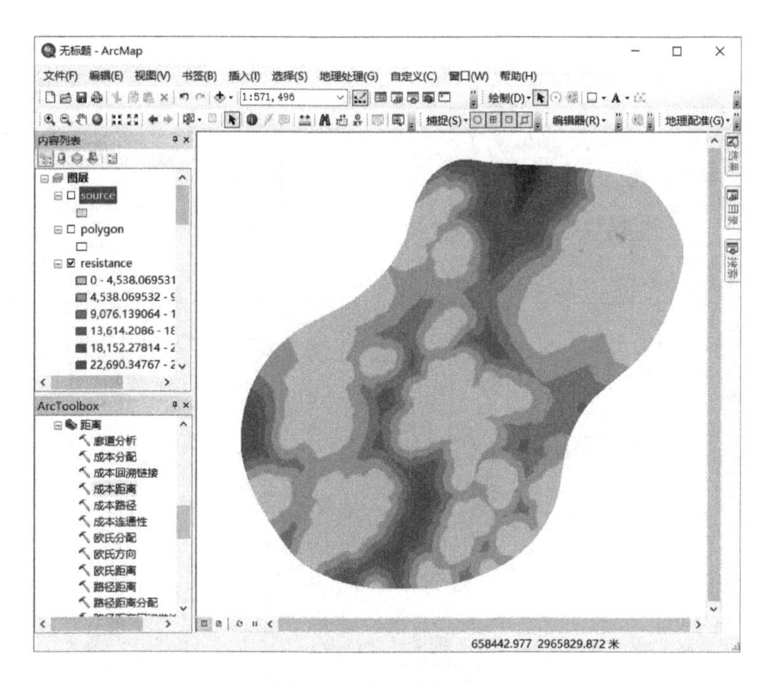

图 32.89 生态阻力面

③在【ArcToolbox】工具箱中选择【Spatial Analyst 工具】→【重分类】→【重分类】(见图 32.90),打开【重分类】对话框,在【输入栅格】文本框中选择输入“resistance. img”数据,点击【分类】,弹出【分类】对话框后,【类别】选择“4”(见图 32.91),点击【确定】返回【重分类】对话框,在【输出栅格】文本框中输入输出数据的路径和名称,本实验输出数据命名为“REresistance. img”(见图 32.92),点击【确定】,完成操作,结果如图 32.93 所示(等级越高表示阻力越大)。

图 32.90 重分类对话框 1

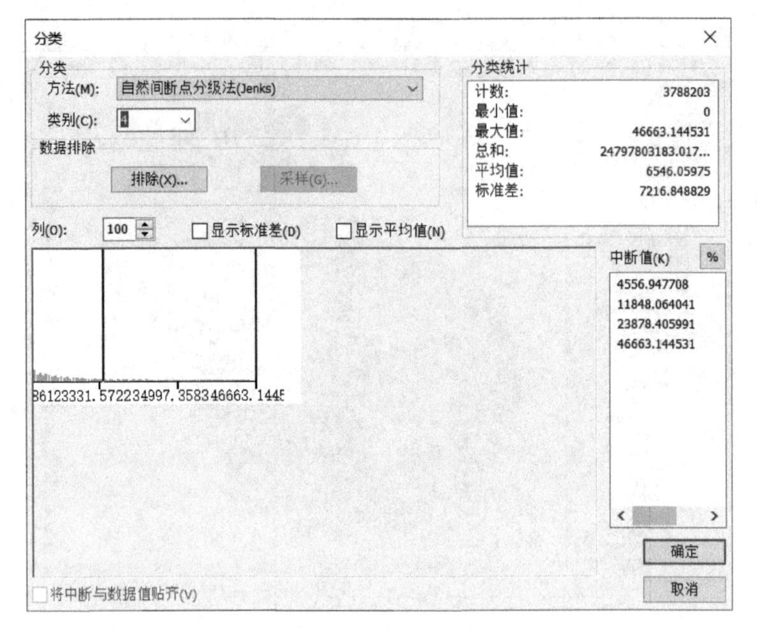

图 32.91 分类对话框

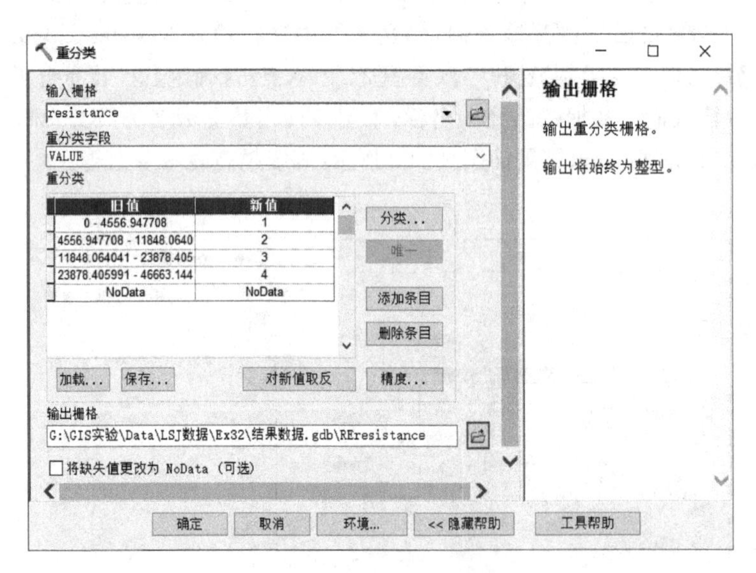

图 32.92 重分类对话框 2

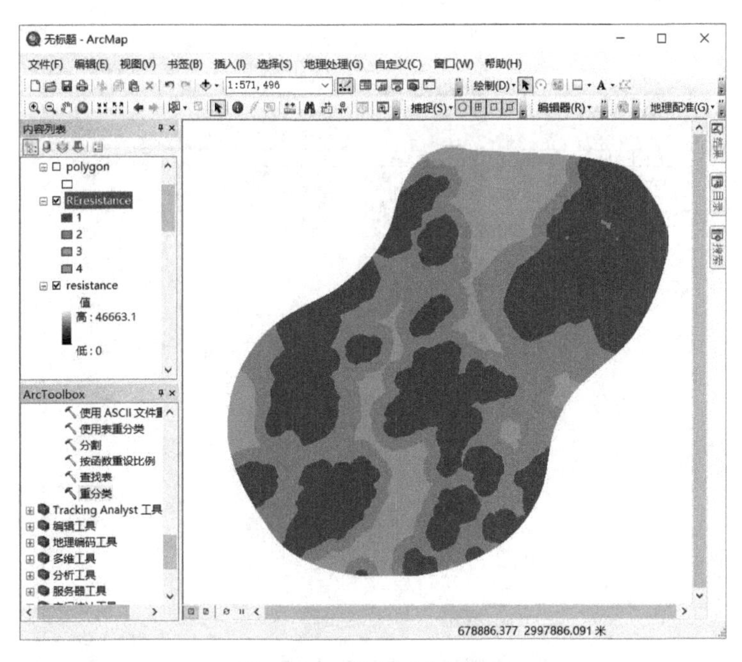

图 32.93　阻力面分级数据

(2)生态廊道和生态节点获取。

①打开 ArcMap,将“source.shp”数据加载到视图窗口(见图 32.94)。

②在【内容列表】中选中“source”,单击鼠标右键,打开属性表(见图 32.95),选中属性表中的第一个要素(见图 32.96),关闭属性表后,被选中的要素会在视图窗口高亮显示(见图 32.97)。继续选中“source”,单击鼠标右键,选择【数据】中的【导出数据】,打开【导出数据】对话框,如图 32.98 所示。

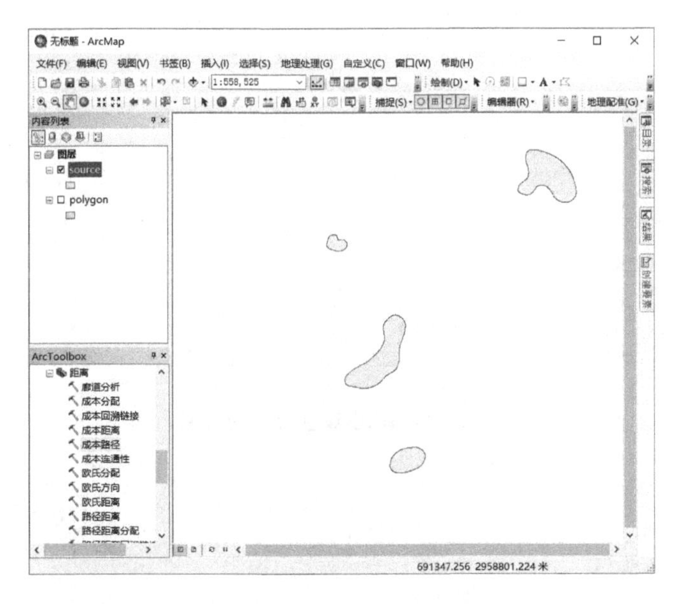

图 32.94　生态源地数据

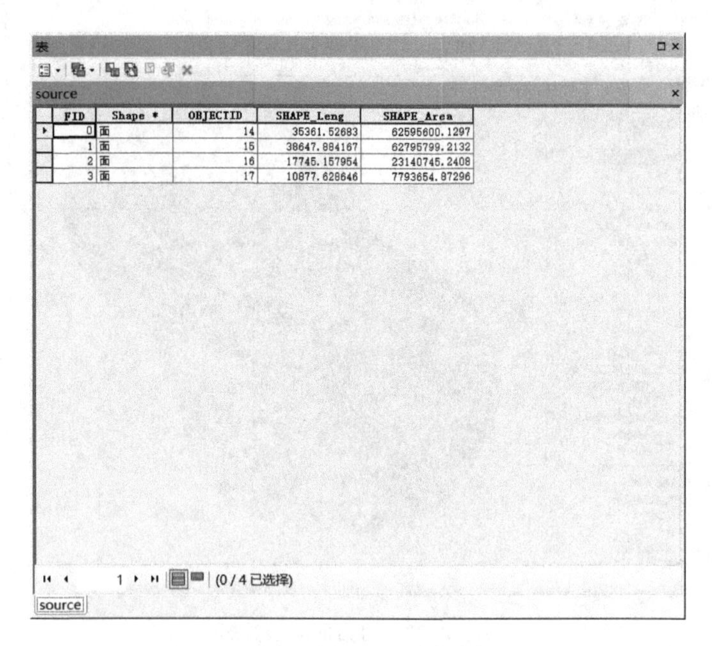

FID	Shape *	OBJECTID	SHAPE_Leng	SHAPE_Area
0	面	14	35361.52683	62595600.1297
1	面	15	38647.884167	62795799.2132
2	面	16	17745.157954	23140745.2408
3	面	17	10877.628646	7793654.87296

图 32.95 “source”属性表

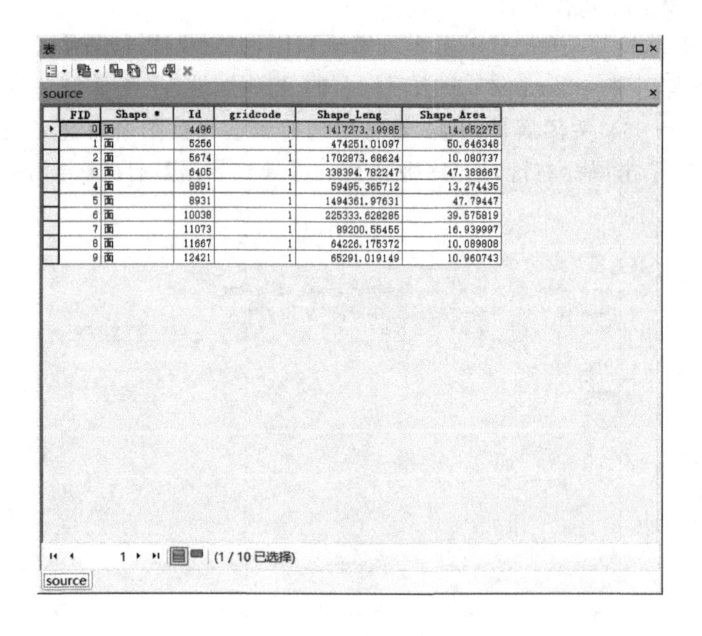

FID	Shape *	Id	gridcode	Shape_Leng	Shape_Area
0	面	4496	1	1417273.19985	14.652275
1	面	5256	1	474251.01097	50.646348
2	面	5674	1	1702873.68624	10.080737
3	面	6405	1	338394.782247	47.388667
4	面	8891	1	59495.365712	13.274435
5	面	8931	1	1494361.97631	47.79447
6	面	10038	1	225333.628285	39.575819
7	面	11073	1	89200.55455	16.939997
8	面	11667	1	64226.175372	10.089808
9	面	12421	1	65291.019149	10.960743

图 32.96 选中属性表中的要素

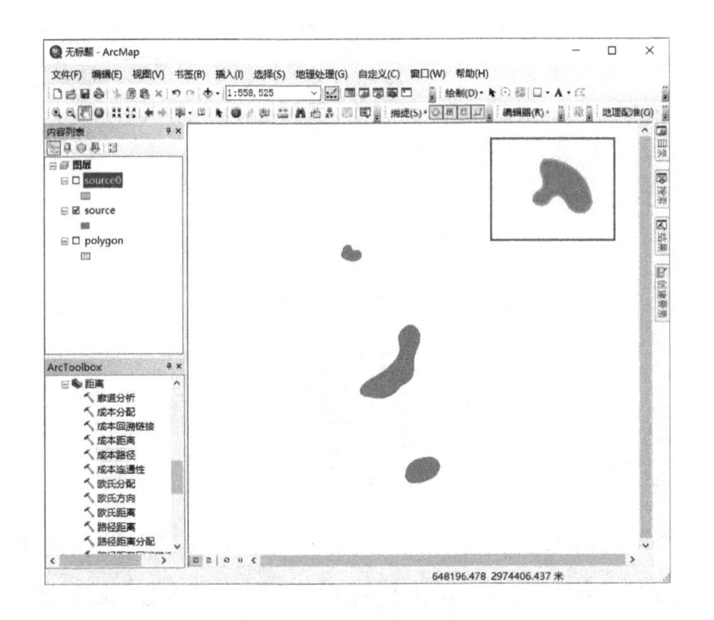

图 32.97　被选中的要素

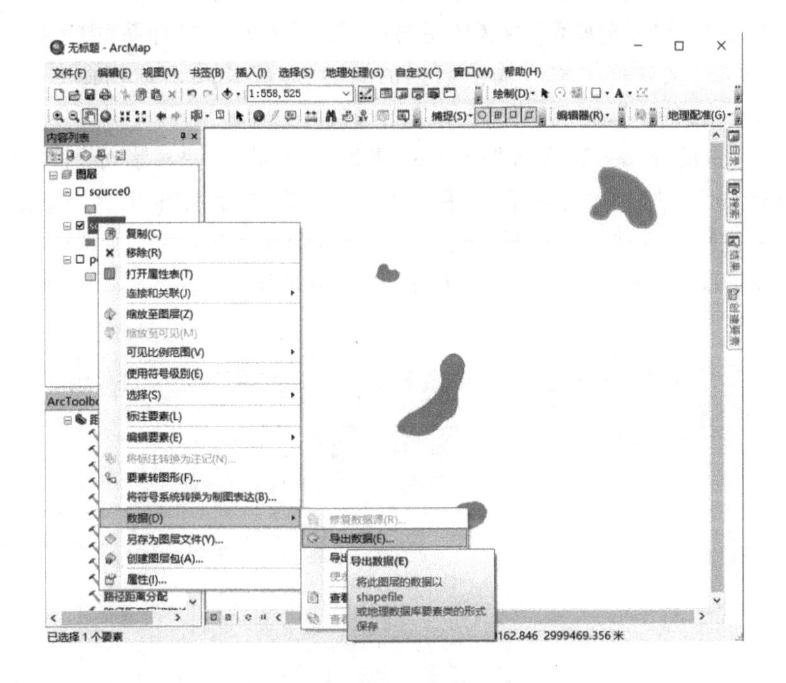

图 32.98　导出数据

③在【导出】中选择“所选要素”，在【使用与以下选项相同的坐标系】中选择“此图层的源数据”，在【输出要素类】文本框中输入输出数据的名称，本实验输出数据命名为“source0. shp”(见图 32.99)，点击【确定】，完成操作，结果如图 32.100 所示。

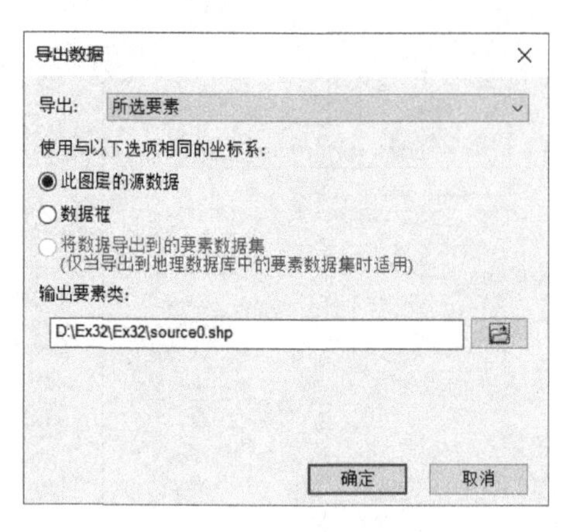

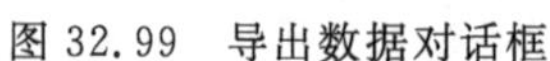
图 32.99 导出数据对话框

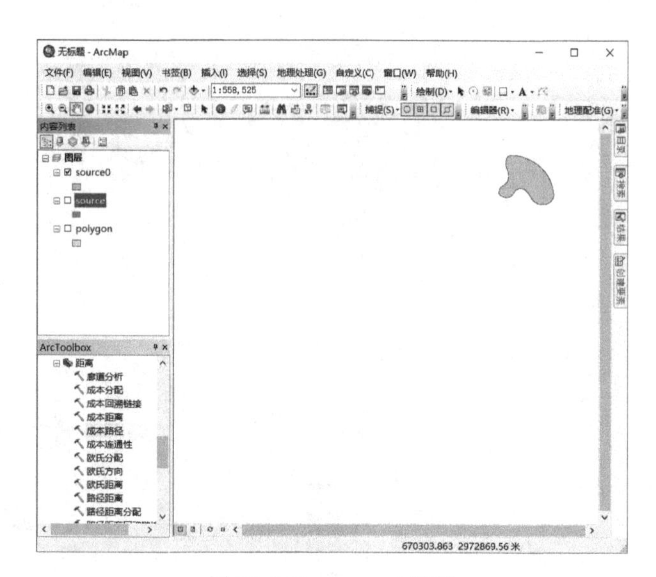

图 32.100 source1 数据

④在【内容列表】中选中“source”，单击鼠标右键，打开属性表，选中属性表中的第二至第四个要素（见图 32.101），关闭属性表后，被选中的要素会在视图窗口高亮显示（见图 32.102）。继续选中“source”，单击鼠标右键，选择【数据】中的【导出数据】，打开【导出数据】对话框。

⑤在【导出】中选择“所选要素”，在【使用与以下选项相同的坐标系】中选择“此图层的源数据”，在【输出要素类】文本框中输入输出数据的名称，本实验输出数据命名为“target0. shp”（见图 32.103），点击【确定】，完成操作，结果如图 32.104 所示。

⑥重复②～⑤的步骤，依次将“source”属性表中的单一要素分别导出为“source1”“source2”“source3”，对应的属性表中剩下的其他要素分别导出为“target1”“target2”“target3”。重复进行要素选择操作时，可以在【表选项】中点击【清除所选内容】，然后再进行操作（见图 32.105），完成以上操作。结果如图 32.106 所示。

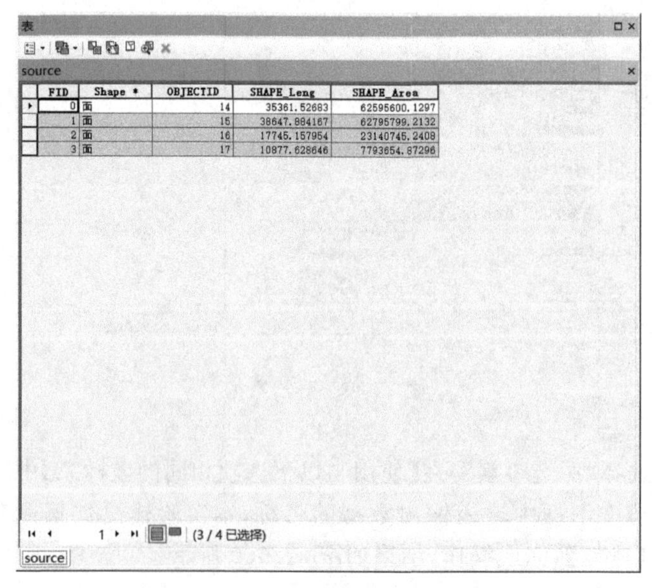

FID	Shape *	OBJECTID	SHAPE_Leng	SHAPE_Area
0	面	14	35361.52683	62595600.1297
1	面	15	38647.884167	62795799.2132
2	面	16	17745.157954	23140745.2408
3	面	17	10877.628646	7793654.87296

图 32.101 选中属性表中的要素

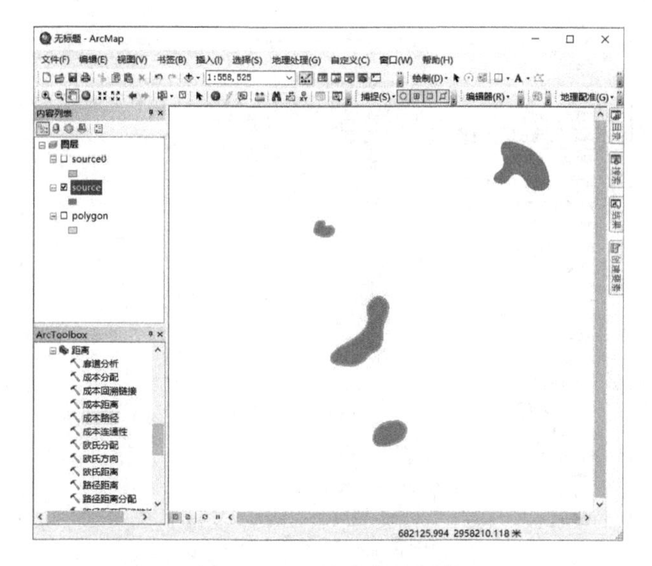

图 32.102　被选中的要素

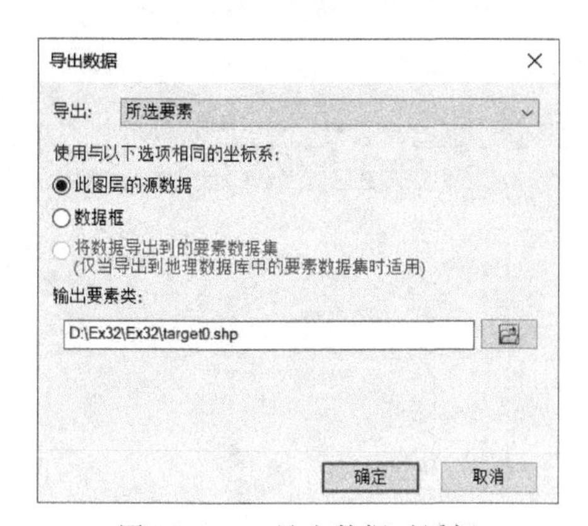

图 32.103　导出数据对话框

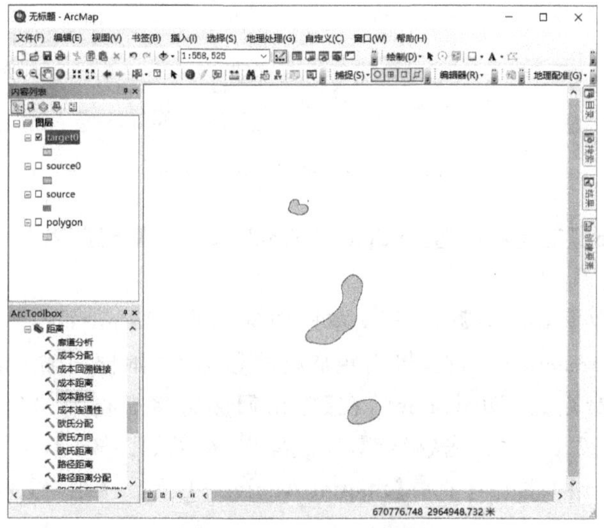

图 32.104　target1 数据

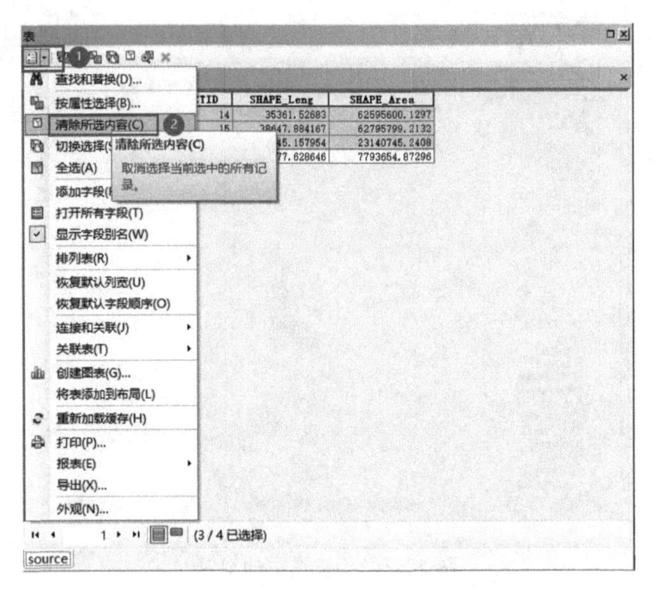

图 32.105　清除所选内容操作

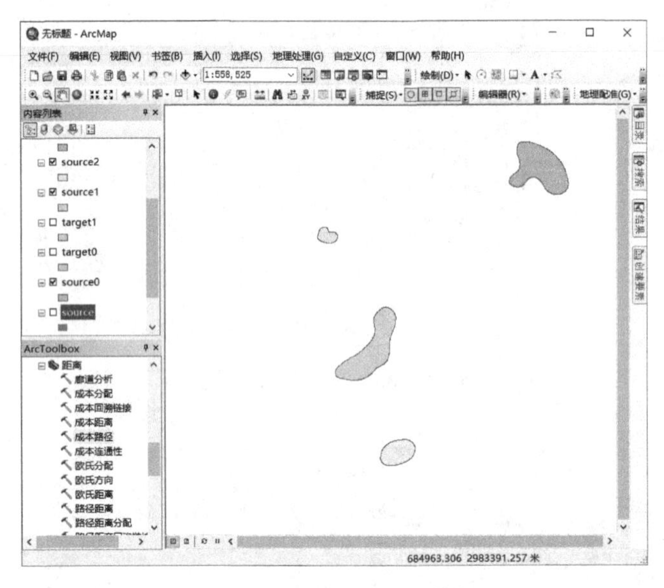

图 32.106　单独的源地数据

⑦在【ArcToolbox】工具箱中选择【Spatial Analyst 工具】→【距离】→【成本距离】，打开【成本距离】工具对话框。

⑧在【输入栅格数据或要素源数据】文本框中选择输入“source0”数据，在【输入成本栅格数据】文本框中输入“resistance”，在【输出距离栅格数据】文本框中输入输出数据的路径和名称，本实验输出数据命名为“DIS1. img”，在【输出回溯链接栅格数据(可选)】文本框中输出“x1. img”数据(见图 32. 107)，点击【确定】，完成操作，结果如图 32. 108 所示。

⑨在【ArcToolbox】工具箱中选择【Spatial Analyst 工具】→【距离】→【成本路径】，打开【成本路径】工具对话框。

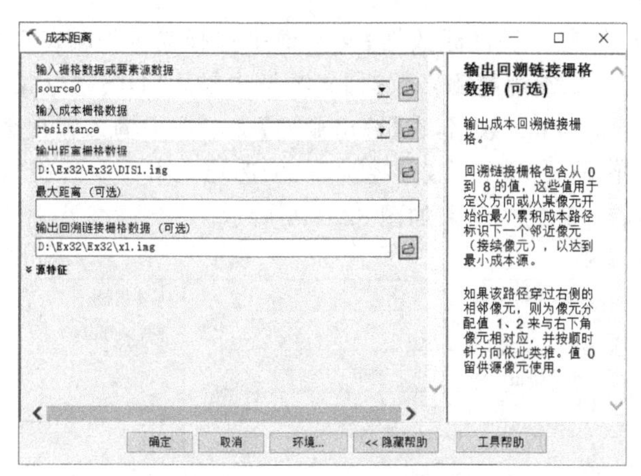

图 32.107　成本距离对话框

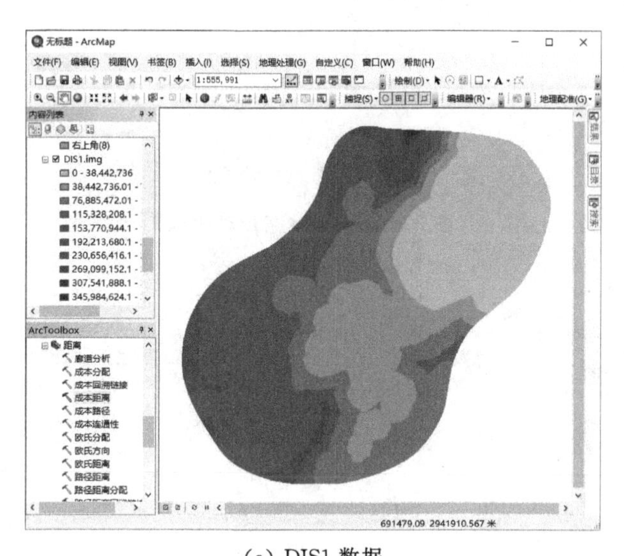

(a) DIS1 数据

(b) x1 数据

图 32.108　DIS1 数据和 x1 数据

⑩在【输入栅格数据或要素目标数据】文本框中选择输入“target0”数据,【目标字段(可选)】选择“FID”,在【输入成本距离栅格数据】文本框中输入“DIS1”,在【输入成本回溯链接栅格数据】文本框中输入“x1. img”数据,在【输出栅格】文本框中输入输出数据的路径和名称,本实验输出数据命名为“path1. img”,在【路径类型(可选)】文本框中选择“EACH_ZONE”(见图32. 109),点击【确定】,完成操作,结果如图 32. 110 所示。

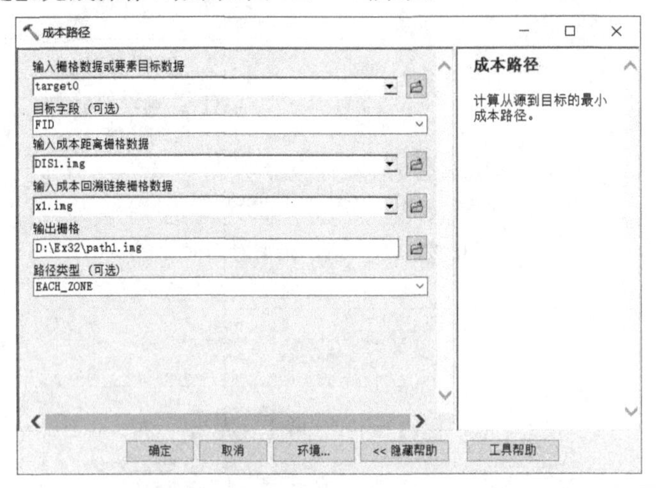

图 32. 109　成本路径对话框

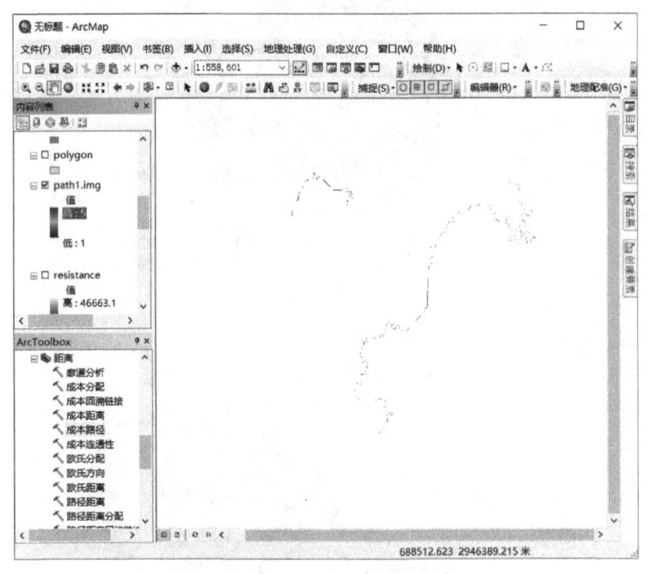

图 32. 110　path1 栅格数据

⑪在【ArcToolbox】工具箱中选择【转换工具】→【由栅格转出】→【栅格转折线】,打开【栅格转折线】工具对话框。

⑫在【输入栅格】文本框中选择输入“path1. img”数据,在【输出折线要素】文本框中输入输出数据的路径和名称,本实验输出数据命名为“path1”,点击【确定】,完成操作,结果如图 32. 111所示。

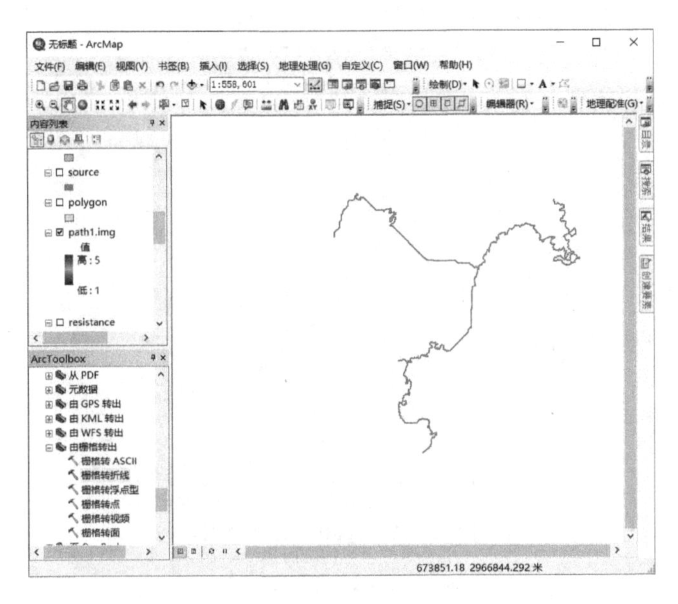

图 32.111　path1 矢量数据

⑬重复⑦～⑫的操作，依次得到基于“source1”“source2”“source3”的成本距离“DIS2”“DIS3”“DIS4”，以及基于“target1”“target2”“target3”的成本路径“path2”“path3”“path4”数据。成本路径矢量数据如图 32.112、图 32.113、图 32.114 所示。

⑭在【ArcToolbox】工具箱中选择【分析工具】→【叠加分析】→【相交】，打开【相交】工具对话框。

⑮在【输入要素】文本框中选择输入“path1. shp”“path2. shp”“path3. shp”“path4. shp”数据，选择【输出类型(可选)】中的“POINT”，在【输出要素类】文本框中输入输出数据的路径和名称，本实验输出数据命名为“node. shp”(见图 32. 115)，点击【确定】，完成操作，结果如图 32.116所示。

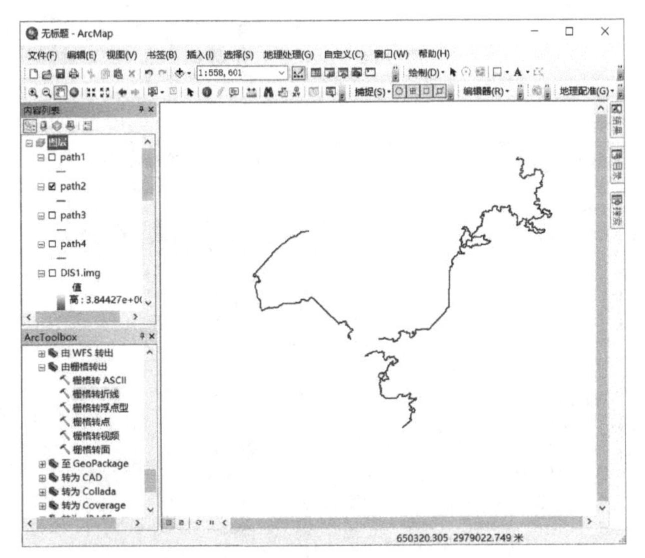

图 32.112　path2 矢量数据

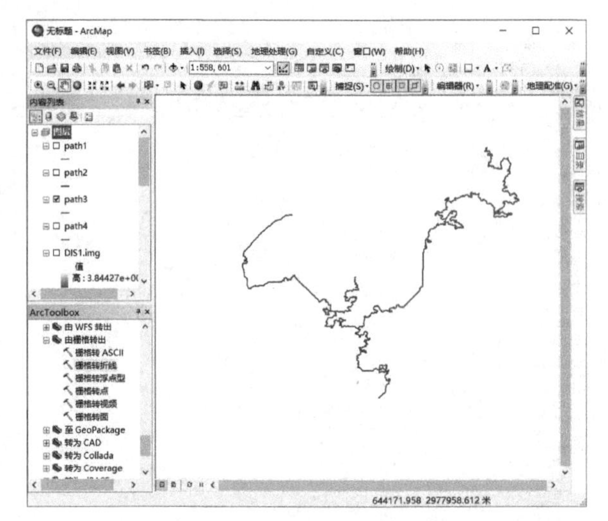

图 32.113　path3 矢量数据

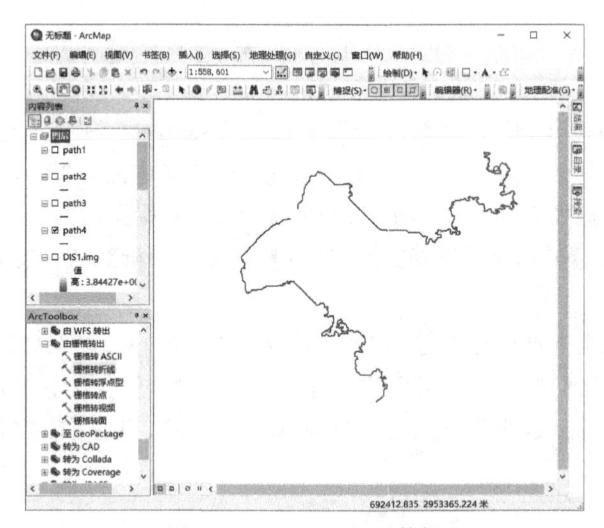

图 32.114　path4 矢量数据

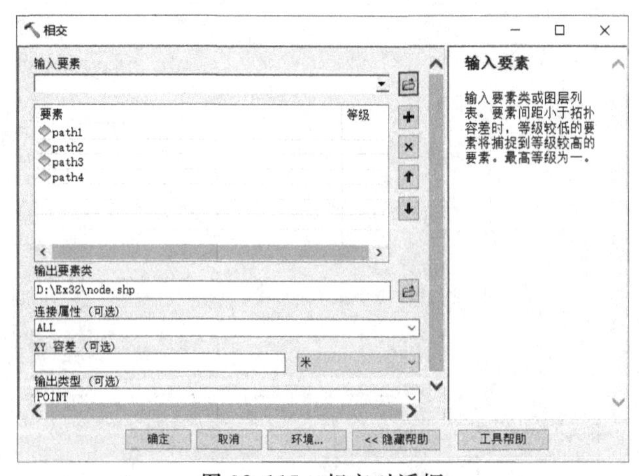

图 32.115　相交对话框

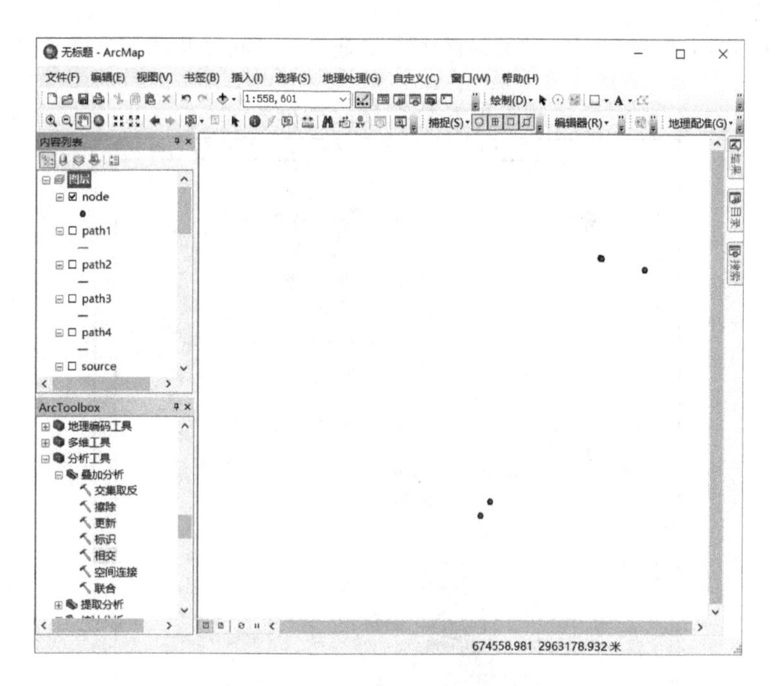

图 32.116 node(生态节点)数据

(3)生态安全格局。

①将“source”“path1. shp”“path2. shp”“path3. shp”“path4. shp”“node”“REresistance. img”加载到视图窗口(见图 32.117)。

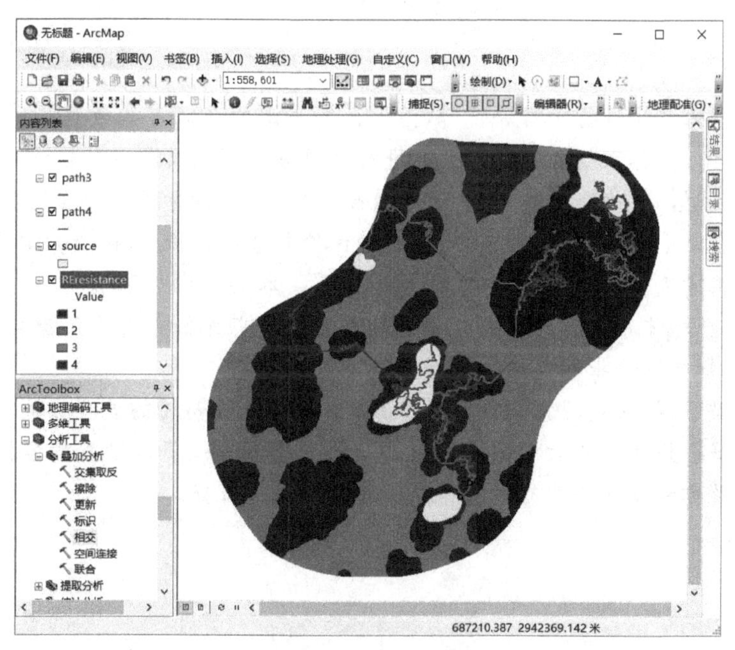

图 32.117 视图窗口

②利用 ArcGIS 制图功能，得到“某地区生态安全格局空间分布图”，结果如图 32.118 所示。

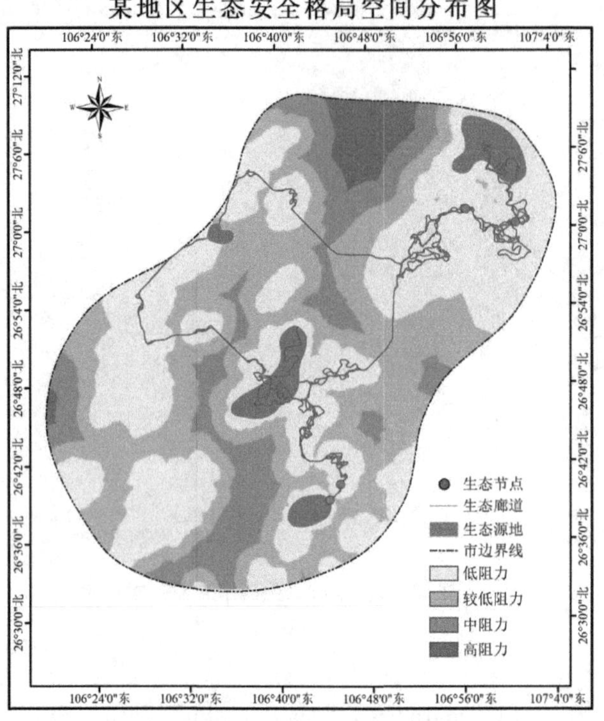

图 32.118 某地区生态安全格局空间分布图

【注意事项】

(1)运用指标体系法进行生态评价时，由于数据来源的多源性和数据格式的多样性，且不同数据的量纲不同，坐标系统各异，因此，在进行主成分分析或其他权重叠加分析前，须对所有因子数据统一数据格式、统一坐标系统、统一数据尺度，并进行标准化处理(如归一化)。

(2)在具体应用中，指标因子的选取，须根据评价对象和评价目标，选取具有主要影响作用的因子指标，以构建逻辑严密、科学合理的指标体系。本实验中选取的 5 个指标因子，仅为演示基于综合评价指标体系和空间主成分分析等方法在生态评价中的应用流程，不能作为实际工作中生态安全格局评价指标筛选的依据。

(3)一般情况下，执行空间主成分分析工具时，无须等待较长的处理时间。若执行空间主成分分析时，计算机处理时间过长或出现软件无响应等状态，须对输入的各因子数据坐标系统、像元大小以及要素属性等的有效性和准确性进行逐一排查。

参考文献

陈利顶，孙然好，孙涛，等. 城市群生态安全格局构建：概念辨析与理论思考[J]. 生态学报，2021，41(11)：4251－4258.

李航鹤，马腾辉，王坤，等. 基于最小累积阻力模型(MCR)和空间主成分分析法(SPCA)的沛县北部生态安全格局构建研究[J]. 生态与农村环境学报，2020，36(08)：1036－1045.

李俊晓，李朝奎，殷智慧. 基于ArcGIS的克里金插值方法及其应用[J]. 测绘通报，2013(09)：87－90，97.

龙毅，沈婕，周卫. GIS空间数据的分析与制图一体化策略[J]. 测绘科学技术学报，2006(04)：299－303.

蒙吉军，王雅，王晓东，等. 基于最小累积阻力模型的贵阳市景观生态安全格局构建[J]. 长江流域资源与环境，2016，25(07)：1052－1061.

蒙吉军，燕群，向芸芸. 鄂尔多斯土地利用生态安全格局优化及方案评价[J]. 中国沙漠，2014，34(02)：590－596.

牟乃夏，刘文宝，王海银，等. ArcGIS10地理信息系统教程[M]. 北京：测绘出版社，2014.

潘竟虎，刘晓. 基于空间主成分和最小累积阻力模型的内陆河景观生态安全评价与格局优化：以张掖市甘州区为例[J]. 应用生态学报，2015，26(10)：3126－3136.

潘竟虎，刘晓. 疏勒河流域景观生态风险评价与生态安全格局优化构建[J]. 生态学杂志，2016，35(03)：791－799.

汤国安，钱柯健，熊礼阳，等. 地理信息系统基础实验操作100例[M]. 北京：科学出版社，2017.

汤国安，杨昕，等. ArcGIS地理信息系统空间分析实验教程[M]. 2版. 北京：科学出版社，2012.

汤国安，赵牡丹，杨昕，等. 地理信息系统[M]. 2版. 北京：科学出版社，2010.

汤国安. 我国数字高程模型与数字地形分析研究进展[J]. 地理学报，2014，69(09)：1305－1325.

王家耀，成毅. 论地图学的属性和地图的价值[J]. 测绘学报，2015，44(03)：237－241.

王志杰，苏嫄. 南水北调中线汉中市水源地生态脆弱性评价与特征分析[J]. 生态学报，2018，38(02)：432－442.

王志杰. 基于专业融合的"以赛促学"式GIS课程实验教学改革[J]. 教育教学论坛，2019(25)：142－144.

邬伦，刘瑜，张晶，等. 地理信息系统：原理方法和应用[M]. 北京：科学出版社，2005.

吴柏清，何政伟，许辉熙，等. 城市交通网络最佳路径分析[J]. 资源开发与市场，2008(04)：309－311.

吴建华，逯跃锋. ArcGIS软件与应用[M]. 北京：电子工业出版社，2017.

徐智超，刘华民，韩鹏，等. 内蒙古生态安全时空演变特征及驱动力[J]. 生态学报，2021，41(11)：4354－4366.

杨丽萍，郭洪海，朱振林，等. 中国花生种植气候适宜性评价[J]. 中国农学通报，2019，35(31)：

76 - 82.

于杰，孙伟雪，刘毅．基于 ArcGIS 叠加分析工具在耕地质量等别年度更新评价中的应用[J]．测绘与空间地理信息，2016，39(03)：146 - 148.

张爱平，钟林生，徐勇，等．基于适宜性分析的黄河首曲地区生态旅游功能区划研究[J]．生态学报，2015，35(20)：6838 - 6847.

朱大威，朱方林．基于 GIS 的江苏省蔬菜种植土地适宜性评价及其空间异质性分析[J]．南方农业学报，2019，50(08)：1878 - 1884.